小浪底水利枢纽安全监测分析

——黄海高程270 m水位运用

王 琳 宋书克 魏 皓 于永军 张宏先 编著

黄河水利出版社

·郑 州·

内 容 提 要

本书共11章,主要内容包括小浪底水库蓄水以来,尤其是库水位首次达到270 m高程时,主坝渗流、主坝变形、两岸山体渗流、进水口高边坡、进水塔、出水口高边坡、消力塘、地下厂房、库区滑坡体监测分析等。本书着重对高心墙土石坝在270 m水位以及历年调水调沙库水位变化30~40 m水头的情况下,进行主坝及两岸山体渗流分析、主坝变形规律及反馈分析、高边坡稳定分析等,旨在对275 m水位枢纽运行管理进行指导和预测,分析成果对于其他类似工程具有借鉴意义。

本书可供大坝安全监测、水利水电工程等专业的设计、施工及运行管理人员阅读参考。

图书在版编目(CIP)数据

小浪底水利枢纽安全监测分析:黄海高程270 m水位运用/王琳等编著.—郑州:黄河水利出版社,2014.9

ISBN 978-7-5509-0691-4

Ⅰ.①小… Ⅱ.①王… Ⅲ.①黄河-水利枢纽-安全监测-分析 Ⅳ.①TV632.613

中国版本图书馆CIP数据核字(2013)第316685号

策划编辑:简群 电话:0371-66026749 E-mail:W_jq001@163.com

出 版 社:黄河水利出版社

地址:河南省郑州市顺河路黄委会综合楼14层 邮政编码:450003

发行单位:黄河水利出版社

发行部电话:0371-66026940、66020550、66028024、66022620(传真)

E-mail:hhslcbs@126.com

承印单位:河南省瑞光印务股份有限公司

开本:787 mm×1 092 mm 1/16

印张:18.5

字数:427千字 印数:1—1 000

版次:2014年9月第1版 印次:2014年9月第1次印刷

定价:48.00元

本书编委会

主　　编：王　琳

副 主 编：宋书克　魏　皓

编写人员：王　琳　宋书克　魏　皓　于永军　张宏先
苏　畅　张再虎　王　磊　陈立云　蔡勤学
蔡　路　王　佳　王小霞　赵子涛

前　言

小浪底水利枢纽位于黄河中游三门峡以下约 130 km 干流河道最后一个峡谷的出口处，是黄河治理开发的关键性工程。小浪底水利枢纽控制流域面积 69.4 万 km^2，占黄河流域面积(不含内流区)的 92.2%，控制黄河天然年径流总量的 87% 及近乎 100% 的黄河泥沙。小浪底水利枢纽的开发目标是"以防洪(包括防凌)、减淤为主，兼顾供水、灌溉和发电，蓄清排浑，除害兴利，综合利用"，属大(1)型水利工程。水库正常蓄水位 275 m，总库容 126.5 亿 m^3，其中淤沙库容 75.5 亿 m^3，长期有效库容 51.0 亿 m^3(防洪库容 40.5 亿 m^3，调水调沙库容 10.5 亿 m^3)。

小浪底水利枢纽主体工程于 1994 年 9 月开工，1997 年 10 月 28 日实现大河截流，1999 年 10 月 25 日水库下闸蓄水，2000 年 1 月 9 日首台机组发电，2001 年 12 月 31 日最后一台机组投入运行，2009 年 4 月 7 日通过国家发展和改革委员会与水利部共同主持的竣工验收。工程运行 10 余年来，发挥了巨大的社会效益、生态效益和经济效益。

小浪底水利枢纽安全监测系统主要由大坝安全监测、水文泥沙测验、渗漏水水质监测和地震监测等组成。小浪底水利枢纽将主坝渗流、变形、高边坡稳定及厂房围岩稳定作为监测的重点，同时关注近坝区滑坡体监测分析和安全评价的研究。

本书全面、系统地分析总结了小浪底水库蓄水以来，尤其是水库水位首次蓄至黄海水位 270 m 高程以来的监测成果。全书共分 11 章，对主坝渗流、主坝变形、两岸山体渗流、进水口高边坡、进水塔、出水口高边坡、消力塘、地下厂房、库区滑坡体监测分析等方面进行系统的整编、研究。本书内容丰富、实用性强，是一部关于高心墙土石坝高水位运行以来安全监测成果系统分析研究的专著，希望能对类似工程的运行管理有所指导和借鉴。

本书编著者均为长期工作在生产一线的专业技术人员，亲历了小浪底工程建设全过程，肩负小浪底水利枢纽运行管理和安全监测的重任，参加了小浪底水利枢纽渗控安全鉴定、技术评估、技术鉴定和竣工验收等。本书凝聚了编著者在从事安全监测工作中的经验和体会，尽管不乏浅薄，但源于完整、系统、弥足珍贵的监测数据，希望能为水工建筑物安全监测和枢纽的安全稳定运行尽绵薄之力。

限于编著者水平，本书内容难免有疏漏和谬误之处，敬请广大读者批评指正。

编著者

2013 年 11 月

目　录

第一章　概　述

第一节　工程概况

小浪底水利枢纽位于河南省洛阳市以北 40 km 黄河中游最后一段峡谷的出口，是治理黄河的控制性骨干工程，控制流域面积 69.4 万 km^2，占黄河流域面积（不含内流区）的 92.2%。正常运用水位 275 m，最大坝高 160 m，总库容 126.5 亿 m^3，其中长期有效库容 51.0 亿 m^3，淤沙库容 75.5 亿 m^3，属国家大(1)型水利工程，主要建筑物为一级建筑物。枢纽按百年一遇洪水导流，千年一遇洪水设计，万年一遇洪水校核。小浪底水库多年平均入库流量 281.46 亿 m^3，扣除库区南岸灌溉引水量 4.23 亿 m^3，年设计径流量为 277.2 亿 m^3。设计多年平均入库沙量为 13.23 亿 t，小浪底实测最大含沙量为 941 kg/m^3。小浪底水利枢纽的开发目标是"以防洪（包括防凌）、减淤为主，兼顾供水、灌溉和发电，蓄清排浑，除害兴利，综合利用"。

小浪底水利枢纽设计正常蓄水位 275 m，设计洪水位 274 m，校核洪水位 275 m，水库正常死水位 230 m，水库非常死水位 220 m，水库防凌运用限制水位 267 m。正常蓄水位 275 m 时最大泄流能力 17 327 m^3/s，正常死水位 230 m 时泄流量 8 048 m^3/s，非常死水位 220 m 时泄流量 7 056 m^3/s。

小浪底水利枢纽在黄河治理中具有重要的战略地位，水沙条件特殊，地质条件复杂，水库运用方式严格。枢纽主要建筑物由拦河大坝、泄洪排沙建筑物和引水发电系统三大部分组成。主坝为壤土斜心墙堆石坝，最大坝高 160 m，坝顶长 1 667 m，坝下混凝土防渗墙 21 093 m^2，最大造孔深度 81.9 m，墙厚 1.2 m；副坝为壤土心墙坝，最大坝高 45 m，坝顶长 170 m。泄洪排沙系统包括进水塔群，由导流洞改建的 3 条直径为 14.5 m 的孔板消能泄洪洞，3 条断面尺寸为（10.0～10.5）m×（11.5～13.0）m 的明流泄洪洞，3 条直径为 6.5 m 的排沙洞，1 条正常溢洪道和 1 条非常溢洪道，1 座两级消能的消力塘。引水发电系统包括 6 条直径为 7.8 m 的引水发电洞，1 座长 251.5 m、跨度 26.2 m、最大开挖高度 61.4 m 的地下厂房，1 座主变室，1 座尾水闸门室和 3 条断面为 12.0 m×19.0 m 的尾水洞，1 座 6 孔防淤闸，1 座 228.5 m×153.0 m 的 220 kV 地面式开关站。其总体布置特点鲜明：斜心墙堆石坝坐落在深厚覆盖层基础上；所有泄洪、发电及引水建筑物均集中布置在相对比较单薄的左岸山体；采用以具有深式进水口的隧洞群泄洪为主的方案，9 条泄洪洞总泄流能力 13 563 m^3/s，占总泄流能力的 78%，其中 3 条泄洪洞为由导流洞改建的多级孔板消能泄洪洞；所有泄洪、发电及引水建筑物的 16 个进口错落有致地集中布置在 10 座进水塔内，9 条泄洪洞和 1 座陡槽式溢洪道采用出口集中消能的方式；采用以地下厂房为核心的引水发电系统。

电站安装 6×300 MW 混流式水轮发电机组，总装机容量 1 800 MW。电站主接线采用双母线双分段带旁路接线方式，电压等级为 220 kV，出线 6 回，是河南电网重要的调频、调峰和事故备用电站。金属结构设备集中布置在进水塔群、孔板洞中闸室、排沙洞出口闸室、溢洪道、地下厂房尾水闸室和电站尾水出口等部位。共有 124 个孔口，各种闸门 72 扇，拦污栅 26 扇，启闭机 74 台(套)。

小浪底水利枢纽投入运用后，黄河下游的防洪标准从约 60 年一遇提高到 1 000 年一遇，基本解除了黄河下游的凌汛威胁；利用水库 75.5 亿 m^3 的拦沙库容，在 20 ~25 年内可使下游河床基本不淤积抬升；平均每年可增加 17.9 亿 m^3 的调节水量，提高黄河下游的用水保证率；小浪底水电站装机 1 800 MW，设计多年平均年发电量前 10 年 45.99 亿 kWh，10 年后为 58.51 亿 kWh，在基本以火电为主的河南电网中担任调峰，是理想的调峰电站。

第二节　枢纽区主要工程地质条件及水文地质分区

一、坝址区地形地质条件

小浪底水利枢纽选定的三坝线位于黄河中游最后一个峡谷的出口，处于豫西山地和山西高原的接壤部位。西部和北部属太行山系，南部属于秦岭余脉崤山山系。黄河由西向东出峡谷后逐渐展宽，小浪底水利枢纽下游 8 km 为焦枝铁路桥，焦枝铁路桥以东是广袤的黄淮海大平原。坝址处河谷宽约 800 m，河床右岸为滩地和黄土二级阶地。右岸山势陡峻，高程在 380 ~420 m，坡度为 40° ~50°；左岸山势平缓，高程为 290 ~320 m，且有高程为 240 m 左右的垭口。受沟道切割的影响，形成单薄分水岭。

小浪底坝址区主要出露的地层为二叠系上石盒子组、石千峰组黏土岩和砂岩，三叠系下统刘家沟组及和尚沟组砂岩、粉砂岩。第四系主要是黄土和砂砾石层。坝址区地层褶皱轻微，断裂构造发育。由于受断距 220 m、顺河向 F_1 断层的切割，河床右岸出露的岩层主要为二叠系砂岩和黏土岩，左岸出露的岩层主要是三叠系砂岩和粉砂岩。河床部分为最大深度达 70 m 的砂砾石覆盖层。坝址处于狂口背斜的东端，其轴部在右坝肩。受背斜褶皱的影响，岩层呈单斜地层以 10°左右的缓倾角倾向北东。坝址区主要工程地质问题如下。

(一)河床深覆盖层

河床覆盖层一般深 30 ~40 m，最大深度达 70 余米。覆盖层上部为松散的 Q_4 粉细砂层，下部为密实的 Q_3 砂砾石层，其间含有粉细砂透镜体，底部为连续的粉细砂层。作为大坝基础的河床覆盖层，其防渗和抗地震液化是设计的关键。

(二)断裂构造发育

坝址区出露的主要断裂构造自北向南有 F_{461}、F_{240}、F_{238}、F_{236}、F_1、F_{233}、F_{231}、F_{230}及 F_{28}等。除 F_{28}的走向为北东向外，其余主要断裂构造均呈上下游方向展布，且大部分为高倾角正断层，将坝区岩体切割成条块状。坝址区节理裂隙发育，其发育程度与岩性和岩层单层厚度有关。砂岩地层较黏土岩地层节理发育。一般每米 1 ~2 条节理。坝区主要节理有 NW270°～290°,NW340°～350°,NE10°～20°和 NE60°～70°四组,倾角 70°～80°,属于剪切性节理,一般延伸不长。在每一地段发育有 2～3 组节理。这些断裂构造与建筑物围岩稳定关系密切,且形成了明显的上下游方向带状渗水的水文地质特征。

(三)泥化夹层

小浪底坝址区的砂岩层系河湖相沉积,在砂岩中常夹有黏土岩,后期受剪切构造作用而发生层间错动。因砂岩刚度较大易沿薄层黏土岩发生剪切错动,造成黏土岩破碎、泥化现象。泥化层的分布一般以长度 30～50 m、层厚 1～2 cm 者为主。在左岸坝肩山体泥化层有延伸长 200～300 m 的。大量室内外试验表明,泥化层的力学指标较低,根据不同的组成和岩性,$f=0.20\sim0.28$,$c=0.005$ MPa。因岩层呈 10°左右的缓倾角倾向下游,因此在枢纽建筑物区基岩地层中的泥化夹层基本上是控制稳定的关键地层。

(四)左岸单薄分水岭

坝址左岸山体山势平缓,上游有风雨沟,下游有葱沟、瓮沟、西沟和桥沟切割,岩层主要为三叠系砂岩和黏土岩互层,岩层中有 F_{236}、F_{238}、F_{240} 等基本呈上下游方向展布的断层和与分水岭呈北东向斜交的 F_{28} 大断层。岩层节理裂隙发育,风化卸荷严重。左岸山体和建筑物关系密切,水库蓄水后,山体南段存在自身稳定和整个山体的漏水处理问题。

(五)滑坡和倾倒变形体

由于坝址区岩层为倾向北东的单斜地层,河谷南岸多发育有倾向河床的滑坡及倾倒变形体。距坝轴线上游 2～3 km 的 1 号和 2 号滑坡体体积分别为 1 100 万 m^3 和 410 万 m^3;坝肩处的东坡滑坡体和坝下游的东苗家滑坡体与枢纽建筑物的安全运用关系十分密切。

(六)地震

小浪底坝址远源破坏性地震主要来自汾渭地震带和太行山麓地震带,历史地震 8 级,震中距为 140～250 km。近源地震以小浪底为中心,半径 30 km 范围内有封门口和城崖地断裂,历史地震 5 级。经国家地震局审定,小浪底坝址区地震基本烈度为 7 度,主要挡水建筑物的设防烈度为 8 度,在远源和近源地震共同作用下 10^{-4} 概率最大水平加速度为 $0.215g$。

二、水文地质分区

(一)透(含)水层与相对隔水层

坝址区红色碎屑岩系的岩性组合特征为:中细粒砂岩、泥质粉砂岩和粉砂质黏土岩互层。砂岩为硬岩,硅质或硅钙质胶结,性脆,裂隙发育,为透(含)水层;泥质粉砂岩和粉砂质黏土岩为软岩,裂隙不发育,属相对隔水层。各岩组透水性的大小,取决于岩组内泥质岩石含量的多少及其组合特性。厚层砂岩为主地层,构成透(含)水层;砂岩夹薄层泥质岩石或互层的岩组为弱透水层;以厚层泥质粉砂岩或粉砂质黏土岩为主的岩组组成相对隔水层。

从整体而言,由于岩体中夹有弱透水岩层,一般顺层的渗透性大于垂向的透水性,因此坝址区岩体从整体上讲应该是层状非均质各向异性渗透结构。

坝址区各组地层渗透性划分如下:

左岸：透（含）水层，T_1^1、T_1^2、T_1^{3-1}、T_1^4、T_1^{5-2}、T_1^{5-3}；弱透水层，T_1^{3-2}、T_1^{5-1}；相对隔水层，P_2^4。

河床：透（含）水层，T_1^1、T_1^2；相对隔水层，P_2^4。

右岸：透（含）水层，P_2^2、P_2^{3-2}、P_2^{3-4}、P_2^{3-6}；相对隔水层，P_2^1、P_2^{3-1}、P_2^{3-3}、P_2^{3-5}。

（二）地质构造及水文地质分区

1. 断层

枢纽区位于狂口背斜的外倾转折端，岩层呈单斜构造，倾向下游，倾角约10°。区内断裂构造比较发育，走向以近EW最为发育，其次为近SN及NE，倾角大多在70°以上。断层带物质为角砾、断层泥及方解石脉体。区内具有水文地质意义的断层共有9条，详见表1.2.1，其中以F_{28}、F_{461}、F_1 3条规模最大，断距都大于200 m，断层泥带较宽，在横向上具有相对隔水作用，但其影响带却是强透水的。

表1.2.1　枢纽区主要断层特性表

编号	产状			断距（m）	宽度（m）	
	走向	倾向	倾角		断层带	影响带
F_{28}	45°~55°	NW	85°	300	4~6	20~30
F_1	100°~118°	NE	73°~85°	220	5~12	14~20
F_{461}	310°	NE	80°~88°	300	4~6	—
F_{236}	90°~106°	SW	70°~87°	60~85	1.5~6	0~10
F_{238}	90°~106°	NE	80°~85°	12~30	1.2~8	12~25
F_{240}	80°~105°	N	80°~87°	2~15	0.5~2	2~3
F_{230}	90°~100°	SW	52°~75°	50~70	0.5~2.2	10
F_{231}	103°~110°	NE	75°~90°	0~9	1~2.0	4
F_{233}	95°~102°	SW	65°~80°	15~17	0.5~2	4

2. 水文地质分区

根据枢纽区内地层岩性、地质构造及水文地质构造的组合条件，从灌浆帷幕布置和排水帷幕设计角度出发，可将F_{28}断层以东、F_{461}断层以南的区域划分为以下6个水文地质区：Ⅰ区，F_{461}~F_{240}；Ⅱ区，F_{240}~F_{236}；Ⅲ区，F_{236}—岸边；Ⅳ区，河床；Ⅴ区，F_1~F_{230}；Ⅵ区，F_{230}以右。

1）Ⅰ区

本区分布的基岩地层，下部为三叠系石千峰组（P_2^4），中上部为三叠系刘家沟组（T_1^1~T_1^5），顶部为和尚沟组（T_1^{6-1}）。

P_2^4岩组为一区域性隔水层，厚56~68 m，是左坝肩及左岸山体透水岩体下部的隔水底板。

T_1^1~T_1^5岩组总厚约250 m，岩性为厚层钙质、硅质细砂岩夹薄层泥质粉砂岩与黏土岩，是一个统一的裂隙透水岩体，也是本区主要的含水层。

T_1^{6-1}岩组厚52~57 m，是左坝肩及左岸山体的相对隔水顶板。

本区无较大断层通过，层状透水体和陡倾角的小断层构成本区岩体的基本渗透网络，由于本区南侧 F_{240}、F_{238}、F_{236}等几条断层的阻隔，地下水位基本不受黄河水位的影响。

2）Ⅱ区（断层交会带水文地质区）

区内分布的基岩地层同Ⅰ区。本区最大特点是：展布3条近东西走向的主要断层：F_{240}、F_{238}、F_{236}。3条断层间相距120～200 m，主断层间发育有分支断层及次一级小断层，断层影响破碎带几乎连为一体。3条断层贯通水库的上下游，构成沟通库水向下游渗透的强透水带。

3）Ⅲ区（左坝肩水文地质区）

区内的基岩地层分布同Ⅰ区。本区岸坡为风化卸荷带，其厚度可达50～80 m。风化卸荷带大大增加了本区岩体的透水性，故地下水位与黄河水位同步变化。

4）Ⅳ区（河床水文地质区）

本区包括河槽及两岸漫滩和一级阶地。南侧以 F_1 断层为界，宽约500 m。地下水类型主要为覆盖层孔隙潜水及下伏基岩中埋藏的承压水。河床中有基岩深槽，最低槽底高程约60 m，覆盖层最厚达70 m以上，一般厚度20～30 m。下伏基岩上部为 T_1^1～T_1^3，下部 P_2^4 为黏土岩。本区有多条顺河向小断层展布，因断距小，未能将相对隔水层 P_2^4 错开，从而形成其下 P_2^3 中的砂岩为承压含水层。

F_1 断层顺河向展布，由于断距达220 m，规模大，因此较厚的断层泥带具有相对隔水性能，但其两侧影响带则是贯通水库上下游的渗漏通道。

5）Ⅴ区（右岸水文地质区）

本区为右岸岸坡地段，上游以小清河为界，F_1～F_{230}间长约500 m。

区内分布二叠系上统石河子组（P_2^2～P_2^3）地层。底部 P_2^1 岩组，厚度130 m左右，是一区域性隔水层，埋藏较深，在帷幕线附近顶板高程80～93 m。中上部为 P_2^2、P_2^3 岩组，总厚度150 m左右，岩性为紫红色粉砂质黏土岩与黄绿色、灰白色钙质、硅质砂岩互层。砂岩与黏土岩相间排列，构成了本区多个相间的砂岩含水层：P_2^2、P_2^{3-2}、P_2^{3-4}，以及多个黏土岩相对隔水层：P_2^{3-1}、P_2^{3-3}、P_2^{3-5}。因地层以7°倾角向下游倾伏，形成砂岩含水层中的地下水在西侧为层间自由水，向东则逐渐过渡为承压水。各含水层的承压水位：P_2^2，142～187 m；P_2^{3-2}，143～211 m；P_2^{3-4}，186～213 m。

区内展布3条近东西向的断层 F_{230}、F_{231}、F_{233}，贯通水库上下游。在地表，F_{231}与 F_{233}相距80～120 m，构成一个小地堑，地堑内岩体较破碎，为强透水带。各断层 P_2^2 与层相交的部位，是水库集中渗流上溢的通道。

6）Ⅵ区（右岸山地水文地质区）

本区山体雄厚，上游以小清河为界，出露地层以刘家沟组地层 T_1^1～T_1^5 砂岩为主。据长期观测资料，寺院坡 T_{442}号孔基岩裂隙水位达270 m，接近水库275 m正常高水位，因此本区绕坝渗漏问题不大。

3. 岩体的渗透特性

根据前期各种水文地质勘探试验成果，枢纽区内各岩组及主要断层的渗透系数见表1.2.2。

表 1.2.2　各岩组及主要断层的渗透系数

序号	岩层	分布位置	渗透系数 (m/d)	序号	岩层	分布位置	渗透系数 (m/d)
1	P_2^4	左岸	0.01	16	P_2^{2-2}	右岸	0.014 8
2	T_1^{1-2}	左岸	0.03	17	P_2^{2-3}	右岸	0.071 4
3	T_1^{3-1}	左岸	0.10	18	P_2^{3-1}	右岸	0.012 8
4	T_1^{3-2}	左岸	0.01	19	P_2^{3-2}	右岸	0.111 3
5	T_1^4	左岸	0.30	20	P_2^{3-3}	右岸	0.021 5
6	T_1^5	左岸	0.053	21	P_2^{3-4}	右岸	0.226 0
7	T_1^6	左岸	0.01	22	P_2^{3-5}	右岸	0.093 5
8	F_{28}影响带	左岸	10.0	23	P_2^{3-6}	右岸	0.340 0
9	P_2^{3-6}	河床	0.229 6	24	P_2^4	右岸	0.210 0
10	P_2^4	河床	0.14	25	F_{230}以南	右岸	0.020 0
11	T_1^1	河床	0.227 5	26	F_{230}断层	右岸	0.003 0
12	T_1^2	河床	0.30	27	F_1 断层	河床	0
13	T_1^{3-2}	河床	0.18	28	F_1 断层破碎带	30 m 高程以上	10.0
14	P_2^1	河床	0.003	29	F_1 断层破碎带	30 m 高程以下	0.010
15	P_2^{2-1}	右岸	0.174 8	30	F_{236} ~ F_{240}		0.01 ~ 2.67

4. 岩体的渗透特征

根据枢纽区岩体的水文地质结构和枢纽区的水文地质条件，枢纽区的渗漏表现为以下三个特征：

(1)层状透水：所谓层状透水，是指沿各水文地质区透水岩层产生的渗漏。砂岩中节理比较发育，对库水渗漏有重要影响的节理主要为：

①走向 270°~290°，倾向 S~SW，倾角 80°~88°；

②走向 60°~70°，倾向 SE 或 NW，倾角 80°。

第①组节理在 T_1^4 中的线连通率范围为 33%~65%，平均 47%，裂隙宽度一般为 0.1~1.0 mm，间距变化在 0.1~1.5 m，延伸长度 3~30 m，一般不穿过厚度较大的软岩层。裂隙构成了砂岩岩体中地下水赋存和运移的渗透网络。

(2)带状透水：所谓带状透水，是指沿断层及其两侧影响带产生的渗漏。由于主要构造均呈上、下游方向展布，故沿断层带及两侧影响带形成了明显的渗流通道，这一特征从 1 号排水洞中排水孔出水量的大小可明显看出。

(3)壳状透水：所谓壳状透水，是指沿岩体表部风化卸荷带形成的渗漏。

综上所述，坝区多层状非均质各向异性透水岩体是库水渗漏的基本结构，它们和强透水的断层带及由于风化卸荷作用形成的风化壳岩体共同构成了坝区的渗漏网络。因此，坝基及左岸山体的渗漏应是层状、带状、壳状三种渗透结构相互组合的结果。

第三节　大坝安全监测系统概况

一、安全监测系统布置

（一）主坝监测项目与布置

主坝是枢纽工程的重点监测建筑物，设有内外部变形、渗流、应力应变和强震等监测项目。监测仪器布置在3个有代表性的横断面和2个纵断面上。3个横断面分别为：A—A断面（D0＋693.74），位于F_1断层破碎带处，是监测的重点部位；B—B断面（D0＋387.50），位于最大坝高处，覆盖层最深；C—C断面（D0＋217.50），位于左岸基岩陡坎处，此处是不均匀沉陷变形的集中部位。2个纵断面分别位于坝轴线和防渗体轴线上。

主坝轴线近似南北走向，设有3个横断面和2个纵断面，共5个主要观测断面。其中A—A、B—B、C—C断面为3个横断面，分别设在左右桩号D0＋693.74、D0＋387.50和D0＋217.50处。B—B断面位于最大坝高处，是坝体典型观测断面。2个纵断面中D—D断面为沿斜心墙轴线断面，E—E断面为沿坝轴线断面，各断面平面布置见图1.3.1。外部变形测点均设在坝体表面，内部变形测点主要设在5个观测断面上。

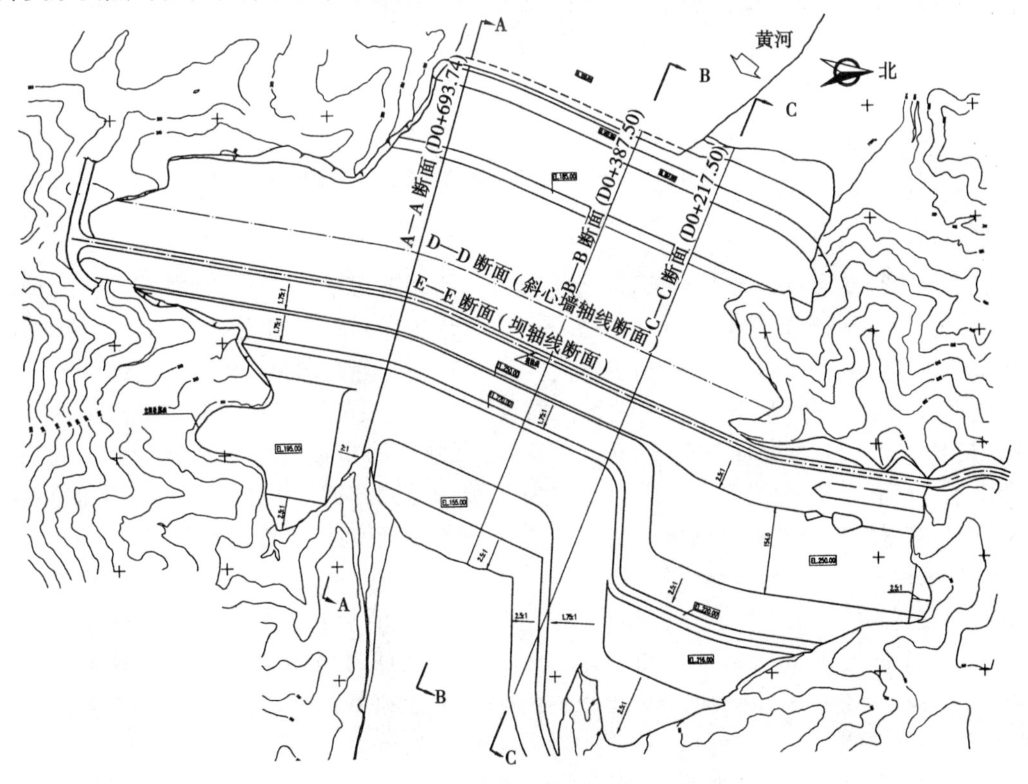

图1.3.1　主坝各断面平面布置图

1. 外部变形监测

外部变形分为水平变形和垂直变形。水平变形采用视准线法，在坝体上、下游坡面和坝顶共设8条视准线。外部变形监测测点布置示意图如图1.3.2所示。其中位于上游坝坡正常高水位以下的视准线，仅在施工期和水位下降之后才进行监测。每条视准线的位移标点间距一般为60 m，左岸陡坎处间距加密为30 m。沿轴线方向的变形采用测距法测量。垂直变形采用几何水准测量，每个水平位移标点附近设一水准标点。视准线的工作基点，采用变形控制网校测其稳定性。

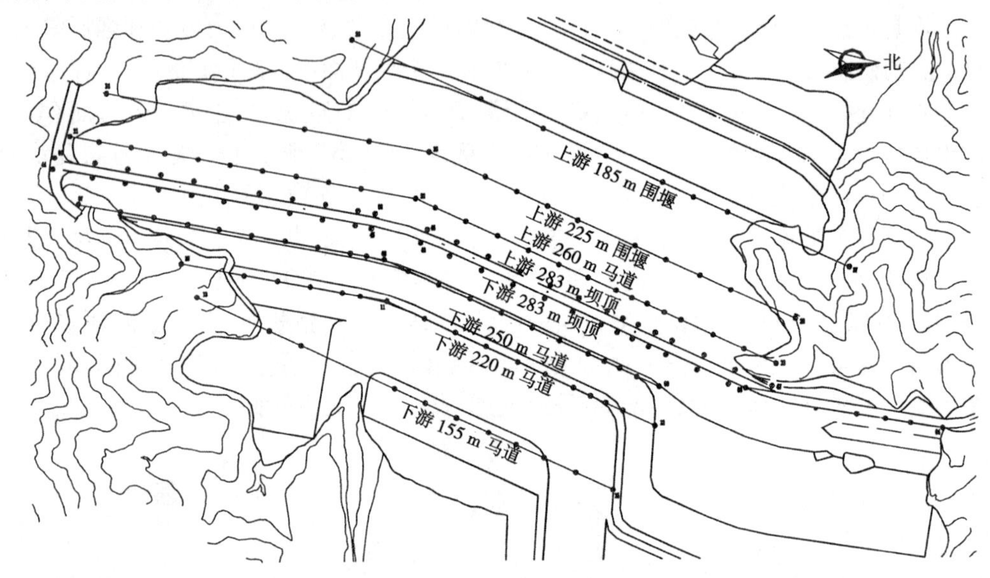

图1.3.2　外部变形监测测点布置示意图

2. 内部变形监测

主坝内部变形也分为水平变形和垂直变形。水平变形采用测斜仪和堤应变计两种仪器监测，每个断面布置竖向测斜仪3套，平行斜心墙方向布置斜向测斜仪1套。整个坝体共布置4套堤应变计，其中沿坝轴线方向3套，沿上、下游方向B—B断面底部1套。垂直变形采用钢弦式沉降计和利用测斜仪加金属套环构成的固结管配合沉降探头进行监测：在B—B、C—C两断面共布置19支沉降计，沉降环的布置间距为3 m。另外，设有4套水平方向测斜仪，分布于各断面上，作为垂直变形监测的辅助手段。在斜心墙和坝壳的接触面上、岸坡岩体与坝体的接触面上布置11支界面变位计，用以监测其相对变形。

3. 坝体渗透压力和土压力监测

为监测坝体内的孔隙水压力和浸润线分布，同时监测坝壳上游面泥沙淤积情况，在3个断面上共布置了56支渗压计和2支测压管。土压力监测分土中应力和边界土压力监测。前者布置在B—B断面内，共11组；后者布置在基础界面上，共4组。

4. 渗流监测

主坝及其基础的渗流监测，是安全监控的重要项目之一。渗流监测的目的是检验防渗和排水系统的效果，了解大坝各部位的渗流状况，利用渗流监测资料分析坝体、坝基的渗流稳定性，为大坝的稳定复核、反演分析提供必要的渗流数据，并验证大坝所采取渗流控制方案的效果，借以评价大坝的运行状态。

主坝的渗流监测主要包括坝体渗流监测、坝基渗流监测、绕坝渗流监测以及大坝渗流量监测四个部分。坝体渗流监测主要布置在前述3个监测断面内，与变形及应力监测的布置相一致，以便对坝体的安全状况进行综合分析。坝基渗流监测除在A—A、B—B、C—C 3个横向监测断面的坝基面布置测点外，为了解坝基整体的渗流情况，还在主坝防渗墙和灌浆帷幕、围堰防渗墙、F_1断层以及1号排水洞等重要部位布设了测点。绕坝渗流监测主要是为了监测左右岸山体与岸坡连接部位的渗流状况，在坝体与岸坡的结合面布设了一定数量的测压管。大坝渗流量监测采用分区分段的原则进行，主要可以分为坝体渗流、坝基渗流、两岸绕流三部分。

左右两岸绕坝渗流监测是在两坝肩沿设计渗流线安装测压管进行监测的。自斜心墙后两岸均做有一截渗墙，嵌入基岩0.5 m，两岸绕坝渗流顺截渗墙后的排水沟引向下游，混凝土截渗墙末端做引水渠和量水堰，以监测两岸的渗流量；河床部分的渗流由坝体排水体汇入下游基坑后，渗流量通过设在下游围堰排水涵洞内的量水堰量测。由排水洞回流的渗流量均利用设在两岸排水洞或交通洞内的量水堰进行监测。右岸1号排水洞内设2个量水堰，2号交通洞出口设1个量水堰；左岸在2号、3号排水洞内设2个量水堰，3号交通洞出口设1个量水堰。

5. *混凝土防渗墙监测*

混凝土防渗墙分主坝、围堰防渗墙，各设1个监测断面。主坝防渗墙厚1.2 m，最大墙深70 m，插入斜心墙12 m，是主坝的主要防渗结构。上游侧沿墙不同高程设有渗压计和边界土压力计。墙体左、右端头与混凝土齿墙接触部位也设有渗压计，以监测接触带的防渗效果。墙体设有应变计、无应力计、钢筋计等应力应变监测仪器。另外，还设有倾角计进行墙体变形监测。

围堰防渗墙仅设墙体应力应变监测和墙体上、下游渗压监测。

6. *地震反应监测*

坝址区基本烈度为Ⅶ度，地震反应监测对象主要为Ⅲ度以上的地震反应。设有2个横向监测断面、1个纵向监测断面和1个基础效应台，共10个监测点。仪器采用三分量强震仪。

（二）左岸山体监测项目与测点布置

左岸山体监测主要是指近河1.5 km的山体稳定监测，包括山体变形、地下水位、洞群渗流和山体振动监测。

山体表面变形监测采用视准线法进行，工作基点利用测量控制网校测。

山体内部变形监测采用静力水准系统和引张线配合正倒垂线进行。引张线和静力水准系统均设在3号排水廊道内，引张线端点设有倒垂线。

为监测水库蓄水后左岸山体的地下水位、灌浆帷幕的防渗效果、排水洞的排水效果、地下水位与库水位之间的时效关系、地下洞室群的外水压力以及中闸室的安全，共布设12支测压管和60多支渗压计。渗流量采用量水堰配微压计分区分段进行量测。

山体振动监测在2号孔板洞区和出口170.00 m高程平台上分别设1台三分量强震仪进行监测。

(三)进水塔塔体监测项目与测点布置

1. 塔体与基础变形监测

塔体变形采用视准线、引张线、静力水准点、几何水准点和正倒垂线监测,由此构成完整的塔体变形监测系统。

视准线设于塔顶,有 16 个位移标点,其端点与坝区三角控制网相连。引张线设置于高程 276.50 m 廊道内,全长 245 m,共有 13 个测点。在高程 190.00 m 纵、横向交通廊道内布设 1 套静力水准点和几何水准点,以监测其垂直变形。正、倒垂线共 3 条,分别位于 1 号、3 号明流塔和 2 号发电塔段。

监测塔基垂直变形的仪器有 3 套多点位移计,分别布置在 1 号、2 号、3 号发电塔段,仪器最深的测点在塔基以下 40 m。

各塔体间还布置了 27 支测缝计,以测量施工缝开合度。

2. 塔基应力监测

在 1 号、2 号、3 号发电塔段的基础面上,共布置 9 支总压力盒、9 支渗压计,分别监测塔基面上所承受的总压力和水压力。

3. 塔体动水压力及地震反应监测

在地震作用下,塔体上游的动水压力会影响塔体的安全运用,因此在其上游面 220.00 m 和 260.00 m 高程设置了 6 支渗压计,以监测动、静水压力的影响。地震反应将由设在塔顶和塔基不同部位的 4 台强震仪进行监测。

(四)孔板洞监测项目与测点布置

孔板洞洞径 14.5 m,孔板口直径为 10.0 ~ 10.5 m,洞内流速一般为 10 m/s,孔板口收缩处为 20 m/s,中闸室后最高达 35 m/s。这种大洞径洞内孔板消能的结构型式在国内外均少见,由此而引起的振动、气蚀、脉动压力等问题需要进行监测。另外,由于洞径大,围岩的稳定性及衬砌混凝土应力状态也是安全监测设计的重点。为此,将 3 条孔板洞作为重点监测项目,布置相同的仪器,以便对比监测成果,验证设计和试验结果,并监控其安全运行。

1. 应力应变及围岩稳定监测

应力应变监测重点在第三级孔板和其后半倍洞径处,以及穿断层破碎带部位。3 个监测断面共布置 32 支钢筋计、24 支混凝土应变计。在其中的 2 个断面上布置了渗压计和多点位移计,用以监测洞外水压力和围岩的稳定状况。

2. 水力学及结构振动监测

水力学监测项目有水流脉动压力、时均压力和气蚀监测。在孔板段和中间室段沿程共埋设 7 支脉动压力计、10 支时均压力计、4 支水听器。结构振动采用强震仪监测,仪器布置在第三级孔板中,接收装置设在中闸室内。

由于水力学监测属非经常性和不连续的监测项目,考虑到监测工作的灵活性和间歇性,为避免仪器损坏和老化,施工时仅将仪器底座和电缆预埋入混凝土中,待监测工作开始时临时安装仪器。

(五)明流洞监测项目与测点布置

3 条明流洞中,1 号明流洞位置最低,地质条件最差,洞内最大流速可达 40 m/s,故选择1号明流洞为代表进行监测。

1. 应力应变及围岩稳定监测

洞中共有3个监测断面，其中洞内衬砌段2个、明流衬砌段1个。3个断面共布置了12支应变计、24支钢筋计、7套多点位移计、10支测缝计、16支锚杆测力计、11支渗压计。明埋管段还布置有9支边界土压力计。

2. 水力学监测

水力学监测的重点为1号掺气坎下游。布置有6支脉动压力计、4支掺气仪和4支流速仪。其他3道掺气坎下游，各布置掺气仪和流速仪2支，仪器间距一般为50~60 m。

3. 闸墩应力监测

明流洞进口弧门所受总推力为76 000 kN，两侧墙也承受较大的外水压力，闸墩的应力状态较为复杂，布置一些监测仪器是十分必要的。在闸墩和混凝土支撑深梁中共布置36支钢筋计、66支应变计、4支锚杆测力计、2套多点位移计。

（六）排沙洞监测项目与测点布置

在3条排沙洞中，以3号洞运用最为频繁，故选其为代表进行监测，排沙洞以帷幕线为界，前部为普通混凝土衬砌，后部为预应力混凝土衬砌。在监测项目的设置上，除围岩稳定监测外，突出对预应力锚索运用状况的监测。

1. 洞身衬砌段监测

洞身衬砌段设2个监测断面，监测项目有围岩变形、外水压力、衬砌与围岩结合、衬砌结构的应力应变等。共布置76支钢筋计、38支应变计、4支预应力锚索测力计、6套多点位移计和4支渗压计。

2. 出口闸室应力监测

出口闸室工作弧门所受最大推力为50 000 kN，由于闸室后无山体依托，完全靠其自身稳定抵抗推力，所以闸墩采用预应力锚索结构。在监测设计中，布置了5支预应力锚索测力计、47支应变计、17支钢筋计，以校验设计和监测结构的安全性能。

（七）进口高边坡监测项目与测点布置

进口高边坡的稳定直接关系到泄水建筑物的安全和整个枢纽的正常运行，一旦出现事故将会造成不可估量的损失。因此，对高边坡实施多种手段的监测是十分必要的。

1. 变形与渗流监测

进口高边坡以监测边坡变形和地下孔隙水压力为主，共设置3个监测断面，以对山体内部变形和渗透压力实施监测。断面位置分别位于1号和3号孔板塔轴线以北12 m，2号发电塔轴线以北6 m。每个断面布置测斜仪1支、多点位移计2套。测斜孔孔底高程深入至T_1^{3-2}岩层以下一定的深度，多点位移计的深度分别为45 m和50 m。

为监测岩体表面变形，在250.00 m高程平台上设视准线1条，全长306.75 m，位移标点间距一般为21 m。视准线两端点各设单点位移计1支，以校核视准线的工作基点。

水库运行期间，库水位骤降时山体内会出现较大的孔隙水压力，对其稳定不利。因此，在每个断面230.00 m高程上布置渗压计2支，分别深入岩体内6 m和12 m。

2. 预应力锚索监测

高边坡加固措施，结构上采用岩石表面用混凝土喷锚和加预应力锚索锚固。为监测锚索的工作状况和预应力损失情况，在边坡不同的高程和部位设置了25支锚索测力计。

（八）出口边坡和综合消力塘监测项目与测点布置

在出口边坡坡面上布置了6支测斜仪、14套多点位移计和5条测距线，以监测边坡的变形情况；为对岩体稳定性进行监测，在边坡上还布设了19支锚索测力计和5支锚杆测力计。另外，在边坡下部的排水洞两侧布置有渗压计，以监测排水洞的排水效果。

综合消力塘主要布置了一些渗压计和锚杆测力计，用以监测消力塘底板的扬压力和锚杆应力。

（九）地下厂房监测项目与测点布置

地下厂房长251.5 m，最大开挖跨度26 m，总高度64.39 m，采用喷锚支护作为永久支护。由于地下厂房地段洞室群纵横及上下交错布置，围岩中采空区域比较大，特别是在主厂房下游侧，布置6条母线洞和6条尾水洞及进厂交通洞，都与主厂房边墙垂直相交，洞室之间岩体单薄，对围岩稳定不利。因此，布置监测仪器以监测施工期、运行期洞室的稳定状况，显得十分重要。

地下厂房重点监测项目为围岩稳定，重点部位选在上、下游边墙、顶拱和岩壁吊车梁。3个监测断面分别设在1号、5号机组中心以及安装间中部。

为能监测到厂房开挖过程中的围岩变形，设计要求上、下游边墙外3 m处的测斜仪和顶拱的多点位移计应在开挖前安装，即从山上打钻孔，将仪器埋设到设计位置。围岩内部变形采用多点位移计、锚杆测力计、锚索测力计和测斜仪监测；洞室内表面变形采用收敛计监测；厂房建筑物各层沉陷量采用静力水准配合几何水准测量；渗流压力借用北岸山体测压管和渗压计进行监测。

岩壁吊车梁为宽1.85 m、高2.43 m、长219 m的钢筋混凝土结构，锚固在厂房边墙的倾斜岩石上。其稳定变形的监测方法是利用测缝计监测梁与岩壁间的开合度，引张线测量沿梁长度方向各点的变形，利用锚杆测力计和预应力测力计测量吊车梁预应力锚杆的应力。另外，对机墩、蜗壳、肘管段、尾水管等结构亦相应地布置了一些监测仪器。

（十）发电引水洞及尾水洞监测项目与测点布置

6条发电引水洞中，选1号、5号洞设置仪器进行监测。2条洞采用相同的监测项目、断面及仪器布置形式。每条洞设3个监测断面，其中1个断面设在钢筋混凝土衬砌段，另2个断面设在高压钢管衬砌段。

钢筋混凝土衬砌段设有应力应变、围岩变形、外水压力、接缝开合度等监测项目。高压钢管衬砌段设有钢板应力、外围混凝土应力应变、围岩变形、外水压力以及钢板与外围混凝土、混凝土与围岩间接缝开合度和接缝间渗压力等监测项目。

尾水洞中，选1号、3号尾水洞设置仪器进行监测，其监测项目及仪器布置形式相同。每条洞沿洞长设3个监测断面。断面内设有围岩变形、渗压、洞身收敛以及接缝开合度等监测项目。

二、库区淤积测验断面布设

小浪底水库承接黄河三门峡水库出库及小浪底水库库区的全部来沙量，水库水文泥沙测验的主要任务是及时测取库区水文泥沙资料，控制进、出库水沙量及其变化过程，反映水库库区淤积变化，为探讨水库水文泥沙运动规律和水库运用效果，验证和改进工程规划设计，确保工程安全运行和建库后水库运行规律的科学研究提供资料和依据。

按相关规程规范要求，水库库容与淤积测验是水库泥沙观测的核心。水库淤积测验方法主要有地形法和断面法。小浪底水库地形特殊，支流库容占总库容的41.1%，要达到规范要求的观测精度，需要布设大量的干支流观测断面。

小浪底水库淤积断面的布设按一次性进行布设，分期实施完成。为使断面布设达到其测算的库容与地形法所计算的各级运用水位下的库容误差不超过5%，并能满足正确反映库区泥沙冲淤数量、分布和形态变化的基本要求，结合小浪底水库周边支流支沟的地形，小浪底水库淤积测验断面布设的方法和原则是：

（1）所设断面必须控制水库平面和纵向转折变化。断面方向应大体垂直于200～275 m水位的地形等高线走向。

（2）断面的数量与疏密度应满足库容和淤积量观测与计算的精度要求。

（3）断面布设近坝区和大支流应较密，且观测初期宜密不宜稀。

遵照上述原则，小浪底水库库区共布设泥沙淤积观测断面174个（干流56个，支流118个）。干流56个断面平均间距为2.25 km，其中，上库段54.71 km内布设16个观测断面，平均间距为3.42 km；下库段71.03 km内布设40个观测断面，平均间距为1.78 km。支流共布设118个断面，其中，左岸21条支流布设断面65个，控制河长98.5 km，平均间距为1.52 km；右岸畛水河布设断面25个，控制河长41.3 km，平均间距为1.65 km；除畛水河外，11条支流布设断面28个，控制河长39.67 km，平均间距为1.42 km。

为了掌握塔前漏斗区泥沙冲淤变化，以及漏斗的形成与演变过程，还在坝前4.7 km范围内即漏斗区布设了35个断面，其中，干流31个，右岸小清河4个。

第四节　水库运用方式

一、概述

（一）枢纽运用期划分

小浪底水利枢纽的开发目标是“以防洪（包括防凌）、减淤为主，兼顾供水、灌溉和发电，蓄清排浑，除害兴利，综合利用”。

小浪底水利枢纽运用分为3个时期，即拦沙初期、拦沙后期和正常运用期。拦沙初期：水库泥沙淤积量达到21亿～22亿 m^3 以前。拦沙后期：拦沙初期之后至库区形成高滩深槽，坝前滩面高程达254 m，相应水库泥沙淤积总量约75.5亿 m^3。正常运用期：在长期保持254 m高程以上40.5亿 m^3 防洪库容的前提下，利用254 m高程以下10.5亿 m^3 的槽库容长期进行调水调沙运用。

小浪底水利枢纽目前处于拦沙初期，拦沙初期运用目标是按照设计确定的参数、指标及有关运用原则，考虑近期利益和长远利益，兼顾洪水资源化，合理利用淤沙库容，正确处理各项开发任务的需求，在确保工程安全的前提下，充分发挥枢纽以防洪减淤为主的综合利用效益。

（二）枢纽调度运用方式

小浪底水利枢纽拦沙初期运用调度在确保枢纽安全的前提下，充分考虑水库初期运用库容大、下游河道行洪输沙能力低、黄河水少沙多及水沙不平衡的特点，按水沙联合调度原则进行枢纽调度运行。

调度时段及主要目标：

7 月 1 日至 10 月 31 日：防洪，减淤；11 月 1 日至次年 2 月底：防凌，减淤；3 月 1 日至 6 月 30 日：减淤，供水，灌溉。

小浪底水利枢纽水库调度单位为黄河水利委员会和黄河防汛抗旱总指挥部（简称水库调度单位），发电调度单位为河南省电力公司（简称电力调度单位），运行管理单位为小浪底水利枢纽建设管理局（简称运行管理单位）。水库调度、电力调度和运行管理单位需加强沟通，密切配合。

水库调度单位负责制订枢纽下泄流量及含沙量指标等，并及时下达调度指令，对调度指令的执行结果负责。调度指令分防汛调度指令和水量调度指令，由水库调度单位下达，运行管理单位执行。调度指令明确起始时间、泄量等指标及误差范围，出库含沙量控制由运行管理单位根据枢纽实际条件和调水调沙要求确定。水库调度单位负责制订特殊情况下的应急调度预案，当需要启用应急调度预案，或突破规程规定运用时，由水库调度单位提出书面报告报请上级主管部门批准后下达应急调度指令。

电力调度指令由电力调度单位下达。按照"以水定电"的原则，运行管理单位将与发电有关的水库调度指令及时通知电力调度单位，电力调度单位按"以水定电"原则制订发电指标，并及时下达调度指令。

运行管理单位严格执行调度指令，制订孔洞组合方案，以满足调度要求，对枢纽建筑物的安全运行负责。运行管理单位如对调度指令有不同意见，在执行调度指令的同时可向有关部门反映。在运行过程中若枢纽建筑物及设备出现重大安全问题，运行管理单位需及时采取相应的应急措施，并向水库调度单位和电力调度单位报告。

（三）枢纽蓄水运用条件

库水位上升限制条件：水库正常设计水位（同最高运用水位）275 m，最低运用水位一般不低于 210 m。根据土石坝蓄水特点和坝体稳定要求，水库按分级蓄水原则逐步提高允许最高蓄水位，在 260 ~ 265 m 和 265 ~ 270 m 水位级应持续不少于 3 个月的时间，每级水位蓄水运用的原型观测资料应及时汇总分析，在前一级水位运行检验稳定后，方可进行后一级水位蓄水运用。在防洪、防凌期遇特殊情况时，经上级主管部门批准后，允许短期突破，此时应加强枢纽建筑物安全监测，并尽快恢复到允许最高蓄水位以下。

库水位消落限制条件：库水位非连续下降时，日最大下降幅度不大于 6 m；库水位连续下降时，一周内最大下降幅度不得大于 25 m，且日最大下降幅度不得大于 5 m。

二、防洪运用

防洪运用的任务是根据规划设计确定的枢纽设计洪水、校核洪水标准和下游防洪工程的防洪标准，在确保枢纽建筑物安全的前提下，减轻洪水对下游防洪工程的压力，保证下游防洪安全，兼顾洪水资源利用及水库、下游河道减淤。

防洪运用的原则是：当下游出现防御标准（花园口站流量22 000 m^3/s）内洪水时，合理控制花园口流量，最大限度地减轻下游防洪压力；当下游可能出现超标准洪水时，尽量减轻黄河下游的洪水灾害；当水库遇超过设计标准洪水或枢纽出现重大安全问题时，应确保枢纽安全运用。

枢纽防洪调度期为7月1日至10月23日，其中7月1日至8月31日为前汛期，9月1日至10月23日为后汛期。根据黄河洪水季节性变化规律，水库调度单位考虑拦沙初期水库淤积特点，分别确定前汛期和后汛期的限制水位，目前前汛期限制水位225 m，后汛期限制水位248 m。考虑黄河洪水和径流的特点，7月1～10日，在综合分析来水情况并经上级主管部门批准后，可突破汛限水位运用。黄河洪水调度复杂，水库调度单位应根据每年的具体情况逐年制订防洪调度预案，并及时通知运行管理单位；运行管理单位应根据枢纽的具体情况和防洪调度预案制订防洪调度计划，并及时上报水库调度单位。

防洪调度按照国家防汛抗旱总指挥部批准的黄河洪水调度方案执行，但是黄河来水、来沙多变，预见期有限，在防洪调度期间需要在调度预案的基础上，结合实时水沙情况，进行实时调度。防洪运用方式如下：

（1）当预报花园口站流量小于5 000 m^3/s时，原则上按入库流量泄洪；当潼关站实测为低含沙、小洪量编号洪水时，可短时超量蓄水。

（2）当预报花园口站洪水流量大于5 000 m^3/s时，需根据小浪底—花园口区间来水流量与水库蓄洪量多少，确定不同的泄洪方式。

①对以三门峡以上来水为主的“上大洪水”，若潼关站实测含沙量小于200 kg/m^3，先按控制花园口站流量5 000 m^3/s运用，待水库蓄洪量达到20亿m^3时，再按控制花园口站流量不大于10 000 m^3/s运用；当潼关站发生含沙量大于200 kg/m^3的编号洪水时，按入库流量下泄，并控制花园口站流量不大于10 000 m^3/s。

②对以三门峡—花园口区间来水为主的“下大洪水”，在小浪底水库控制花园口站流量5 000 m^3/s运用过程中，当水库蓄洪量尚未达到20亿m^3、小浪底—花园口区间来水流量已达到5 000 m^3/s且有增大趋势时，水库按不大于1 000 m^3/s控泄；当水库蓄洪量达到20亿m^3时，开始按控制花园口站10 000 m^3/s运用；当小浪底—花园口区间来水流量大于10 000 m^3/s时，水库按不大于1 000 m^3/s控泄。

（3）当预报花园口站洪水流量回落至5 000 m^3/s以下时，按控制花园口站5 000 m^3/s泄洪，直到小浪底库水位回降至汛限水位以下。

三、调水调沙运用

调水调沙运用的任务是通过水库对出库水沙过程进行调节，尽可能减少下游河道特别是艾山以下河道主河槽的淤积，增加河道主槽的过流能力。

调水调沙运用的原则是水库调水调沙要考虑水沙条件、水库淤积和黄河下游河道的过水能力，充分利用下游河道输沙能力，控制花园口站流量或小于800 m^3/s或大于2 600 m^3/s，尽量避免出现800～2 600 m^3/s的流量过程。

调水调沙的调度期运用贯穿于其他各个调度期之中。水库调度单位负责制订小浪底水库调水调沙调度预案，下达调水调沙调度指令，运行管理单位负责组织实施。

黄河来水、来沙多变，预见期有限，在调水调沙期间需要在调度预案的基础上，结合实际水沙情况，加强实时调度。同时，在调水调沙调度中，要做好和防洪调度的衔接，并尽量使三门峡水库和小浪底水库调度相协调。调水调沙运用方式如下：

(1)调水调沙最低运用水位为210 m，调控库容不小于8亿 m^3。

(2)调控下限流量为控制花园口站流量不大于800 m^3/s，调控上限流量为控制花园口站流量不小于2 600 m^3/s，历时不少于6 d。

(3)当出库流量大于调控上限流量时，应及时打开排沙洞或孔板洞排沙，充分利用黄河下游河道的输沙特性，排沙入海，减少小浪底水库淤积。当出库流量小于调控下限流量时，应以电站泄流为主，避免小水带大沙增加下游河道淤积。

(4)当潼关站含沙量大于200 kg/m^3、流量小于编号洪水时，应采用异重流、"浑水水库"等排沙运用方式。

四、防凌运用

防凌运用的任务是在防凌期优先承担防凌蓄水任务，合理控制出库流量，避免下游凌汛灾害。

防凌调度期为每年的11月1日至次年2月底，特殊情况时，调度期顺延。

水库调度单位根据来水预报、下游河道可能开始封(开)河时段的气象预报，以及该时段内下游沿河地区用水、配水计划，编制水库防凌调度运用预案。运行管理单位负责制订小浪底水利枢纽的防凌调度计划，并按调度指令负责组织实施。

防凌运用方式如下：预报下游河道封冻前一旬，水库按防凌预案确定的流量均匀泄流，维持下游流量平稳，避免小流量封河；下游河道封冻后，水库平稳减少泄流，逐步减小下游河道槽蓄水量，使下游流量不超过河道的冰下过流能力。开河期，为进一步削减下游河道槽蓄水量，适时控泄流量，直至开河。

五、供水灌溉运用

供水灌溉运用的任务是在尽可能保证黄河不断流的前提下，按"以供定需"的要求，尽量满足下游供水和灌溉配额，提高供水保证率。

供水灌溉调度的原则是供水灌溉服从黄河水量统一调度，在考虑黄河下游减淤要求的前提下，合理分配下游生活、生产和生态环境用水。

水库调度单位根据来水预报和下游需水要求负责制订年度水量分配调度预案和月、旬调度计划。运行管理单位负责组织实施调度计划，在满足瞬时最小流量要求的前提下，日均下泄流量误差不超过5%。

为防止7月上旬的"卡脖子"旱，6月底在210 m水位以上可预留约10亿 m^3 水量。

六、发电运用

发电调度的任务是在满足水库调度单位制订的下泄流量指标的前提下，尽量多发电、少弃水，提高小浪底水利枢纽的发电效益。

发电调度的原则是按"以水定电"的原则进行发电调度。当电网有特殊需求时，电力调度单位应及时通报，水库调度单位应尽可能予以协助。

运行管理单位根据水调计划及防洪、防凌、调水调沙调度指令编制小浪底水电厂的季、月、日发电建议计划（包括最大出力、最小出力、发电量等），并报送电力调度单位和水库调度单位。电力调度单位在水库调度单位要求控泄的日平均流量和日调节流量上、下限范围内进行电负荷的日调节，具体电负荷的日调节由电力调度单位直接下达运行管理单位。

当汛期发生高含沙洪水泄水时，运行管理单位将考虑采取减少开机台数或短时停机避沙等措施，以减轻机组泥沙磨损。

七、枢纽防沙防淤堵运用

运行管理单位定期对枢纽泥沙淤积情况进行监测，库区大断面泥沙测验每年汛前和汛后各进行一次，进水塔前和坝前泥沙淤积情况（塔前 60 m）每月进行两次监测。

枢纽防沙防淤堵运用方式如下：

（1）汛期下泄的水量，若要求全部通过发电机组下泄，可能导致进水塔前泥沙淤积。当实测塔前泥沙淤积面高程达到 183.5 m 时，运行管理单位应报请水库调度单位批准，小开度短历时开启排沙洞工作闸门，以检查其进口流道是否畅通。以后可按 0.5 m 一级逐步提高塔前允许淤积面高程，但最终许可值不得大于 187 m。

（2）当要求单个排沙洞运用时，应先开启 3 号排沙洞，然后轮流开启 2 号、1 号排沙洞。当要求多个排沙洞运用时，各排沙洞宜均匀泄水。

（3）若因地震、水流淘刷等特殊原因造成进口冲刷漏斗坍塌，导致塔前淤积高程过高而排沙洞不能泄流时，可相机启用明流洞、孔板洞泄流拉沙，必要时辅以高压水枪冲沙，以恢复进口冲刷漏斗。

（4）泄洪排沙时，若某条尾水渠对应的 2 台机组均停止运行，应关闭该渠末端的防淤闸门，防止黄河泥沙回淤尾水洞（渠）。

第二章　主坝渗流监测分析

第一节　渗流监测概况

一、小浪底大坝防渗设计

小浪底水利枢纽工程主坝为设有内铺盖的壤土斜心墙堆石坝。大坝坝顶高程 281 m，最大坝高 160 m，坝顶长度 1 667 m，宽度 15 m，最大坝底宽度 864 m，上、下游坝坡分别为 1∶2.6（下部 1∶3.5）和 1∶1.75。主坝直接坐落在河床覆盖层上（深一般为 30～40 m，最深达 70 余米）。河床部位坝基采用 1.2 m 厚混凝土防渗墙完全截断砂砾石覆盖层，防渗墙插入心墙内 12 m，它与大坝心墙共同构成大坝的主要防渗系统。考虑黄河多泥沙的特点，为充分利用坝前淤积形成天然铺盖的防渗作用，在上游拦洪围堰的下游坡上设置了厚 6 m 的掺合料内铺盖，它将大坝心墙和上游围堰斜墙及坝前淤积连接起来，作为坝基的辅助防渗措施。两岸基岩设置灌浆帷幕和排水帷幕。

二、渗控工程

（一）防渗设计

小浪底坝址渗流控制措施布置的原则是“上堵下排，堵排结合，以排为主”。在充分考虑了黄河泥沙形成天然铺盖对坝基防渗的有利作用后，河床与两岸分别采取了不同的工程措施。根据大坝的防渗要求、水文地质分区和岩体的水文地质结构，灌浆帷幕布置大体可分为四个区段。

1. 河床段（DG0＋653.80～DG0＋709.00）

河床段防渗墙和帷幕轴线位于坝轴线上游 80 m，到两岸岸坡附近，大坝由斜心墙逐渐过渡到正心墙，最终以正心墙与两岸岸坡连接，帷幕轴线亦随之过渡到位于坝轴线上游 4 m。在两防渗墙之间及坝体上游，设置黏土铺盖，借以延长渗流路径。对 F_1 断层及强烈破碎带，除设置 5 排深孔（幕底深入到相对隔水层）帷幕灌浆外，在上游坝壳内，沿断层带铺设钢筋混凝土面板；在下游坝壳范围内，设两层反滤进行保护。

2. 左岸山坡及洞群段（DG0＋232.94～DG0－347.89）

左岸相对单薄的山体视作大坝的延伸，因而按大坝的防渗要求布设了灌浆帷幕。由于相对隔水层 P_2^4 大部分深埋于高程 40 m 以下，因此幕底仅深入到弱透水岩层 T_1^{3-2} 中。

左岸岸坡段（DG0＋232.94～DG0＋0.00）因基岩风化及卸荷影响，基岩上部透水性较强。该段除布置一排主帷幕外，还在其两侧各布置一排副帷幕。副帷幕孔距 2 m，桩号 DG0＋232.94～DG0＋200.00 间孔深 25 m，桩号 DG0＋200.00～DG0＋0.00 间孔深 15 m。根据岩层节理裂隙产状，为提高灌浆效果，自地面施工的灌浆均采用斜孔，孔斜倾向岸内，倾角12°，洞内灌浆采用直孔。

桩号DG0+232.94～DG0+200.00间帷幕底高程为60 m，其以左逐渐升到高程130 m，最大灌浆深度达到150 m。因而，在170 m和235 m高程上布置2条断面尺寸为2.5 m×3.5 m的灌浆隧洞。

洞群段（DG0+0.00～DG0-347.89）帷幕除F_{236}～F_{240}断层带间为双排孔外，其余均为单排孔，孔距2 m，孔底至130 m高程。帷幕轴线与泄洪洞、发电洞轴线近于正交，为加强帷幕的整体性，帷幕灌浆与上述洞周围的环形灌浆采用搭接方式连接，以保证形成完整的幕体。

3. *左岸桩号DG0-347.89以左山体*

该段帷幕为单排孔，孔距2 m。地下厂房一段幕底高程为140 m，以封堵主要透水岩层T_1^4，副坝以左幕底逐渐抬高至210 m高程，主要封堵山梁上部的风化壳岩体。

4. *右岸岸坡段（DG0+709.00～DG1+520.00）*

右岸相对隔水层P_2^1分布在高程80 m以下，因此帷幕深度按水库0.5倍最大水头确定。

（二）排水设计

左坝肩及左岸山体上游有风雨沟，下游有瓮沟、葱沟等支沟的切割，山体相对比较单薄，且山体内集中布置了所有泄水及引水发电建筑物，地下洞室密布。根据上堵下排、堵排结合、以排为主的渗控方案布置原则和地下洞室的设计要求，在泄水建筑物范围内，排水幕后的地下水位不高于200 m；地下厂房周围的地下水位不高于134 m；根据施工期消力塘上游边坡、检修期消力塘底板以及整个左岸山体的稳定性要求，进行排水幕的布置。

为排泄右岸山体P_2^2、P_2^3砂岩岩层中的承压水，确保右岸山体和坝基的稳定，在F_1～F_{230}间坝轴线下游50 m处布置了1号排水洞，洞底高程147.00～149.00 m，洞长777 m。排水幕顶和幕底高程分别为180.00 m和100.00 m。

三、渗流监测设计

渗流监测项目有渗压观测、渗流量观测。

（一）渗压观测

主坝渗压观测分为坝体渗压、坝基渗压、绕坝渗流观测等。

1. *坝体渗压观测*

坝体渗压观测仪器主要布置在大坝3个横断面内，与变形及应力观测的布置相一致。3个横断面分别是A—A（D0+693.74）、B—B（D0+387.50）、C—C（D0+217.50）。A—A观测断面位于F_1断层破碎带处，F_1断层对大坝的影响较大，是重点观测部位；B—B观测断面位于最大坝高处，而且此处覆盖层深约70 m，是坝体的典型观测断面；C—C观测断面位于左岸，该断面防渗体基本上处于岩石基础和河床覆盖层的交界部位，同时该断面坝轴线附近有一基岩陡坎，其变形比较复杂，有引起裂缝的可能。按孔隙水压力等值线及通过流网分析可确定浸润线位置的原则，在壤土斜心墙内渗压计分别沿140.0 m、180.0 m、210.0 m、250.0 m 4个高程布设，水平间距基本控制在15～30 m。考虑到上游坝壳被泥沙淤填，在水库水位骤降时，因坝体表面的渗透系数降低而使坝体内孔隙水压力无法及时排出,这样坝体内部的渗透压力增加,对上游边坡稳定十分不利。为此,在B—B断面、C—C 断面布置了渗压计。仪器布置图见图 2.1.1 和图 2.1.2。

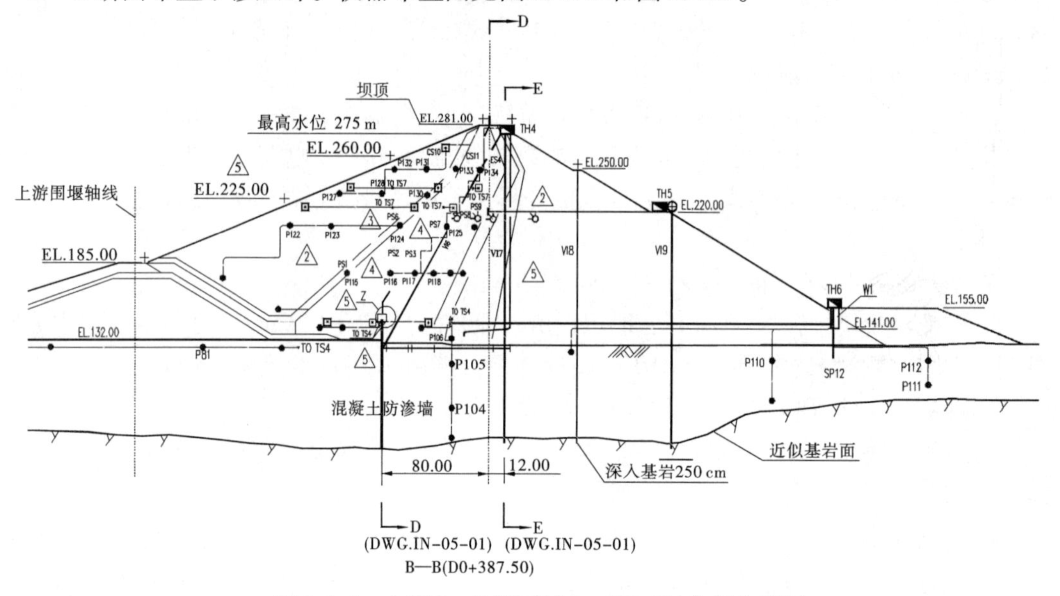

图 2.1.1 主坝 B—B 断面(D0 + 387.50)仪器布置图

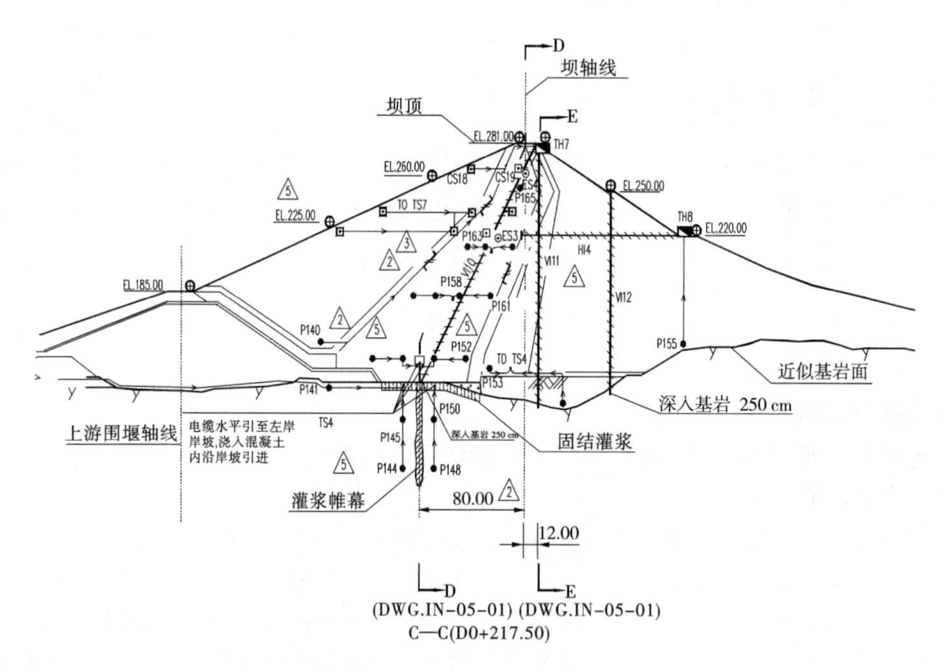

图 2.1.2 主坝 C—C 断面(D0 + 217.50)仪器布置图

2. 坝基渗压观测

坝基渗压观测的目的是监测防渗系统的防渗效果以及坝体、坝基覆盖层的渗透稳定性,观测仪器采用渗压计和测压管。坝基渗流观测的重点是大坝的主防渗线。为了全面掌握坝基的渗流情况,除沿 A—A、B—B、C—C 3 个横向观测断面的坝基面、基础岩层及覆盖层布置测点外，还在整个坝基范围重要的部位均设置有测点。其平面结构和仪器布置图见图 2.1.3。

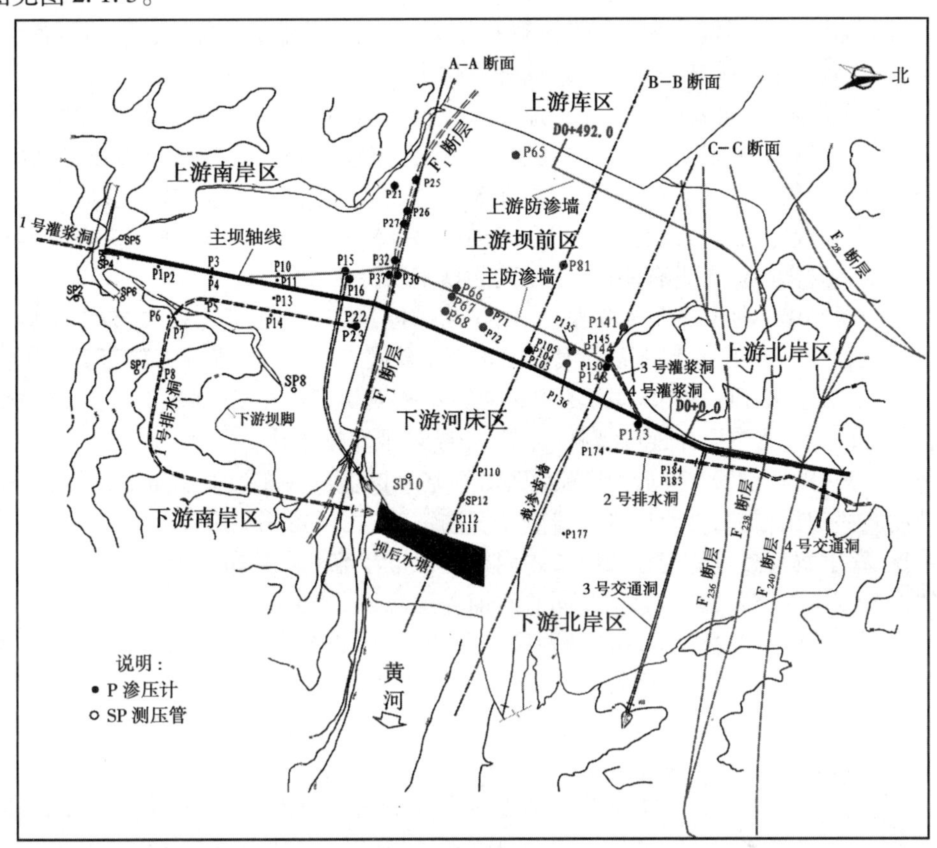

图 2.1.3　大坝平面结构和仪器布置图

防渗墙的缺陷和破坏以及防渗帷幕的失效将导致坝基、坝体渗压力增大、渗流比降增大、逸出点抬高，从而引起坝基、坝体材料渗流破坏，危及大坝安全。因此，在坝基渗流观测设计中将防渗墙下游以及斜心墙下部坝基的接触面和斜心墙下游坡脚作为重点观测部位。内铺盖和天然淤积以及上游围堰混凝土防渗墙作为坝体的辅助防渗线，对它们的渗流情况也进行了观测。另外，F_1 断层是贯穿大坝的大断层，对坝体的渗流影响很大，且基本上在 A—A 观测断面的坝基，作为坝基渗流观测的一部分也重点进行了观测。

防渗墙和灌浆帷幕的渗压监测布置如下：在 A—A、C—C 横向观测断面的灌浆帷幕上、下游布置有渗压计，在左、右岸灌浆帷幕上、下游沿纵向一定距离布置一定数量的渗压计和测压管；在大坝 D0 +387.50 观测断面下防渗墙（幕）上、下游布置有渗压计。在桩号 DG0 +413.15 防渗墙结构观测断面（F—F）的上、下游，沿墙不同高程埋设一定数量的渗压计。在防渗墙顶及墙顶高塑性区周围布设有 5 支渗压计，以监测接触面的渗流和该范围孔隙水压力。除在桩号 DG0 +413.15 断面布设渗压计对防渗墙进行渗流观测外，沿防渗墙纵向还布设有渗压计。另外，在混凝土防渗墙左、右端头与混凝土齿墙接触部位的上、下游面各布置有渗压计，以观测防渗墙的接触防渗效果。

为了观测高塑性土区的孔隙水压力消散情况，以验证设计和试验成果，施工图阶段在高塑性土区中又增设了4支渗压计，其分别位于D0+387.50断面和D0+430.00断面。

除对防渗墙和灌浆帷幕的渗流情况进行监测外，在两岸排水帷幕上、下游还布置有渗压测点，以监测排水效果和了解地下水的分布情况。

斜心墙下游坡脚是渗流的逸出点，监测此点的渗流情况可以了解斜心墙和坝基的渗透比降，分析坝体的渗流稳定性，同时还可以反映防渗墙和灌浆帷幕的防渗效果，故此点是主防渗线上比较关键的测点。因此，除在3个横向观测断面的斜心墙下游坡脚布设有测点外，沿坝轴线方向还布设有3个测点。同时，在A—A、B—B观测断面斜心墙坡脚处的坝基中沿不同深度还布设有渗压计，以监测坝基的渗流坡降。

在壤土斜心墙与坝基覆盖层接触面，由于河床覆盖层渗透系数比较大，有发生接触冲刷的可能，因此在B—B观测断面沿坝基面布设了渗流测点，以监测判断是否会产生接触冲刷。而C—C观测断面斜心墙填筑在基岩上，A—A观测断面在F_1断层上。因此，在A—A观测断面布置5支渗压计进行观测，详见F_1断层观测设计。

A—A、B—B、C—C 3个横向观测断面沿坝基和铺盖以下布设有少量的渗压计，用以监测辅助防渗效果，并结合前述内铺盖以上及内铺盖内部的渗压力测点，可以分析内铺盖的渗透比降，了解其渗流稳定性状况。在内铺盖以下渗流测点的布设中，尽量做到了使其与坝体渗流测点相结合，同时起到共同监测铺盖渗流稳定性的作用。

为了全面反映和分析坝体渗流及两岸侧向渗流，在3个横向观测断面和两岸坡的下游坝基设有20支渗压计或测压管(2号交通洞和3号交通洞之间下游坝基中)。为了解监测天然淤积的防渗效果，在坝前围堰上游布置有2支渗压计。

3. 坝基F_1断层渗压观测

F_1断层位于河床右岸岸边，走向大致与河道平行，断层带宽5~10 m，为角砾、岩屑、岩粉及泥充填，挤压紧密、透水性差，为相对隔水带，两侧破碎带各宽约10 m，在一定深度范围内具有中-强透水性，对大坝影响较大。水工设计对F_1断层的处理如下：在斜心墙下断层及影响带上做混凝土盖板；在心墙上下游坝体下断层及影响带上做反滤。

A—A观测断面坝基的渗流观测仪器是为F_1断层监测而布设的。为了监测F_1断层及其两侧破碎带处理情况和渗流稳定性，同时兼顾观测灌浆帷幕的防渗效果和斜心墙坡脚处的渗流稳定性(如前所述)，包括前述坝基测点沿F_1断层坝基下共布设有15支渗流观测仪器，即：

(1)在灌浆帷幕的下游F_1断层的两侧破碎带中布置2支渗压计，除观测灌浆帷幕的防渗效果外，还监测F_1断层的阻水作用；

(2)在灌浆帷幕上游坝基布置4支渗压计，在坝轴线下游布置4支渗压计，对F_1断层渗流稳定性进行监测；

(3)如前所述，在斜心墙坝基下即混凝土盖板之上布置5支渗压计，除观测接触面的渗流情况外，还监测F_1断层的处理效果。

上游围堰混凝土防渗墙主要是在大坝施工期起截渗作用，减少基坑的渗流量，在运行期对大坝也起到一定的防渗作用。上游围堰混凝土防渗墙渗流观测的目的和作用主要是监测施工期上游围堰混凝土防渗墙的防渗效果，还通过运行期观测了解其对大坝的防渗作用，这些资料是大坝水平防渗体系渗流分析特别是研究天然淤积效果必不可少的。

上游围堰混凝土防渗墙渗流观测共布置有14支渗压计。由于河床覆盖层渗透系数比较大，渗压计一般埋设在基础面上，沿纵向布置在围堰混凝土防渗墙的上下游和端部。除渗流观测外，上游围堰混凝土防渗墙还进行了结构观测，在结构观测断面上共布置有5支渗压计，上下游覆盖层中沿高程各布置2支，墙底基岩中布置1支，以了解其沿竖向渗流情况。

4. 绕坝渗流观测

绕坝渗流观测按照其部位不同，又分为左岸绕坝渗流和右岸绕坝渗流两部分。由于本工程所有泄水建筑物均集中布置在左岸山体上，而且左岸山体比较单薄，地质条件也比较复杂，因此是绕坝渗流观测的重点，观测设计也把左岸山体的渗流观测作为独立的部分进行设计。右岸山体浑厚，其渗流对山体和坝体的安全影响不大，而且由于右岸山体比较陡峭，受施工埋设条件的影响，右岸绕坝渗流观测仅是为了定性地了解灌浆帷幕的防渗效果及岸坡的渗流变化情况等。

（二）渗流量观测

为便于准确地研究分析各部分的大坝渗流状况，采用分区、分段的原则进行渗流量观测。大坝渗流分坝体渗流、坝基渗流、两岸绕坝渗流三部分。

左岸、右岸绕坝渗流自斜心墙后两岸均做有一混凝土截渗墙，截渗墙嵌入基岩0.5 m，绕坝渗流顺截渗墙后的排水沟引向下游，混凝土截渗墙末端做引水渠和量水堰，观测两岸的渗流量；河床部分的渗流由坝体排水体汇入下游基坑后，渗流量通过设在下游围堰排水涵洞内的量水堰量测。

坝体主要由堆石和黏土组成，坝体核部是黏土，两侧是堆石，黏土与堆石间夹有过滤层以及掺合料。坝体上下游都建有围堰，上游围堰的底部是堆石，上部是黏土层，该黏土层与坝体的黏土心墙相连，围堰顶部高程约为185.0 m，其典型剖面图见图2.1.4。

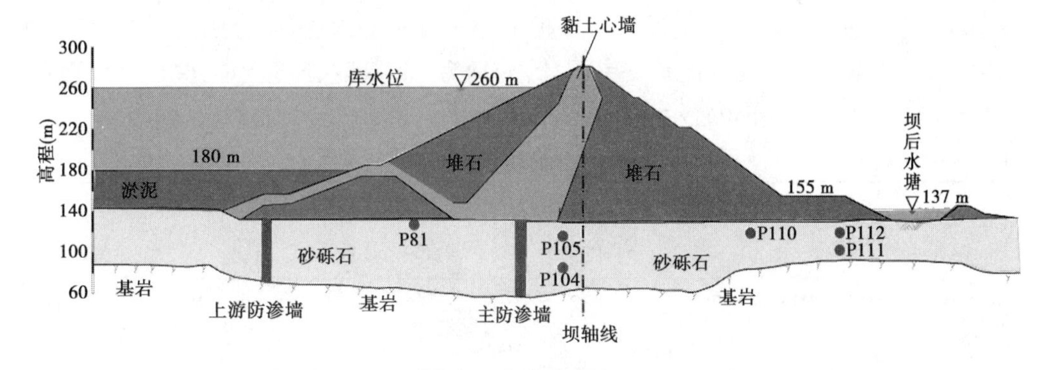

图2.1.4　大坝B—B剖面图(D0+387.50)

2012年底，小浪底水库漏斗区01断面（塔前60 m）泥沙淤积高程在179.2～186.9 m，泥沙淤积体覆盖了北到大坝C—C断面线处、南到F_1断层以南的2号交通洞延线处的范围，对坝体的渗水有很大的影响。

在坝体的底部是一层卵石层，厚20～80 m。在平面图中，F_1断层到D0+492.00沿线区域上，砂砾石层厚度约20 m，底部与二叠系和三叠系岩层都有接触，其中，三叠系岩层在主防渗墙上游出露较少；D0+492.00沿线与C—C断面线间的区域，砂砾石层平均厚度约为 60 m,下部与二叠系岩层接触;C—C 断面线以北地区,大坝直接建在三叠系岩层上。在卵石层中有两道防渗措施:一是上游防渗墙,其轴线在坝轴线上游约 400 m 处;二是主防渗墙,轴线在坝轴线上游约 80 m 处。在两个防渗墙之间的砂砾石层,由于顶部有黏土和淤泥的覆盖,底部为渗透性相对较差的基岩,南部有 F_1 断层阻水,北部与三叠系基岩接触,形成了一个相对封闭的蓄水体(简称为封闭体)。在大坝下游,距坝轴线约 390 m 处有一水塘。水库中的水渗到封闭体中,然后绕过主防渗墙到达坝后水塘。

首先,沿大坝坝轴线,以黏土心墙、主防渗墙和灌浆帷幕等隔水体为界,分为上游和下游区两个区域;其次,南部以 F_1 断层为界,北部以河床砂砾石与基岩的交界处为界,将研究区划分为南岸、河床和北岸三个区。在上游河床区内,为研究的需要进一步分为上游坝前区和上游库区两个区。其中,主防渗墙和上游防渗墙的区域为上游坝前区,而上游防渗墙以西的区域为上游库区。

第二节　主坝坝基渗流分析

一、坝基渗压监测资料分析

(一)主坝坝基仪器布置

坝基渗压计主要分布在 A—A 断面 F_1 断层、主坝防渗墙、B—B 断面与 C—C 断面基础、左岸灌浆洞和排水洞、坝基其他部位。

在 F_1 断层处共布置 21 支渗压计。在灌浆帷幕上游侧混凝土盖板上部布置 5 支渗压计,分别为 P28、P31、P33、P34 和 P35;混凝土盖板下部布置 4 支渗压计,分别为 P25、P26、P27 和 P32。在灌浆帷幕下游侧混凝土盖板上部布置 4 支渗压计,分别为 P42、P43、P44 和 P46;混凝土盖板下部共布置 8 支渗压计,分别为 P36、P37、P38、P40、P41、P45、P47 和 P48。这 21 支渗压计分布位置示意如表 2.2.1 所示。

表 2.2.1　F_1 断层渗压计分布位置示意表

			P28	P31	P33 ~		P42 ~			P46	
					P35		P44				
混凝土盖板	P25	P26	P27		P32	P36		P41	P45	P47	P48
						P37		P40			
								P38			
					主坝灌浆帷幕						

(二)坝基渗压分析

1. F_1 断层

P28、P31 测值过程线见图 2.2.1,P25、P26、P27 测值过程线见图 2.2.2。

在主坝帷幕灌浆上游侧,混凝土盖板上部和下部布置的渗压计测值明显随库水位的

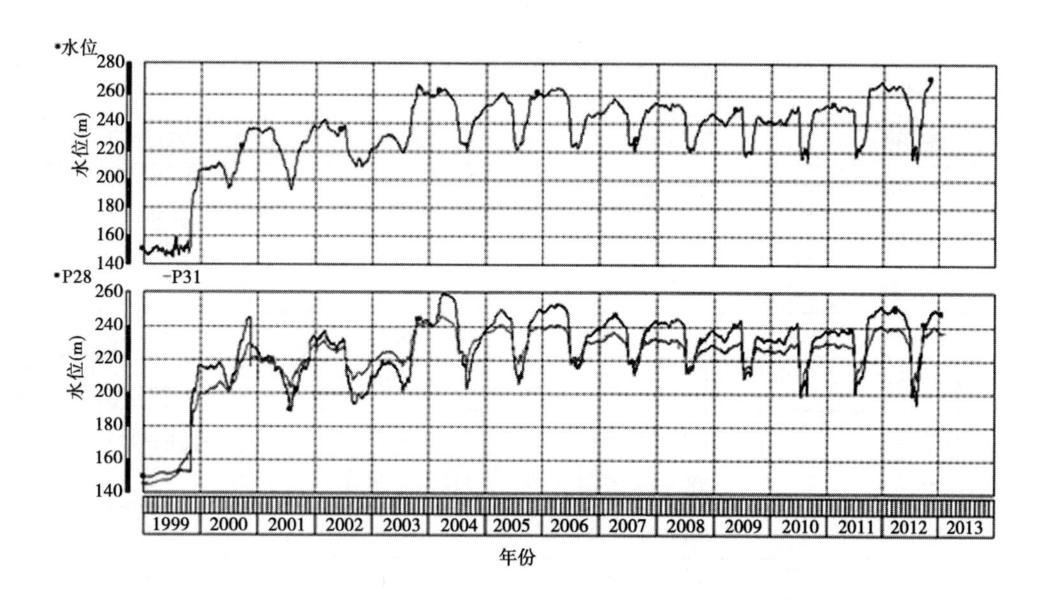

图 2.2.1　P28、P31 测值过程线

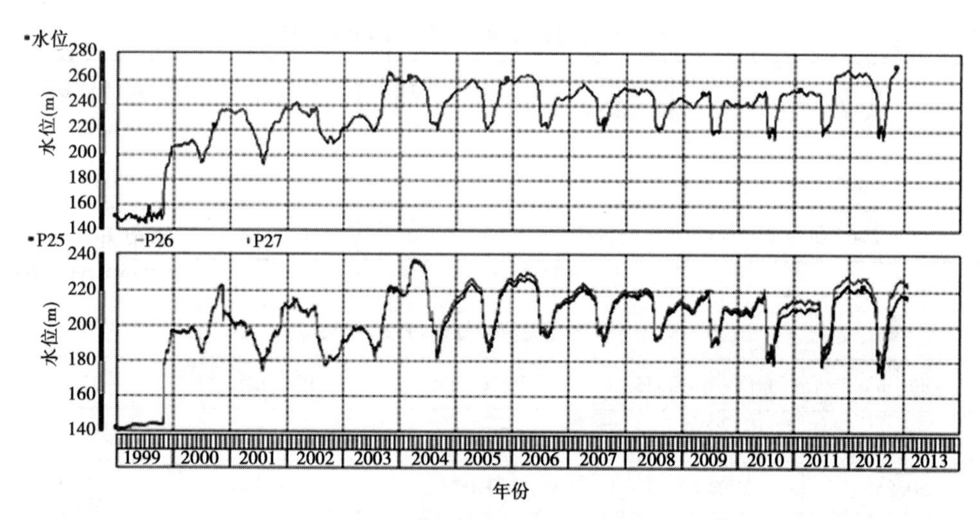

图 2.2.2　P25、P26、P27 测值过程线

升降变化而变化,变化规律基本与库水位保持一致。渗压计 P28、P31、P25 ~ P27 的特征值见表 2.2.2 ~ 表 2.2.5。

表 2.2.2　渗压计测值特征值(P28、P31)

水位(m)	时间(年-月-日)	P28(m)	P31(m)
250.00	2003-09-12	222.12	231.35
250.85	2004-06-14	254.25	239.19
250.96	2008-01-06	241.38	231.00

续表 2.2.2

水位(m)	时间(年-月-日)	P28(m)	P31(m)
250.37	2010-06-16	242.11	229.93
251.30	2011-02-16	237.86	230.01
250.59	2012-09-09	229.14	228.49
260.00	2003-10-06	236.50	237.86
260.45	2004-03-12	256.33	245.18
261.21	2011-09-24	244.75	—
260.56	2012-09-19	238.24	233.41
265.00	2003-10-15	244.56	241.73
265.10	2011-11-17	249.90	239.09
265.12	2012-10-15	243.19	235.85

表 2.2.3　渗压计测值最大、最小值(P28、P31)

测点号	测值时段(年-月)	最大值(m)	最大值日期(年-月-日)	最小值(m)	最小值日期(年-月-日)
P28	2002-01～2013-01	259.09	2004-04-12	192.83	2002-09-08
P31	2002-01～2013-01	245.78	2004-03-09	197.42	2010-07-13

表 2.2.4　渗压计测值特征值(P25、P26、P27)

水位(m)	时间(年-月-日)	P25(m)	P26(m)	P27(m)
250.00	2003-09-12	200.64	211.12	202.71
250.85	2004-06-14	230.04	231.24	230.86
250.96	2008-01-06	216.27	218.23	217.92
250.37	2010-06-16	216.91	218.64	219.46
251.30	2011-02-16	209.63	214.66	214.52
250.59	2012-09-09	197.27	207.37	207.38
260.00	2003-10-06	213.32	213.95	214.22
260.45	2004-03-12	232.23	233.60	233.38
261.21	2011-09-24	214.32	221.05	221.09
260.56	2012-09-19	204.81	215.38	215.35

续表 2.2.4

水位(m)	时间(年-月-日)	P25(m)	P26(m)	P27(m)
265.00	2003-10-15	220.58	221.31	221.63
265.10	2011-11-17	220.29	225.97	225.83
265.12	2012-10-15	209.54	219.83	219.77

表 2.2.5　渗压计测值最大、最小值(P25、P26、P27)

测点号	测值时段(年-月)	最大值(m)	最大值日期(年-月-日)	最小值(m)	最小值日期(年-月-日)
P25	2002-01 ~ 2013-01	235.88	2004-04-12	170.88	2012-08-05
P26	2002-01 ~ 2013-01	237.22	2004-04-12	176.74	2012-08-05
P27	2002-01 ~ 2013-01	236.87	2004-04-10	176.80	2012-08-05

由于 P28、P31 均位于帷幕灌浆上游侧混凝土盖板上部，所以其特征值相差不大，两测点最大值均出现在 2004 年，主要原因是受 2004 年双洪峰的影响，且在第二次洪峰水位与第一次相近的情况下，第二次洪峰测值较第一次大，说明测点受连续洪峰作用影响大，P28 所受影响更为明显；P25、P26、P27 均位于帷幕灌浆上游侧混凝土盖板下部，其特征值相差不大，最大、最小值变化不大。

P33、P34、P35 测值过程线见图 2.2.3，P32、P36、P37 测值过程线见图 2.2.4。

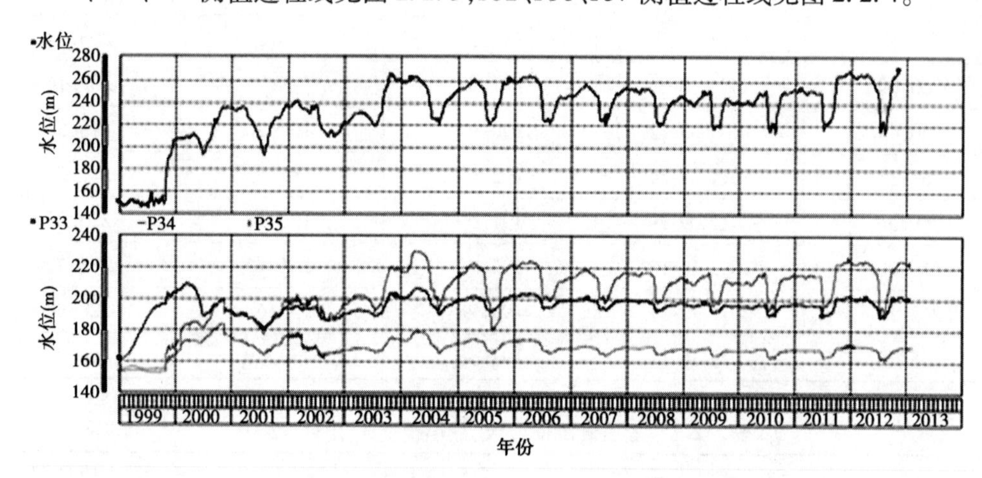

图 2.2.3　P33、P34、P35 测值过程线

将主坝帷幕灌浆上游侧测点测值与下游侧对比，上游侧测点的测值大于下游侧的，混凝土盖板上部的渗压计测值与下部测值对比，测点安装高程较高的受水位变化影响更为明显，P32、P35、P37 受水位变化影响较大。渗压计 P33 ~ P35、P32、P36、P37 的特征值见表 2.2.6 ~ 表 2.2.9。

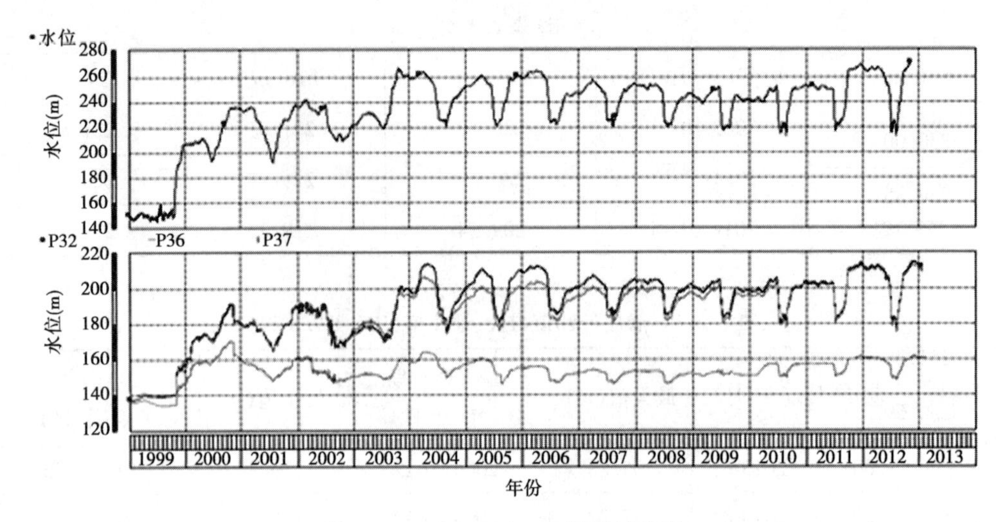

图 2.2.4　P32、P36、P37 测值过程线

表 2.2.6　渗压计测值特征值(P33、P34、P35)

水位(m)	时间(年-月-日)	P33(m)	P34(m)	P35(m)
250.00	2003-09-12	185.64	154.80	199.00
250.85	2004-06-14	196.67	164.58	222.76
250.96	2008-01-06	190.56	154.74	210.82
250.37	2010-06-16	188.63	154.53	212.46
251.30	2011-02-16	188.33	153.32	210.76
250.59	2012-09-09	187.58	150.62	206.24
260.00	2003-10-06	191.78	158.74	209.16
260.45	2004-03-12	196.94	164.70	225.50
261.21	2011-09-24	192.52	154.53	217.22
260.56	2012-09-19	191.09	152.36	213.21
265.00	2003-10-15	195.43	161.46	215.72
265.10	2011-11-17	193.28	156.63	220.46
265.12	2012-10-15	192.53	153.49	216.81

表 2.2.7　渗压计测值最大、最小值(P33、P34、P35)

测点号	测值时段(年-月)	最大值(m)	最大值日期(年-月-日)	最小值(m)	最小值日期(年-月-日)
P33	2002-01 ~ 2013-01	199.62	2004-04-13	174.39	2002-09-11
P34	2002-01 ~ 2013-01	166.62	2004-04-07	145.77	2012-08-05
P35	2002-01 ~ 2013-01	228.34	2004-04-12	168.18	2005-07-31

表 2.2.8　渗压计测值特征值(P32、P36、P37)

水位(m)	时间(年-月-日)	P32(m)	P36(m)	P37(m)
250.00	2003-09-12	180.81	152.71	184.96
250.85	2004-06-14	209.85	162.19	201.63
250.96	2008-01-06	203.30	152.81	198.56
250.37	2010-06-16	205.34	157.70	202.52
251.30	2011-02-16	202.91	157.31	202.13
250.59	2012-09-09	200.58	155.42	199.90
260.00	2003-10-06	190.31	156.74	192.27
260.45	2004-03-12	209.23	162.42	204.21
261.21	2011-09-24	209.09	159.18	208.24
260.56	2012-09-19	206.75	157.80	205.99
265.00	2003-10-15	197.67	158.91	197.03
265.10	2011-11-17	211.90	160.61	210.69
265.12	2012-10-15	210.00	159.14	208.96

表 2.2.9　渗压计测值最大、最小值(P32、P36、P37)

测点号	测值时段(年-月)	最大值(m)	最大值日期(年-月-日)	最小值(m)	最小值日期(年-月-日)
P32	2002-01 ~ 2013-01	214.31	2012-11-28	166.37	2002-08-31
P36	2002-01 ~ 2013-01	163.91	2004-04-07	145.82	2007-08-07
P37	2002-01 ~ 2013-01	212.29	2012-11-19	167.36	2002-09-08

由表 2.2.6 ~ 表 2.2.9 可以看出，P33、P35 的测值大于 P34 的，P32、P37 的测值大于 P36 的。P35、P32、P37 测值变幅较大，分别达 60.16 m、47.94 m、44.93 m。P37 位于 F_1 断层以右，由于 F_1 断层相对隔水的作用，P37 水头的变化并不是坝基渗漏的主要原因，该部位的渗漏水应通过右岸 1 号排水洞排出。

P42、P43、P44、P46 测值过程线见图 2.2.5，P38、P40、P41 测值过程线见图 2.2.6，P45、P47、P48 测值过程线见图 2.2.7。

各测点变化规律基本与库水位保持一致，其中 P38、P40 受水位变化影响明显，变幅达到 10 m 以上；P38 在 2010 年随水位的升高测值有一次较大的跳跃，至 2013 年 1 月，随水位变化呈规律性变化，与前期测值平均值相比，增长了十几米，需密切关注。其他测点

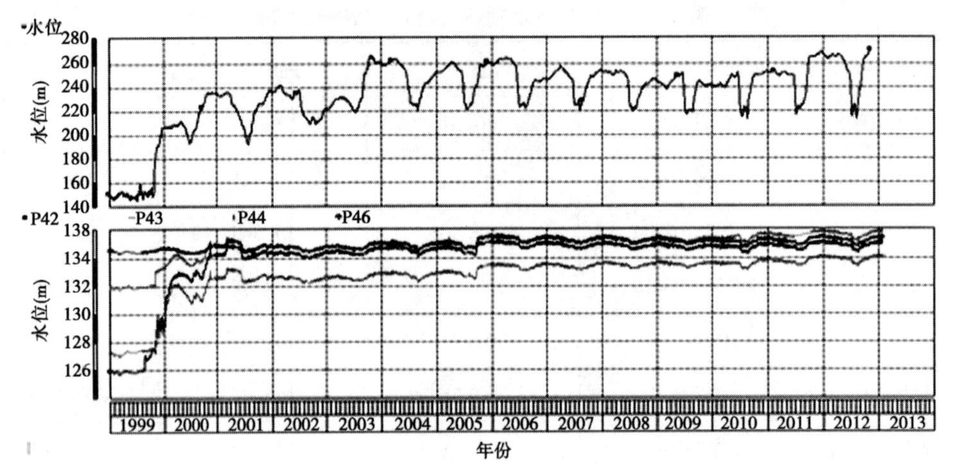

图 2.2.5　P42、P43、P44、P46 测值过程线

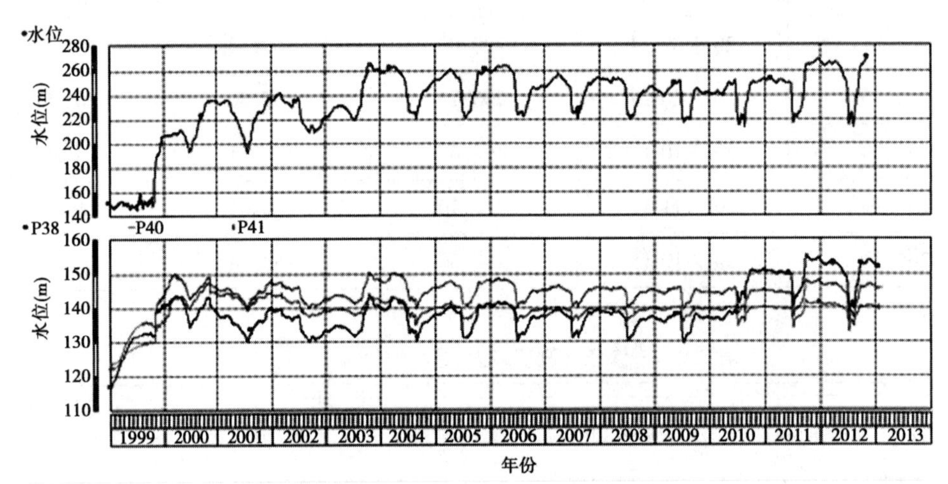

图 2.2.6　P38、P40、P41 测值过程线

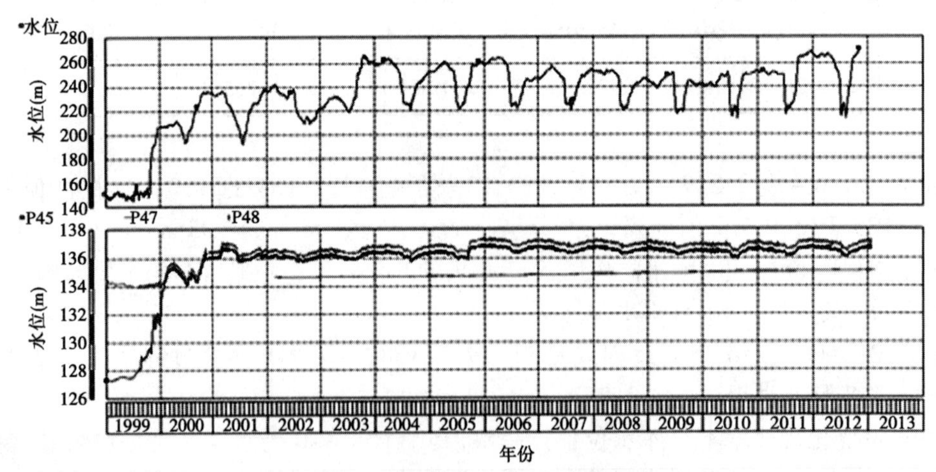

图 2.2.7　P45、P47、P48 测值过程线

测值随水位变化而变化，但变幅较小。渗压计 P38、P40 ~ P48 的特征值见表 2.2.10 ~ 表 2.2.15。

表 2.2.10　渗压计测值特征值(P42、P43、P44、P46)

水位(m)	时间(年-月-日)	P42(m)	P43(m)	P44(m)	P46(m)
250.00	2003-09-12	137.98	135.86	138.43	138.47
250.85	2004-06-14	138.40	136.27	138.83	138.73
250.96	2008-01-06	138.67	137.04	139.25	139.16
250.37	2010-06-16	138.41	137.06	—	138.84
251.30	2011-02-16	138.60	137.33	139.42	139.04
250.59	2012-09-09	138.42	137.28	139.32	138.87
260.00	2003-10-06	138.26	136.15	138.73	138.75
260.45	2004-03-12	138.54	136.41	139.03	138.86
261.21	2011-09-24	138.69	137.46	—	139.14
260.56	2012-09-19	138.43	137.29	139.34	138.87
265.00	2003-10-15	138.32	136.21	138.80	138.83
265.10	2011-11-17	138.79	137.59	139.67	139.24
265.12	2012-10-15	138.55	137.42	139.47	139.00

表 2.2.11　渗压计测值最大、最小值(P42、P43、P44、P46)

测点号	测值时段(年-月)	最大值(m)	最大值日期(年-月-日)	最小值(m)	最小值日期(年-月-日)
P42	2002-01 ~ 2013-01	139.07	2006-02-03	137.53	2002-08-04
P43	2002-01 ~ 2013-01	137.84	2013-01-03	135.48	2002-08-04
P44	2002-01 ~ 2013-01	139.86	2011-10-28	138.04	2002-09-10
P46	2002-01 ~ 2013-01	139.49	2006-02-03	138.07	2002-08-04

表 2.2.12　渗压计测值特征值(P38、P40、P41)

水位(m)	时间(年-月-日)	P38(m)	P40(m)	P41(m)
250.00	2003-09-12	143.73	152.89	146.48
250.85	2004-06-14	146.10	155.54	147.57
250.96	2008-01-06	144.19	152.39	145.47
250.37	2010-06-16	144.16	152.73	146.19
251.30	2011-02-16	158.64	151.61	145.85
250.59	2012-09-09	157.85	150.74	145.19
260.00	2003-10-06	147.64	156.16	148.61

续表 2.2.12

水位(m)	时间(年-月-日)	P38(m)	P40(m)	P41(m)
260.45	2004-03-12	148.38	157.56	149.69
261.21	2011-09-24	163.95	155.16	148.34
260.56	2012-09-19	160.96	152.80	146.37
265.00	2003-10-15	150.70	158.38	150.20
265.10	2011-11-17	162.41	154.66	147.41
265.12	2012-10-15	161.15	152.97	146.09

表 2.2.13 渗压计测值最大、最小值(P38、P40、P41)

测点号	测值时段(年-月)	最大值(m)	最大值日期(年-月-日)	最小值(m)	最小值日期(年-月-日)
P38	2002-01 ~ 2013-01	164.19	2011-09-29	133.37	2009-07-10
P40	2002-01 ~ 2013-01	158.54	2003-10-16	140.90	2012-07-05
P41	2002-01 ~ 2013-01	150.72	2002-01-01	136.97	2012-07-05

表 2.2.14 渗压计测值特征值(P45、P47、P48)

水位(m)	时间(年-月-日)	P45(m)	P47(m)	P48(m)
250.00	2003-09-12	137.62	136.04	138.09
250.85	2004-06-14	138.01	136.07	138.51
250.96	2008-01-06	138.36	136.26	138.91
250.37	2010-06-16	138.01	136.41	138.56
251.30	2011-02-16	138.20	136.45	138.69
250.59	2012-09-09	138.00	136.49	138.53
260.00	2003-10-06	137.91	136.06	138.37
260.45	2004-03-12	138.15	136.08	138.63
261.21	2011-09-24	138.30	136.48	138.82
260.56	2012-09-19	138.01	136.49	138.53
265.00	2003-10-15	137.99	136.06	138.42
265.10	2011-11-17	138.39	136.49	138.92
265.12	2012-10-15	138.13	136.49	138.65

表 2.2.15　渗压计测值最大、最小值(P45、P47、P48)

测点号	测值时段 (年-月)	最大值 (m)	最大值日期 (年-月-日)	最小值 (m)	最小值日期 (年-月-日)
P45	2002-01 ~ 2013-01	138.73	2006-02-04	137.25	2004-08-30
P47	2002-01 ~ 2013-01	136.50	2012-10-02	135.97	2002-03-18
P48	2002-01 ~ 2013-01	139.26	2006-02-03	137.70	2002-08-04

盖板下的渗压计 P38、P40 和 P41 的测值不同程度地随库水位变化而变化，变幅最大的为 P38，其次为 P40、P41；P38、P40、P41 测值变幅分别达 30.82 m、17.64 m 和 13.75 m，这 3 支仪器在同一个钻孔中位于不同的高程，P38 最低，其次分别为 P40、P41，这充分说明在 F_1 断层，较低的河床部位水头较高，这也符合坝基渗漏的特点。

P42 ~ P48 随库水位变化不明显，其中 P47 基本与水位变化无关，由以上各表可以看出，这几支渗压计在分析时段测值变化幅度基本为 2 m 左右。

2. 主坝防渗墙

沿防渗墙轴线上下游，在主坝防渗墙右部上游侧布置了 2 支渗压计即 P66 和 P99，下游侧布置了 5 支渗压计即 P67、P68、P71、P72 和 P89(P71 数据异常)，在 C—C 断面上游侧有渗压计 P95、P144 和 P145，下游侧有渗压计 P94、P135、P136、P148、P150(P94、P135 数据异常)。

主坝防渗墙渗压计测值过程线见图 2.2.8 ~ 图 2.2.11。

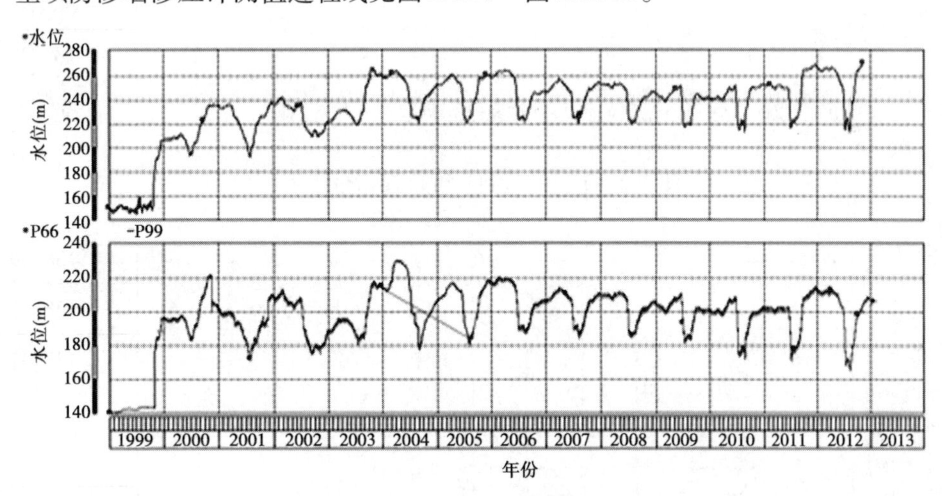

图 2.2.8　P66、P99 测值过程线

主坝防渗墙右部上游侧渗压计 P66、P99 和 C—C 断面上游侧渗压计 P95、P144 和 P145 测值都随库水位变化而变化，变化规律基本与库水位保持一致，并且与坝基渗流量有很强的相关性。P89、P99 在 2003 ~ 2005 年期间数据出现异常，可能是由于仪器故障，2005 年后测值恢复正常，测值和变化规律与附近安装的仪器相近。主坝防渗墙下游侧

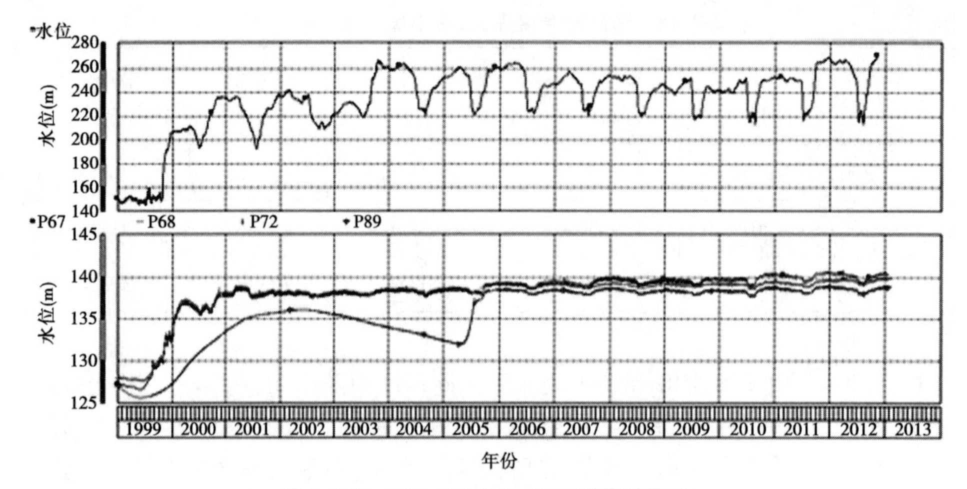

图 2.2.9　P67、P68、P72、P89 测值过程线

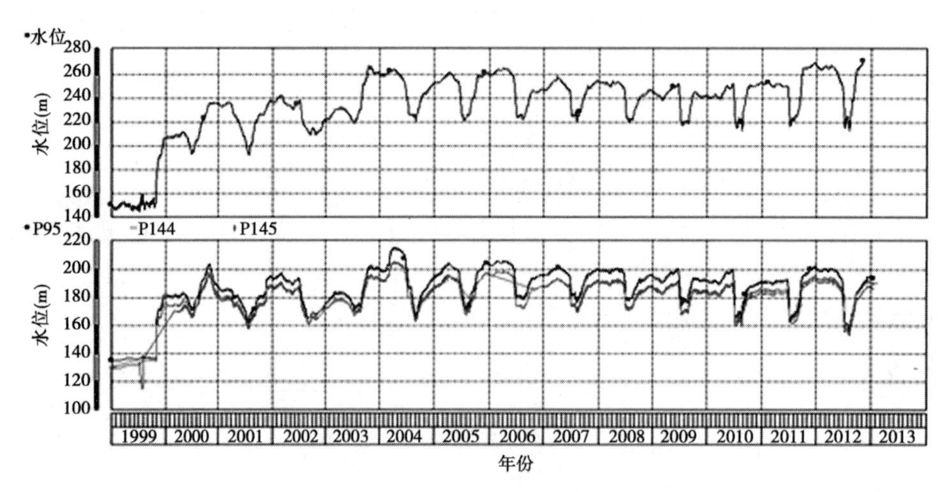

图 2.2.10　P95、P144、P145 测值过程线

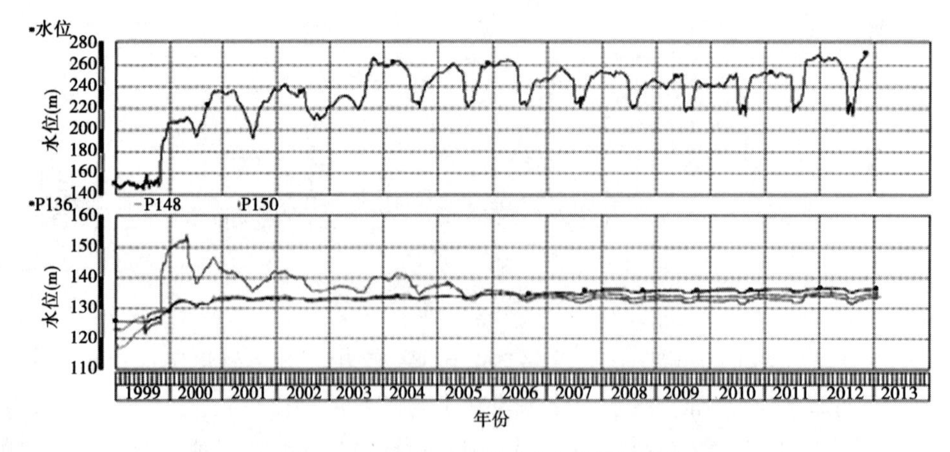

图 2.2.11　P136、P148、P150 测值过程线

C—C 断面渗压计 P148 随库水位有微小变化，随着时间的变化，P148 测值基本呈减小趋势，P136 基本呈增大趋势，至 2013 年 1 月，P136 测值大于 P150 测值，P150 测值大于 P148 测值。下游其他渗压计测值随库水位变化不明显。各渗压计的特征值见表 2.2.16 ~ 表 2.2.23。

表 2.2.16　渗压计测值特征值(P66、P99)

水位(m)	时间(年-月-日)	P66(m)	P99(m)
250.00	2003-09-12	197.30	195.98
250.85	2004-06-14	224.06	—
250.96	2008-01-06	208.95	207.63
250.37	2010-06-16	208.44	206.97
251.30	2011-02-16	202.02	200.49
250.59	2012-09-09	188.85	188.31
260.00	2003-10-06	209.37	208.12
260.45	2004-03-12	226.31	—
261.21	2011-09-24	206.18	204.63
260.56	2012-09-19	195.77	195.23
265.00	2003-10-15	216.40	215.17
265.10	2011-11-17	211.72	210.21
265.12	2012-10-15	200.29	199.75

表 2.2.17　渗压计测值最大、最小值(P66、P99)

测点号	测值时段(年-月)	最大值(m)	最大值日期(年-月-日)	最小值(m)	最小值日期(年-月-日)
P66	2002-03 ~ 2013-01	229.81	2004-04-07	165.49	2012-08-05
P99	2002-01 ~ 2013-01	218.47	2006-02-21	165.01	2012-08-05

表 2.2.18　渗压计测值特征值(P67、P68、P72、P89)

水位(m)	时间(年-月-日)	P67(m)	P68(m)	P72(m)	P89(m)
250.00	2003-09-12	137.83	138.05	138.05	134.34
250.85	2004-06-14	138.27	138.49	138.50	133.28
250.96	2008-01-06	139.55	139.08	139.83	138.46
250.37	2010-06-16	139.56	138.97	139.72	138.17
251.30	2011-02-16	140.11	139.22	140.13	138.53

续表 2.2.18

水位(m)	时间(年-月-日)	P67(m)	P68(m)	P72(m)	P89(m)
250.59	2012-09-09	139.79	139.34	139.73	138.25
260.00	2003-10-06	138.12	138.34	138.33	134.25
260.45	2004-03-12	138.38	138.61	138.58	133.62
261.21	2011-09-24	140.27	139.33	140.29	138.6
260.56	2012-09-19	139.87	139.36	139.82	138.29
265.00	2003-10-15	138.18	138.39	138.38	134.22
265.10	2011-11-17	140.36	139.48	140.39	138.74
265.12	2012-10-15	140.02	139.48	139.95	138.42

表 2.2.19 渗压计测值最大、最小值(P67、P68、P72、P89)

测点号	测值时段(年-月)	最大值(m)	最大值日期(年-月-日)	最小值(m)	最小值日期(年-月-日)
P67	2002-01 ~ 2013-01	140.55	2011-12-08	137.43	2002-08-04
P68	2002-01 ~ 2013-01	139.88	2013-01-03	137.63	2002-08-04
P72	2002-01 ~ 2013-01	140.60	2011-12-16	137.71	2002-08-04
P89	2002-01 ~ 2013-01	138.90	2011-12-09	131.89	2005-04-08

表 2.2.20 渗压计测值特征值(P95、P144、P145)

水位(m)	时间(年-月-日)	P95(m)	P144(m)	P145(m)
250.00	2003-09-12	197.82	193.87	192.25
250.85	2004-06-14	227.79	215.95	216.52
250.96	2008-01-06	214.59	205.27	204.28
250.37	2010-06-16	215.87	205.07	204.37
251.30	2011-02-16	206.08	199.48	196.61
250.59	2012-09-09	187.99	188.16	182.58
260.00	2003-10-06	210.72	204.34	203.30
260.45	2004-03-12	229.90	218.39	218.65
261.21	2011-09-24	209.02	203.39	200.16
260.56	2012-09-19	194.77	194.85	189.28
265.00	2003-10-15	218.09	210.78	210.10
265.10	2011-11-17	215.96	208.39	205.96
265.12	2012-10-15	199.98	199.27	193.92

表 2.2.21 渗压计测值最大、最小值(P95、P144、P145)

测点号	测值时段 (年-月)	最大值 (m)	最大值日期 (年-月-日)	最小值 (m)	最小值日期 (年-月-日)
P95	2002-01 ~ 2013-01	233.43	2004-04-08	165.02	2012-08-06
P144	2002-01 ~ 2013-01	221.20	2004-04-07	165.49	2012-08-05
P145	2002-01 ~ 2013-01	221.80	2004-04-12	161.06	2012-08-05

表 2.2.22 渗压计测值特征值(P136、P148、P150)

水位(m)	时间(年-月-日)	P136(m)	P148(m)	P150(m)
250.00	2003-09-12	137.52	141.99	—
250.85	2004-06-14	137.99	146.07	139.07
250.96	2008-01-06	140.84	138.01	139.39
250.37	2010-06-16	141.03	137.20	138.57
251.30	2011-02-16	141.27	137.45	138.91
250.59	2012-09-09	140.76	136.92	138.38
260.00	2003-10-06	137.77	144.38	138.01
260.45	2004-03-12	138.09	146.61	139.29
261.21	2011-09-24	141.07	138.50	139.41
260.56	2012-09-19	140.90	137.27	138.56
265.00	2003-10-15	137.82	145.57	138.38
265.10	2011-11-17	141.21	138.68	139.63
265.12	2012-10-15	141.04	137.45	138.77

表 2.2.23 渗压计测值最大、最小值(P136、P148、P150)

测点号	测值时段(年-月)	最大值(m)	最大值日期 (年-月-日)	最小值(m)	最小值日期 (年-月-日)
P136	2002-01 ~ 2013-01	141.79	2012-03-30	137.07	2002-08-04
P148	2002-01 ~ 2013-01	148.19	2002-03-02	135.44	2010-07-20
P150	2002-01 ~ 2013-01	139.94	2011-12-16	136.38	2002-09-02

P66 测值特征值在高水位期间大于 P99 的，P67、P68 测值有大有小，相差不到 1 m，

P68、P72、P89 测值特征值在高水位期间的大小关系为 P72 > P68 > P89。P95、P144、P145 测值特征值在高水位期间的大小关系为 P95 > P144 > P145。P136、P148、P150 测值特征值在高水位期间的大小关系不明显。P66、P99、P95、P144、P145 测值变幅较大,分别达 64.32 m、53.46 m、68.41 m、55.71 m、60.74 m。其他测点测值变幅不大。

3. B—B 断面基础

B—B 断面基础渗压计测值正常的有 P81、P105、P110、P111、P112 等 5 支。这 5 支渗压计中在主坝防渗墙与上游围堰防渗墙之间的仅有 P81,其余 4 支在主坝防渗墙下游侧。测值过程线见图 2.2.12。

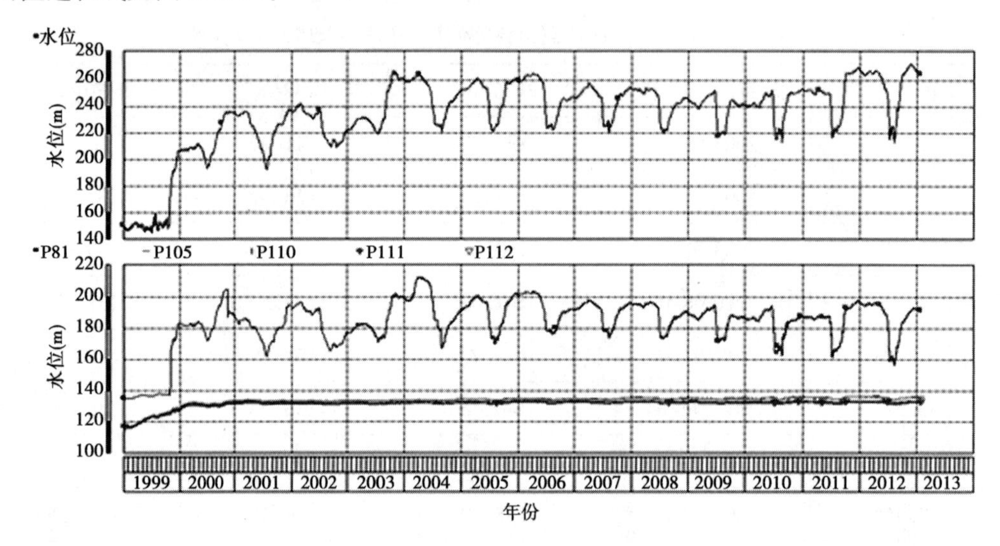

图 2.2.12 P81、P105、P110、P111、P112 测值过程线

主坝防渗墙上游侧渗压计 P81 测值随库水位变化而变化,变化规律基本与库水位保持一致,并与坝基渗流量有很强的相关性。位于防渗墙下游侧的 4 支渗压计测值随水位变化的趋势不明显。渗压计 P81、P105、P110 ~ P112 的特征值见表 2.2.24 和表 2.2.25。

在各测点中,P81 安装高程最高,为 127 m,其测值在高水位期间较大;P111 安装高程最低,为 102.74 m,其测值在高水位期间较小;P105、P110、P112 安装高程相近,其大小关系为 P105 > P110 > P112。P81 测值变幅较大,达 64.99 m。其他测点测值变幅不大。

表 2.2.24 渗压计测值特征值(P81、P105、P110、P111、P112)

水位(m)	时间(年-月-日)	P81(m)	P105(m)	P110(m)	P111(m)	P112(m)
250.00	2003-09-12	198.35	138.73	137.63	136.19	136.72
250.85	2004-06-14	224.75	139.47	138.28	136.85	137.29
250.96	2008-01-06	210.00	141.12	139.19	137.69	138.06
250.37	2010-06-16	208.80	140.93	138.68	137.21	137.52
251.30	2011-02-16	201.36	141.60	138.95	137.52	137.79
250.59	2012-09-09	188.32	140.93	138.41	136.71	137.36

续表 2.2.24

水位(m)	时间 (年-月-日)	P81(m)	P105(m)	P110(m)	P111(m)	P112(m)
260.00	2003-10-06	210.29	139.01	137.98	136.54	137.08
260.45	2004-03-12	227.09	139.54	138.38	136.95	137.42
261.21	2011-09-24	205.63	141.96	139.33	137.60	138.18
260.56	2012-09-19	195.42	141.09	138.50	136.79	137.43
265.00	2003-10-15	217.19	139.16	138.04	136.60	137.13
265.10	2011-11-17	211.07	142.16	139.42	137.74	138.28
265.12	2012-10-15	200.01	141.29	138.64	136.94	137.58

表 2.2.25　渗压计测值最大、最小值(P81、P105、P110、P111、P112)

测点号	测值时段 (年-月)	最大值 (m)	最大值日期 (年-月-日)	最小值 (m)	最小值日期 (年-月-日)
P81	2002-01 ~ 2013-01	230.47	2004-04-12	165.48	2012-08-05
P105	2002-01 ~ 2013-01	142.39	2011-12-16	138.21	2002-09-09
P110	2002-01 ~ 2013-01	139.60	2011-12-16	137.29	2002-07-24
P111	2002-01 ~ 2013-01	138.04	2010-12-24	135.92	2002-07-24
P112	2002-01 ~ 2013-01	138.45	2011-12-09	136.39	2004-09-05

4. *右岸坝基上游*

右岸坝基上游侧布置有渗压计 P21、P65(P21 测值 2004 年 8 月后无数据),P65 测值过程线见图 2.2.13。

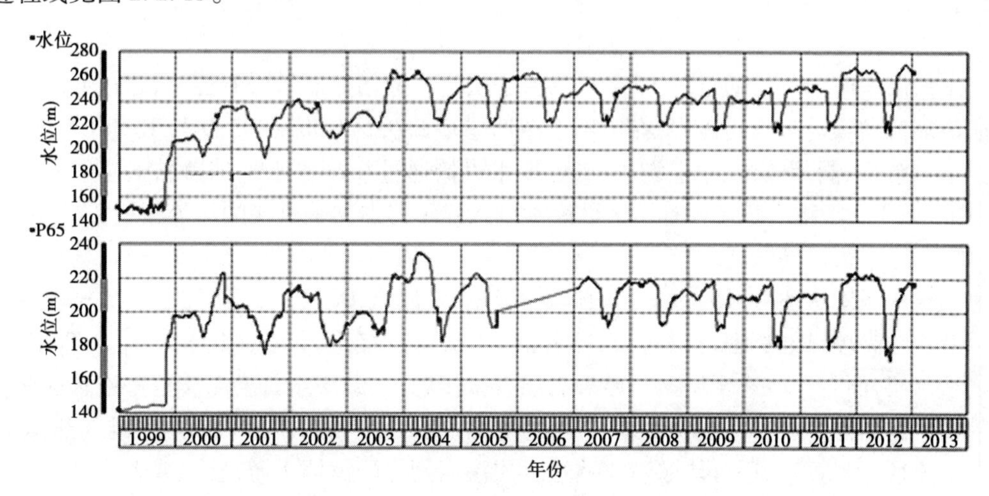

图 2.2.13　P65 测值过程线

位于右岸坝基上游侧的渗压计 P65 的测值随库水位变化而变化,并与坝基渗流量有很强的相关性。这种现象与处于上游侧其他渗压计的变化规律是一致的。渗压计 P65 的特征值及最大、最小值分别见表 2.2.26 和表 2.2.27。

表 2.2.26 渗压计测值特征值(P65)

水位(m)	时间(年-月-日)	P65(m)	时间(年-月-日)	P65(m)
250.00	2003-09-12	202.56	2004-06-14	228.73
250.96	2008-01-06	216.60	2010-06-16	217.74
251.30	2011-02-16	210.48	2012-09-09	197.05
260.00	2003-10-06	214.79	2004-03-12	231.47
261.21	2011-09-24	215.15	2012-09-19	204.5
265.00	2003-10-15	221.73	2011-11-17	221.06
265.12	2012-10-15	209.21		

表 2.2.27 渗压计测值最大、最小值(P65)

测点号	测值时段(年-月)	最大值(m)	最大值日期(年-月-日)	最小值(m)	最小值日期(年-月-日)
P65	2002-03 ~ 2013-01	234.86	2004-04-07	171.15	2012-08-05

可以看出,P65 测值变幅较大,达 63.71 m。

二、渗水途径及渗水量分析

(一)坝基渗漏途径

1. *河床区渗漏*

上游库区库水首先通过近 40 m 厚的淤泥层进入原河床的砂砾石层中,通过或绕过上游防渗墙流向坝前区封闭体中,在南部上游防渗墙缺失区(D0 + 492.0 与 F_1 断层之间地区)则直接进入封闭体中;在上游坝前区,库水直接通过 6 m 厚水平铺盖黏土层进入封闭体(图 2.2.14)。这一条途径是河床区库水进入封闭体中比较直接的渗流路线。

2. *左岸山体渗漏*

上游库区库水还可以通过北岸山体进行绕渗。结合 D0 + 107.50 桩号沿线大坝剖面图以及主防渗墙纵剖面图可以看出,一方面,库水可直接进入北岸山体的 T_1^{3-1}、T_1^2 和 T_1^1 基岩透水层,而且这些透水层又与砂砾石层直接接触,上游库水就会顺着这些透水层渗流到坝前区封闭体中(图 2.2.15);另一方面,由于主防渗帷幕未完全截断这些地层进入 P_2^4 地层的途径,上游库水还可能顺着这些透水层渗流到主防渗墙下游地区,或者绕过主防渗墙渗流到其下游(图 2.2.16)。此外,该部位为 F_{236} 断层影响带和岸边卸荷带的重叠区,基岩中的裂隙渗透性大,致使该通道的导水性较好。

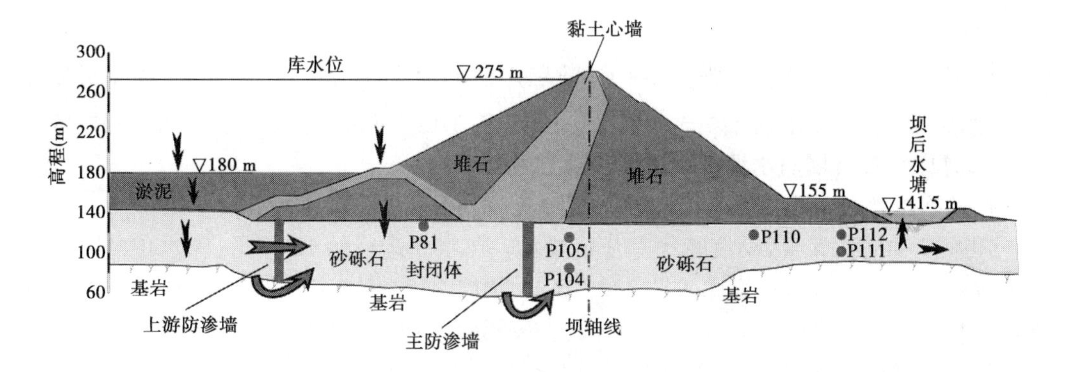

图 2.2.14 河床区坝基渗漏示意图

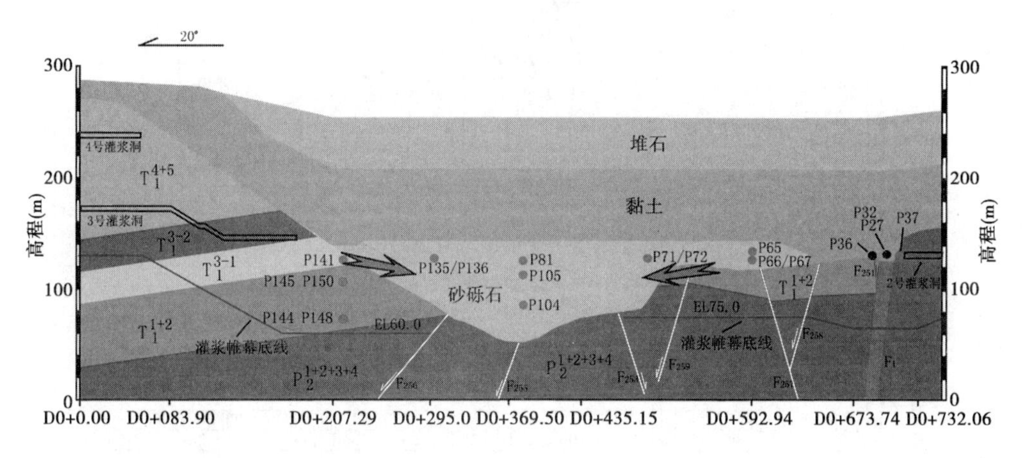

图 2.2.15 河床区左岸、右岸来水示意图

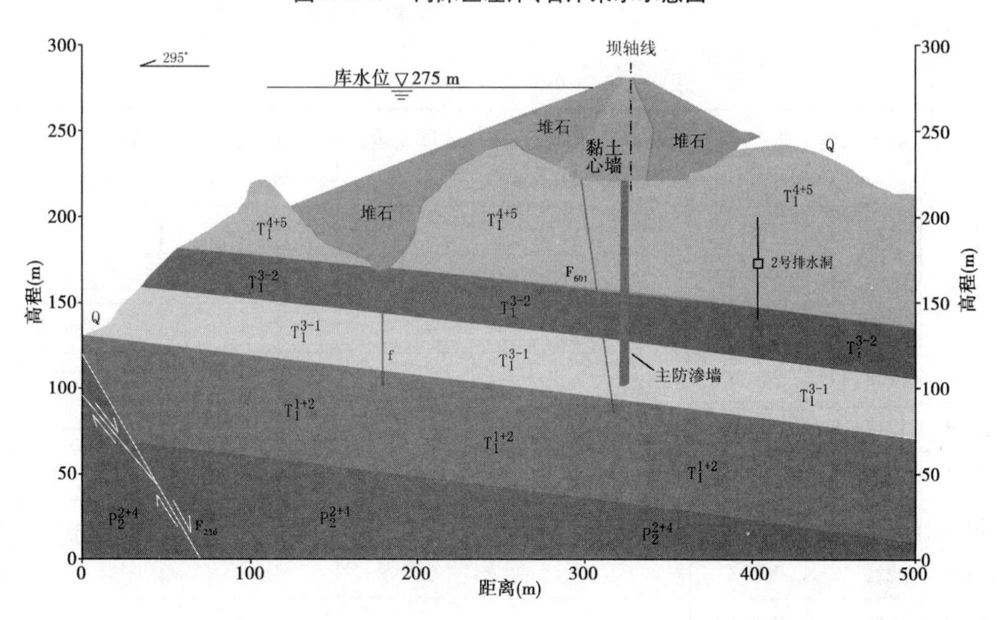

图 2.2.16 大坝剖面图(D0 + 107.50)

3. F_1 断层

F_1 断层的横向阻水性很强，而沿 F_1 断层走向的导水能力也强，一方面，库水可以通过 F_1 断层渗流到封闭体中；另一方面，封闭体中的水也可能沿 F_1 断层渗流到下游地区。

（二）库水位及坝后水塘量水堰测值变化特征

1. 库水位变化

1999 年 10 月 25 日，小浪底水库开始蓄水。在水库运行的 13 年里，库水位从下闸蓄水前水位 150 m 上升至最高库水位 270.10 m（2012 年 11 月 19 日）。在 120 m 以上的库水位升幅中，大坝附近岩体和透水层的水文地质条件与性质发生了很大改变。小浪底水库水位变化过程线见图 2.2.17，历年最高最低库水位统计见表 2.2.28。

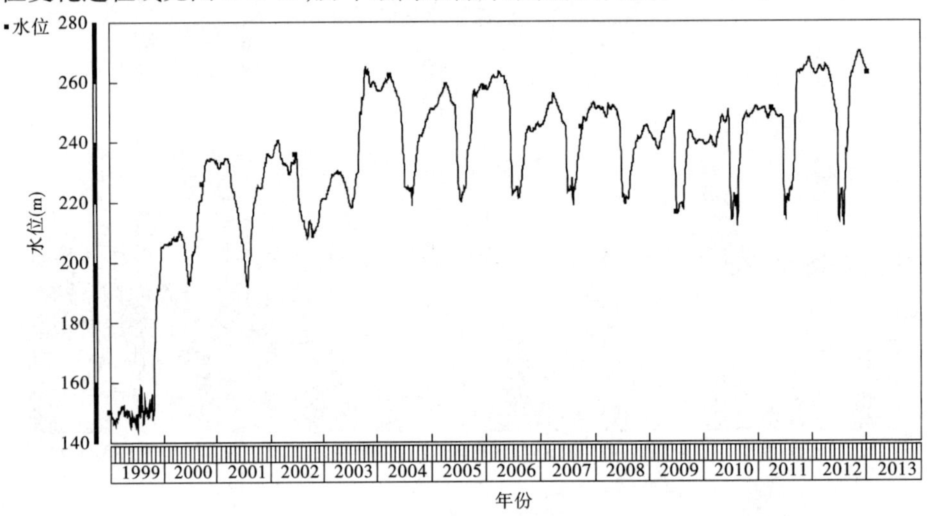

图 2.2.17　小浪底水库水位变化过程线

表 2.2.28　小浪底水库水位变化情况

年度	最低水位（m）	最高水位（m）	250 m 以上运行时间（d）	260 m 以上运行时间（d）	265 m 以上运行时间（d）	270 m 以上运行时间（d）
1999	144.60	205.68	—	—	—	—
2000	192.65	234.88	—	—	—	—
2001	191.76	237.66	—	—	—	—
2002	208.00	240.87	—	—	—	—
2003	217.19	265.48	106	41	2	—
2004	218.63	261.99	174	53	—	—
2005	219.78	259.61	254	—	—	—
2006	221.27	263.41	164	98	—	—
2007	218.70	256.32	129	—	—	—

续表 2.2.28

年度	最低水位（m）	最高水位（m）	250 m 以上运行时间(d)	260 m 以上运行时间(d)	265 m 以上运行时间(d)	270 m 以上运行时间(d)
2008	219.17	252.75	125	—	—	—
2009	216.00	250.34	6	—	—	—
2010	211.65	251.71	31	—	—	—
2011	215.01	267.83	191	99	45	—
2012	211.55	270.10	281	238	89	11
合计			1 461	529	136	11

2. 坝后水塘量水堰测值变化

坝后水塘是坝基绕渗水的排泄点之一，其出水量的大小反映了坝基渗水量的相对大小。坝后水塘渗水量由安装在两侧的量水堰量测，观测起始时间为2003年3月。坝后水塘量水堰测值过程线见图2.2.18，与库水位关系曲线见图2.2.19。量水堰测值见表2.2.29。

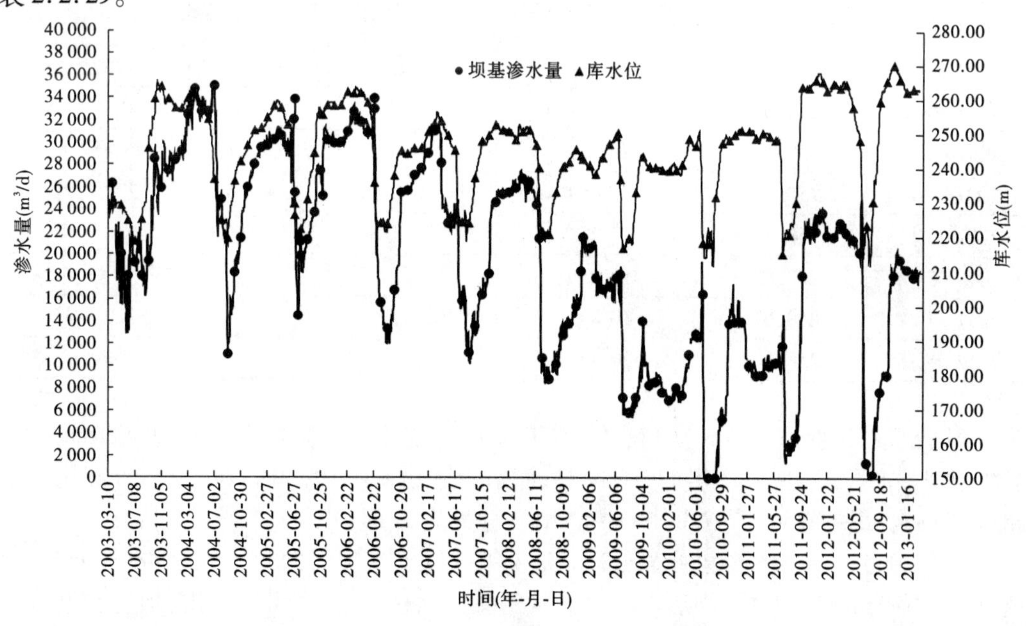

图 2.2.18　坝后水塘量水堰测值过程线

3. 主防渗墙下游渗流分析

在主防渗墙下游的砂砾石层中选取典型渗压计，对其观测值进行对比（图2.2.20和图2.2.21）。渗压计P36在F_1断层附近的T_1^2岩层中，P148在左岸山体T_1^1岩层中，P68、P72、P105与P136都在砂砾石层中。

可以看出，2012年调水调沙和防洪运用后，小浪底水库坝前淤积面发生较大变化，漏

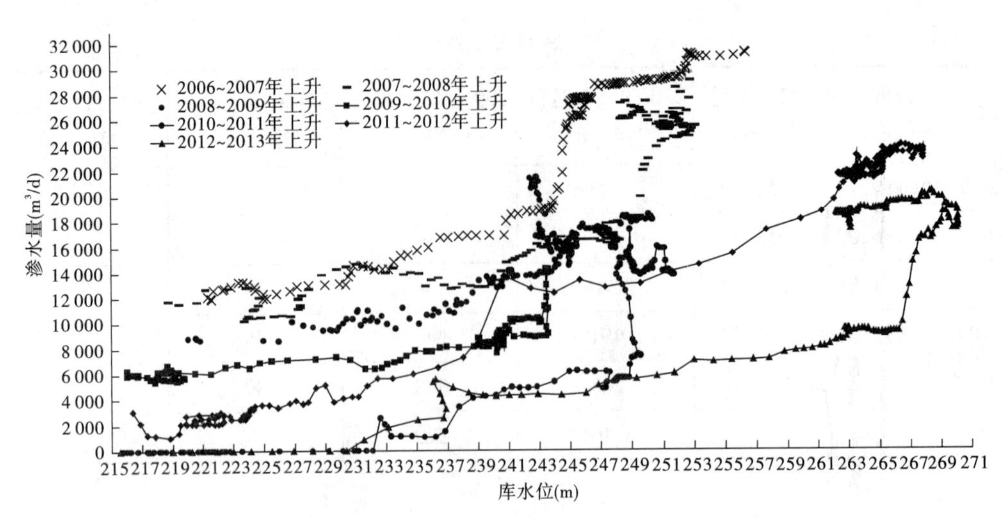

图 2.2.19　坝后水塘量水堰测值与库水位关系曲线

表 2.2.29　小浪底水库 250 m 水位和 260 m 水位时坝后水塘量水堰测值

观测日期(年-月-日)	库水位(m)	坝后水塘量水堰测值(m^3/d)	观测日期(年-月-日)	库水位(m)	坝后水塘量水堰测值(m^3/d)
2003-09-20	250.25	22 489	2003-10-06	260.02	28 533.82
2004-12-30	250.92	28 127	2004-02-27	260.01	32 885.44
2005-10-03	250.02	25 524	2006-02-05	260.00	30 188.85
2007-02-15	250.14	29 010	2011-09-24	261.21	13 352.47
2007-11-19	250.03	22 889	2012-09-19	260.56	7 926.24
2009-06-16	250.34	17 953			
2010-06-18	250.83	12 916			
2011-04-22	250.67	10 895			
2012-06-15	250.24	20 532			

斗区 01 断面(距进水塔 60 m)河底平均淤积高程坝前比塔前高约 7.9 m,达到 186.9 m。受坝前泥沙淤积影响,2012 年 11 月 19 日,库水位达到 270.10 m 时,7 支渗压计测值并未超过 2011 年最高库水位 267.83 m 时的测值,详见表 2.2.30。

由于 2005 年左坝肩渗控补强处理,2006 年后位于左坝肩的渗压计 P148 与 P150 测值呈逐年降低的趋势,这与坝后水塘量水堰测值变化趋势一致,可以看出,坝后水塘量水堰测值逐年减小主要受左坝肩渗压计测值逐年降低的影响,也就是说,左坝肩的渗控补强措施有效隔断了来自左坝肩的渗水。

位于 F_1 断层影响带的渗压计 P36 变化趋势说明坝后水塘来自 F_1 断层及其影响带的渗水途径和渗透系数略有增加。

主河床区的渗压计 P68、P72、P105、P136 测值也略有增加,与坝后水塘 P300 测值和坝基渗漏量水堰的测值时效分量变化趋势不一致,在一定程度上说明,来自主河床区的渗水量在坝基渗水量水堰测值中所占比重有所增加。

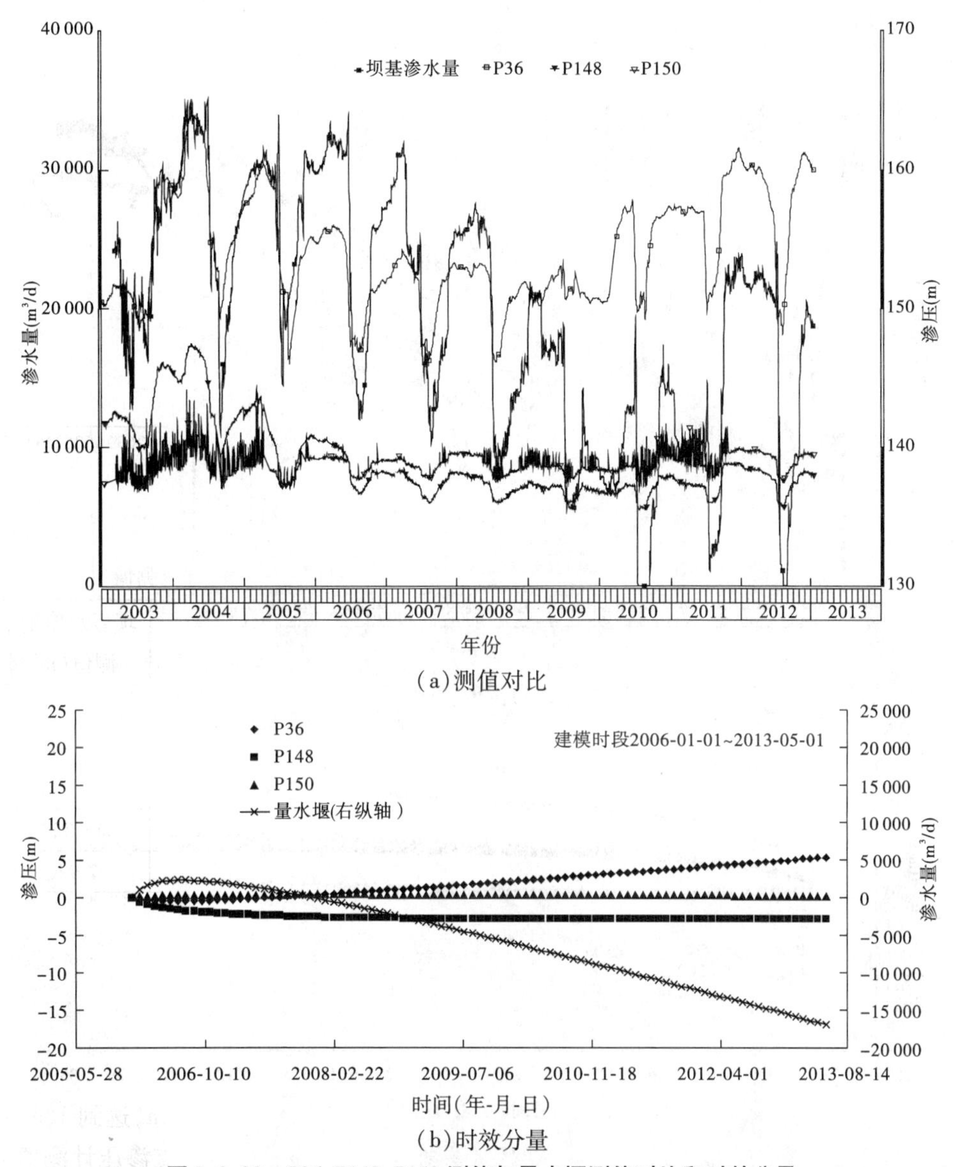

(a)测值对比

(b)时效分量

图 2.2.20　P36、P148、P150 测值与量水堰测值对比和时效分量

清华大学 2013 年 5 月完成的小浪底水利枢纽主坝坝顶表层裂缝及大坝安全预警体系研究中，根据实测结果分析预测库水位 275 m 时坝基渗流量约为 25 300 m^3/d，比设计单位的预测减少 10 000 m^3/d 左右（设计单位根据 2006 年以前的监测资料预测在库水位达到正常蓄水位 275.00 m 时，枢纽的河床总渗流量将可能达到 35 000 m^3/d）。

4. 坝前区渗流分析

上游坝前区是上游库区库水渗流到主防渗墙下游地区的缓冲区，该区渗水量的多少直接影响到下游地区渗压计测值的变化。该区的渗流主要发生在封闭区中，因此研究封闭区中的渗流情况是关键。该区渗压计平面布置及封闭区来水示意图见图 2.2.22，P65、P66、P81、P141、P145 测值过程线和时效分量见图 2.2.23，小浪底水库历年最高库水位时坝前封闭区渗压计和坝后水塘量水堰测值见表 2.2.31。

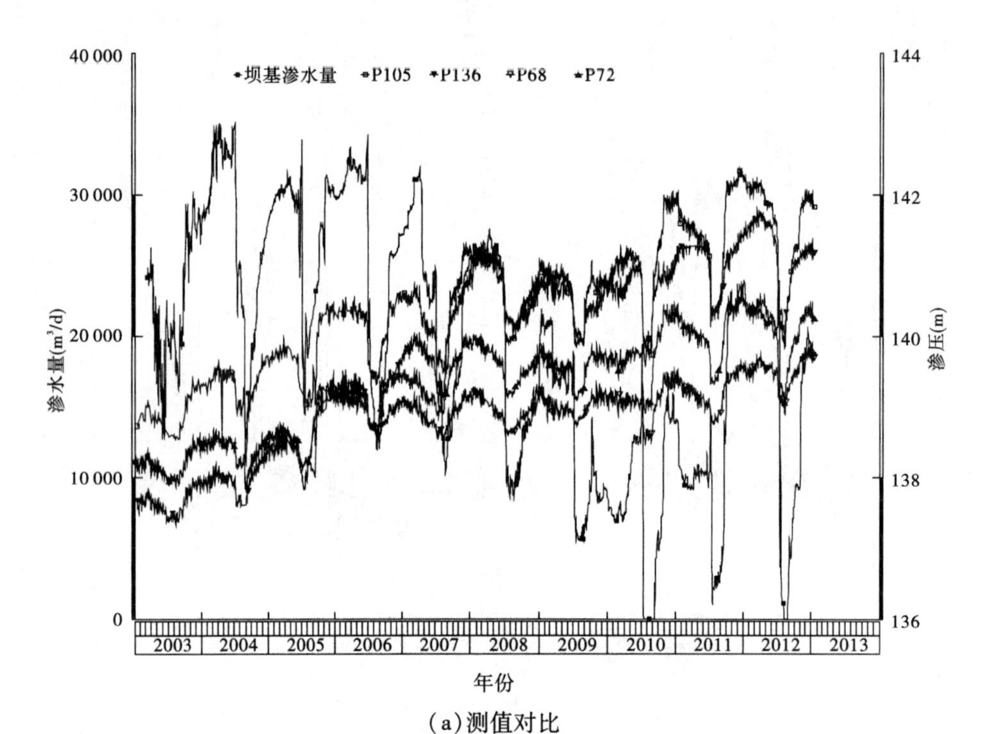

(a)测值对比

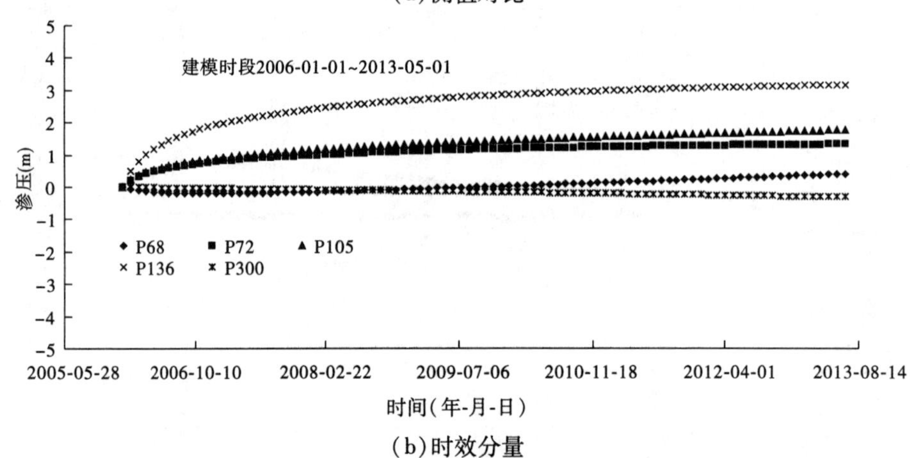

(b)时效分量

图 2.2.21　P68、P72、P105、P136 测值与量水堰测值对比和时效分量

表 2.2.30　历年最高库水位主坝防渗墙下游侧和坝后水塘量水堰测值

年份	库水位(m)	P148(m)	P150(m)	P36(m)	P68(m)	P72(m)	P105(m)	P136(m)	坝后水塘量水堰测值(m³/d)
2003	265.48	145.57	138.38	158.91	138.39	138.38	139.16	137.82	—
2004	261.99	147.31	139.28	163.67	138.57	138.54	139.54	138.07	34 503
2005	259.61	142.96	138.40	160.37	138.64	138.65	139.84	138.54	31 017
2006	263.41	140.22	139.22	155.90	139.04	139.20	140.38	139.36	31 908
2007	256.32	138.24	139.11	154.16	138.97	139.37	140.55	139.90	31 248
2008	252.75	137.96	139.58	153.22	139.06	139.90	141.21	141.20	29 077

续表 2.2.30

年份	库水位(m)	P148(m)	P150(m)	P36(m)	P68(m)	P72(m)	P105(m)	P136(m)	坝后水塘量水堰测值(m^3/d)
2009	250.34	137.24	138.63	153.00	138.96	139.56	140.71	140.79	17 991
2010	251.71	137.95	139.35	157.30	139.35	140.32	142.01	141.13	13 792
2011	267.83	138.86	139.89	161.43	139.60	140.56	142.36	141.46	23 500
2012	270.10	138.15	139.47	161.16	139.72	140.30	141.93	141.19	18 289

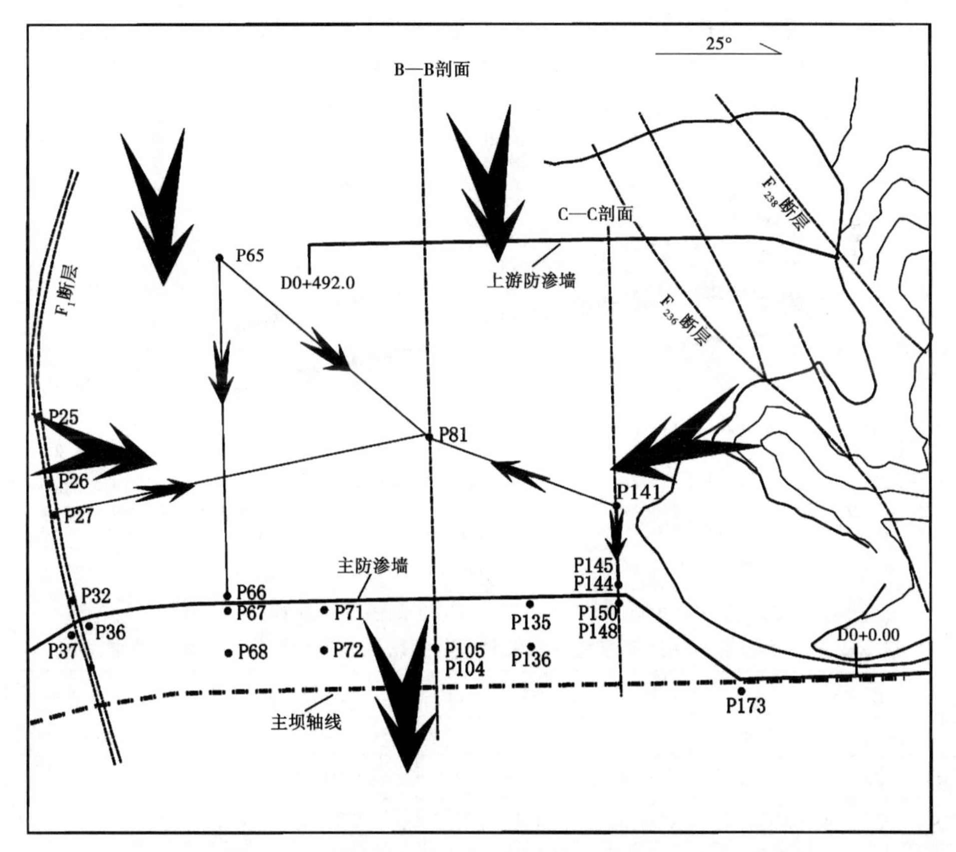

图 2.2.22　坝前封闭区渗压计平面布置及封闭区来水示意图

坝前封闭区渗压计 P65 位于上游防渗墙右端头,其测值直接受坝前泥沙淤积的影响,折减率过程线见图 2.2.24。可以看出,2010～2012 年调水调沙后期(7 月 5 日左右),随着异重流入库,坝前泥沙淤积折减率达到最大。8 月底,随着浑水落淤,坝前泥沙淤积折减系数逐渐处于平衡状态。2007～2009 年,坝前泥沙淤积折减率基本稳定在 30%左右,2010 年和 2011 年,坝前泥沙淤积折减率达到约 34%,2012 年调水调沙后期,坝前泥沙淤积折减率超过 55%,之后基本稳定在 38%左右。与之相对应地,2010～2012 年坝前封闭区 5 支渗压计测值呈现趋势性减小的变化规律,其时效分量曲线和量水堰测值时效分量曲线呈现基本一致的变化状态,说明坝前泥沙淤积有效减小了坝基渗水量。

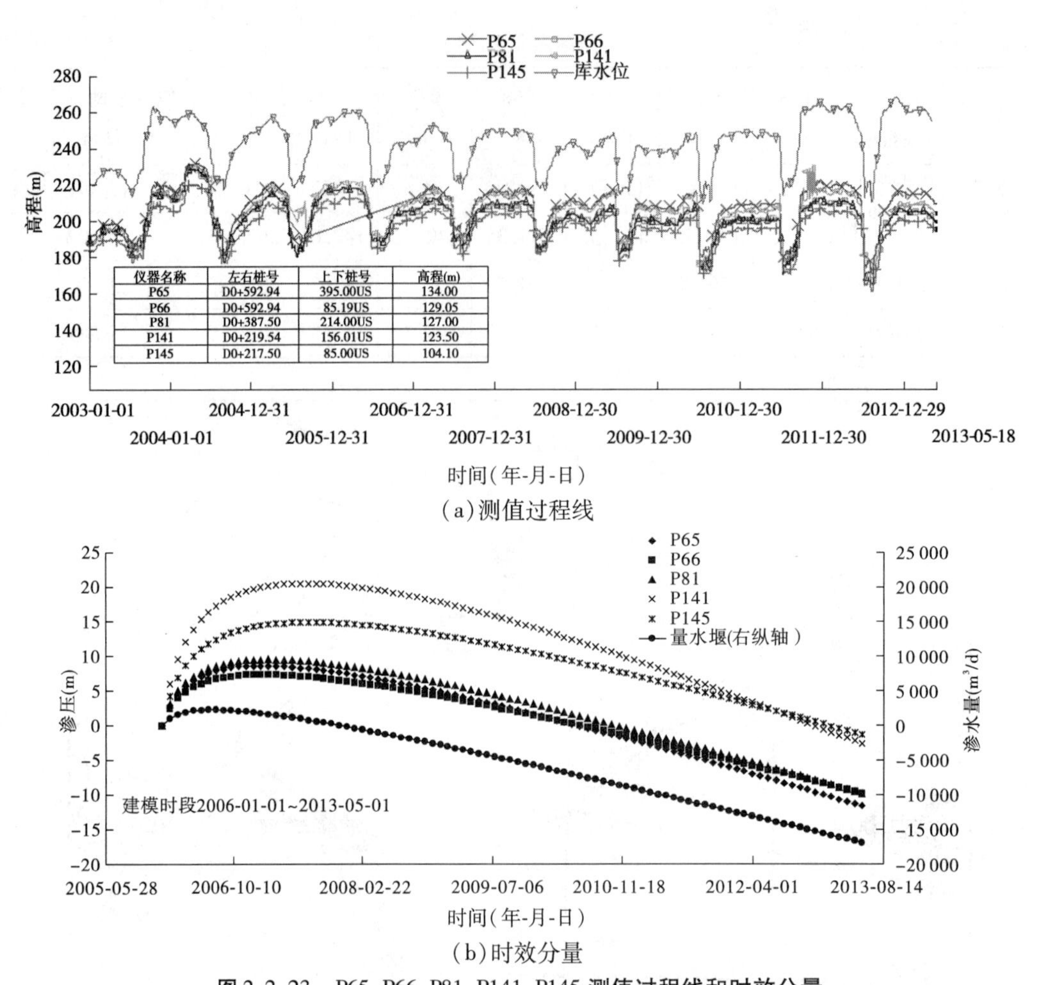

图 2.2.23　P65、P66、P81、P141、P145 测值过程线和时效分量

表 2.2.31　小浪底水库历年最高库水位时坝前封闭区渗压计和坝后水塘量水堰测值

年份	库水位（m）	P65（m）	P66（m）	P81（m）	P141（m）	P145（m）	泥沙淤积折减率（%）	坝后水塘量水堰测值（m³/d）
2003	265.48	221.78	216.40	217.19	217.69	210.10	—	—
2004	261.99	234.43	229.32	230.17	232.06	221.43	—	34 503
2005	259.61	222.69	216.35	216.44	220.57	210.54	—	31 017
2006	263.41	—	219.37	219.53	223.11	213.93	—	31 908
2007	256.32	221.05	213.78	214.03	218.64	208.43	—	31 248
2008	252.75	218.47	210.58	211.52	216.55	205.81	30.0	29 077
2009	250.34	218.66	210.08	209.90	216.89	205.73	28.3	17 991
2010	251.71	210.32	202.13	201.59	206.33	196.71	36.6	13 792
2011	267.83	223.37	213.79	213.16	218.44	207.99	34.6	23 500
2012	270.10	215.77	206.31	206.02	208.31	200.22	41.3	18 795

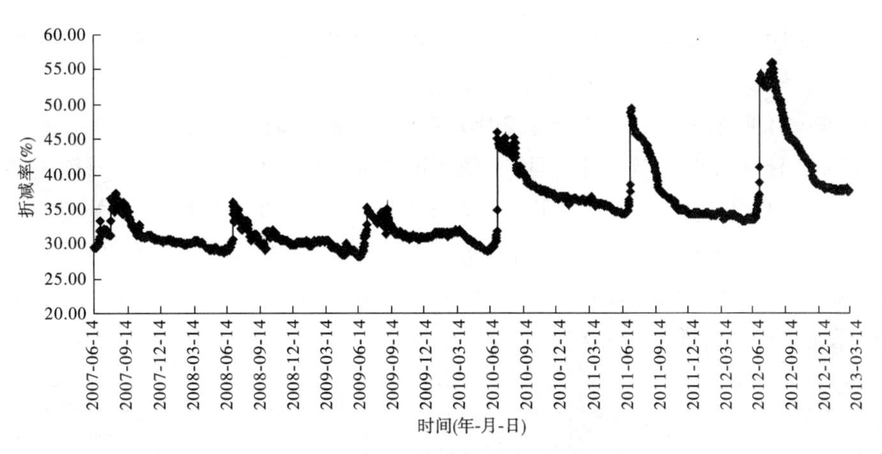

图 2.2.24　坝前泥沙淤积折减率过程线

从图 2.2.23 可以看出，自 2004 年 1 月，P81 位置两侧的渗压值都较大，在 P81 与 P104 沿线形成一个排水槽，渗压计 P141 位于北岸山体处，P81 位于 B—B 剖面线上的封闭区中，P141 与 P81 的渗压差的变化就能反映北岸山体是否向封闭区中渗水。而 P65 与 P81 的差值变化情况，反映库水通过淤泥层进入封闭区中的渗水量情况。

P65～P81 与 P141～P81 渗压差过程线见图 2.2.25。由图可知，P65 与 P81 间的渗压差整体呈现逐年增加的趋势，据达西定律可知，在其他条件不变情况下，该方向的渗水量也逐年增加，在下游砂砾石层中 P68、P72、P105 与 P136 渗压值的逐年增加也印证了这个观点。经过 2003 年 7 月至 2004 年 8 月的首次 265.69 m 水位运行后，P65 与 P81 最大差

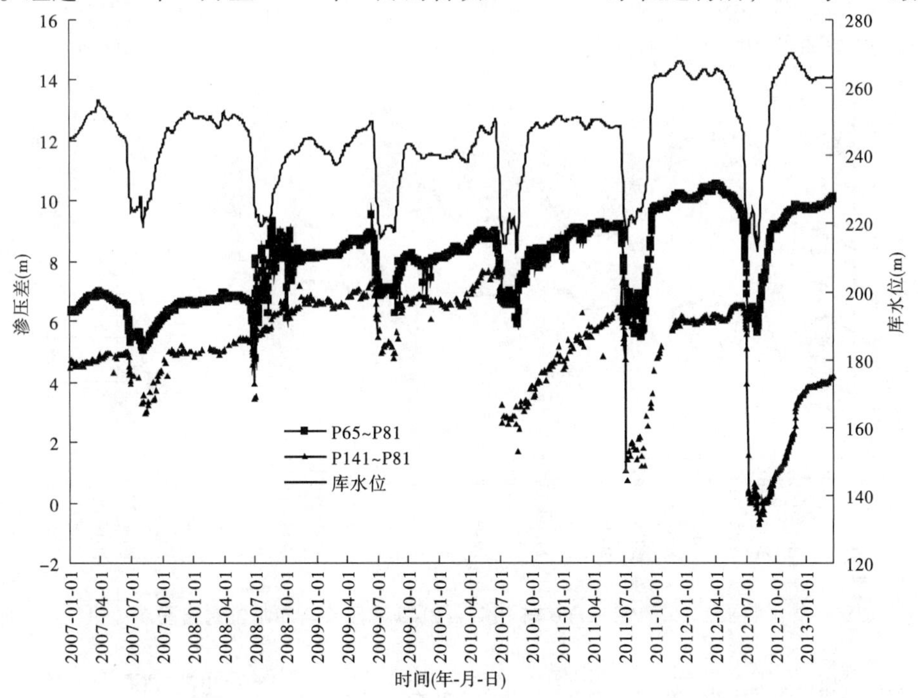

图 2.2.25　P65～P81 与 P141～P81 渗压差与库水位对比图

值由 4.8 m 增加到了 6.3 m；2011 年和 2012 年库水位首次达到 267.83 m 和 270.10 m，P65 与 P81 最大差值达到 10.4 m 和 10.1 m。

P141 与 P81 间的差值，2007 年至 2010 年调水调沙之前出现逐渐增加现象，由 4.5 m 逐渐增加到 7.16 m(2010 年 7 月 1 日)；2010 年 7 月 5 日，P141 与 P81 之间渗压差陡降至 3.21 m，之后逐渐增加至 5.56 m(2011 年 7 月 4 日)；2011 年 7 月 5 日，陡降至 1.07 m，之后逐渐上升并稳定在 6 m 左右；2012 年 7 月 6 日，P141 与 P81 渗压差陡降至 0.41 m，该现象与泥沙淤积系数曲线正好对应，充分反映坝前泥沙淤积封堵了左岸山体 P141 处部分渗水通道。据达西定律，P65 处向 P81 处渗水量增加，2010 ~ 2012 年，P141 处向 P81 处渗水量减小。

P65 ~ P66 与 P141 ~ P145 渗压差与库水位对比图见图 2.2.26，P65 ~ P66 与 P141 ~ P145 渗压差与坝后水塘量水堰测值对比图见图 2.2.27。P141 ~ P145 渗压差曲线在 2010 年 7 月之前与库水位线的变化趋势基本一致，而在 2010 年 7 月之后，出现在库水位相同甚至增高情况下 P141 ~ P145 渗压差出现逐年减小的趋势，说明了 P141 处向 P145 处的渗水量减少，即是北岸山体来水量的减少。2012 年 7 月之前，P141 ~ P145 渗压差一直大于 P65 ~ P66 渗压差，2012 年 7 月以后，P141 ~ P145 的渗压差由最大 11.3 m 降至 5 m 左右，低于 P66 ~ P67 渗压差，坝后水塘量水堰测值由 20 000 m^3/d 降至 0。2012 年最高库水位 270.10 m，坝后水塘量水堰测值 18 800 m^3/d，较 2011 年最高库水位 267.83 m 时测值 23 500 m^3/d 减少 4 700 m^3/d，其主要原因正是坝前泥沙淤积的影响导致左岸山体到坝前封闭区(P141 到 P81)以及左岸山体强渗流通道(P141 与 P145 沿线)的渗流量减小。该现象与坝前泥沙淤积折减系数相印证，即坝前泥沙淤积铺盖有效封堵了左岸山体部分渗水通道，水平铺盖的防渗作用逐渐显现。

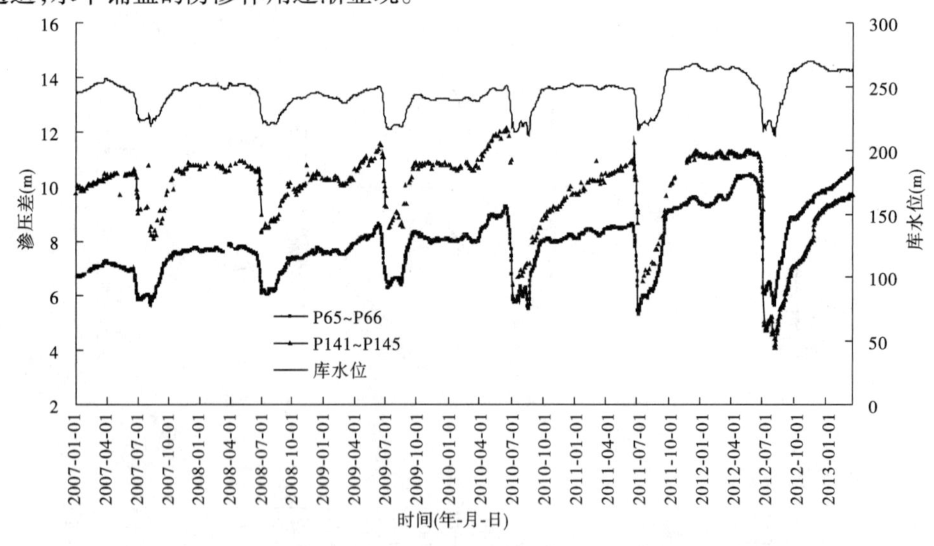

图 2.2.26　P65 ~ P66 与 P141 ~ P145 渗压差与库水位对比图

P65 ~ P66 渗压差曲线呈现出整体上升的趋势，说明了 P65 处向 P66 处的渗水量增加，表明封闭体中从上游向下游的渗水量呈逐年增加的趋势，导致主坝防渗墙下游侧渗压计测值也呈总体增加趋势。

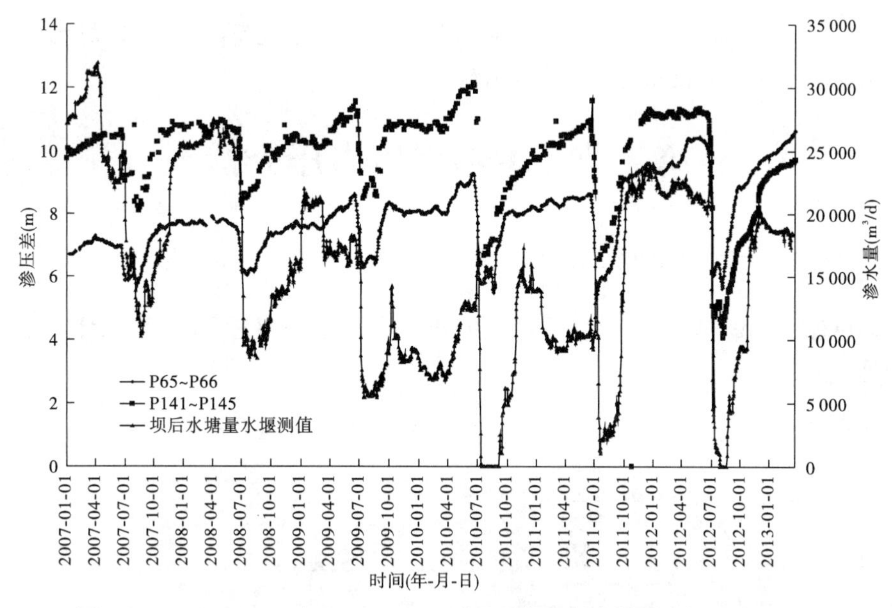

图 2.2.27　P65～P66 与 P141～P145 渗压差与坝后水塘量水堰测值对比图

三、小结

(1)在主坝帷幕灌浆上游侧，混凝土盖板上部和下部布置的渗压计测值明显随库水位的升降变化而变化，变化规律基本与库水位保持一致。

(2)将主坝帷幕灌浆上游侧测点测值与下游侧对比，上游侧测点测值大于下游侧的，混凝土盖板上部的渗压计测值与下部测值对比，测点安装高程较高的受水位变化影响更为明显。

(3)在 F_1 断层，较低的河床部位水头较高，这也符合坝基渗漏的特点。

(4)根据坝基水文地质条件及安全监测资料分析，由于坝前泥沙淤积形态的影响，2006 年以来，坝后水塘量水堰测值呈明显的逐年减小趋势，泥沙淤积水平铺盖的防渗效果逐渐显现。

(5)在上游库区，库水首先通过近 40 m 厚的淤泥层进入原河床的砂砾石层，然后，在砂砾石层中流向坝前区，当遇到上游防渗墙时，则通过 P_2^4 和 T_1^1 地层绕渗；在南部上游防渗墙缺失区则直接进入上游坝前区；在上游坝前区，库水则直接通过 6 m 厚的黏土层进入上游坝前区。上游坝前区内的地下水则绕过主防渗墙，经主防渗墙下的基岩流入下游河床区的砂砾石层中，最终到达坝后水塘。经过渗压计监测资料分析，主河床区的渗压计 P68、P72、P105、P136 测值与坝后水塘 P300 测值和坝基渗漏量水堰的测值时效分量变化趋势不一致，说明来自主河床区的渗水量在坝基渗水量水堰测值中所占比重有所增加。

(6)F_{236} 和 F_{238} 断层带以南、主防渗墙上游的左岸地区是断层影响带和岸边卸荷带的重叠区，基岩中的裂隙渗透性大，导水性较好，库水可直接进入该上游北岸区内的 T_1^3、T_1^2 和 T_1^1 基岩透水层，透水层与河床砂砾石层直接接触，形成了地下水渗流通道。由于坝前泥沙淤积铺盖有效封堵了左岸山体部分渗水通道，左岸山体到坝前封闭区(P141 到 P81

区域)以及左岸山体强渗流通道(P141 与 P145 沿线)的渗流量减小,此区域渗流在坝基渗水量水堰测值中所占比重也相应有所降低。

第三节　主坝坝体渗压分析

一、主坝坝体仪器工况

根据设计,在 A—A、B—B、C—C 断面的 4 个高程上共布置 36 支渗压计。主要仪器布置图见图 2. 3. 1。

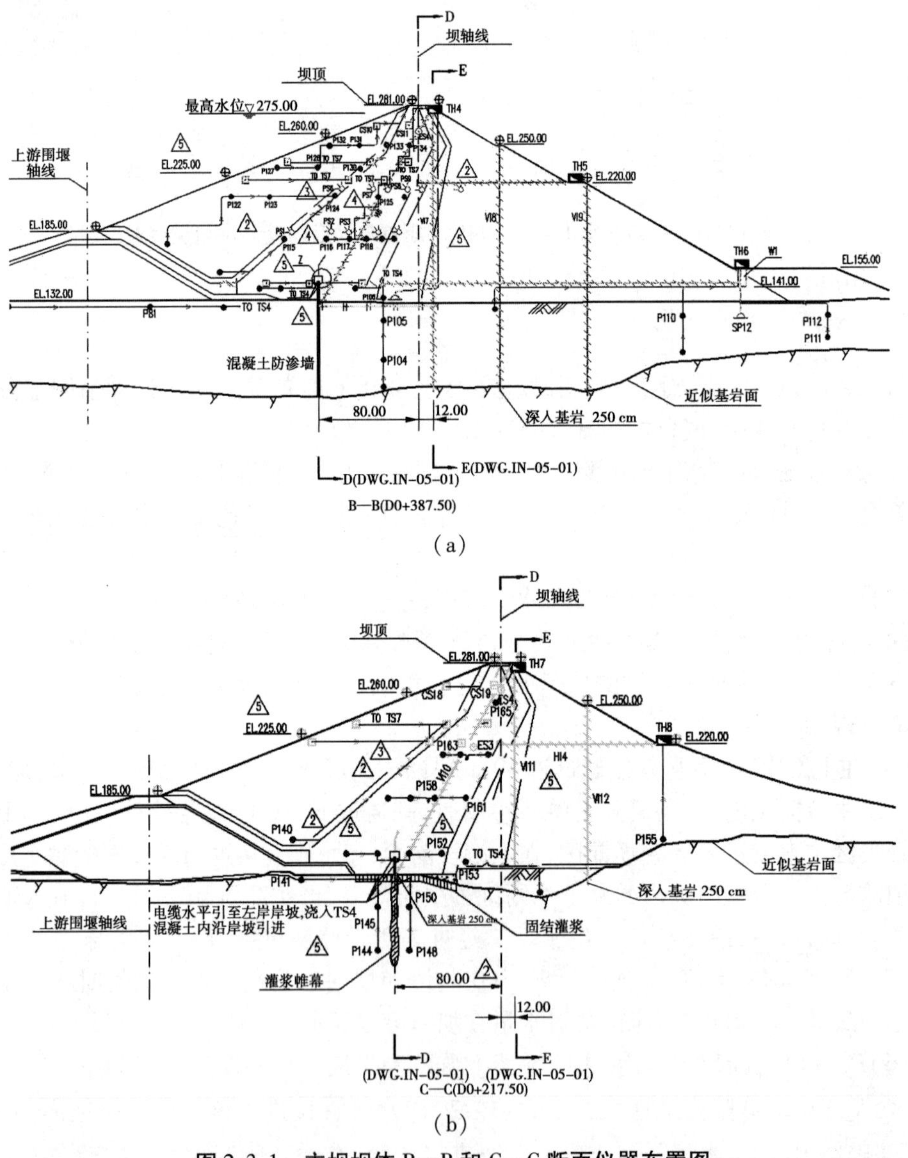

图 2. 3. 1　主坝坝体 B—B 和 C—C 断面仪器布置图

二、坝体心墙渗透压力

(一)140 m 高程渗压计

C—C 断面渗压计 P151、P152 孔隙压力过程线见图 2.3.2,其统计模型过程线见图2.3.3。

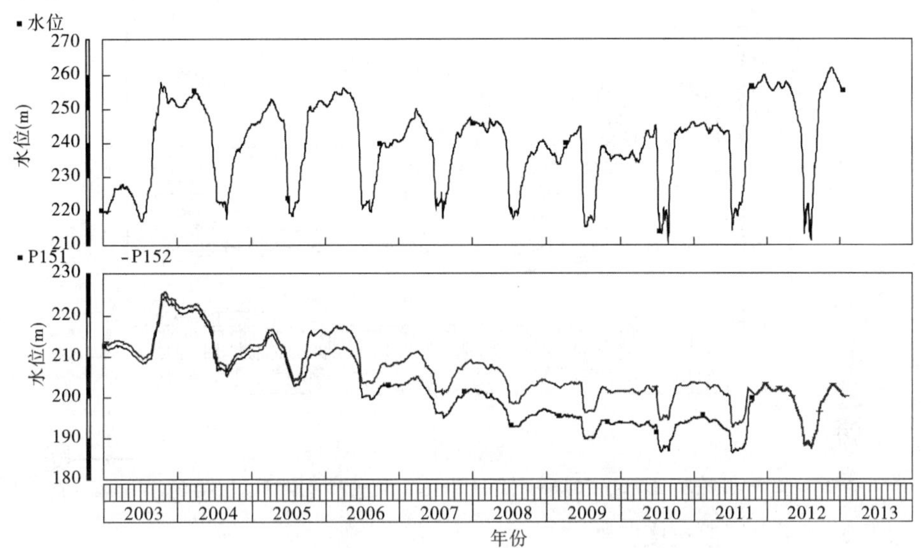

图 2.3.2 C—C 断面渗压计 P151、P152 孔隙压力过程线

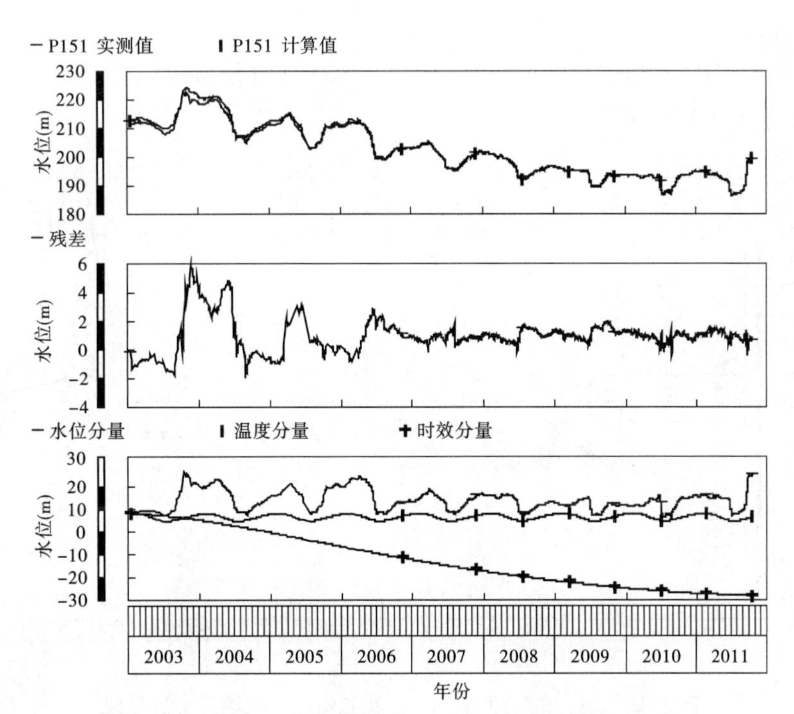

图 2.3.3 C—C 断面渗压计 P151、P152 统计模型过程线

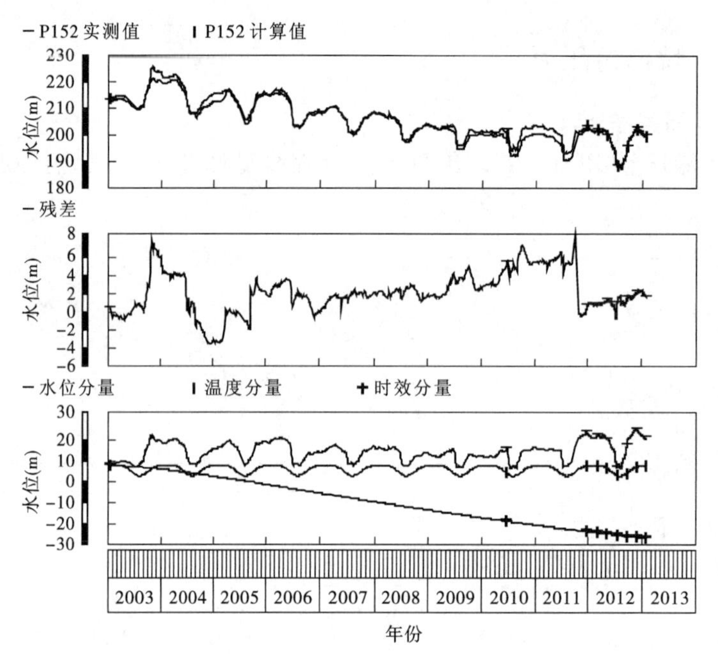

续图 2.3.3

可以看出,C—C 断面 140 m 高程渗压计 P151、P152 孔隙压力时效分量呈逐渐下降趋势,该处孔隙水压力消散速度较快。

(二)180 m 高程渗压计

1. B—B 断面

B—B 断面渗压计孔隙压力过程线见图 2.3.4,其统计模型过程线见图 2.3.5,渗压计测值与库水位差值统计见表 2.3.1。

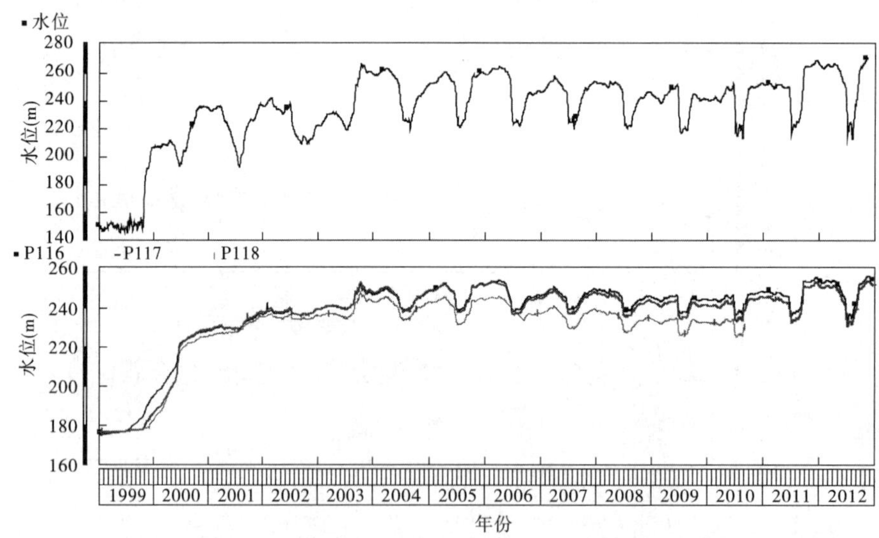

图 2.3.4　B—B **断面** 180.00 m **高程渗压计孔隙压力过程线**

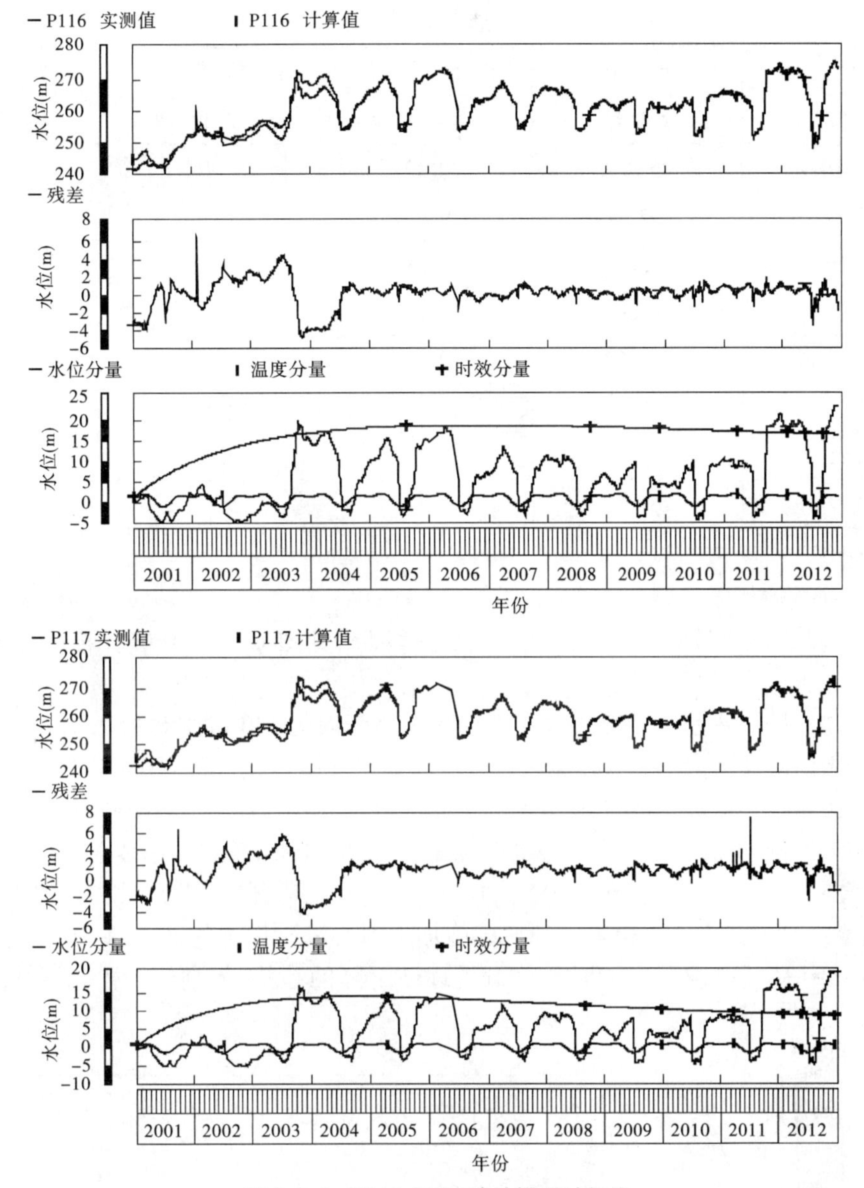

图 2.3.5　P116、P117 统计模型过程线

表 2.3.1　B—B 断面坝体渗压计测值与库水位差值统计表　（单位:m）

日期(年-月-日)	库水位	P115 - 库水位	P116 - 库水位	P117 - 库水位
2011-09-23	259.83	1.21	10.39	6.60
2011-10-24	263.32	0.51	7.64	4.63
2011-11-20	265.20	0.45	7.01	3.98
2011-12-13	267.83	0.40	6.14	3.27
2011-12-28	265.85	0.41	6.77	3.85

续表 2.3.1

日期(年-月-日)	库水位	P115 - 库水位	P116 - 库水位	P117 - 库水位
2012-01-10	263.93	0.51	7.59	4.57
2012-02-26	265.20	0.49	7.14	4.02
2012-03-25	263.71	0.46	7.54	4.30
2012-10-09	263.99	0.24	6.57	3.86
2012-10-25	266.93	0.11	5.37	2.70
2012-11-12	270.00	0.09	4.36	1.67
2012-11-17	270.08	0.10	4.32	1.62
2012-11-26	269.36	0.15	4.59	1.84
2012-12-07	267.65	0.17	5.29	2.43

2. C—C 断面

C—C 断面渗压计 P158、P161 孔隙压力过程线见图 2.3.6，其统计模型过程线见图 2.3.7。

壤土斜心墙内渗压计主要布置在大坝 3 个横断面的 140 m、180 m、210 m、250 m 高程。由于坝体心墙区渗压计的孔隙压力增长趋势与坝体填筑过程同步，大坝填筑到坝顶后大部分渗压计测值基本稳定，而安装在 180 m 高程的渗压计测值在 2000 年 6 月下旬之前随坝体填筑而升高，在施工期形成高孔隙压力，蓄水以来一直高于库水位。

由于斜心墙土料渗透系数为 $10^{-6} \sim 10^{-7}$ cm/s，施工期自重产生的孔隙压力消散过程很缓慢，蓄水后上游水压力相当于外荷载施加于斜心墙黏性土料，使孔隙压力进一步升高。2005 年以来，孔隙压力的时效分量呈逐渐下降的趋势，但坝体内尚未形成稳定渗流场。

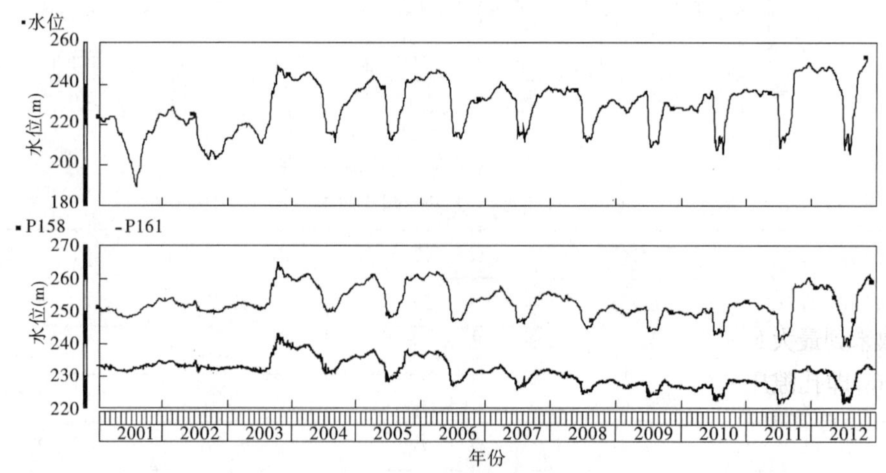

图 2.3.6　P158、P161 孔隙压力过程线

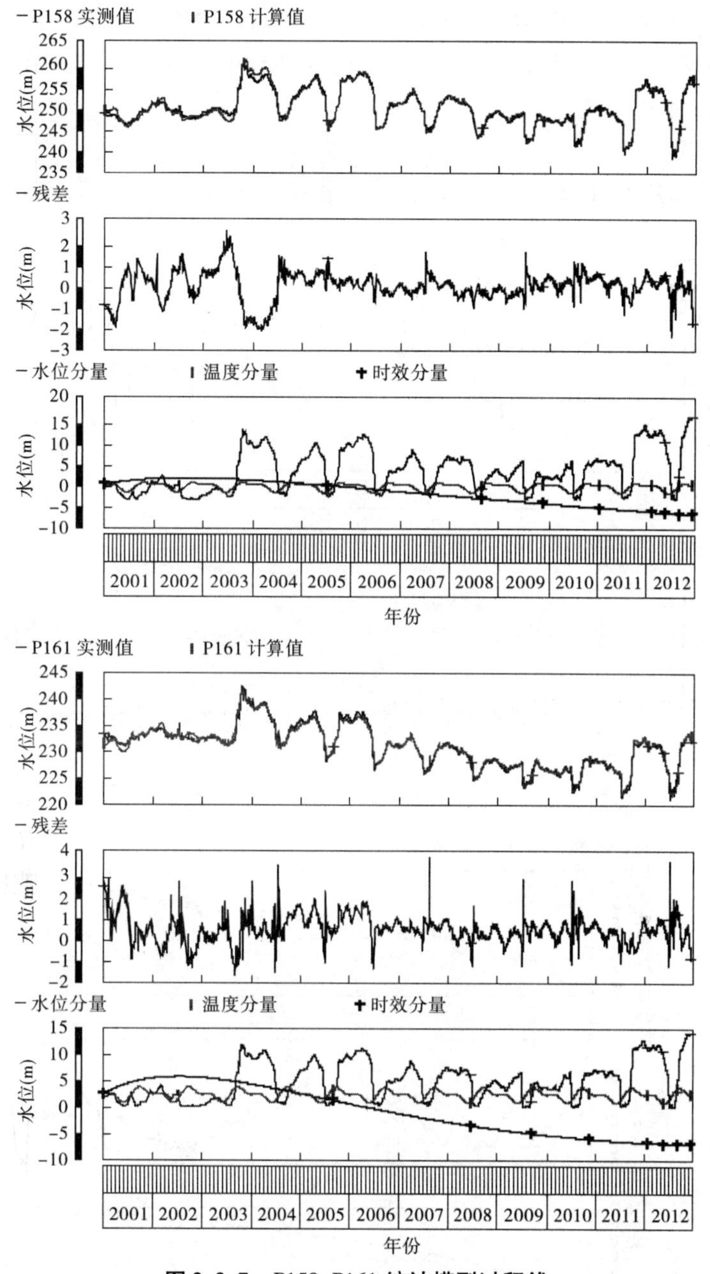

图 2.3.7　P158、P161 统计模型过程线

可以看出，B—B 断面 180.00 m 高程的 P116、P117 及 P118 3 个渗压计测值都高出库水位，从数米到最大 50 m 不等。从其过程线看，刚完工时 3 个渗压计水位约在 235 m，埋设高程 180 m，即孔隙压力值约为 55 m 水头，由图量测，当时三者上覆填土高度各约 73 m、81 m、88 m，由此算得孔隙压力系数各约 0.38、0.34、0.31，对一般土坝，孔隙压力系数为 0.25 ~ 0.6。之后随着水位上升，由于水压力作用，3 个渗压计测值也有所上升，并随库水位升降而略有上下起伏，但总高于库水位。在库水位为 270.10 m 时，相应的孔隙压力系数约增加到 0.64、0.58、0.53，平均值为 0.59，由于孔隙压力系数远小于 1，垂直有效应力大于 0，

因此不会产生水力劈裂。预测库水位达到275.00 m时,即使增加的4.9 m水头全部转化为孔隙压力,孔隙压力系数将提高到0.68、0.62、0.56,平均值为0.62,仍然小于1。

(三)210 m高程渗压计

1. B—B 断面

B—B断面渗压计P124、P125孔隙压力过程线见图2.3.8,其统计模型过程线见图2.3.9。

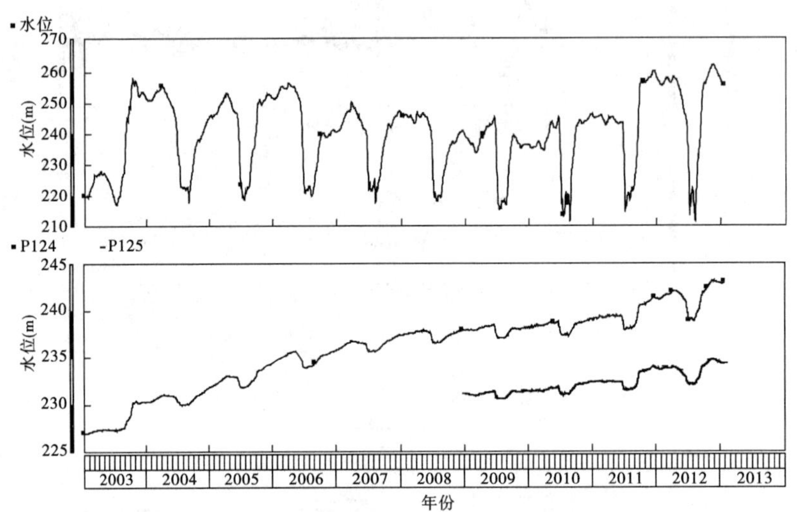

图2.3.8 B—B断面渗压计P124、P125孔隙压力过程线

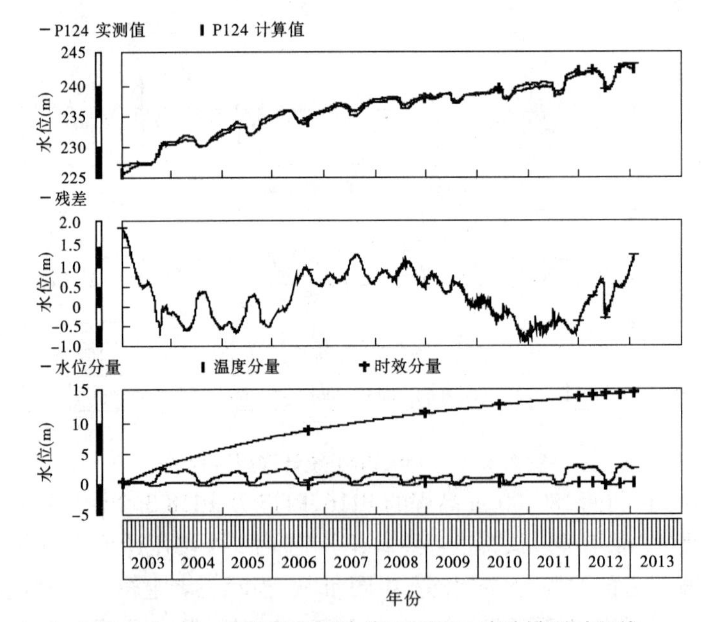

图2.3.9 B—B断面渗压计P124、P125统计模型过程线

2. C—C 断面

C—C断面渗压计P163孔隙压力过程线见图2.3.10,其统计模型过程线见图2.3.11。

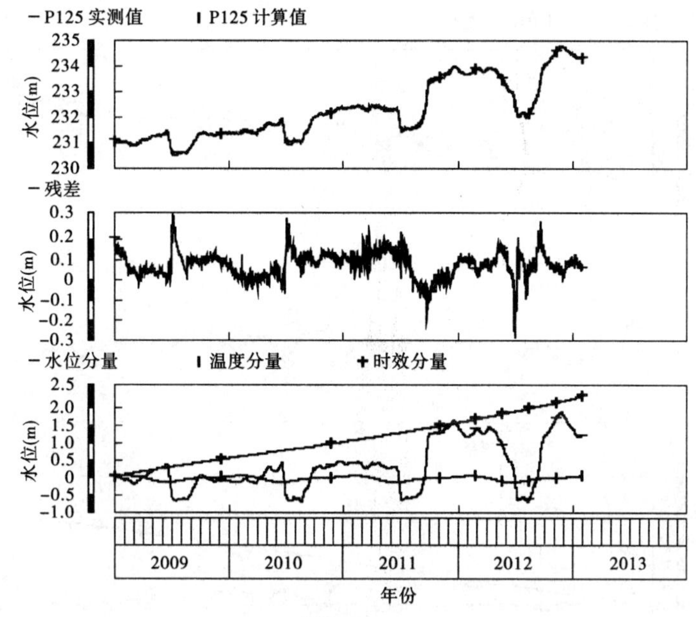

续图 2.3.9

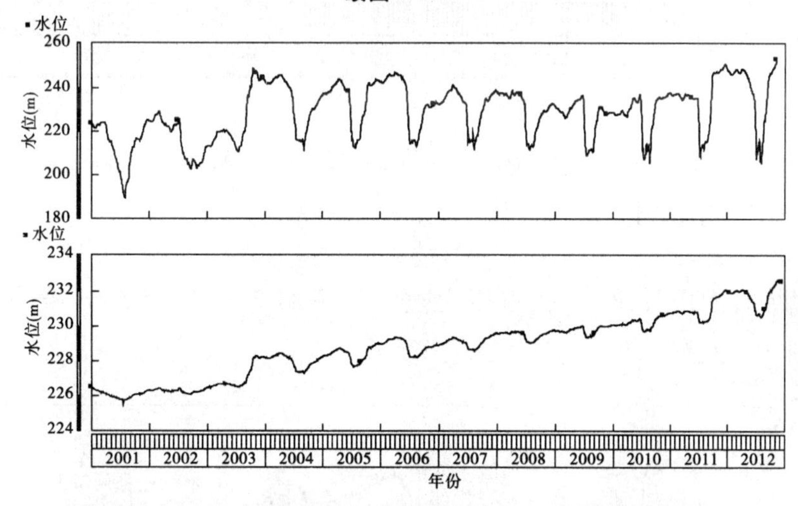

图 2.3.10　C—C 断面 210 m 高程渗压计 P163 孔隙压力过程线

安装在 B—B 断面和 C—C 断面 210 m 高程的 P124、P125 和 P163 测值呈现缓慢上升趋势。P124、P125 分别于 2012 年 11 月 23 日及 11 月 19 日测值达到历史最大值 243.15 m 和 234.79 m；C—C 断面坝体安装高程在 210 m 的 P163 测值变化情况和 P125 一致。

《小浪底水利枢纽大坝安全鉴定报告》中认为："主坝心墙内的超静孔压消散比较缓慢，可能的原因有二：①心墙渗透系数明显低于试验参数，故超静孔压消散时间要长于数值模型的预测结果；②上下游堆石料流变仍在继续发展，心墙两侧附近堆石料的自重不断往心墙土骨架转移，导致新的超静孔压积累。"鉴定报告采用总应力法对心墙水力劈裂进行判断，认为在目前心墙不具备发生水力劈裂的条件，且小浪底斜心墙的设计形式也能在一定程度上遏制水力劈裂的发生。

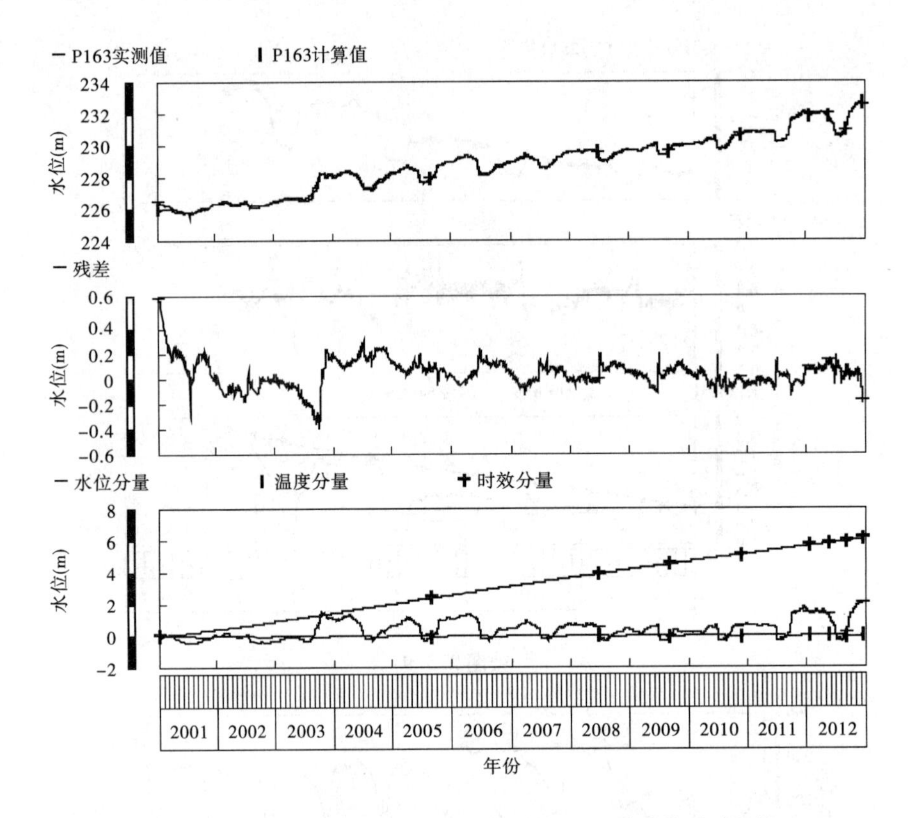

图 2.3.11 C—C 断面 210 m 高程渗压计 P163 统计模型过程线

(四)250 m 高程渗压计

1. B—B 断面

B—B 断面渗压计 P134 孔隙压力过程线见图 2.3.12,其统计模型过程线见图 2.3.13。

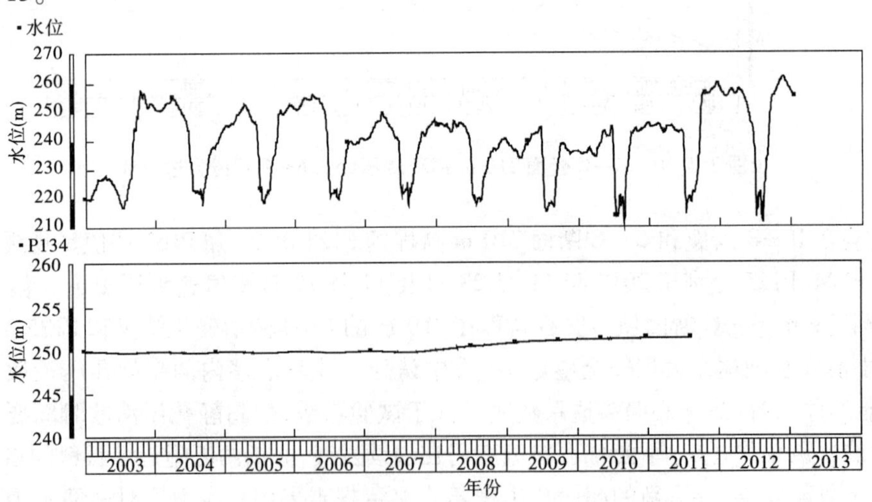

图 2.3.12 B—B 断面渗压计 P134 孔隙压力过程线

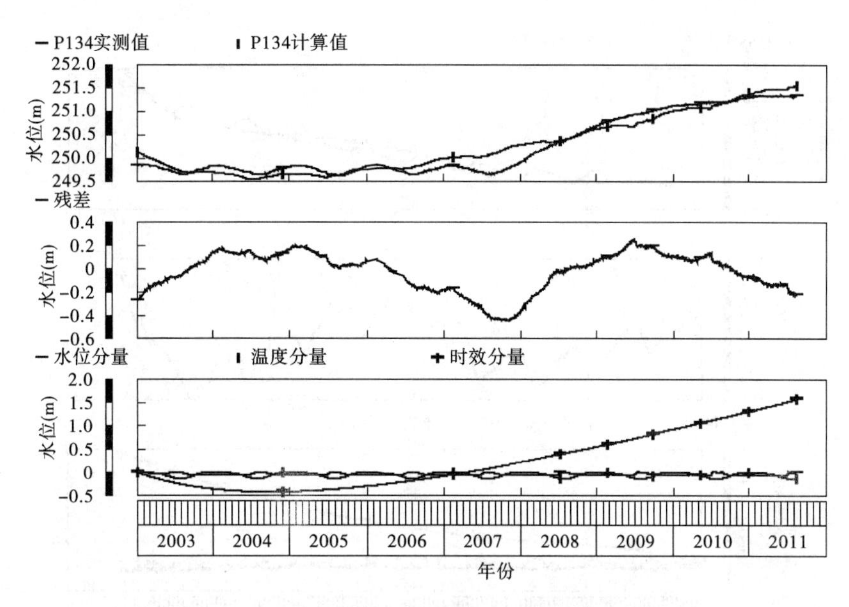

图 2.3.13　B—B 断面渗压计 P134 统计模型过程线

2. C—C 断面

C—C 断面渗压计 P165 孔隙压力过程线见图 2.3.14，其统计模型过程线见图 2.3.15。

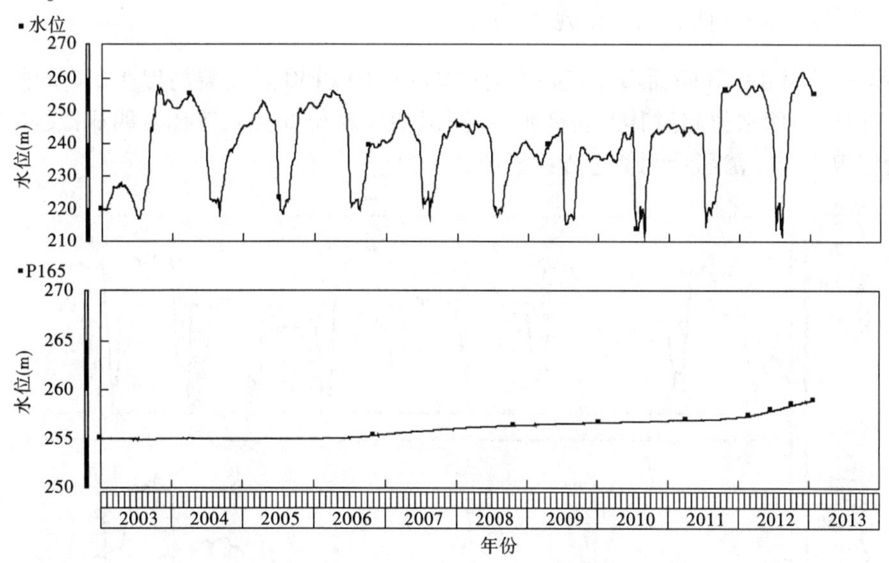

图 2.3.14　C—C 断面渗压计 P165 孔隙压力过程线

安装高程在 250 m 的 P134、P165 测值基本不受库水位影响，2005 年后呈现缓慢上升趋势。2011 年 8 月 10 日以后，P134 测值数据异常；2012 年 12 月 7 日，P165 测值达到历史最大值 258.70 m。

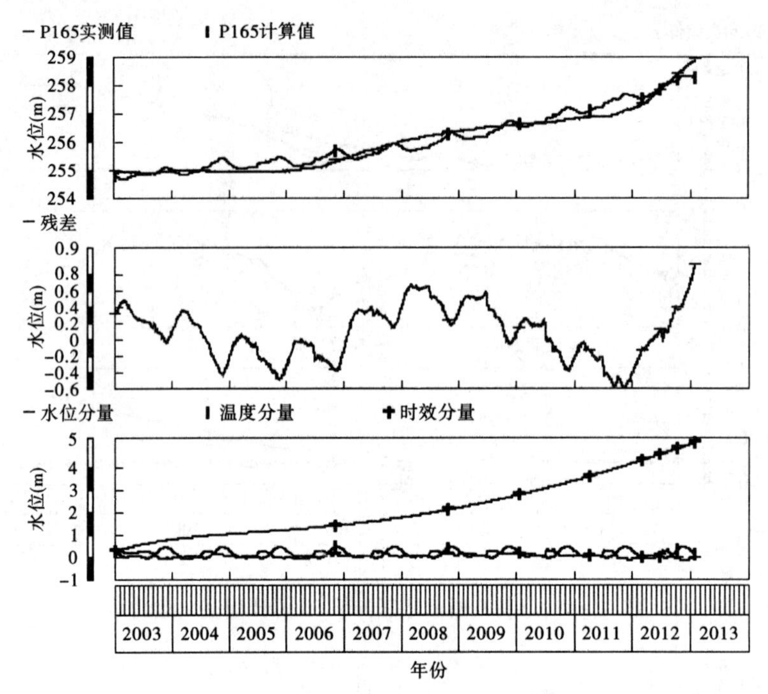

图 2.3.15　C—C 断面渗压计 P165 统计模型过程线

三、坝体上游侧堆石体渗透压力

主坝堆石体 B—B 断面坝体安装高程在 233 m 的 P130 及安装高程在 248 m 的 P131、P132、P133，当库水位超过其安装高程时，测值随库水位变化趋势比较明显，反映该区域渗水的正常规律。渗压计测值过程线见图 2.3.16。

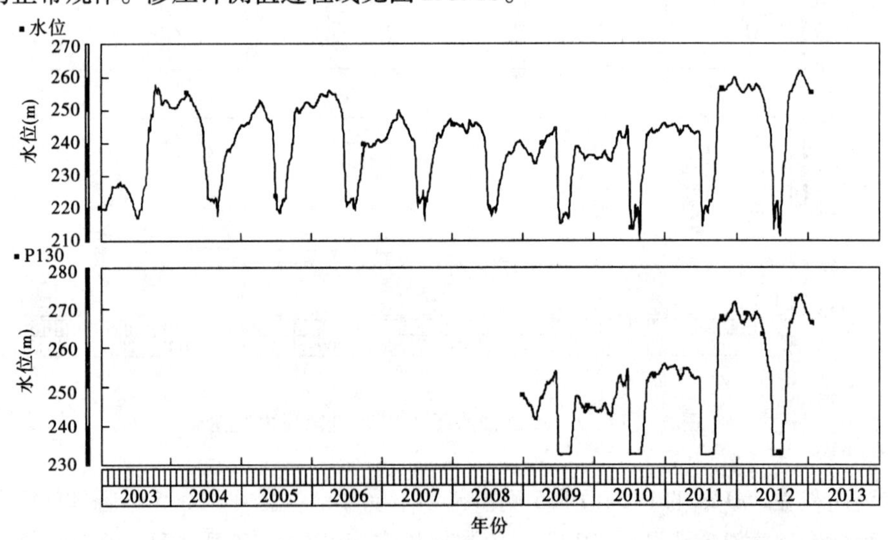

图 2.3.16　P130 渗压计测值过程线

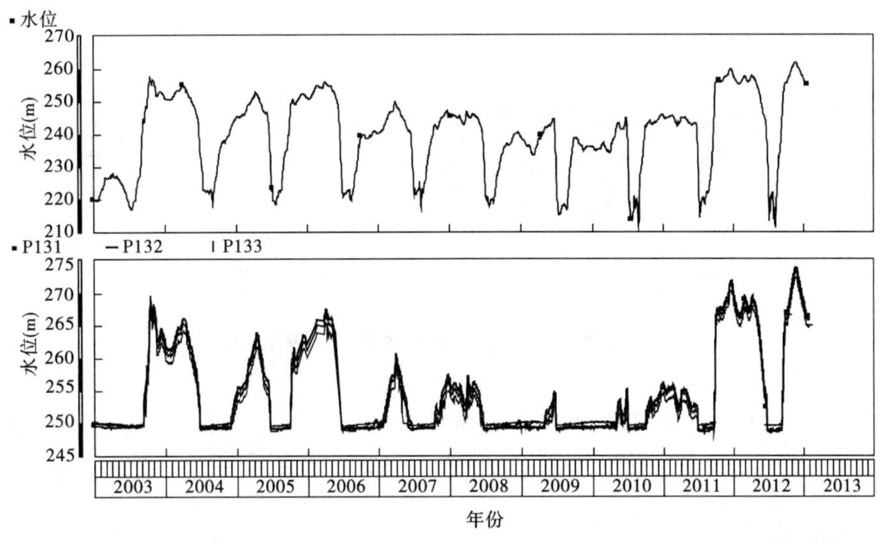

续图 2.3.16

四、主坝坝体心墙超静孔压计算分析

根据实测的渗流数据，对2006年8月19日至2012年12月14日各典型测点的超静孔压随时间的变化过程进行了计算分析。这里超静孔压通过实测总水头减去相应水位下稳定渗流总水头近似计算，结果如图2.3.17～图2.3.20所示。其中，P117与P158分别位于B—B断面和C—C断面的180 m高程处（心墙底部）；P125与P163分别位于B—B断面和C—C断面的210 m高程处（心墙中部）。

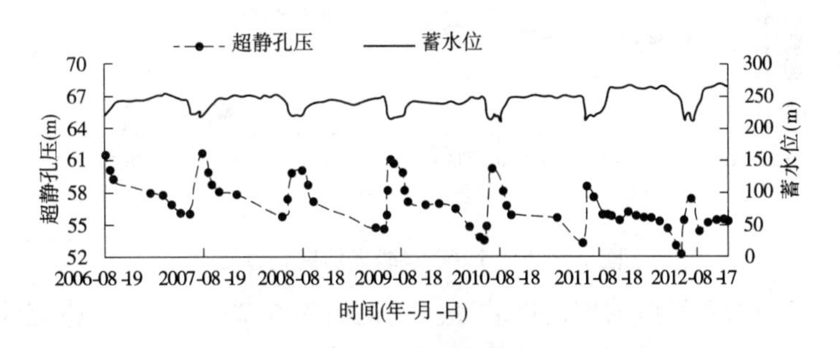

图2.3.17　P117超静孔压变化过程

位于心墙底部的P117和P158的超静孔压随着水位的下降和上升过程出现了周期性波动，这是由于稳定渗流计算所得的水头波动大于实测的水头波动（心墙中实际孔压的积累和消散都需要相当长的时间）。在水位下降时，稳定渗流计算所得水头也大幅下降，而实测水头下降较小，因此计算所得的超静孔压迅速上升。在水位上升时，稳定渗流计算所得水头也大幅上升，而实测水头上升较小，因此计算所得的超静孔压迅速下降。从总体趋势上看，P117和P158的超静孔压是逐渐消散的，其原因可能为心墙底部的土体一直处于饱和状态，在围压的作用下超静孔压逐渐消散。

位于心墙中部的P125与P163的超静孔压在2011年之前波动较小，在2011年之后

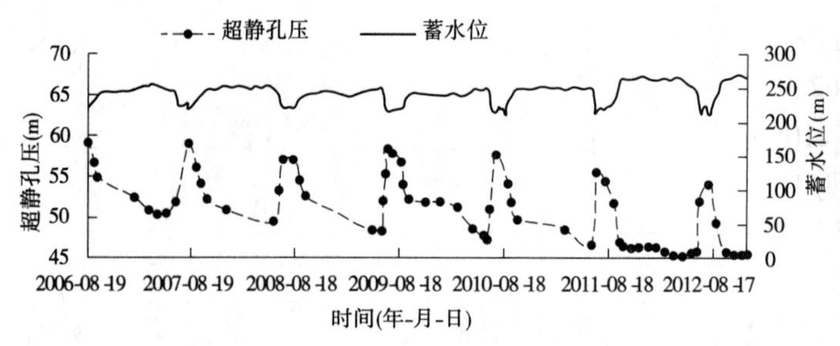

图 2.3.18　P158 超静孔压变化过程

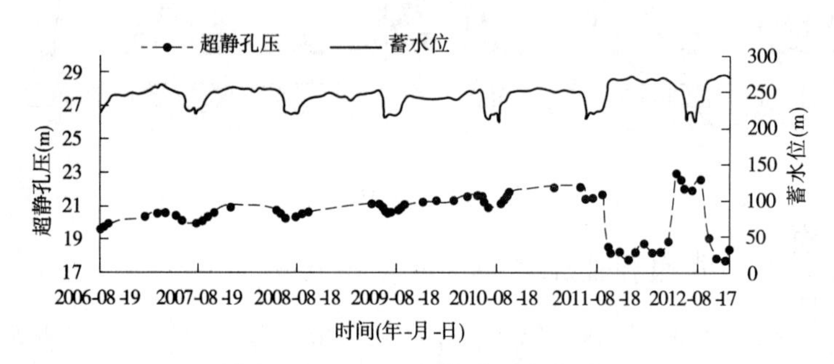

图 2.3.19　P125 超静孔压变化过程

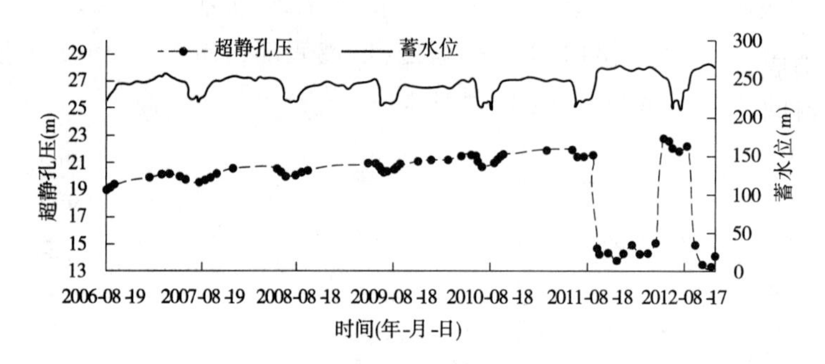

图 2.3.20　P163 超静孔压变化过程

出现了与 P117 和 P158 类似的周期性波动。这是因为在 2011 年之前稳定渗流计算所得的浸润线在该测点之下,超静孔压为实测总水头与位置水头的差值,体现的是实测总水头的波动,而在 2011 年之后,由于上游蓄水位达到了新的高度,浸润线在该测点之上,因此出现了与 P117 和 P158 类似的周期性波动。但是两个高程处超静孔压的总体趋势是不同的,P125 和 P163 的超静孔压是逐渐积累的,其原因可能是心墙中部的土体处于水位变动区(浸润线上下),其超静孔压逐渐积累。

五、小结

(1)心墙 140 m 和 180 m 高程处孔隙压力逐渐消散,140 m 高程处孔隙压力消散较快,180 m 高程处由于超静孔隙压力引起渗透压力测值仍高于库水位。在库水位为 270.10 m 时,P116、P117 和 P118 相应的孔隙压力系数约为 0.64、0.58 和 0.53,平均值为

0.59，由于孔隙压力系数远小于1，垂直有效应力大于0，因此不会产生水力劈裂。预测库水位达到275.00 m时，即使增加的4.9 m水头全部转化为孔隙压力，孔隙压力系数将提高到0.68、0.62、0.56，平均值为0.62，仍然小于1。

（2）心墙210 m和250 m高程处孔隙压力呈现趋势性增长趋势，且时效分量呈上升趋势，分析认为上下游堆石料流变仍在继续发展，心墙两侧附近堆石料的自重不断往心墙土骨架转移，导致新的超静孔压积累。南京水利科学研究院用总应力法对心墙水力劈裂进行判断，认为在目前心墙不具备发生水力劈裂的条件，且小浪底水库大坝斜心墙的设计形式也能在一定程度上遏制水力劈裂的发生，但对超静孔隙压力仍应密切关注。

（3）坝体上游堆石体和过渡料里的渗压计，当库水位超过其安装高程时，测值随库水位变化的趋势比较明显，反映该区域渗水的正常规律。

第四节　主坝渗流统计模型分析

一、统计模型分析方法

对于长期且连续的大坝监测资料，统计模型是一种较为成熟的分析方法。这里以渗流监测资料为例简单介绍统计模型分析方法。

由前人的研究经验可知，坝体内某测点的渗透压力p和大坝的渗流量Q主要受上游库水位h、时间效应t、温度T及降水量P等因素的影响。水压分量为库水位变化引起的分量，对于小浪底工程由于调水调沙的需要呈相对有规律的周期性变化。时效分量主要是指坝体渗透性和渗流条件等随时间的变化，例如黏土心墙料在荷载作用下的变形和随时间的流变变形对其渗透性的影响。对于小浪底工程还包括由于河床泥沙淤积在坝的上游形成天然铺盖对渗流条件的改变等。温度分量是指温度的变化对大坝渗流条件和渗流量的影响，一般亦随季节周期性变化。降水量对渗流量的影响主要是指降水入渗和地表径流对渗流量的贡献。

研究表明，在一般温度范围内温度对土石坝材料性质的影响并不明显，且已有监测资料显示小浪底坝址所在地的温度变化不剧烈，因此这里暂不考虑温度分量的影响。对于小浪底工程，降水入渗和地表径流对岸坡渗流影响较大，可通过岸坡排水设施收集和观测。各排水洞和坝后水塘的渗流量主要来自于山体和坝基，受降水量的影响相对较小，且已有监测资料显示小浪底坝址所在地的降水量不大，因此这里暂不考虑降水量的影响。综上所述，主要考虑时效分量和水压分量的影响，其数理统计模型的一般表达式为：

$$Z(t) = Z_H(t) + Z_\theta(t) \tag{2.4.1}$$

式中，$Z(t)$为监测量在时刻t的统计预测值；$Z_H(t)$为$Z(t)$的水压分量；$Z_\theta(t)$为$Z(t)$的时效分量。

大量的统计及理论研究表明，水压分量的构成多选用上游库水位的1～4次方进行组合，即h、h^2、h^3和h^4（库水位的单位为m）。时效分量的成因较为复杂，这里根据前人的研究成果和监测资料初步分析的结果剔除了随时间衰减过快和很快趋于常数1的时效因子，初步选择了5个时效因子，即t、$\ln(t+1)$、t^2、$t^{0.5}$和$t^{-0.5}$（时间的单位为d）。

为了进一步确定与监测量相关性较高的水压和时效因子，以 1 号排水洞和 30 号排水洞为例进行了灰色关联度和相关系数的分析。灰色关联度首先是作为灰色系统理论中的一个概念提出的，主要表征一个系统中各因子之间的同步变化程度。通过分析渗流量（单位为 m^3/d）与 9 个时效和水压因子的灰色关联度系数可以看出，在时效分量的各因子中，$t^{0.5}$、t 及 $\ln(t+1)$3 项与渗流量的关联度系数较高；而在水压分量的各因子中，灰色关联度随着水压分量 h 幂级数的增大而增大。

相关系数也是一种衡量变量间相关程度的指标，通过分析各因子之间及其与渗流量之间的相关系数可以看出，渗流量与时效因子 $t^{-0.5}$ 的相关性较小，与 $\ln(t+1)$ 的相关性居中，与 t、t^2 和 $t^{0.5}$ 的相关性较大，同时 t、t^2 和 $t^{0.5}$ 3 个因子之间具有很强的相关性。渗流量与 4 个水压因子的相关性相当，均较大，同时 4 个水压因子之间具有极强的相关性。

二、渗流资料分析与预测

（一）统计模型拟合

从蓄水过程曲线可以看出，2003 年 7 月 15 日以后大坝处于稳定运行时期，每年的蓄水过程相似，因此采用 2003 年 7 月 15 日至 2012 年 12 月 14 日（数据截止日期）的监测数据进行分析和预测。采用多元最小二乘线性回归方法对两排水洞及河床段坝基渗流的渗流量和典型测点的渗压计测值进行了拟合，分别确定了三种因子组合方案的表达式，具体表达式见表 2. 4. 1。各方案对坝基渗流量的拟合效果如图 2. 4. 1 所示，对渗压计测值过程曲线的拟合效果如图 2. 4. 2 ~ 图 2. 4. 8 所示。

表 2. 4. 1　渗流量和渗压计测值统计模型表达式汇总

P15	1	$9.12\times10^{2}-7.11\times10^{-3}t+0.464t^{0.5}-10.1h+4.37\times10^{-2}h^{2}-5.8\times10^{-5}h^{3}$	0. 928
	2	$1\times10^{3}-3.13\times10^{-3}t+2.72\ln(t+1)-11.4h+4.93\times10^{-2}h^{2}-6.62\times10^{-5}h^{2}$	0. 930
	3	$3.53\times10^{-3}t-1.25\times10^{-6}t^{2}+5.19h-5.19\times10^{-2}h^{2}+2.06\times10^{-4}h^{3}-2.73\times10^{-7}h^{4}$	0. 924
P181	1	$1.15\times10^{3}-6.53\times10^{-5}t-2.66\times10^{-2}t^{0.5}-12.4h+5.04\times10^{-2}h^{2}-6.75\times10^{-5}h^{3}$	0. 879
	2	$1.13\times10^{3}-3.7\times10^{-4}t-7.11\times10^{-2}\ln(t+1)-12.2h+4.95\times10^{-2}h^{2}-6.6\times10^{-5}h^{3}$	0. 878
	3	$-1.09\times10^{-3}t+1.94\times10^{-7}t^{2}+6.98h-7.23\times10^{-2}h^{2}+2.78\times10^{-4}h^{3}-3.64\times10^{-7}h^{4}$	0. 885
P66	1	$2.02\times10^{3}-1.45\times10^{-2}t+0.803t^{0.5}-24.7h+0.107h^{2}-1.5\times10^{-4}h^{3}$	0. 873
	2	$2.33\times10^{3}-6.8\times10^{-3}t+3.81\ln(t+1)-28.8h+0.125h^{2}-1.77\times10^{-4}h^{3}$	0. 865
	3	$7.59\times10^{-3}t-3.25\times10^{-6}t^{2}+7.14h-0.0773h^{2}+3.15\times10^{-4}h^{3}-4.28\times10^{-7}h^{4}$	0. 885
P117	1	$-3.87\times10^{2}-3.43\times10^{-3}t+0.151t^{0.5}+8.05h-0.0353h^{2}+5.37\times10^{-5}h^{3}$	0. 959
	2	$-2.97\times10^{2}-1.75\times10^{-3}t+0.463\ln(t+1)+6.83h-0.0297h^{2}+4.53\times10^{-5}h^{3}$	0. 957
	3	$3.23\times10^{-4}t-4.97\times10^{-7}t^{2}+1.14h+0.0112h^{2}-8.44\times10^{-5}h^{3}+1.54\times10^{-7}h^{4}$	0. 959
P125	1	$13.8+1.26\times10^{-3}t-1.23\times10^{-2}t^{0.5}+2.81h-1.23\times10^{-2}h^{2}+1.81\times10^{-5}h^{3}$	0. 989
	2	$5.26+1.1\times10^{-3}t-2.15\times10^{-2}\ln(t+1)+2.92h-1.28\times10^{-2}h^{2}+1.89\times10^{-5}h^{3}$	0. 988
	3	$7.49\times10^{-4}t+1.01\times10^{-7}t^{2}+3.13h-1.5\times10^{-2}h^{2}+2.8\times10^{-5}h^{3}-1.3\times10^{-8}h^{4}$	0. 992

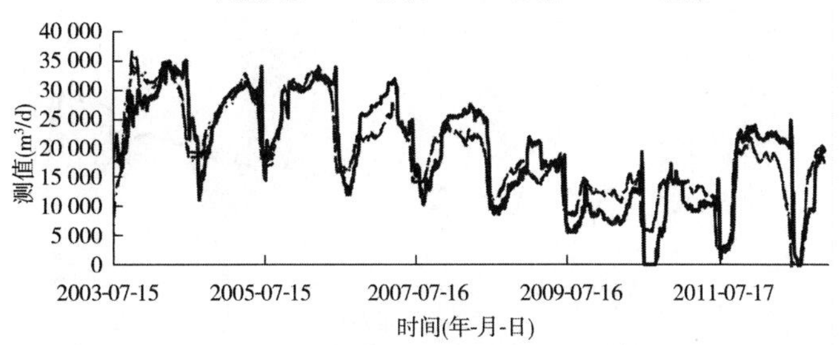

图 2.4.1　河床段坝基渗流量拟合效果图(统计模型)

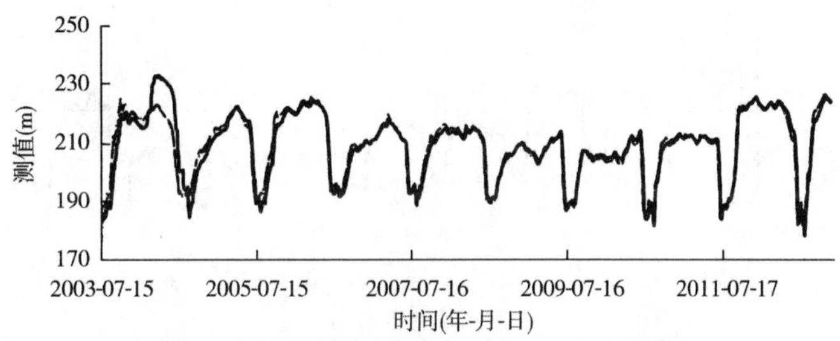

图 2.4.2　P15 渗压计拟合效果图(统计模型)

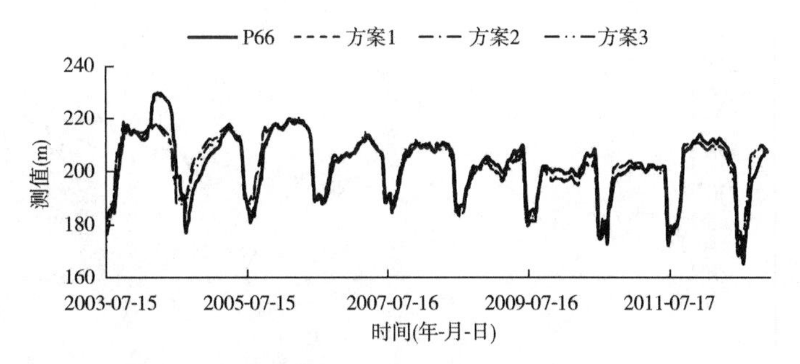

图 2.4.3　P66 渗压计拟合效果图(统计模型)

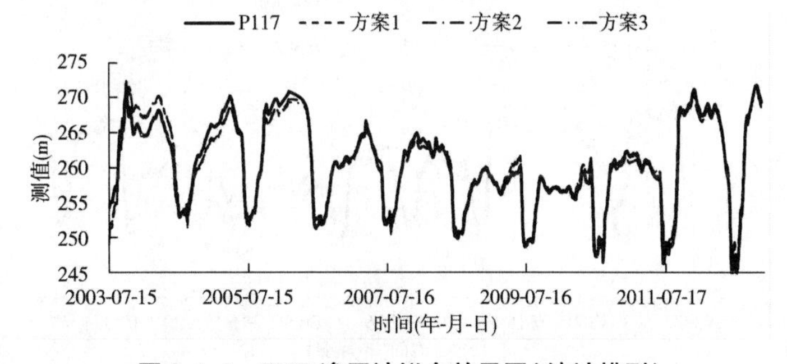

图 2.4.4　P117 渗压计拟合效果图(统计模型)

从图中可以看出各方案的拟合效果相差不大,都较好地模拟了渗流量和渗透压力随水位波动和随时间变化的趋势。

图 2.4.5　P125 渗压计拟合效果图(统计模型)

图 2.4.6　P158 渗压计拟合效果图(统计模型)

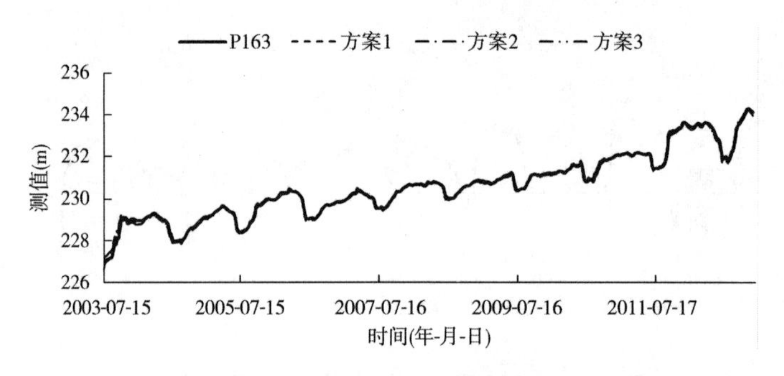

图 2.4.7　P163 渗压计拟合效果图(统计模型)

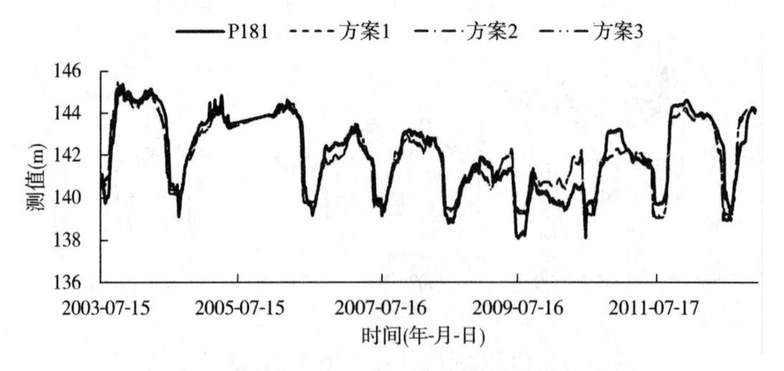

图 2.4.8　P181 渗压计拟合效果图(统计模型)

(二)统计模型预测

首先根据已有的2011年12月15日至2012年12月14日的蓄水过程推求2012年12月15日至2013年12月15日的虚拟蓄水过程,推求时使最高蓄水位达到275 m。实测和虚拟的蓄水过程曲线如图2.4.9所示。然后针对上述的虚拟蓄水过程,应用拟合效果较好的拟合公式对未来一年的渗流量和渗透压力进行了预测,预测的结果如图2.4.10~图2.4.17所示。从图中可以看出,预测所得的渗流量和渗透压力发展过程符合原有的发展趋势。

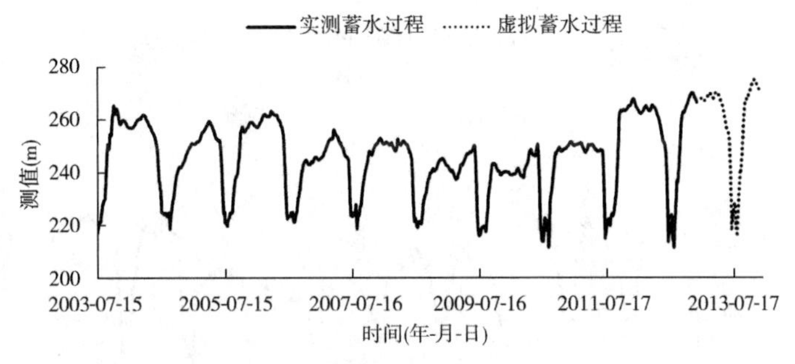

图2.4.9　实测和虚拟的蓄水过程曲线

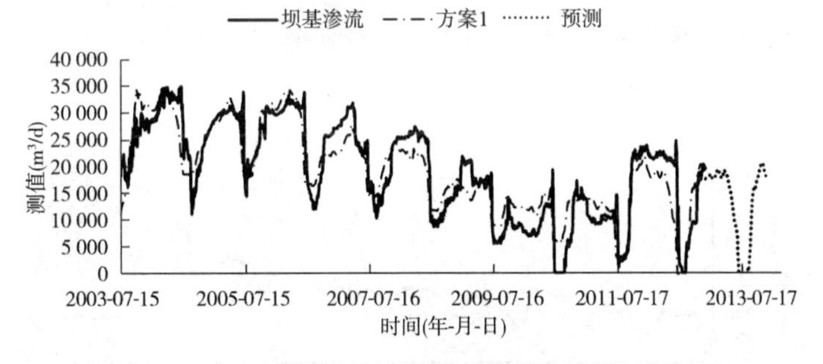

图2.4.10　河床段坝基渗流量预测效果图(统计模型)

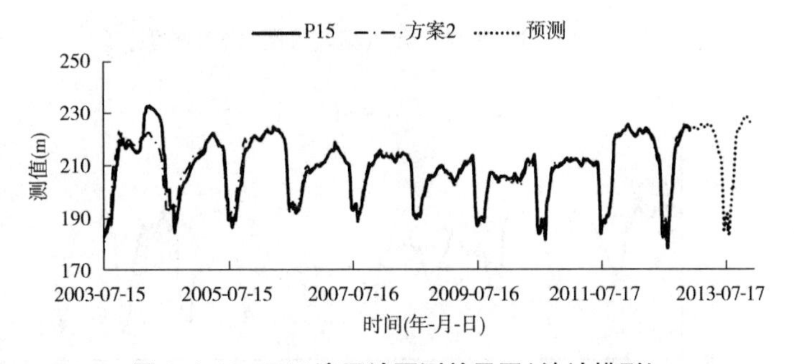

图2.4.11　P15渗压计预测效果图(统计模型)

三、小结

根据截止到2012年12月14日的监测资料,运用统计模型的分析方法对典型测点的

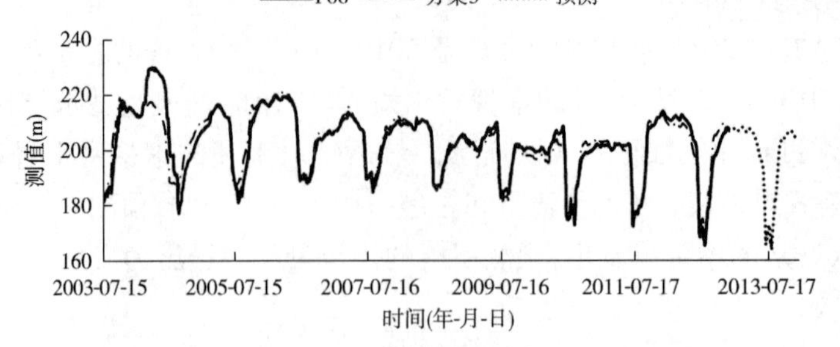

图 2.4.12　P66 渗压计预测效果图(统计模型)

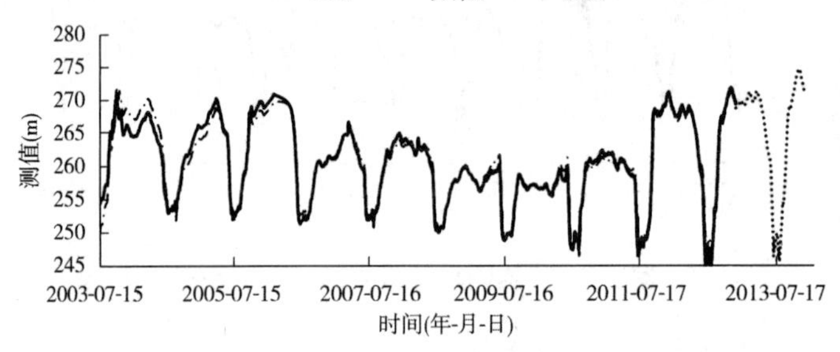

图 2.4.13　P117 渗压计预测效果图(统计模型)

图 2.4.14　P125 渗压计预测效果图(统计模型)

图 2.4.15　P158 渗压计预测效果图(统计模型)

渗流量、渗压计测值进行拟合,建立了相应的数学模型。采用最高水位达到 275 m 的虚拟蓄水过程,对未来一年典型测点监测量可能的变化过程进行了预测,并进行了各种影响因

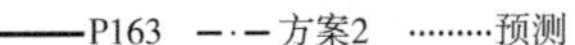

图 2.4.16　P163 渗压计预测效果图(统计模型)

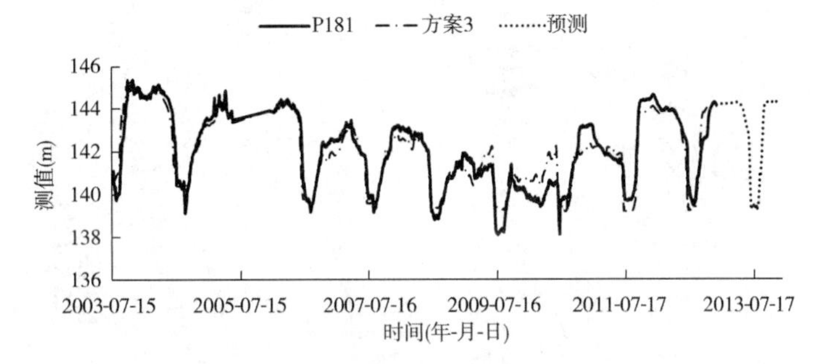

图 2.4.17　P181 渗压计预测效果图(统计模型)

子的相关性分析,据此对典型测点的监测量分别建立了相应的统计模型。所建立的统计模型对已有监测数据的拟合效果较好,且对各监测量近期的变化趋势也具有很好的预测能力。

第五节　主坝坝基渗流监测资料反馈分析

本节主要通过坝址区的水文地质概念模型,建立坝址区的三维数值模型,结合坝基渗压监测资料分析,运用数值模拟技术,反馈确定坝基各种材料的渗透参数。在此基础上,考虑淤泥层、坝基防渗帷幕、断层以及库水位变化条件,模拟预测大坝各部位的渗流量变化,分析主坝渗漏的原因和主要渗漏部位,为坝基、坝肩的渗透稳定评价提供依据。

一、坝基三维渗流场反馈计算模型

(一)模型计算范围

模型计算范围以坝底轮廓线为界,向河流上、下游各延伸 500 m,左岸向山体延伸 200 m,右岸向山体延伸 300 m(图 2.5.1)。垂向上根据风化强弱分为三个带,即强风化带、弱风化带和微风化带。模型底部取至相对隔水层 P_2^1 和 P_2^4 以下,高程为 -50.00 m。

(二)水文地质概念模型

水库蓄水后,大坝上游水库淹没区为第一类边界,随水库蓄水位的变化而变化;下游边界为定水头边界,水位为 141.50 m,其余为第二类边界,坝体与坝基接触处假定为不透水边界,模型底部为隔水边界。水文地质概念模型图见图 2.5.2。

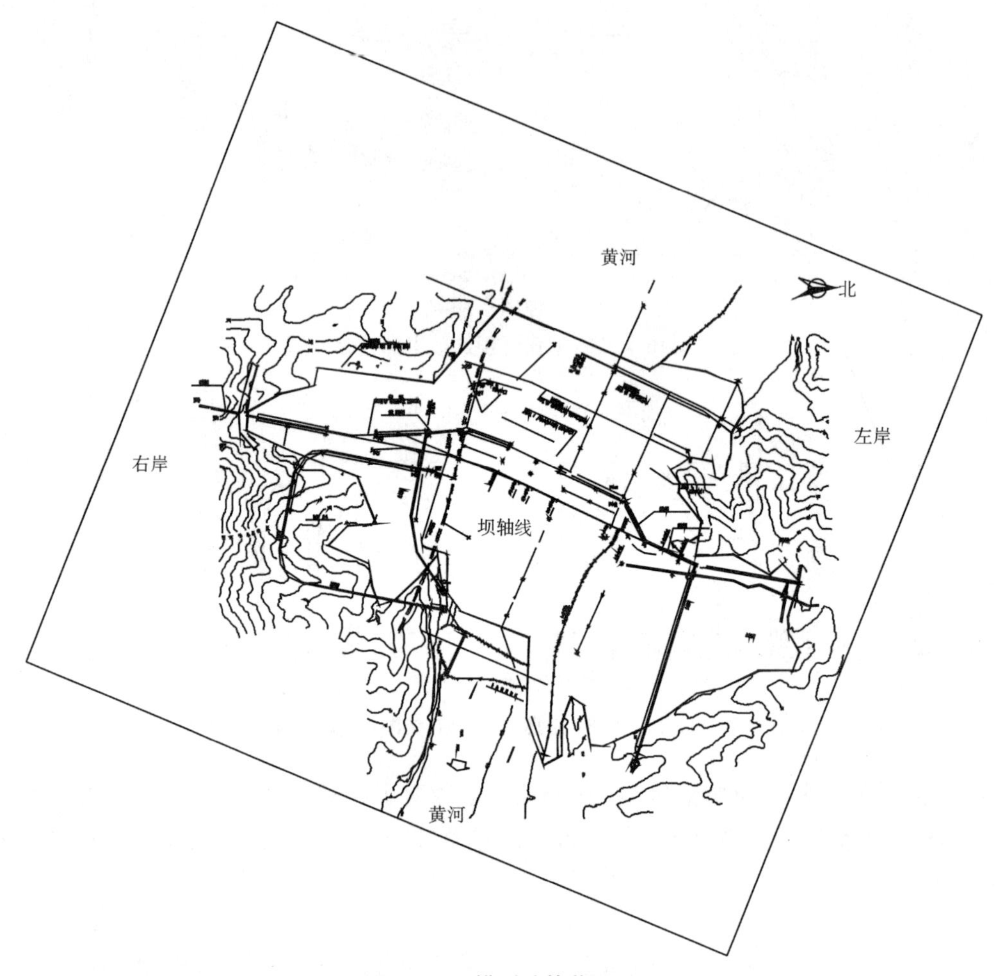

图 2.5.1　模型计算范围图

(三)初始材料参数

在三维渗流计算过程中,坝基岩体主要考虑 4 种不同的材料,分别是坝基、坝肩的混凝土防渗墙,大规模断层,坝基裂隙岩体,坝前铺盖和淤积层。

混凝土防渗墙根据前期资料,坝基、坝肩的混凝土防渗墙的渗透系数取 1×10^{-8} cm/s。其中坝基防渗墙深度超过覆盖层深入基岩约 80 m,两岸山体为悬挂帷幕,取至灌浆帷幕深度。坝前铺盖和淤积层具有防渗功能,其渗透系数取为 1×10^{-5} cm/s。坝址区发育的大规模断层较多,考虑到这些断层对坝基和坝肩渗漏的影响较大,同时结合坝址区其他断层的空间分布特点,重点讨论坝址区左岸、右岸和河床的 9 条断层,根据断层发育的规模和破碎带宽度,得到断层的渗透系数,其中断层 F_1、F_{230}、F_{236} 和 F_{238} 具有阻水性质,且前期进行了防渗补强处理,渗透系数较小(表 2.5.1)。

坝址区坝基岩体除大规模的断层外,还发育一些小规模的断层和节理裂隙,它们与断层相互连通切割,构成了地下水运动的裂隙网络,表现出非均值各向异性,岩体的渗透性可用渗透张量来表示。岩体由于构造作用而形成几个裂隙组。每一裂隙组的裂隙数量往往很多,这时可把裂隙岩体假想为一连续介质,按岩体是一连续介质来分析其渗透问题。

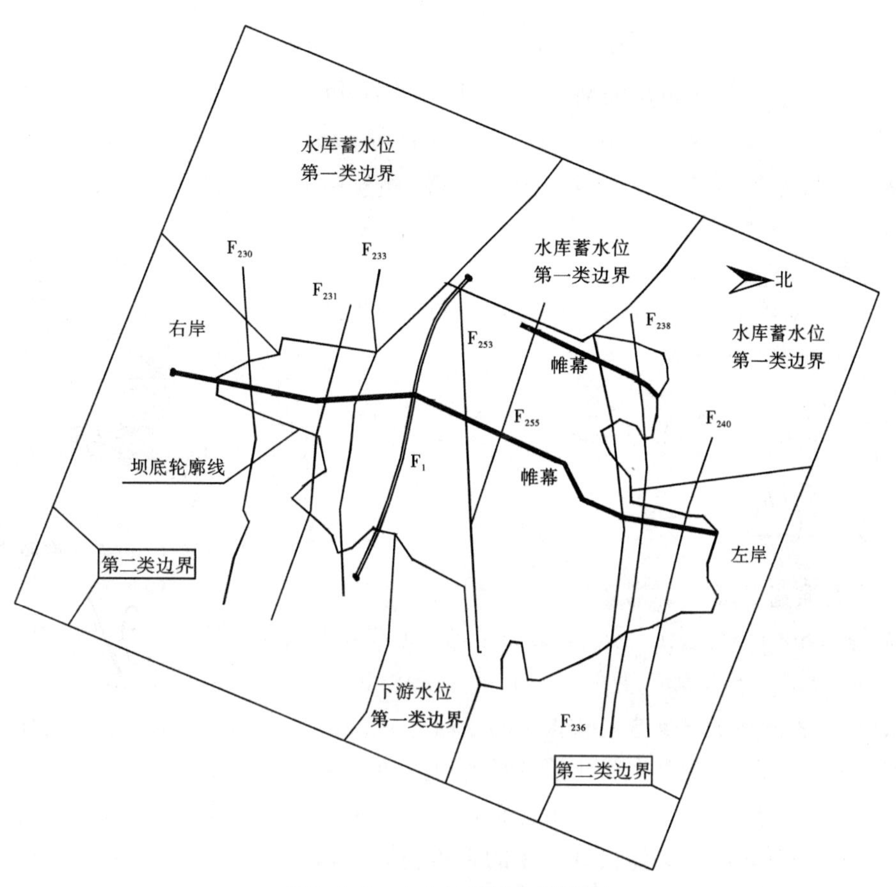

图 2.5.2　水文地质概念模型图

表 2.5.1　坝址区部分断层渗透系数表

编号	F_{240}	F_{238}	F_{236}	F_{255}	F_{253}	F_1	F_{233}	F_{231}	F_{230}
位置	左岸山体	左坝肩	左坝肩	河床	河床	右岸坝基	右岸坝基	右岸坝基	右坝肩
倾向(°)	80 ~ 105	90 ~ 106	90 ~ 106	105	70 ~ 90	285 ~ 300	95 ~ 102	103 ~ 110	近 EW
倾角(°)	80 ~ 87	80 ~ 85	70 ~ 87	75	75	80 ~ 85	65	75 ~ 90	52 ~ 60
断层带宽度(m)	0.2 ~ 2	1.2 ~ 8	1.5 ~ 6	0.2	0.2	7 ~ 15	0.3	0.1	0.3
渗透系数(cm/s)	0.01 ~ 0.08	$(1.0 \sim 3.0) \times 10^{-6}$	$(1.0 \sim 3.0) \times 10^{-6}$	0.005 ~ 0.02	0.005 ~ 0.02	$(1.0 \sim 3.0) \times 10^{-6}$	0.01 ~ 0.02	0.001 ~ 0.01	$(1.0 \sim 3.0) \times 10^{-6}$

水在裂隙内的流动速度变为假想的连续地充满整个岩体的流动速度。Ferrandon(1948)首先提出了渗透系数张量的概念。其后,Snow(1965)和 Pomm(1966)提出了裂隙岩体的渗透系数张量。水流运动服从达西定律,裂隙介质作为连续性多孔介质时,裂隙介质内各向异性的渗透性可用渗透系数张量来描述。当裂隙岩体发育有几组不同产状的裂隙时,则渗透系数张量可以表示为

$$K = \sum_{j=1}^{n} K_{ej} \begin{bmatrix} 1 - \cos\beta_j \sin^2\gamma_j & -\sin\beta_j \sin^2\gamma_j \cos\beta_j & -\cos\beta_j \sin\gamma_j \cos\gamma_j \\ -\sin\beta_j \cos\gamma_j \sin^2\gamma_j & 1 - \sin^2\beta_j \sin^2\gamma_j & -\sin\beta_j \sin\gamma_j \cos\gamma_j \\ -\cos\beta_j \sin\gamma_j \cos\gamma_j & -\sin\beta_j \sin\gamma_j \cos\gamma_j & 1 - \cos^2\gamma_j \end{bmatrix} \quad (2.5.1)$$

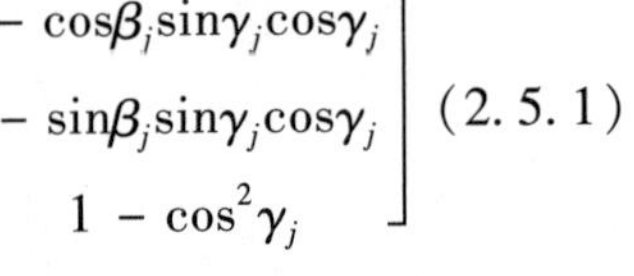

式中，K_{ej}为第 j 组裂隙的当量渗透系数；j 为第 j 组裂隙的编号；n 为岩体中裂隙发育的总组数；β、γ 分别为裂隙面的倾向和倾角。

对于岩体中某组非等宽度和非等间距的裂隙(图 2.5.3)，计算公式为

$$K_{ej} = \frac{g(b_{11})^3}{12\nu_\omega L\cos\theta_1} + \frac{g(b_{12})^3}{12\nu_\omega L\cos\theta_1} + \cdots + \frac{g(b_{1n})^3}{12\nu_\omega L\cos\theta_1} = \frac{g\sum_{j=1}^{n}(b_{1j})^3}{12\nu_\omega L\cos\theta_1} \quad (2.5.2)$$

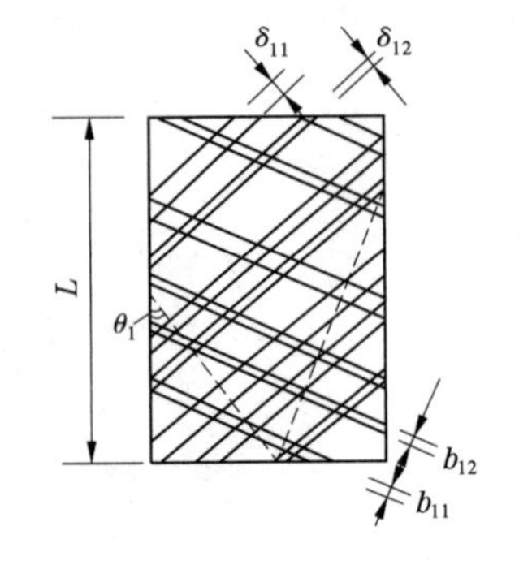

图 2.5.3　非等宽度和非等间距的裂隙

式中，b 为裂隙宽度；ω 为黏滞系数。

从式(2.5.1)中可看出，渗透系数张量与所取坐标系有关，在不同的坐标系中，各裂隙面法向单位矢量与坐标轴的夹角余弦不同，所得渗透系数张量也不同。在实际岩体渗流问题求解中，若能确定出渗透系数张量的主轴与主渗透性，可以改变原定解问题中水流控制方程的复杂形式，从而大大简化计算难度，起到事半功倍的作用。

设有一直角坐标系 $ox_1x_2x_3$，其相应的渗透系数张量为 K。因为渗透系数张量是一对称张量，因此旋转坐标系必能找到一新的直角坐标系 $ox_1'x_2'x_3'$，使渗透系数张量成一对角张量，亦即在新坐标系 $ox_1'x_2'x_3'$ 中$\overrightarrow{J'}$与$\overrightarrow{v'}$的关系应为

$$\overrightarrow{v'} = -K\overrightarrow{J'} = -\begin{bmatrix} K_1 & 0 & 0 \\ 0 & K_2 & 0 \\ 0 & 0 & K_3 \end{bmatrix} \overrightarrow{J'} \quad (2.5.3)$$

式中，K_1、K_2、K_3 为渗透系数张量的三个主渗透系数，对应于坝址区三个方向岩体的渗透系数，即 K_x、K_y 和 K_z。

地质资料显示，坝址区左岸、河床和右岸都发育 4 组裂隙，将裂隙倾向和倾角代入式(2.5.1)中可以确定岩体的渗透系数张量，从而通过坐标轴的旋转得到岩体的渗透系数 K_x、K_y 和 K_z(表 2.5.2)。

表 2.5.2　坝址区岩体的渗透系数

位置	渗透系数(cm/s)	强风化带	弱风化带	微风化带
左岸	K_x	$(1.5 \sim 4.0) \times 10^{-4}$	$(1.0 \sim 5.0) \times 10^{-5}$	$(1.0 \sim 5.0) \times 10^{-6}$
	K_y	$(1.5 \sim 4.0) \times 10^{-3}$	$(1.0 \sim 5.0) \times 10^{-4}$	$(1.0 \sim 5.0) \times 10^{-5}$
	K_z	$(1.5 \sim 4.0) \times 10^{-3}$	$(1.0 \sim 5.0) \times 10^{-4}$	$(1.0 \sim 5.0) \times 10^{-5}$

续表 2.5.2

位置	渗透系数(cm/s)	强风化带	弱风化带	微风化带
河床	K_x	$(1.0 \sim 3.0) \times 10^{-4}$	$(3.0 \sim 8.0) \times 10^{-5}$	$(3.0 \sim 8.0) \times 10^{-6}$
	K_y	$(1.0 \sim 3.0) \times 10^{-3}$	$(3.0 \sim 8.0) \times 10^{-4}$	$(3.0 \sim 8.0) \times 10^{-5}$
	K_z	$(1.0 \sim 3.0) \times 10^{-3}$	$(3.0 \sim 8.0) \times 10^{-4}$	$(3.0 \sim 8.0) \times 10^{-5}$
右岸	K_x	$(1.0 \sim 3.0) \times 10^{-4}$	$(1.0 \sim 5.0) \times 10^{-5}$	$(1.0 \sim 5.0) \times 10^{-6}$
	K_y	$(1.0 \sim 3.0) \times 10^{-3}$	$(1.0 \sim 5.0) \times 10^{-4}$	$(1.0 \sim 5.0) \times 10^{-5}$
	K_z	$(1.0 \sim 3.0) \times 10^{-3}$	$(1.0 \sim 5.0) \times 10^{-4}$	$(1.0 \sim 5.0) \times 10^{-5}$

二、基于坝基渗压监测资料的渗流场反馈

为了能正确反映出小浪底水库坝址区岩体透水性的大小和方向,在对岩体渗流起控制作用的裂隙结构面的几何参数作现场统计分析的基础上,采用结构面控制反馈法,对河床和左右岸岩体的渗透张量进行反馈,得到了岩体的渗透系数张量。

(一)结构面控制反馈法原理

根据研究渗流区域内若干已知坐标位置的水头观测值与计算值,以及坝基渗漏量观测值与计算值的误差,用最小二乘法建立目标函数:

$$E(K_j^i) = \sum_{k=1}^{M} \omega_k \sqrt{(H_k^c - H_k^o)^2} + \sum_{l=1}^{N} \omega_l \sqrt{(Q_l^c - Q_l^o)^2} \tag{2.5.4}$$

式中,K_j^i 为待求的参数,上标 i 表示根据岩体透水性划分的第 i 个子区,$i = \text{Ⅰ}, \text{Ⅱ}, \cdots, NNO$,$NNO$ 为分区的总数,下标 j 表示第 i 个子区中第 j 个参数,$j = 1, 2, \cdots, NK$,NK 为某区参数的总数;ω_k 和 ω_l 分别为第 k 个水头观测点和第 l 个流量观测点观测值的权函数,且有:

$$\sum_{k=i}^{M} \omega_k = 1.0 \ , \ \sum_{l=1}^{N} \omega_l = 1.0 \tag{2.5.5}$$

式中,M、N 分别为区域内观测点(孔)的总数;H_k^c、H_k^o 分别为区域内第 k 个水头观测点计算值和观测值;Q_l^c、Q_l^o 分别为区域内第 l 个流量观测点的计算值和实测值。

显然,由上述约束条件,能够找到一组待求参数,使得目标函数 E 趋于0。

(二)计算中几个问题的处理

1. 观测孔地下水位的处理

如果在含水的岩体中打有一观测孔,那么观测孔所揭穿的含水岩体厚度上都能进水。因此,观测孔内观测到的地下水位并不是某个点的真实地下水位,而是观测孔中钻孔所揭穿的含水岩体断面上各点水头的平均值,即

$$H_{观} = \frac{1}{L}\int_0^L H \mathrm{d}L \tag{2.5.6}$$

式中,L 为观测孔所揭穿的含水岩体厚度;H 为观测孔中不同深度(位置)的水位。

2. 权函数 ω 的确定

基于数学模型计算求得的某点的水位(或某条线上的平均水位)往往与观测孔所对应位置的观测水位之间存在一定的误差。产生误差的原因是多方面的,包括数值计算本

身的误差、模型简化误差、观测孔成孔带来的误差、观测误差等。因此,为了从宏观上和流场整体上能正确模拟实际地下水运动介质透水性的空间分布,消除由于个别点的误差而影响整个计算结果的精度,将每个观测孔水位和计算水位之差乘上权函数,使计算在整体上满足控制精度要求。

设研究区域内有 n 个观测孔,第 i 个观测孔的观测水位为 H_i^o,相应的计算水位为 H_i^c,定义权函数

$$\omega_i = \frac{|H_i^o - H_i^c|}{\sum_{i=1}^{n}\sqrt{(H_i^o - H_i^c)^2}} \tag{2.5.7}$$

将 n 个权函数按由大到小顺序排列,而水位误差则按由小到大顺序排列,将重新编号的权函数和水位误差代入目标函数式(2.5.4)中,可求解得到目标函数值。因为这种权函数 $\omega_k(k=1,2,\cdots,n)$ 的大小值及其排列是随着参数反馈过程和水位误差 $\sqrt{(H_k^o - H_k^c)^2}$ 动态自行调整的,所以每个观测孔水位和计算水位之差乘上该权函数,能自动有效地消除由于个别点的误差而影响整个计算结果的精度,使计算在整体上达到控制精度要求。

(三)岩体渗透系数反馈结果

小浪底水库坝址区岩体渗透性主要受结构面控制,坝址区左岸、河床和右岸透水性大小各不相同,反馈时主要考虑了对地下水起控制作用的岩体和具有一定规模的断层和节理裂隙结构面。选取河床中心线与坝轴线的交点作为原点,取 x 轴指向正北,y 轴指向正西,z 轴垂直指向上的坐标系作为计算坐标系。根据地形、构造及其渗透性分区,剖分成 107 289 个节点和 182 598 个单元,剖分图见图 2.5.4。

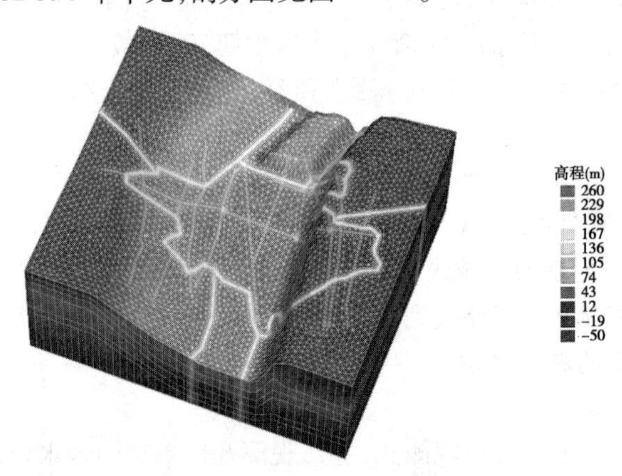

图 2.5.4　计算区域有限元网格图

利用计算机进行多次调试演算得到断层和岩体的渗透系数(表 2.5.3 和表 2.5.4),考虑到断层 F_1、F_{230}、F_{236} 和 F_{238} 具有阻水性质,渗透系数较小。在表 2.5.4 中,坝基主帷幕以上部分和以下部分河床覆盖层的渗透系数不同,主要是考虑了淤泥层的影响,在主防渗帷幕条件下,坝基覆盖层中的孔隙部分被淤泥充填,使得帷幕以上部分覆盖层的渗透系数小于帷幕以下的渗透系数。

为了验证反馈模型的正确性,选取坝基 P81、P141 和 P66 观测孔的水位作为实测值,

水位观测时间为 2011 年 5 月 1 日至 2012 年 4 月 30 日。计算了观测时间内观测孔的水位,利用它们的计算值和实测值进行拟合,拟合曲线见图 2.5.5。从图中可以看出,3 个钻孔的水位拟合度较高,总体上反馈模型能较好地反映研究区的实际情况,反馈得到的水文地质参数值是比较合理的。

表 2.5.3　坝址区断层渗透系数

编号	F_{240}	F_{238}	F_{236}	F_{255}	F_{253}	F_{1}	F_{233}	F_{231}	F_{230}
位置	左岸山体	左坝肩	左坝肩	河床	河床	右岸坝基	右岸坝基	右岸坝基	右坝肩
渗透系数(cm/s)	0.05	1.5×10^{-6}	1.5×10^{-6}	0.01	0.01	1.5×10^{-6}	0.015	0.005	1.5×10^{-6}

表 2.5.4　坝址区岩体渗透系数

位置		渗透系数(cm/s)	强风化带	弱风化带	微风化带
左岸		K_x	3.0×10^{-4}	3.5×10^{-5}	3.5×10^{-6}
		K_y	3.0×10^{-3}	3.5×10^{-4}	3.5×10^{-5}
		K_z	3.0×10^{-3}	3.5×10^{-4}	3.5×10^{-5}
河床	主帷幕上	K_x	2.5×10^{-4}	5.0×10^{-5}	5.0×10^{-6}
		K_y	2.5×10^{-3}	5.0×10^{-4}	5.0×10^{-5}
		K_z	2.5×10^{-3}	5.0×10^{-4}	5.0×10^{-5}
	主帷幕下	K_x	1.5×10^{-3}	5.0×10^{-5}	5.0×10^{-6}
		K_y	1.5×10^{-2}	5.0×10^{-4}	5.0×10^{-5}
		K_z	1.5×10^{-2}	5.0×10^{-4}	5.0×10^{-5}
右岸		K_x	2.0×10^{-4}	3.0×10^{-5}	3.0×10^{-6}
		K_y	2.0×10^{-3}	3.0×10^{-4}	3.0×10^{-5}
		K_z	2.0×10^{-3}	3.0×10^{-4}	3.0×10^{-5}

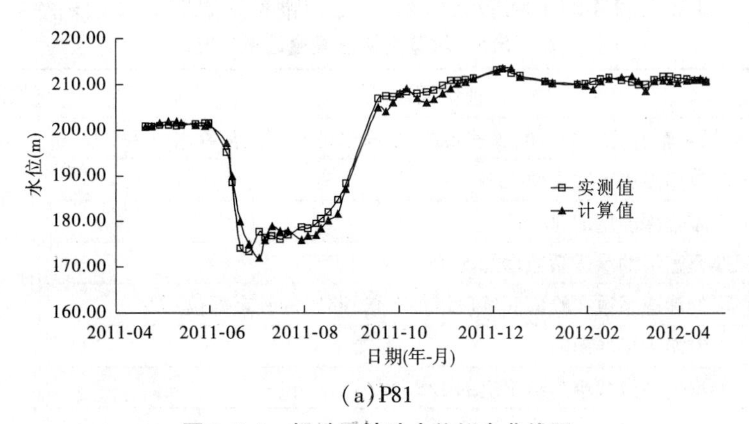

(a)P81

图 2.5.5　坝址区钻孔水位拟合曲线图

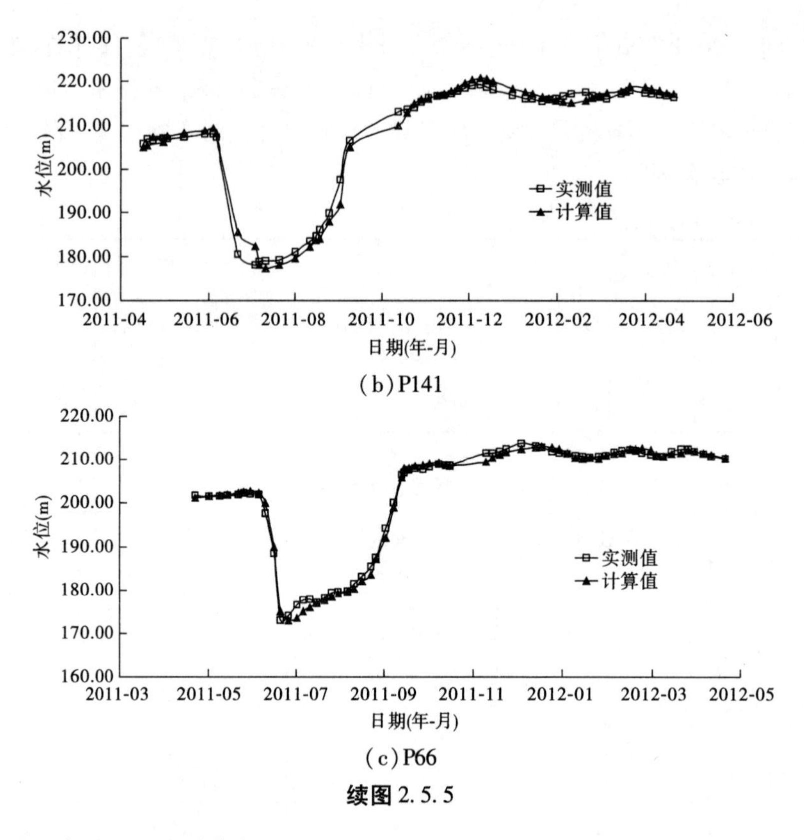

(b)P141

(c)P66

续图 2.5.5

三、坝基渗流量预测分析

利用前文中反馈得到的渗透系数,对正常蓄水位 275.00 m 和死水位 230.00 m 工况下的坝基渗流量(渗漏量)进行预测,计算工况见表 2.5.5。表中工况主要考虑了三个条件的变化:一是水库蓄水位变化;二是帷幕灌浆深度及其渗透系数变化(包括帷幕灌浆穿过的断层);三是坝体上游淤积层的影响。工况 2 和工况 9 中的混凝土防渗墙(帷幕)失效,表示防渗墙的渗透系数增加,可以用下式计算:

$$K_{帷幕} = K_{帷幕}^{0} + (K_{岩体} - K_{帷幕}^{0}) \times 25\%$$

式中,$K_{岩体}$为无帷幕处岩体的平均渗透系数;$K_{帷幕}^{0}$为帷幕完整时的渗透系数。

表 2.5.5　坝基岩体渗漏量计算工况

工况	详细描述	坝前水库蓄水位
1	岩体、断层和帷幕为反馈后的渗透系数,水库水位升至正常蓄水位 275.00 m	正常蓄水位:275.00 m
2	混凝土防渗墙渗透系数失效 25%	
3	左右两岸帷幕深度增加 50 m	
4	坝基深厚覆盖层的渗透系数增加 5 倍	
5	所有断层的渗透系数在帷幕灌浆段增加 5 倍,断层的其余部位不变	
6	不考虑上游淤积层的影响	
7	淤积层的渗透系数减小为给定值的 1/5	

续表 2.5.5

工况	详细描述	坝前水库蓄水位
8	岩体、断层和帷幕为反馈后的渗透系数，水库水位降至死水位 230.00 m	死水位：230.00 m
9	混凝土防渗墙渗透系数失效 25%	
10	左右两岸帷幕深度增加 50 m	
11	坝基深厚覆盖层的渗透系数增加 5 倍	
12	所有断层的渗透系数在帷幕灌浆段增加 5 倍，断层的其余部位不变	
13	不考虑上游淤积层的影响	
14	淤积层的渗透系数减小为给定值的 1/5	

在各工况下，坝基渗漏量的计算主要分成三个区域：①断层 F_1 与断层 F_{236} 之间主要为坝基河床渗漏；② F_1 以南区域为右岸渗漏；③ F_{236} 以北区域为左岸渗漏。坝基渗漏量的计算结果见表 2.5.6。

表 2.5.6　各工况条件下不同位置坝基渗漏量统计

工况	坝基(河床)		左岸	右岸	左岸 + 右岸	渗漏量合计(m^3/d)
	渗漏量(m^3/d)	占总渗漏量的百分比(%)	渗漏量(m^3/d)	渗漏量(m^3/d)	占总渗漏量的百分比(%)	
1	17 728.70	60.03	5 614.76	6 189.61	39.97	29 533.07
2	36 428.38	72.84	6 961.18	6 621.95	27.16	50 011.51
3	14 565.64	65.90	4 257.30	3 279.70	34.10	22 102.64
4	23 789.59	60.17	7 708.96	8 038.75	39.83	39 537.30
5	28 402.45	61.36	8 685.16	9 200.61	38.64	46 288.22
6	18 011.61	60.38	5 648.40	6 170.41	39.62	29 830.42
7	17 669.38	59.83	5 710.95	6 152.32	40.17	29 532.65
8	11 832.27	60.22	3 671.59	4 144.55	39.78	19 648.41
9	24 246.89	72.98	4 559.64	4 417.49	27.02	33 224.02
10	9 784.66	66.46	2 709.45	2 228.52	33.54	14 722.63
11	17 835.17	60.15	5 668.47	6 147.52	39.85	29 651.16
12	20 217.47	63.66	5 558.56	5 982.48	36.34	31 758.51
13	12 060.17	60.77	3 629.86	4 155.57	39.23	19 845.60
14	11 832.13	60.22	3 671.66	4 144.39	39.78	19 648.18

(一)水库蓄水位对坝基渗漏量的影响分析

小浪底水利枢纽工程蓄水位随时间变化，变化范围一般为 230.00 ~ 275.00 m，因此考虑这两种库水位条件下的渗漏量变化。从表 2.5.6 中可见，正常蓄水条件下(275.00

m),坝基渗漏量为 29 533.07 m^3/d(工况 1),实测资料显示,2012 年 11 月 21 日,当水库蓄水位为 270.10 m 时,观测的渗漏量为 28 953 m^3/d,表明用模型计算的渗漏量与实测渗漏量较吻合。当水库蓄水位为 230.00 m 时,计算的渗漏量为 19 648.41 m^3/d(工况 8)。可见,随着水库蓄水位的降低,坝基渗漏量也减小,表明坝基的渗漏量与库水位密切相关,但这种减小不是线性的,如当库水位从 275.00 m 降到 260.00 m 时,水头差降低了 15 m,渗漏量减小了 7 097.77 m^3/d;当库水位从 260.00 m 降到 230.00 m 时,水头差降低了 30 m,渗漏量减小了 2 786.89 m^3/d。

观测资料显示,库水位的增加不会立即引起渗漏量的增加,而是存在一定的滞后性(图 2.5.6(a)),当库水位稳定在某一值时,其坝基渗漏量也比较稳定(图 2.5.6(b))。例如 2005 年 8 月 10 ~ 20 日,库水位为 224.53 ~ 224.95 m,对应的坝基渗漏量为 20 158.43 ~ 20 862 m^3/d。

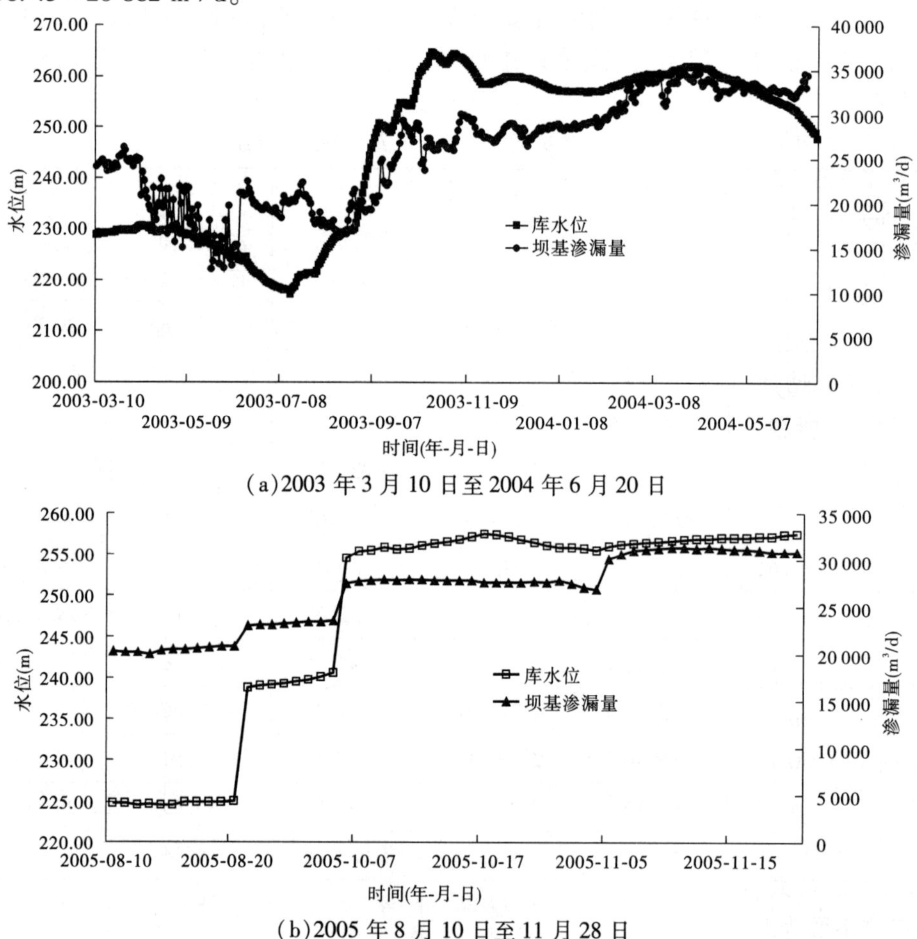

(a)2003 年 3 月 10 日至 2004 年 6 月 20 日

(b)2005 年 8 月 10 日至 11 月 28 日

图 2.5.6　库水位与坝基渗漏量的关系曲线

(二)坝基帷幕灌浆对渗漏量的影响分析

混凝土防渗墙部分失效等同于防渗墙的渗透系数增加,此时坝基的渗漏量增加了约 66.7%(工况 2 和工况 9),表明防渗墙对减小坝基渗漏量效果明显。另外,选取帷幕前渗压计 P66 和帷幕后的 P67 和 P71,P66 孔水位与库水位变化密切,但 P67 和 P71 孔水位变化不明显，一直保持在137.00～138.00 m（图2.5.7），帷幕前后水位差约50 m，水头折减明显，表明混凝土防渗墙防渗效果较好。

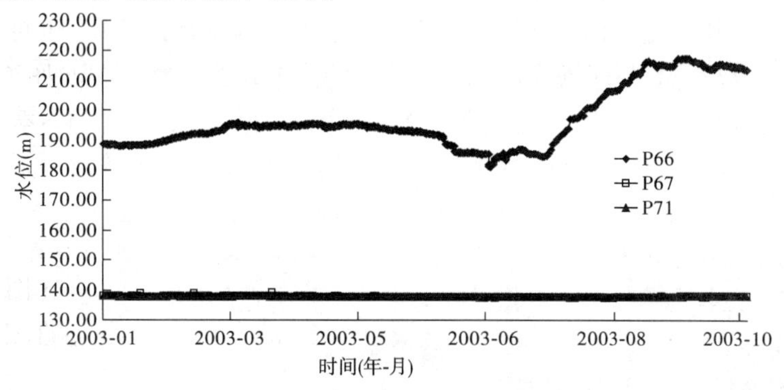

图2.5.7 帷幕前后观测孔水位变化曲线

小浪底水利枢纽工程运行后，针对不同阶段两岸坝肩基岩存在的渗漏情况，分别采取了相应的工程措施，主要对右岸F_1断层以南帷幕进行了补强灌浆，对F_{231}～F_{233}之间120 m范围内实施了封堵灌浆；对于左岸主要在3号和4号灌浆洞内增加了一排灌浆孔，对前期的地质勘探孔进行了封堵，帷幕补强后坝基渗漏量明显减少。从帷幕深度来看，河床部位帷幕底高程已经达到60 m，深入覆盖层以下的相对隔水层中；左岸帷幕底高程约130.00 m，右岸更高，而左、右岸的相对隔水层高程分布在40.00 m和80.00 m以下，因此帷幕到相对隔水层的距离大于90 m，均为悬挂式帷幕。在模型的模拟预测过程中，考虑了左右岸帷幕增加50 m的情况（工况3和工况10），坝基总渗漏量减少了5 000～7 000 m^3/d，相当于帷幕深度增加1 m，每天减少的渗漏量为100～140 m^3，约占目前渗漏量的25%，其中左岸减少了约23%，右岸减少了约45.6%。这表明在帷幕补强后，若帷幕的深度增加，右岸渗漏量的减少比左岸效果明显。

（三）坝基深厚覆盖层对渗漏量的影响

勘探资料显示，坝基深厚覆盖层的厚度约70 m，主要岩性自上而下分为上部砂卵砾石层、夹砂层、底砂层和底部含漂石的砂卵砾石层。由于各层的粒度成分不同，其渗透性也有很大差异。根据24次抽水试验成果，上部砂卵砾石层渗透性极不均一，渗透系数一般约为10.0 m/d；局部含泥量高的孔段，渗透系数约为1.0 m/d。在该层底部高程100.00～115.00 m段局部存在架空现象，9次抽水试验成果有6次渗透系数大于45 m/d，分别是225.58 m/d、171.7 m/d、101.74 m/d、84.17 m/d、80.83 m/d和45.27 m/d，属强透水层。分布于河床基岩深槽的底砂层，在大坝防渗帷幕轴线至坝轴线下游200 m左右连续分布，面积较大。在防渗墙帷幕轴线至坝轴线砂层厚12～18 m，坝轴线以下厚4～18 m，其渗透系数为5.97～0.21 m/d，该砂层以上是具有架空现象的强透水砂卵砾石层，渗透系数为225.58～80.89 m/d，分布高程一般为100.00～115.00 m。砂层下面是含漂石的砂卵砾石层，渗透系数为94.49～70.98 m/d，也为强透水层，形成了两强一弱的透水结构。因此，覆盖层的渗透系数主要介于10^{-1}～10^{-3} cm/d，对于含泥量较高的覆盖层，渗透系数一般介于10^{-3}～10^{-4} cm/d。

水库正常运行期，坝体上游淤积层的厚度约50 m，在上、下游水头差的作用下，部分淤泥可能随地下水流被带入覆盖层中，使得覆盖层的含泥量较高，渗透系数减小，主要分布在主防渗帷幕的上游；在主防渗帷幕的下游，由于防渗帷幕深入基岩中，淤泥很难通过相对隔水层进入坝体下游的覆盖层中，因此在模型参数的调整过程中，帷幕上、下游河床覆盖层的渗透系数不同，与现场抽水试验所计算的渗透系数的量级一致。在这种情况下，考虑了帷幕下游河床覆盖层的渗透系数增大的情况（工况 4 和工况 11），因为在地下水流动的过程中，覆盖层中细小的砂粒可能被带出，在覆盖层中形成小的渗漏通道，相当于覆盖层的渗透系数增加了。从表 2.5.6 中可以看出，当坝基深厚覆盖层的渗透系数增加 5 倍时，总渗漏量增加约 10 000 m^3/d，增加 30%，可见，坝基深厚覆盖层对坝基渗漏量影响较大。因此，在坝体下游布置排水孔以减低水压力是合适的，以防止地下水流动过程中将细小颗粒从覆盖层带出，并可有效控制坝基渗漏量和提高坝基渗透稳定性。

（四）断层对坝基渗漏量的影响

坝基断层和裂隙发育众多，断层和裂隙相互切割、连通，构成了地下水在裂隙网路中的运动。其中断层和裂隙发育具有一定的特点：①多数断层和裂隙顺河向发育，即基本与河流平行，使得坝基更容易发生渗漏，因为沿河流方向断层渗透性较大，如果河流流向与断层大角度相交或垂直，则坝基的渗漏量会减小；②陡倾角断层和裂隙较多，大部分断层的倾角大于 60°，有的甚至接近 90°，这种陡倾角使得地下水在裂隙中运动的阻力减小，地下水流动速度加快，断层和裂隙之间的水量交换作用强烈。同时，这种陡倾角的断层和裂隙也使得帷幕灌浆达不到预期的效果，部分灌浆段封堵不好，导致地下水集中渗漏通道的出现。

工况 5 和工况 12 主要研究了坝址区的 9 条断层对坝基渗漏量的影响，这些断层是坝址区规模较大、破碎带较宽的断层，如 F_{240}、F_{255}、F_{253}、F_{233} 和 F_{231} 断层。从表 2.5.6 中可以看出，与断层相交的帷幕渗透系数增加 5 倍时，坝基总渗漏量增加了约 55%，其中 F_{240}、F_{255}、F_{253}、F_{233} 和 F_{231} 断层增加 98%，而其他断层（如 F_1、F_{238}、F_{236} 和 F_{230}）增加约 2%。这些断层与规模较小的断层和裂隙在不同位置相互切割，构成了坝基可能的渗漏通道。因此，在帷幕补强过程中，特别应注意帷幕与断层交叉处的防渗，由于大多数断层倾角较陡，为达到较好的防渗效果，在注浆过程中布置少量斜孔是必要的。

（五）淤积层对坝基渗漏量的影响

坝前的淤积层和内铺盖形成了较好的水平防渗系统，在模型预测过程中，考虑了不存在淤积层（工况 6 和工况 13）和存在淤积层但渗透系数减小为给定值 1×10^{-5} cm/s 的1/5 的情况（工况 7 和工况 14）。计算结果显示，当不考虑淤积层存在时，坝基总渗漏量增加了 1%，而淤积层渗透系数减小为给定值的 1/5 时，坝基总渗漏量几乎不变，表明淤积层的存在与否对坝基渗漏量大小的影响较小。

计算结果发现，虽然淤积层和内铺盖组成的水平防渗系统对坝基渗漏量影响微不足道，但对水头的削减效果比较明显（图 2.5.8）。例如在工况 1 条件下，当水库蓄水位为 275.00 m 时，考虑天然淤积层的防渗作用，水头变为 255.00 m，削减了 20 m，占总水头（上下游水头之差）的 14.9%；如果不考虑天然淤积层的防渗作用，削减水头约 9 m，占总水头的 6.7%（工况 6）；如果淤积层渗透系数减小为给定值的 1/5，则削减水头约 24 m，占总水头的 17.9%（工况 7）；如果淤积层渗透系数取 1×10^{-7} cm/s 或者淤积层的厚度增加，则水头削减超过 20%，与实际观测值基本一致。因此，水头的折减与淤积层的厚度和渗透系数有关。同时,由于渗压计的埋设位置不同,考虑到淤积层的非均质各向异性,可能与计算水头存在一定的误差。

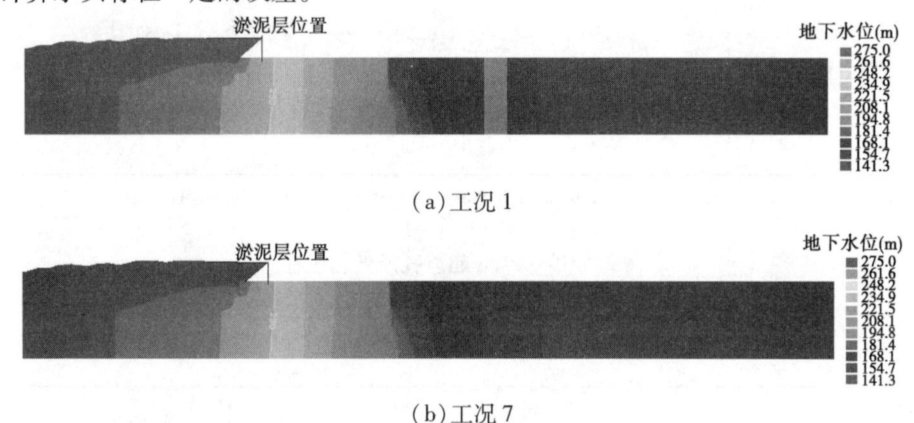

(a)工况 1

(b)工况 7

图 2.5.8　不同工况条件下淤积层前后水头变化

(六)坝区不同部位的渗漏量分析

前期的监测资料和坝基渗漏原因分析表明,坝基渗漏量主要发生在坝基河床部位,左右岸渗漏量较小,在参数反算过程中也考虑了这一点。从表 2.5.6 中可以看出,在不同工况条件下,左岸和右岸的渗漏量约占总渗漏量的 36.8%,其中右岸渗漏量略高于左岸渗漏量;坝基河床渗漏量约占总渗漏量的 63.2%,与实测渗漏量较吻合。由于部分渗漏量监测点破坏,计算渗漏量比实测渗漏量偏小。

四、超静孔压的计算分析

根据前面渗流反演的结果以及实测的渗流数据,对 2006 年 8 月 19 日至 2012 年 12 月 14 日各典型测点的超静孔压随时间的变化过程进行了计算分析。这里超静孔压通过实测总水头减去相应水位下稳定渗流总水头近似计算,结果如图 2.5.9 ~ 图 2.5.12 所示。其中,P117 与 P158 分别位于 B—B 断面和 C—C 断面的 180 m 高程处(心墙底部);P125 与 P163 分别位于 B—B 断面和 C—C 断面的 210 m 高程处(心墙中部)。

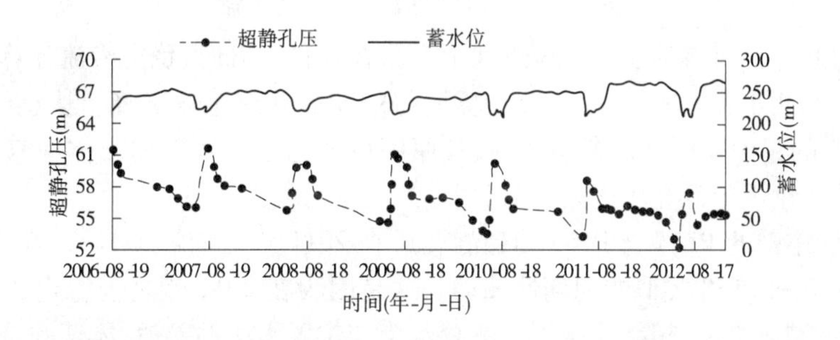

图 2.5.9　P117 超静孔压变化过程

位于心墙底部的 P117 和 P158 的超静孔压随着水位的变化出现了周期性波动,这是由于稳定渗流计算所得的水头波动大于实测的水头波动(心墙中实际孔压的积累和消散都需要相当长的时间)。在水位下降时,稳定渗流计算所得水头也大幅下降,而实测水头

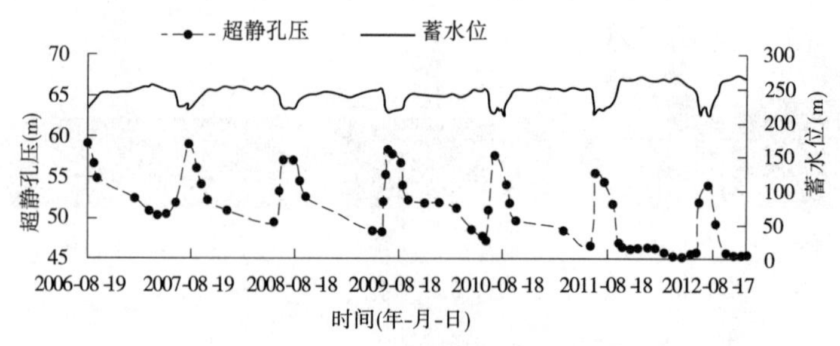

图 2.5.10　P158 超静孔压变化过程

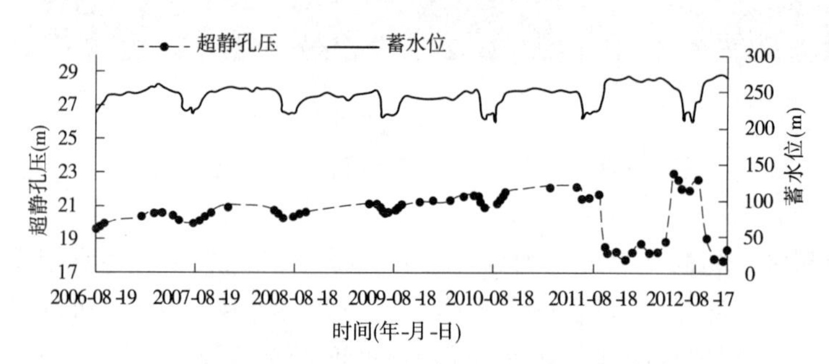

图 2.5.11　P125 超静孔压变化过程

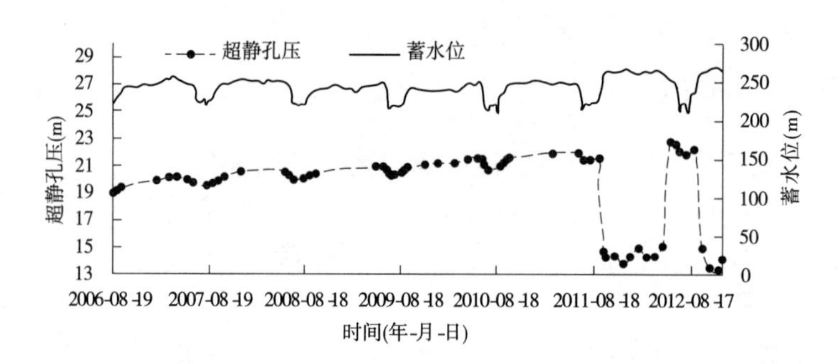

图 2.5.12　P163 超静孔压变化过程

下降较小,因此计算所得的超静孔压迅速上升。在水位上升时,稳定渗流计算所得水头也大幅上升,而实测水头上升较小,因此计算所得的超静孔压迅速下降。从总体趋势上看,P117 和 P158 的超静孔压是逐渐消散的,其原因可能为心墙底部的土体一直处于饱和状态,在围压的作用下超静孔压逐渐消散。

位于心墙中部的 P125 与 P163 的超静孔压在 2011 年之前波动较小,在 2011 年之后出现了与 P117 和 P158 类似的周期性波动。这是因为在 2011 年之前稳定渗流计算所得的浸润线在该测点之下,超静孔压为实测总水头与位置水头的差值,体现的是实测总水头的波动,而在 2011 年之后,由于上游蓄水位达到了新的高度,浸润线在该测点之上,因此出现了与 P117 和 P158 类似的周期性波动。但是两个高程处超静孔压的总体趋势是不同的,P125 和 P163 的超静孔压是逐渐积累的,其原因可能是心墙中部的土体处于水位变动区(浸润线上下),其超静孔压逐渐积累。

五、小结

根据小浪底主坝坝体和河床段坝基渗流的监测数据对小浪底大坝的渗流系数进行了三维反演分析，在此基础上对典型测点超静孔压随时间的变化过程进行了计算分析，并对2012 年 12 月 15 日至 2013 年 12 月 15 日的河床段坝基渗流过程进行了预测分析。主要工作和成果如下：

（1）根据小浪底坝体和河床段坝基渗流的监测数据对小浪底大坝的渗流系数进行了三维有限元反演分析。渗流分析在选取计算区域时主要考虑了最终可汇流至大坝下游围堰左右两侧量水堰的部分，反演分析主要针对基岩和 F_1 断层的渗透系数进行，其中基岩的渗透系数考虑了随孔隙水压力线性变化的特性。

（2）采用反演参数计算所得的坝基渗流量以及各部位渗压分布与实测数据总体符合较好，表明反演分析结果可较好地反映坝体和坝基的实际渗透特性。

（3）坝区断层对渗漏量影响明显。与断层相交的帷幕渗透系数增加 5 倍时，坝基总渗漏量增加了约 55%，其中 F_{240}、F_{255}、F_{253}、F_{233} 和 F_{231} 断层增加 98%，而其他断层（如 F_1、F_{238}、F_{236} 和 F_{230}）增加约 2%。因此，在帷幕补强过程中，特别应注意帷幕与断层交叉处的防渗，由于大多数断层倾角较陡，为了达到较好的防渗效果，在注浆过程中需要布置少量的斜孔，对施工技术提出了更高的要求。

（4）坝体上游淤泥层对坝基渗漏量大小的影响较小。当不考虑淤泥层存在时，坝基总渗漏量增加了 1%，而淤泥层渗透系数减小为给定值的 1/5 时，坝基总渗漏量几乎不变，表明淤泥层的存在与否对坝基渗漏量大小的影响可以忽略。坝前的淤泥层对水头的削减效果比较明显，其削减大小与淤泥层的厚度和渗透系数有关。计算结果表明，如果淤泥层渗透系数为 10^{-7} cm/s 量级，则水头削减可超过 20%。

（5）根据渗流计算结果对各典型测点的超静孔压变化过程进行了计算分析，结果表明，心墙底部测点的超静孔压力在缓慢逐渐消散，心墙中部测点的超静孔压尚在缓慢逐步增加。2012 年间心墙底部的超静孔压在 45 ~ 58 m 波动，而心墙中部的超静孔压在 13 ~ 25 m 波动。

第三章　主坝变形监测分析

第一节　外部变形测点布置

大坝的外部变形观测分为水平变形和竖直变形,其中水平变形又分两个方向,即沿水流的上下游方向(以下称为 Y 向水平位移,指向下游为正,指向上游为负)和沿坝轴线的左右岸方向(以下称为 X 向水平位移,指向左岸为正,指向右岸为负)。竖直变形则是指坝体的沉降和固结(以下称为 Z 向沉降,下沉为正,上抬为负)。竖直变形采用几何水准网测量方法,水流方向的变形采用视准线方法或小角度方法,沿坝轴线方向的变形采用测距线法进行观测。后期采用 GPS(全球卫星定位技术)法、TPS(测量机器人)法和全自动全站仪进行观测,以提高精度。

通过在坝体表面上下游不同高程设置 8 条视准线来对大坝的外部变形进行观测。由于大坝轴线存在转弯点,8 条视准线共分成 15 段,含有 27 个工作基点(部分工作基点在坝体上按动点观测)和 120 个监测点。不同视准线由上游向下游进行编号,同一视准线的测点由南向北进行编号(图 3.1.1)。

坝体上游共布设 3 条测线,分别布置在 185.00 m、225.00 m 和 260.00 m 高程上。第一条为上游 185 m 高程围堰视准线,对 Y 向水平位移和 Z 向沉降进行监测,设有 8 个测点(两个端点视为不动点)。第二条布置在上游正常水位以下,称为上游 225 m 高程视准线,以转弯点为界分为南北两段,监测 Y 向水平位移和 Z 向沉降。其中南段原设计有 5 个测点(起点视为不动点),因损坏,现有 3 个测点,北段设有 10 个测点(终点视为不动点),而南段的终点便是北段的起点。第三条布置在上游正常水位以上,称为上游 260 m 高程视准线,以转弯点为界分为南北两段,监测 X 向、Y 向水平位移和 Z 向沉降。其中南段设有 11 个测点(起点视为不动点),北段设有 15 个测点(终点视为不动点),同样,南段的终点便是北段的起点(但该点水平方向位移是分开测量的)。

坝顶上下游两侧各布设一条测线(高程 283.00 m),均监测 X、Y、Z 三个方向的位移。其中上游 283 m 高程视准线距防浪墙上游侧边线外 1.5 m,在坝轴线转弯处分为南北两段,没有共用点。其中南段设有 11 个测点(起点视为不动点),北段设有 14 个测点(终点视为不动点)。下游 283 m 高程视准线距坝顶下游边线外 0.5 m,分成南、中、北三段,没有共用点。南段设有 11 个测点(起点视为不动点),中段原设计有 15 个测点,实际设置 14 个测点,北段原设计有 6 个测点,实际设置 5 个测点。

坝体下游坡共布设 3 条测线,分别布置在 250.00 m、220.00 m 和 155.00 m 高程上。第一条为下游 250 m 高程视准线,以转弯点为界分为南、北两段,监测三个方向的位移。南段原设计有 11 个测点(起点视为不动点),已损坏 1 个,北段设有 12 个测点,并且南段的终点便是北段的起点。第二条为下游 220 m 高程视准线,以拐点为界分为南、北两段,

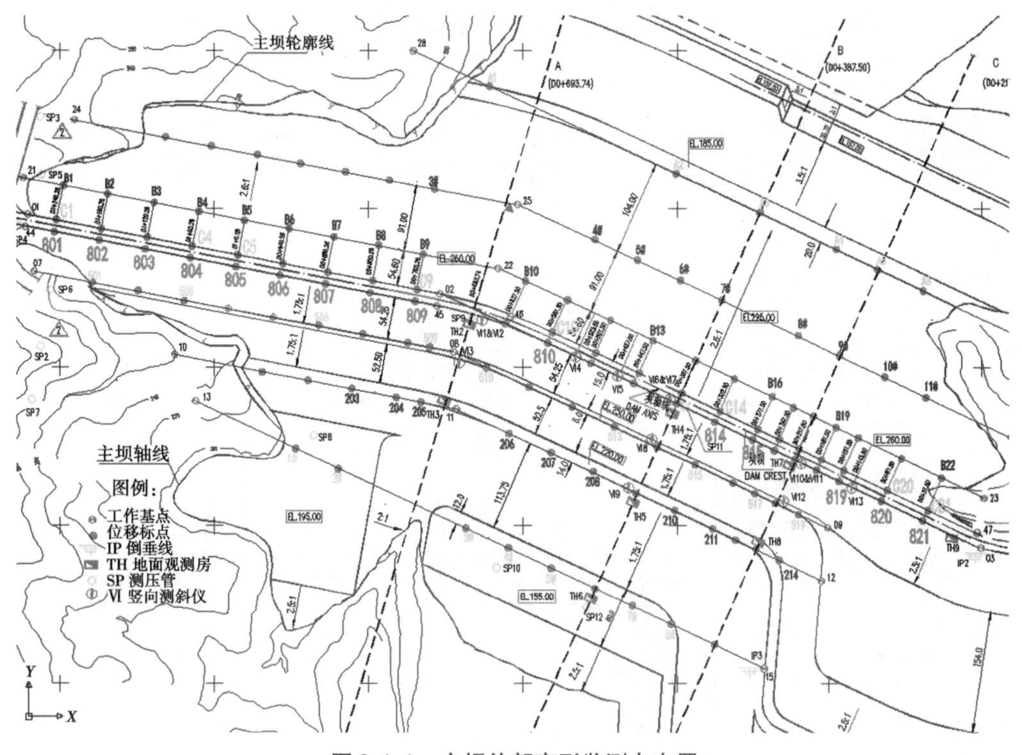

图 3.1.1　主坝外部变形监测点布置

监测三个方向的位移。南段原设计有 7 个测点,因损坏,现有 5 个测点(起点为不动点),北段设有 10 个测点,并且南段的终点便是北段的起点。第三条为下游 155 m 高程马道视准线,以拐点为界分为南、北两段,监测 Y 向水平位移和 Z 向沉降。原设计有 11 个测点(两个端点视为不动点),现有 10 个测点。

根据本工程大坝坝体较长的特点,观测点的间距一般为 60 m,左岸基岩陡坎、最大坝高和 F_1 断层破碎带附近是坝体不均匀变形的集中部位,这些部位的观测点的间距加密为 30 m。

第二节　主坝垂直位移监测分析

一、视准线监测成果

主坝上下游坡典型断面上测点年垂直方向位移变化特征值见表 3.2.1,量值图和过程线图分别见图 3.2.1、图 3.2.2 和图 3.2.3。可以看出,主坝垂直位移整体呈单调递增的趋势,蓄水初期垂直位移变化速率快,后期变化速率逐渐变慢;各测点变化规律基本一致,垂直位移测值分布均匀连续。在同一高程上,下游侧测点垂直位移沉降大于上游侧测点;在同一条视准线上,主河床区测点垂直位移量大,两岸边坡位移量小;在同一桩号不同视准线上,高程越高的测点位移量越大,高程越低的测点位移量越小。主坝垂直位移等值线图有很好的分布规律和封闭性,符合土石坝垂直位移变化的一般规律。

表 3.2.1　主坝上下游坡典型断面上测点年垂直方向位移变化特征值

部位	最高库水位(m)	上游坡(mm)		下游坡(mm)			
		260 m视准线	283 m视准线	283 m视准线	250 m视准线	220 m视准线	155 m视准线
最大位移点	—	B14	C13	813	514	209	7
2001 年变化量	237.66	291	271	332	230	102	10.9
2002 年变化量	240.87	100	202	237	111	56	9.4
2003 年变化量	265.48	50	166	174	175	84	6.3
2004 年变化量	261.99	152	147	180	59	33	0.9
2005 年变化量	259.61	52	68	75.3	43.2	27.5	3.5
2006 年变化量	263.41	51.4	71.8	67.9	32	19.9	-1.4
2007 年变化量	256.32	30.6	42.8	54.9	20.9	12.2	2.3
2008 年变化量	252.75	27.7	36.7	41.0	20.9	11.5	1.2
2009 年变化量	250.34	31.3	37.3	48.6	18.6	9.1	6.3
2010 年变化量	251.71	27.1	37.8	47.7	14.5	14.7	-2.7
2011 年变化量	267.83	13.0	35.4	40.7	24.4	13.4	1.2
2012 年变化量	270.10	46.1	82.0	68.9	29.1	11.7	1.4
至 2012 年累计变化量	—	870.2	1 206.8	1 395.0	778.6	471.0	39.3

统计模型分析结果表明，时效分量占垂直位移变化的主要成分已趋于稳定，垂直位移水位分量的变化与库水位呈负相关关系。

至 2013 年 3 月 31 日，最大累计垂直位移 1 402.4 mm，2011 年和 2012 年 283 m 视准线上下游侧测点最大年变化量分别为 35.4 mm、40.7 mm 和 82.0 mm、68.9 mm，2012 年 283 m 视准线最大年变化量与 2006 年(71.8 mm、67.9 mm)接近。

2012 年最高运用水位 270.10 m，同时库水位在 250 m 以上累计运行 281 d，在 260 m 以上累计运行 238 d，在 265 m 以上累计运行 89 d，均创历史新高。

2012 年垂直位移变化最大为 82.0 mm，测点为坝顶 283 m 视准线 B—B 断面上游侧 C13 号点，该点 2012 年 6 月 18 日至 7 月 9 日调水调沙期间垂直位移变幅为 40.0 mm，占全年变幅的 50.1%，7 月 9 日至 12 月 7 日垂直位移变幅为 20.5 mm，其中库水位 265 m(10 月 15 日)至 270.10 m(11 月 21 日)期间位移变幅为 4.4 mm。

二、坝顶中部监测成果

为了解坝顶坝轴线上的沉降变化情况，从 2004 年起增加了沿坝轴线的沉降监测项

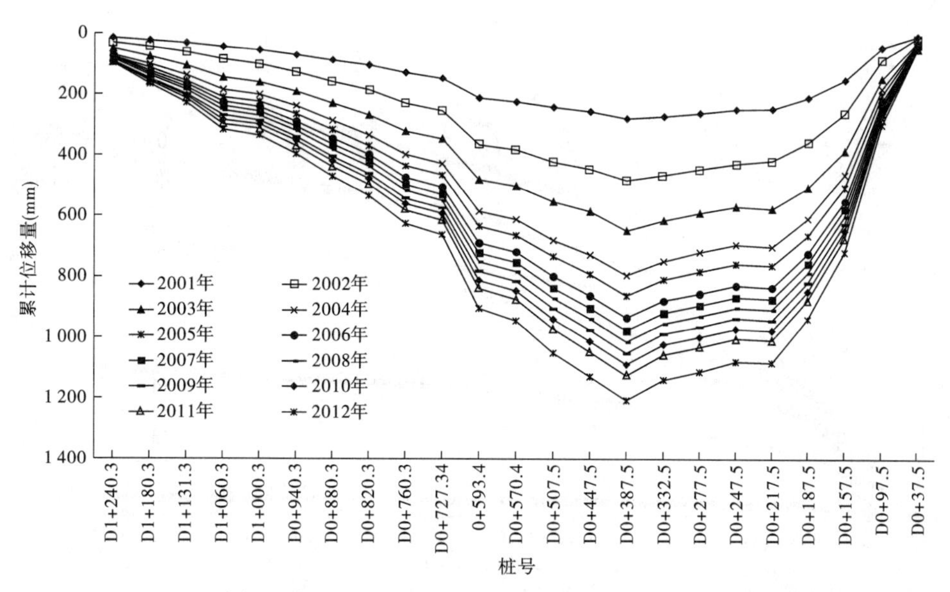

图 3.2.1　**主坝上游 283 m 视准线垂直方向各监测点历年年底累计量值图**

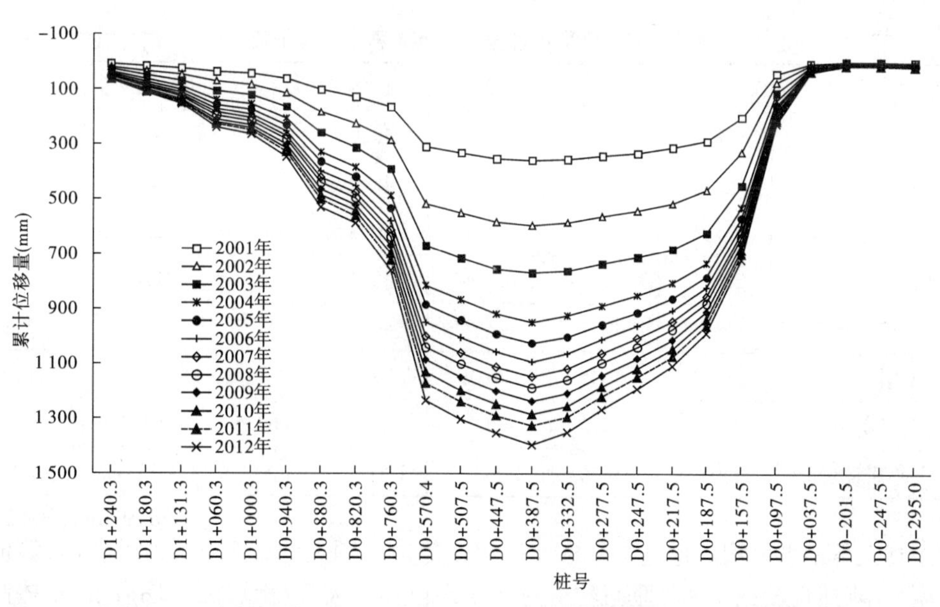

图 3.2.2　**主坝下游 283 m 视准线垂直方向各监测点历年年底累计量值图**

目，在坝顶公路六棱砖上做固定标记，用 DNA03 电子水准仪（S05 级）配 3 m 铟瓦条码水准尺按Ⅱ等水准测量要求进行水准测量。测值以各桩号设计填筑高程为基准值。坝顶中部垂直方向位移变化特征值见表 3.2.2，年度主坝坝顶中部累计沉降分布图见图 3.2.4。至 2012 年底，坝顶中部沉降监测结果显示，主坝顶部总体呈沉降变化，最大沉降段在 D0＋210～D0＋700 段（沉降量均大于 1 000 mm），其中以 D0＋300～D0＋500 段最大（沉降量均大于 1 500 mm）。最大沉降点位于 D0＋429.30、D0＋459.91 和 D0＋339.24 等 3 处，累计沉降量分别为 1 558.0 mm、1 553.1 mm 和 1 536.9 mm。

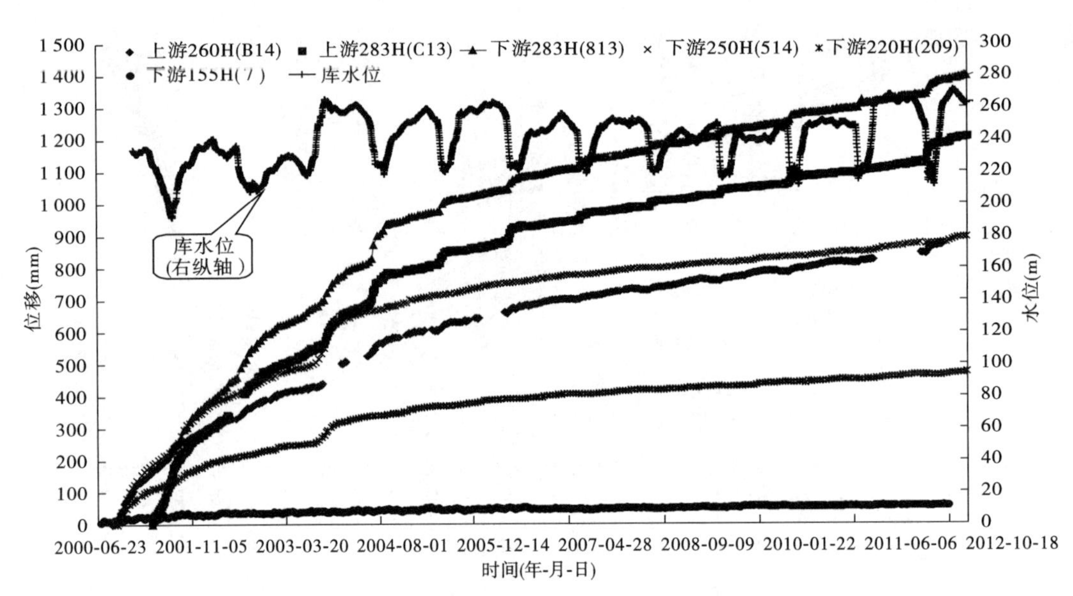

图 3.2.3 主坝 B—B 断面垂直方向各视准线观测过程线

表 3.2.2 坝顶中部垂直方向位移变化特征值 (单位:mm)

部位(桩号)	D0+308.81	D0+339.24	D0+368.67	D0+399.23	D0+429.30	D0+459.91	D0+488.62
2006 年变化量	47.0	50.0	54.0	49.0	51.0	48.0	49.0
2007 年变化量	42.6	44.6	44.9	45.2	45.7	45.6	46.2
2008 年变化量	34.2	36	37.1	40.8	38.3	38.4	39.1
2009 年变化量	41.5	42.9	44.4	40.3	43.7	41.4	43.3
2010 年变化量	40.2	40.7	43.3	44.1	42.7	45.4	43.9
2011 年变化量	32.9	35.5	36.2	38.4	41	39	38.8
2012 年变化量	49.1	52.2	60.2	66.4	67.6	64.3	63.9
至 2012 年累计变化量	1 505.5	1 536.9	1 511.1	1 512.2	1 558.0	1 553.1	1 535.2

主坝上下游坡监测点垂直位移累计变化量等值线图见图 3.2.5。可以看出,等值线图封闭性、规律性较强。主坝垂直位移主河床区位移量大,两岸坡区位移量小;坝体高程越高位移量越大,高程越低位移量越小,符合土石坝沉降变形的一般规律。

三、垂直位移分析与预测

(一)统计模型拟合

根据 2007 年 9 月 18 日至 2012 年 12 月 14 日的沉降监测数据进行了分析和预测。采用多元最小二乘线性回归方法,并且增加了相邻时刻水位差绝对值的累计项作为模型因子,记为 $\sum dh$,对各典型测点的沉降测值进行了拟合,拟合公式见表 3.2.3。沉降量的拟合效果如图 3.2.6 和图 3.2.7 所示。从图中可以看出,统计模型较好地模拟了沉降随时间的发展过程及其随蓄水周期的阶梯性增长过程。

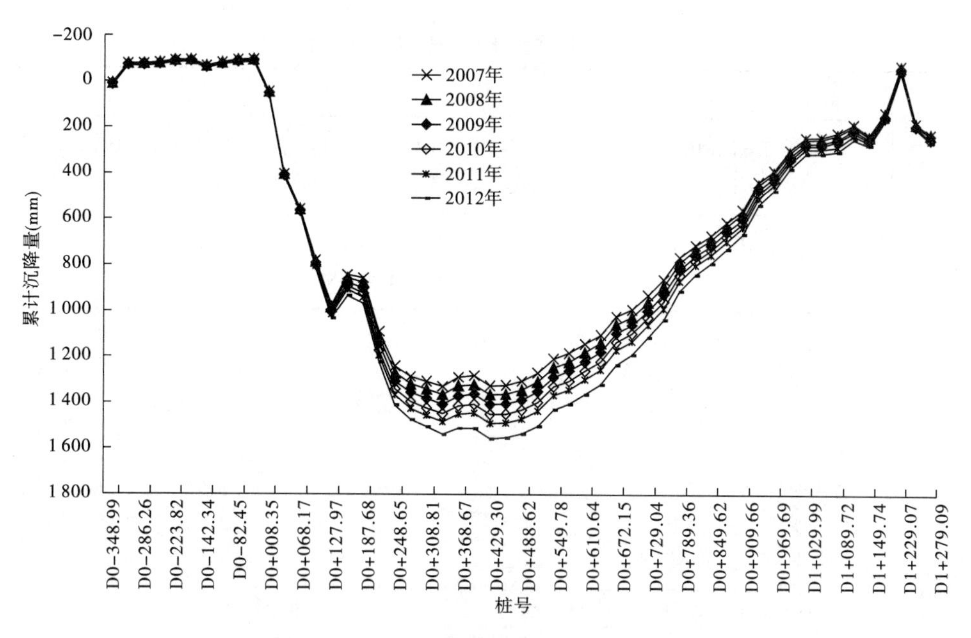

图 3. 2. 4　年度主坝坝顶中部累计沉降分布图

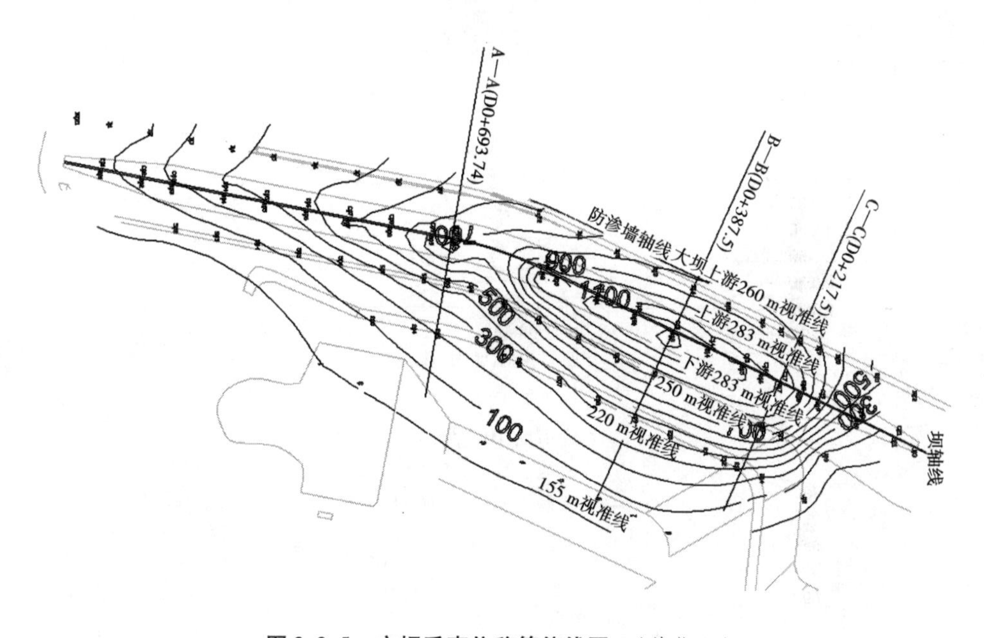

图 3. 2. 5　主坝垂直位移等值线图　（单位:m）

(二)统计模型预测

首先根据已有的 2011 年 12 月 15 日至 2012 年 12 月 14 日的蓄水过程推求 2012 年 12 月 15 日至 2013 年 12 月 15 日的虚拟蓄水过程,推求时使最高蓄水位达到 275 m。实测和虚拟的蓄水过程曲线如图 2. 4. 9 所示。根据得到的拟合公式对未来一年相应虚拟蓄水过程下的沉降量进行了预测,预测的结果如图 3. 2. 8 和图 3. 2. 9 所示。从图中可以看出,预测的测点垂直位移随着时间继续增大,但是变化量总体较小,符合原来的发展趋势。

表 3.2.3　沉降量统计模型表达式汇总

测点	拟合表达式
上游 B13	$-5.81\times10^{3}+0.0574t+20.49\ln(t+1)-4.848t^{0.5}+82.958h-0.34h^{2}+4.62\times10^{-4}h^{3}+0.404\sum dh$
下游 B13	$2.2\times10^{3}+6.63\times10^{-3}t-3.805\ln(t+1)+1.649t^{0.5}-13.557h+0.0557h^{2}-7.718\times10^{-5}h^{3}+0.358\sum dh$

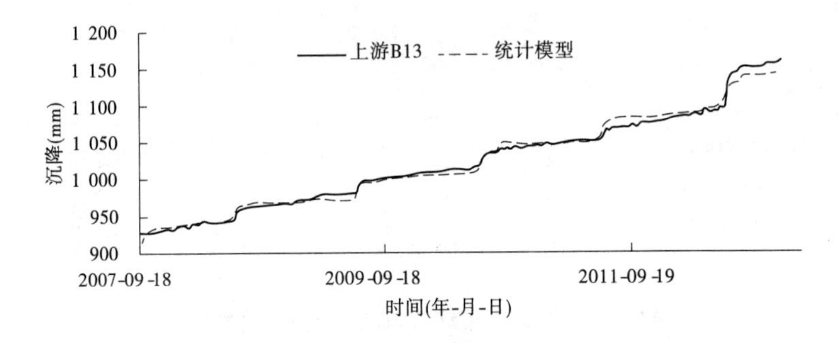

(a)上游 B13 测点

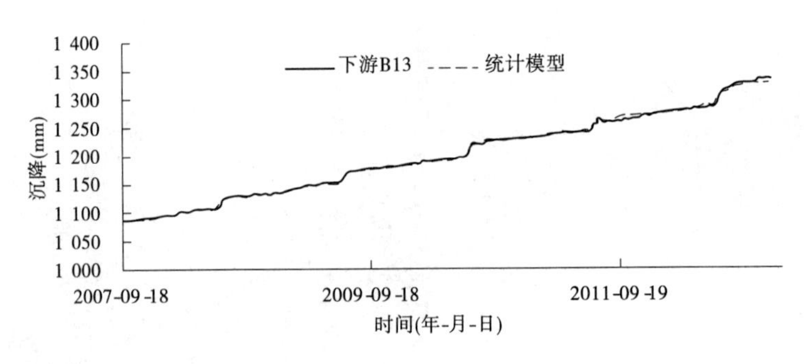

(b)下游 B13 测点

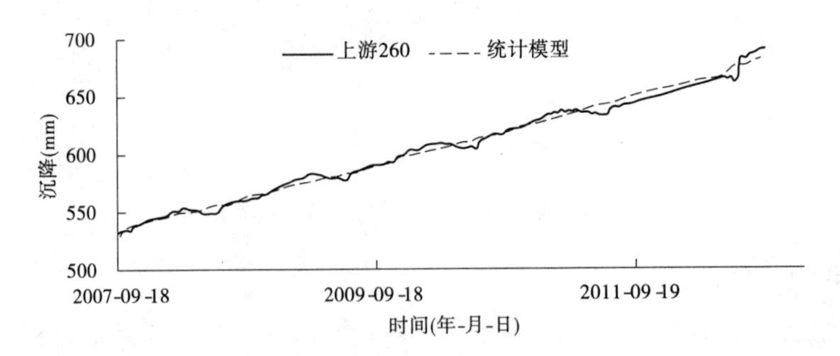

(c)上游 260 测点

图 3.2.6　D0+387.5 断面测点沉降拟合效果图(统计模型)

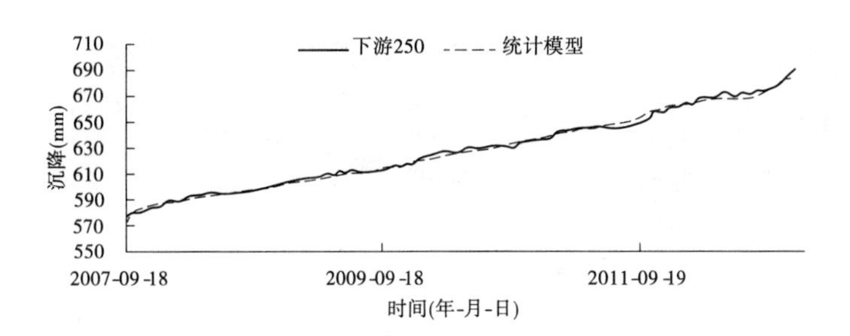

(d)下游 250 测点

续图 3.2.6

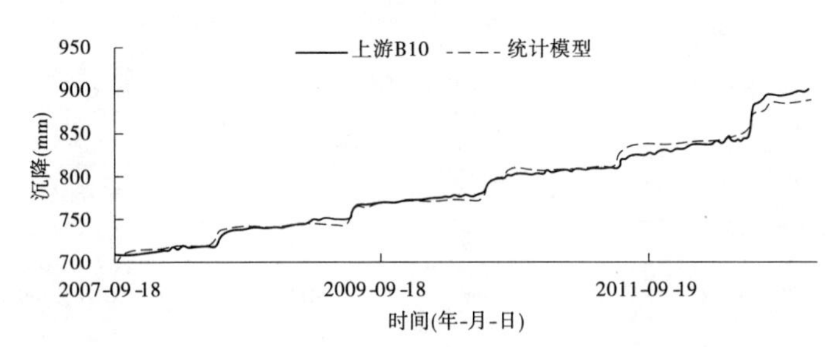

(a)上游 B10 测点

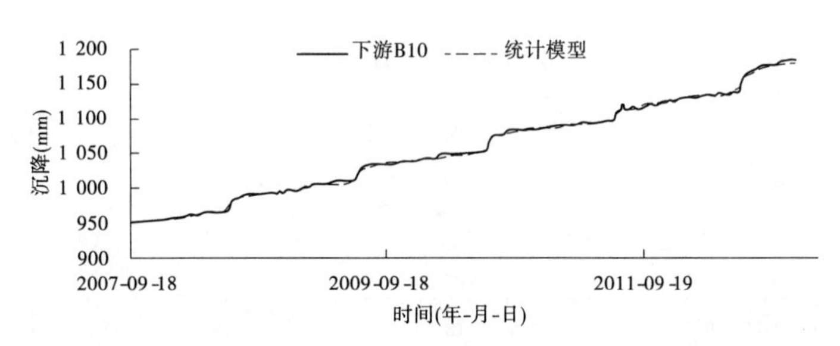

(b)下游 B10 测点

图 3.2.7　D0 +576.5 断面测点沉降拟合效果图(统计模型)

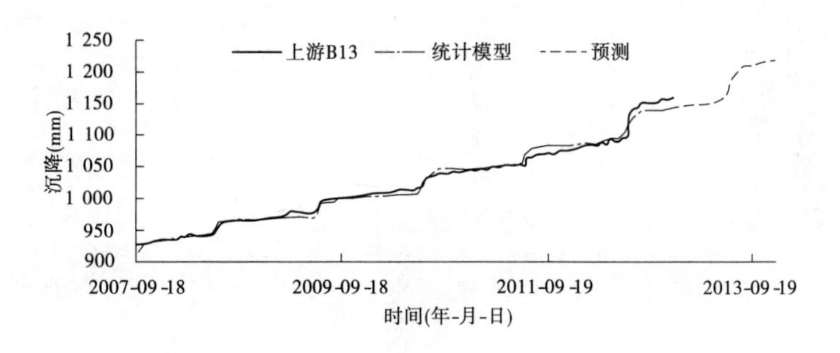

(a)上游 B13 测点

图 3.2.8　D0 +387.5 断面测点沉降预测效果图(统计模型)

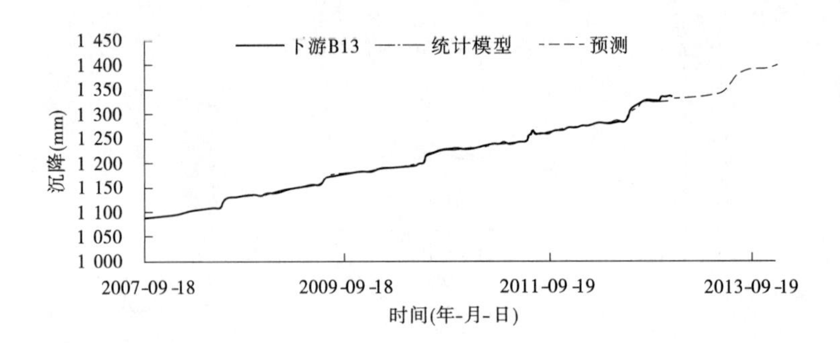

(b)下游 B13 测点

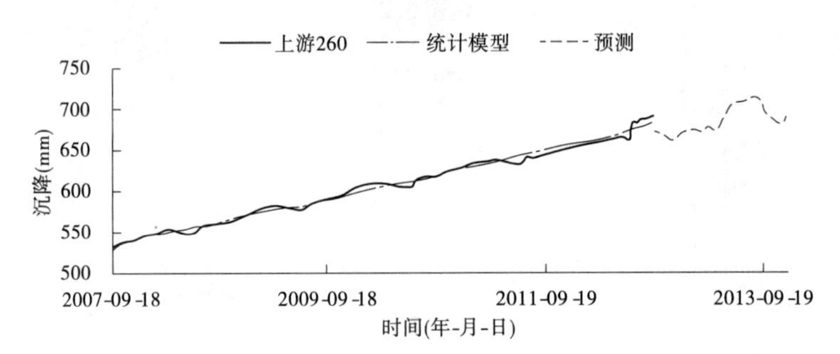

(c)上游 260 测点

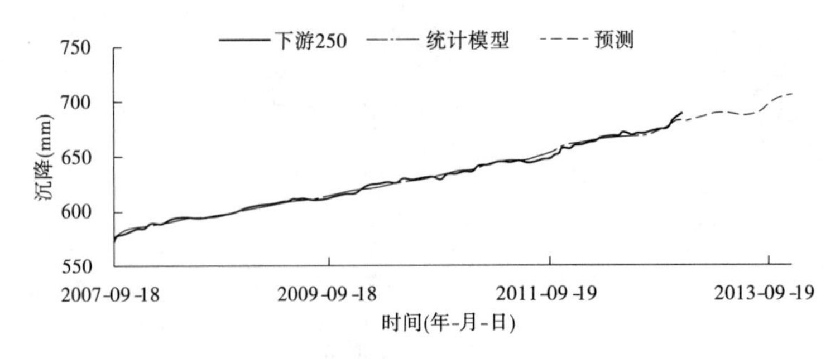

(d)下游 250 测点

续图 3.2.8

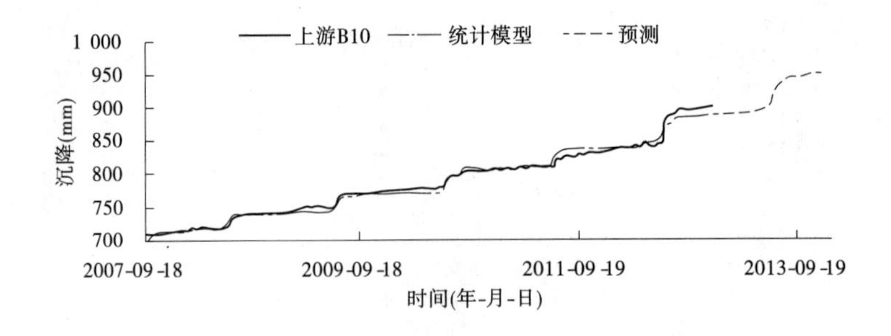

(a)上游 B10 测点

图 3.2.9 D0 + 576.5 **断面测点沉降预测效果图(统计模型)**

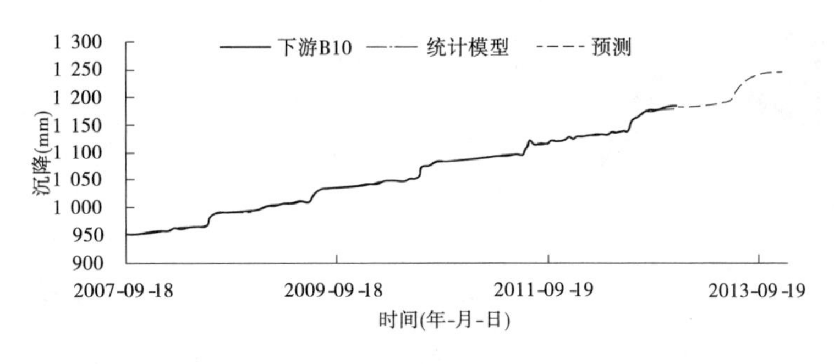

(b)下游 B10 测点

续图 3.2.9

四、小结

(1)主坝垂直位移等值线图封闭性、规律性较强,符合土石坝一般变形规律。

(2)土石坝坝顶沉降量一般不超过坝高的1%。截至 2012 年 12 月底,坝顶上下游视准线监测的主坝垂直位移最大值 1 395.0 mm,坝顶中部沉降最大值 1 558.0 mm,约为坝高的 0.97%。

(3)主坝 260 m 以下垂直位移已经基本稳定,小浪底水库 270 m 水位运行期间,垂直位移变化不明显。

(4)主坝坝顶垂直位移尚未稳定,2012 年调水调沙期间,上游 283 m 视准线测点 C13 和下游 283 m 视准线测点 813 垂直位移出现台阶式增加,这两点 2012 年垂直位移变化量比 2011 年分别增加 46.6 mm、28.2 mm。

(5)根据统计模型预测的测点垂直位移随着时间继续增大,但是变化量总体较小,符合原来的发展趋势。在库水位 275 m 下,各测点的最大垂直位移分别为:上游 B13,1 217 mm;下游 B13,1 397 mm;上游 260,714 mm;下游 250,707 mm;上游 B10,952 mm;下游 B10,1 246 mm。

第三节　主坝水平位移监测分析

一、顺水流方向位移

主坝 283 m 高程上、下游视准线测点顺水流方向水平位移历年年底累计量值图见图 3.3.1、图 3.3.2。可以看出,主坝顺水流方向水平位移变化规律基本一致,位移分布测值连续。位移量以主河床区为中心向两岸依次递减,在同一桩号高程低的测点位移变化量小于高程高的测点;同一高程视准线测点,下游侧测点位移大于上游侧的。主坝各视准线 B—B 断面测点顺水流方向位移过程曲线见图 3.3.3。2001 年以来主坝视准线测点顺水流方向位移年变化特征值见表 3.3.1。

可以看出,顺水流方向位移在蓄水初期变化速率快,后期变化速率逐渐趋缓,全序列

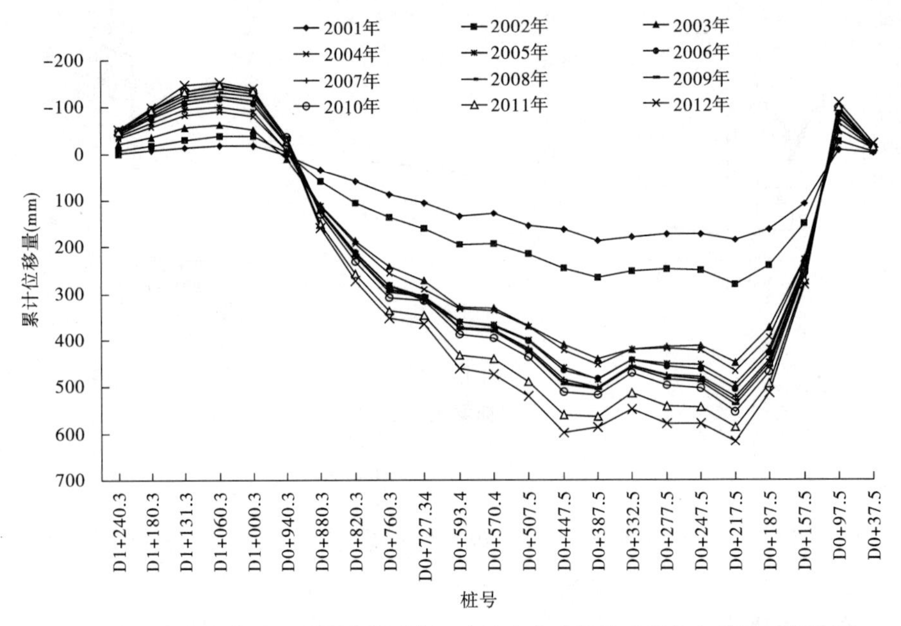

图 3.3.1　主坝上游 283 m 视准线测点顺水流方向水平位移历年年底累计量值图

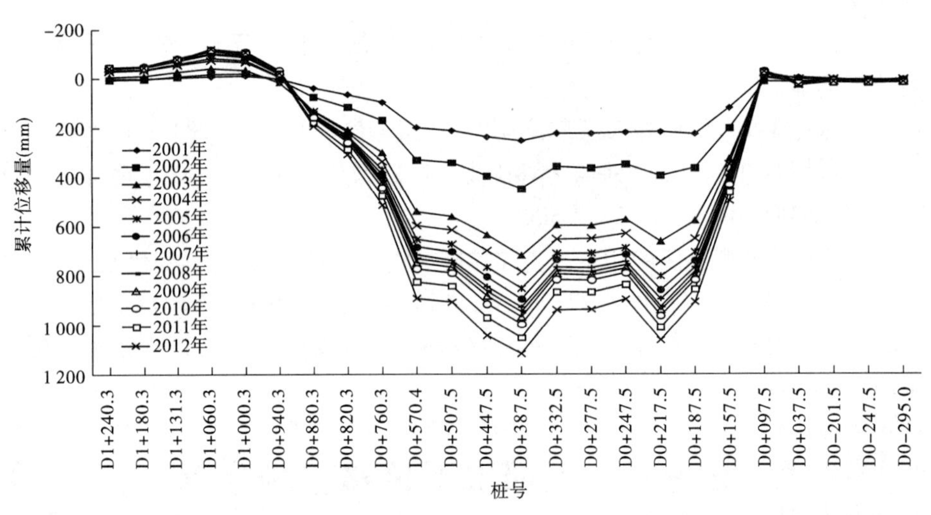

图 3.3.2　主坝下游 283 m 视准线测点顺水流方向水平位移历年年底累计量值图

统计模型分析结果表明,水平位移时效速率随时间呈逐渐减小趋势。但 2011 年和 2012 年分别在历史新高水位 267.83 m 和 270.10 m 运用以来,顺水流方向位移变化速率有增大趋势。

目前顺水流方向水平位移最大点出现在主坝 283 m 视准线下游坡主坝高断面 B—B (D0 + 387.5)处,2012 年 12 月底最大位移为 1 117.9 mm(向下游方向位移)。2011 年和 2012 年变化量分别为 55.6 mm 和 64.7 mm,2012 年变化量与 2004 年(64.3 mm)接近,但未超过 2005 年变化量(68.2 mm)。

2011 年和 2012 年调水调沙期间,以主坝下游坡 283 m 高程视准线 B—B 断面测点为

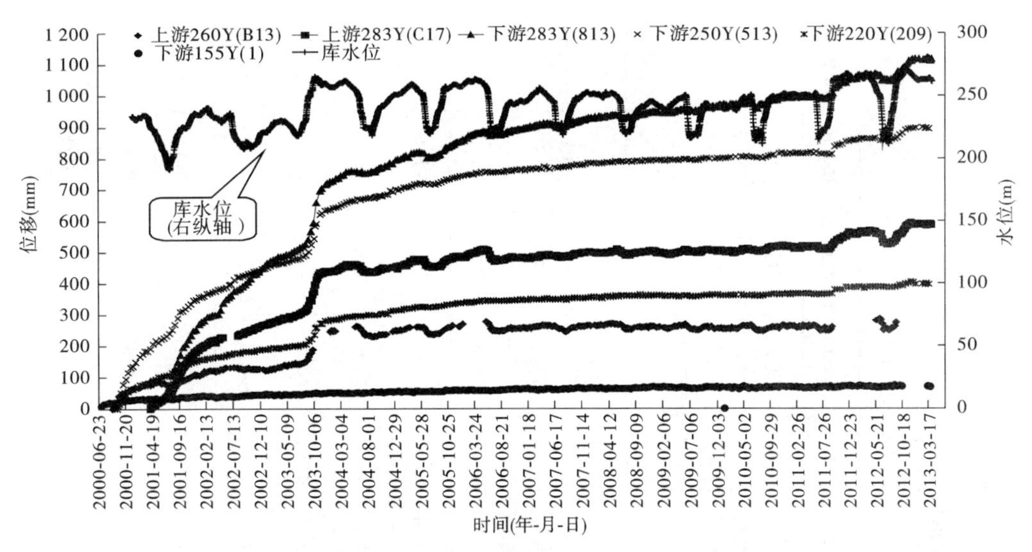

图 3.3.3 主坝各视准线 B—B 断面测点顺水流方向位移过程线

例,2012 年 6 月 18 日至 7 月 9 日调水调沙期间顺水流方向位移变幅最大为 -29 mm(向上游方向位移),6 月 18 日至 12 月底水库蓄水期间顺水流方向位移变幅最大为 49.9 mm(向下游方向位移),占年变化量的 88.3%。

2012 年 11 月 19 日,小浪底水库水位 270.10 m 运用,主坝顺水流方向位移速率增加。2012 年 5 月 14 日,库水位 259.77 m,累计位移 1 062.4 mm。2012 年 10 月 15 日,库水位 265.12 m,累计位移 1 080.1 mm,增加 17.7 mm,位移速率为 0.12 mm/d;2012 年 11 月 13 日,库水位 270.08 m,累计位移 1 099.6 mm,增加 19.5 mm,位移速率为 0.70 mm/d。

二、顺坝轴线方向位移

主坝上、下游 283 m 视准线顺坝轴线方向各监测点历年年底累计量值图见图 3.3.4 和图 3.3.5。2001 年以来主坝视准线测点顺坝轴线方向位移年变化特征值见表 3.3.2。图中测值向左岸位移为正。

可以看出,各条视准线测点顺坝轴线方向累计水平位移总体仍为由两岸向主河床区方向位移变化,轴向位移变化零点在 B—B 断面(D0 +387.5)附近,至 2012 年底,在左岸 D0 +157.5填筑边坡最陡处有一反方向位移变化,累计最大位移为 -349.4 mm。2011 年和 2012 年变化量分别为 -12.2 mm 和 -18.3 mm,小于 2004 年和 2005 年变化量(分别为 -40.1 mm 和 -23.2 mm)。

坝顶高程同一桩号上下游部位测点位移量基本一致。轴向位移年变幅呈逐年减小趋势,并渐趋稳定,位移变化符合土石坝变形规律。

三、小结

(1)主坝顺水流方向位移尚未稳定。在蓄水初期变化速率快,后期变化速率逐渐趋缓,全序列统计模型分析结果表明,水平位移时效速率随时间呈逐渐减小趋势。但2011

表 3.3.1 主坝视准线测点顺水流方向位移年变化特征值

位置	最高库水位(m)	上游坡(mm)				下游坡(mm)							
		260 m 视准线		283 m 视准线		283 m 视准线		250 m 视准线		220 m 视准线		155 m 视准线	
最大变化点号		B4	B13	C4	C17	804	813	503	513	209	J12	1	8
2001 年变化量	237.66	-20	51	-17	185	-13.7	234.7	-4.4	205.7	89.7	12.3	-3.4	—
2002 年变化量	240.87	-14	22	-19	95	-9	195.1	1.4	86.5	38.2	-0.6	2.3	—
2003 年变化量	265.48	—	60	-26	167	-24	271.3	4.2	181	90.2	—	1	—
2004 年变化量	261.99	-10	60	-27	19	-31.5	64.3	-6.3	53.3	32.9	-4.7	1.8	—
2005 年变化量	259.61	-2	16	-11	28	-10.3	68.2	2.4	48.2	24.6	6.5	-1.5	—
2006 年变化量	263.41	-14.1	-9.4	-15.6	10.1	-15	43.2	-2.7	22.9	8.6	2.8	-1.6	—
2007 年变化量	256.32	-0.3	16.5	-7.2	16	-4.2	33.8	-1.1	20.1	8.1	4.8	—	2.1
2008 年变化量	252.75	-10	-7	-8.2	8.6	-9.2	18	-1.3	9.3	5.9	-3.9	0.1	2.4
2009 年变化量	250.34	-6.2	-3.9	-6.5	8.6	-4.4	21.1	-3.1	4.1	0.6	3	-1.1	0.2
2010 年变化量	251.71	-1.4	7.1	-7.4	15.3	-1.9	29.2	-0.1	14.6	4.1	3	2.6	4.2
2011 年变化量	267.83	-2.5	-3	-0.6	33	0.6	55.6	1.5	37.6	22.5	1.7	0.3	4.2
2012 年变化量	270.10	-5.7	18	-7.8	22.2	-4.6	64.7	5.8	40.5	15.3	-2.9	-0.1	-1

年和2012年分别在历史新高水位267.83 m和270.10 m运用以来，主坝坝顶下游283 m、上游283 m以及主坝下游250 m高程视准线顺水流方向位移变化速率有增大趋势，2013年4月7日，三条视准线累计位移分别达到1 117 mm、587.6 mm和895.1 m，分别较2011年9月2日增加119 mm、78.6 mm、75 mm。随库水位的进一步创历史新高，主坝顺水流方向位移仍然会有增大趋势。

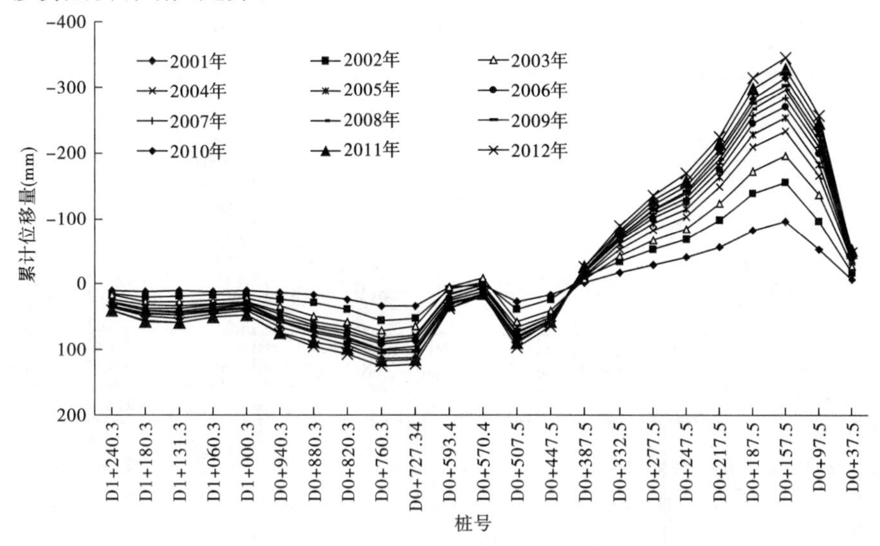

图3.3.4　主坝上游283 m视准线顺坝轴线方向各监测点历年年底累计量值图

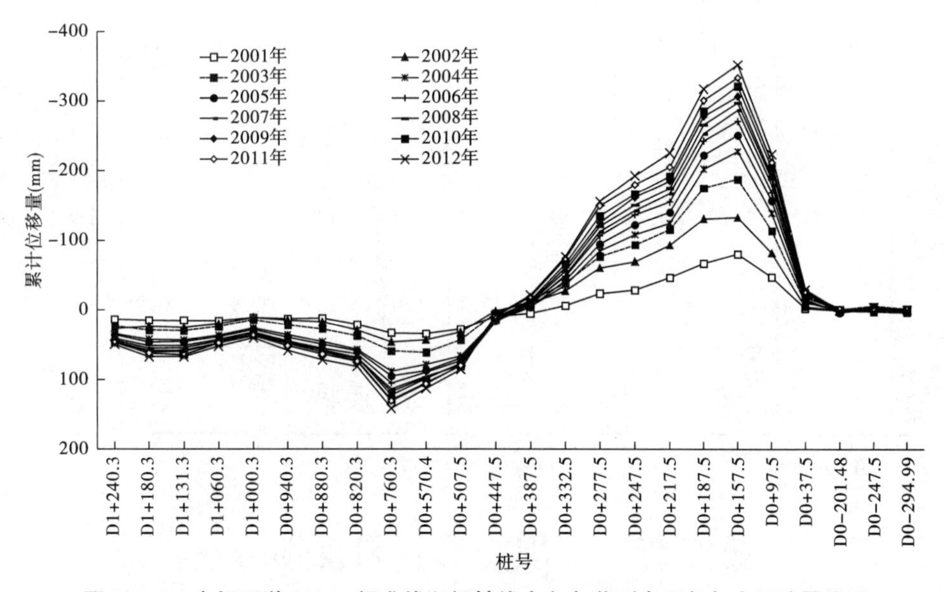

图3.3.5　主坝下游283 m视准线顺坝轴线方向各监测点历年年底累计量值图

（2）主坝顺坝轴线方向位移未见明显增大趋势性变化。累计水平位移总体仍为由两岸向主河床区方向位移变化，轴向位移变化零点在B—B断面（D0+387.5）附近，2011年和2012年变化量分别为-12.2 mm和-18.3 mm。

表 3.3.2　主坝视准线测点顺坝轴线方向位移年变化特征值　（单位:mm）

位置	最高库水位(m)	上游坡				下游坡					
		260 m 视准线		283 m 视准线		283 m 视准线		250 m 视准线		220 m 视准线	
点号		BZ22	B20	C9	C19	809	819	510	519	207	214
2001 年变化量	237.66	32	-65	35	-92	36.6	-81.8	30.8	-20.5	20.5	-24.5
2002 年变化量	240.87	11	-38	21	-59	13	-52.7	4.1	-23.3	-1.7	-21.4
2003 年变化量	265.48	8	-19	15	-41	13.2	-54.9	14.3	-23.8	5	-18.9
2004 年变化量	261.99	20	-51	12	-37	28.9	-40.1	5.3	-13.9	0.5	-9.1
2005 年变化量	259.61	—	-22	5	-20	6.9	-23.2	5.1	-6	2.2	-8.8
2006 年变化量	263.41	—	-14.1	3.6	-18.3	9.9	-20	4.1	-4.6	3.2	-6.9
2007 年变化量	256.32	10.5	-11.5	8.3	-12.8	8.9	-15.9	6.4	-2.2	1.3	-5.9
2008 年变化量	252.75	-1.1	-9.4	2.9	-11.8	3.9	-10.7	-0.9	-11	1	-6.2
2009 年变化量	250.34	6.3	-7.3	3.1	-7.1	4.5	-9.1	4.3	-2.9	2.9	-3.8
2010 年变化量	251.71	6.7	-12.4	7.9	-12.4	6.7	-14.5	1.9	3.6	1.8	0.9
2011 年变化量	267.83	-0.2	-3.9	3.9	-13.7	1.6	-12.2	2.9	-8.7	0.1	-2.3
2012 年变化量	270.1	6.9	-14.4	8	-17.2	11.1	-18.3	7.4	-1	3.9	-1.9

注:表中测值为正值时表示向左岸位移,为负值时表示向右岸位移。

第四节　主坝变形资料反馈分析

一、变形反馈分析原理

反馈分析是相对于用已知各种参数条件求解结构位移、应力或其他物理量的正分析而言的,它利用现场实测的各种物理力学量(位移、应力、孔压等),基于材料的本构关系,通过数值计算来确定材料的设计参数值。显然,由反分析法得到的材料参数比实验室所得的材料参数更加接近实际。岩土工程中常用位移观测量反馈材料参数,其基本思路是:将参数的反馈问题转化为一个目标函数的寻优问题,将数值分析方法和最优化理论结合起来,通过不断修正材料的未知参数,使得现场实测值和相应的数值计算值的差异达到最小。在目标函数寻优过程中,基于的最优化理论不同就形成了不同的反馈方法,如复合形法、遗传算法、模拟退火算法等。遗传算法是模拟生物界的遗传和进化过程而建立起来的一种搜索算法,体现着"生存竞争、优胜劣汰、适者生存"的竞争机制。遗传算法可以归纳为两种运算过程:遗传运算(交叉与变异)与进化运算(选择)。遗传运算模拟了基因在每一代中产生新后代的繁殖过程,进化运算则是通过竞争不断更新种群的过程。遗传算法的运行过程可用如下步骤表述:①随机产生初始种群;②以适应度函数对染色体进行评价;③选择高适应值的染色体进入下一代;④通过遗传、变异操作产生新的染色体;⑤不断重复第②~④步,直到预定的进化代数。

在优化反馈中,一般把一些实测值(如位移、应力等)与相应的数值计算值之差的平方和作为目标函数,本工程中采用的目标函数为

$$F(X) = \sum_{t=1}^{T_n} \sum_{i=1}^{N_d} (U_i^t - U_i^{t*}) \tag{3.4.1}$$

式中,T_n 为时间步数;N_d 为可用观测点数;U_i^t 为第 i 测点在 t 时段末的计算位移值;U_i^{t*} 为第 i 测点在 t 时段末的实测位移值;X 为待反馈的参数,对于本工程来说,即为南水模型、湿化模型及流变模型中的主要参数,$X \in [X_{min}, X_{max}]$。

二、变形资料反馈分析

(一)覆盖层南水模型反馈

经分析发现,本监测系统的外部变形监测数据状况较好,可靠性高,能真实反映大坝的实际性态。而相应的内部变形监测,由于仪器损坏较为严重,只在局部区域有可供分析和比较的数据。

关于小浪底的变形、渗流分析在此前已进行过多次,其中包括黄河设计公司的渗流计算、清华大学的有限元计算分析、黄河水利科学研究院的有限元计算分析、南京水利科学研究院沈珠江院士的计算分析以及中国水利科学研究院的计算分析等。因此,本书中分析所采用的主坝堆石料计算参数源自这些计算,并根据经验和计算中表现出的参数敏感性对部分参数进行了调整,主坝堆石料南水模型参数见表 3.4.1。

表 3.4.1 主坝堆石料南水模型参数

堆石料	K	n	R_f	n_d	c_d	R_d	$\varphi(°)$	$\Delta\varphi(°)$	c(kPa)
心墙料	300	0.31	0.9	0.5	0.01	0.88	25	—	20
高塑性土	60	0.7	0.78	0.6	0.028	0.72	15	—	5
反滤料	710	0.42	0.79	0.95	0.001 1	0.75	35	10	—

续表 3.4.1

堆石料	K	n	R_f	n_d	c_d	R_d	φ(°)	$\Delta\varphi$(°)	c(kPa)
上游过渡料	750	0.42	0.79	0.89	0.001 1	0.75	38	5	—
下游过渡料	750	0.42	0.79	0.89	0.001 1	0.75	38	5	—
上游堆石	700	0.42	0.72	0.97	0.001 1	0.68	52	10	—
下游堆石 4B	750	0.5	0.73	1.15	0.000 7	0.66	50.9	9	—
下游堆石 4C	750	0.5	0.73	1.15	0.000 7	0.75	50.9	9	—

上述参数中除 n_d、c_d 和 R_d 外的参数与过去部分计算中采用的邓肯－张 E－B 模型中的对应参数无明显差异，n_d 和 c_d 根据邓肯－张 E－B 模型中的 k_b 和 m 参数进行推求，R_d 则通过经验进行选取。Ⅵ8 测斜管中高程 132.00 m 的沉降盘 1998 年 5 月至 2000 年 7 月的累计沉降变形资料见表 3.4.2。由该测点的位置可以看出，该测点的沉降主要由覆盖层在施工期内的加载变形产生，因此可用这一段累计沉降变形资料来反馈覆盖层的本构模型参数。选取 1998-11-14、1999-04-09、1999-08-26、2000-02-17、2000-06-26 等 5 个时间点的沉降值作为待反馈的目标值。

表 3.4.2　主坝填筑期间覆盖层埋设沉降盘的累计沉降变形

观测日期(年-月-日)	累计沉降值(mm)	观测日期(年-月-日)	累计沉降值(mm)
1998-05-15	17.5	1999-09-15	166
1998-09-24	87	1999-12-29	171
1998-11-14	95	2000-02-17	177.3
1998-12-03	98	2000-03-02	179
1999-04-09	142	2000-06-19	193
1999-08-26	163	2000-06-26	193.4

根据经验，由三轴试验所得的 R_f、φ 和 $\Delta\varphi$ 与实际情况比较接近，因此将 K、n、n_d、c_d 和 R_d 5 个参数作为待反馈的参数。根据以往土石坝数值计算的经验、过去部分计算中地基覆盖层材料试验参数以及沉降的监测结果确定待反馈参数的取值范围，见表 3.4.3。

表 3.4.3　覆盖层材料待反馈参数的取值范围

待反馈参数	K	n	n_d	c_d	R_d
覆盖层	900 ~ 1 500	0.5 ~ 0.8	0.5 ~ 1.0	0.000 5 ~ 0.001 5	0.6 ~ 0.9

将 K、n、n_d、c_d 和 R_d 5 个待反馈参数的取值范围代入随机函数，则针对每个反馈参数随机生成 20 组参数，则产生的初始种群总数量达到 20 × 5 = 100。将该 20 组参数样本代入有限元计算，可以得到相应时间目标测点的沉降，将计算值代入目标函数(式(3.4.1))

进行计算,得到各组的目标值(计算累计误差)$F(x_i)$;然后,对累计误差值进行排序,将第一次20组参数计算后累计误差最小的前5组参数值找出;通过计算适应性评价函数将满足要求的参数样本保留下来进入下一次迭代计算;进行遗传复制、交叉和变异操作产生新的参数样本并开始第二次有限元计算。上述过程循环迭代,当目标值满足收敛精度或遗传代数大于15代以后参数收敛结束,得到的覆盖层南水模型参数如表3.4.4所示。

表3.4.4　覆盖层南水模型参数

南水模型参数	K	n	R_f	n_d	c_d	R_d	φ(°)	$\Delta\varphi$(°)	c(kPa)
覆盖层	1 012	0.6	0.93	0.71	0.001	0.78	35	0	—

表3.4.5与图3.4.1为Ⅵ8测斜管132.00 m高程覆盖层的沉降反馈计算与实测值的比较。反馈分析中用的是1998年5月15日开始监测与2000年6月28日主坝填筑结束(对应的坝体填筑高程为283.00 m)的沉降实测值增量。对应反馈计算值是9级荷载(埋设监测仪器时对应的加载级)与25级荷载(填筑至坝顶高程283.00 m时对应的加载级)计算值之差。从表3.4.5与图3.4.1中可见,计算值与实测值变化规律基本一致,大小基本吻合。

表3.4.5　Ⅵ8测斜管132.00 m高程覆盖层反馈计算值与实测值对比情况

时间(年-月-日)	实测值(mm)	计算值(mm)
1998-11-14	77.5	62
1999-04-09	124.5	108.3
1999-08-26	145.5	138.8
2000-02-17	159.8	164.82
2000-06-26	175.9	206

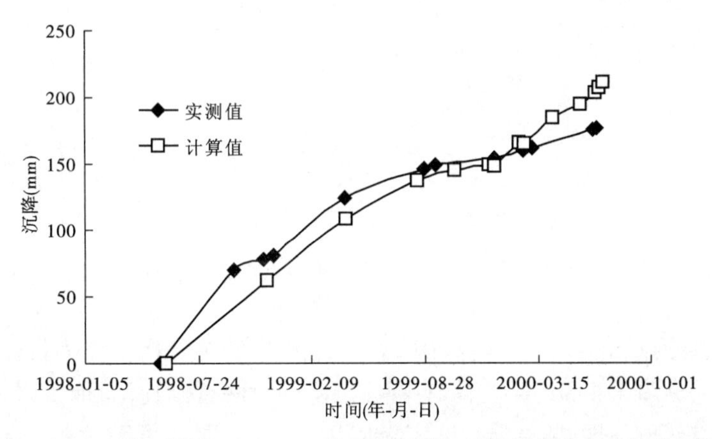

图3.4.1　Ⅵ8测斜管132.00 m高程处覆盖层反馈计算值与实测值比较

(二)主坝堆石料流变参数反馈

根据主坝观测资料分析,坝体变形在过去几年一直有增长,流变不容忽视。因此,采用大坝表面变形观测资料进行流变参数的反馈分析。可用于流变参数反馈分析的实测水平位移和沉降位移资料有下游坝坡布置的 2 条测线(高程 250.00 m、220.00 m 和 155.00 m),坝顶高程 283.00 m 处设置的上下游 2 条测线,以及坝体上游侧高程 260.00 m 处的 1 条测线。反馈所采用的观测点布置如图 3.4.2 所示,采用的外观测点布置于 D0 + 693.74(A—A)、D0 + 387.5(B—B)和 D0 + 217.5(C—C)3 个断面上,其中在上游 260.00 m 高程测线上的 3 个测点编号为 B11、B14 和 B18;在坝顶 283.00 m 高程上游侧 3 个测点编号为 C10、C13 和 C17;坝顶 283.00 m 高程下游侧 3 个测点编号为 810、813 和 817;下游侧 250.00 m 高程 3 个测点编号为 511、514 和 518;下游侧 220.00 m 高程 3 个测点编号为 206、209 和 213。

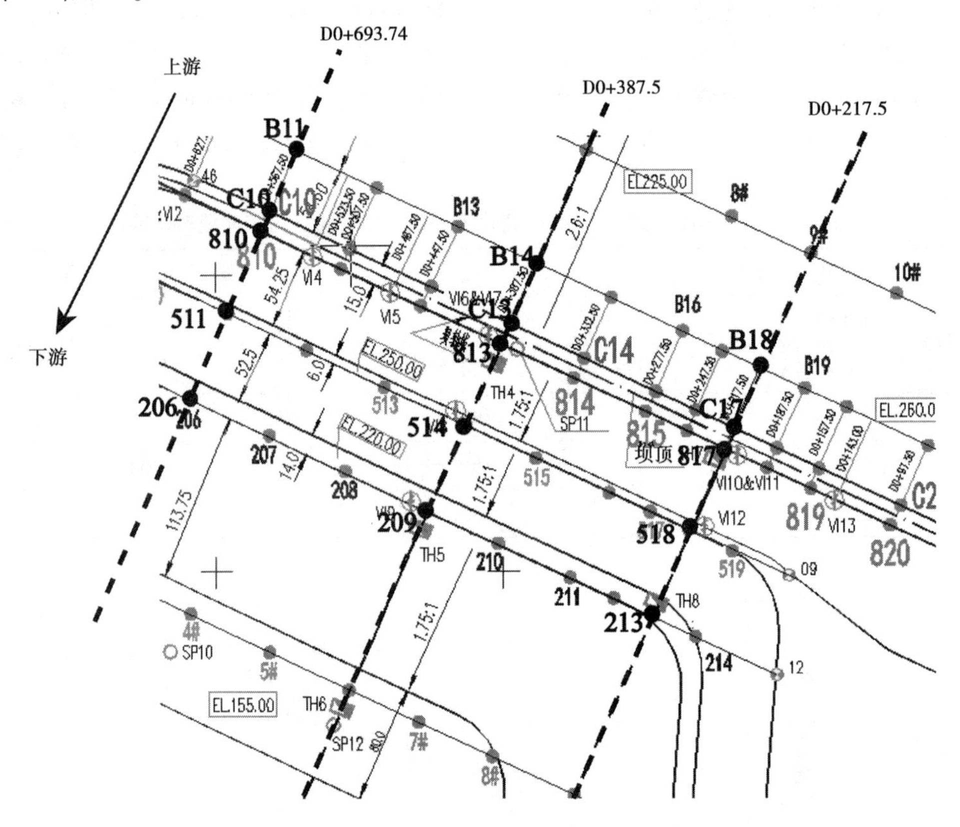

图 3.4.2　主坝外观设计观测点布置示意图

反馈中以各测点 2004 年 4 月至 2012 年 5 月产生的沉降增量作为目标值,各测点的实测沉降过程线见图 3.4.3。可以看到:坝体沉降随时间逐渐递增,而沉降递增速率随时间逐渐减小,从观测资料可见目前坝体沉降依然在继续,尚未达到完全稳定状态,因此有必要对其进行预测,确定坝体沉降变形稳定时间;坝体沉降在 B—B 断面最大,往两岸依次减小,且下游侧观测到的沉降值较上游侧大。

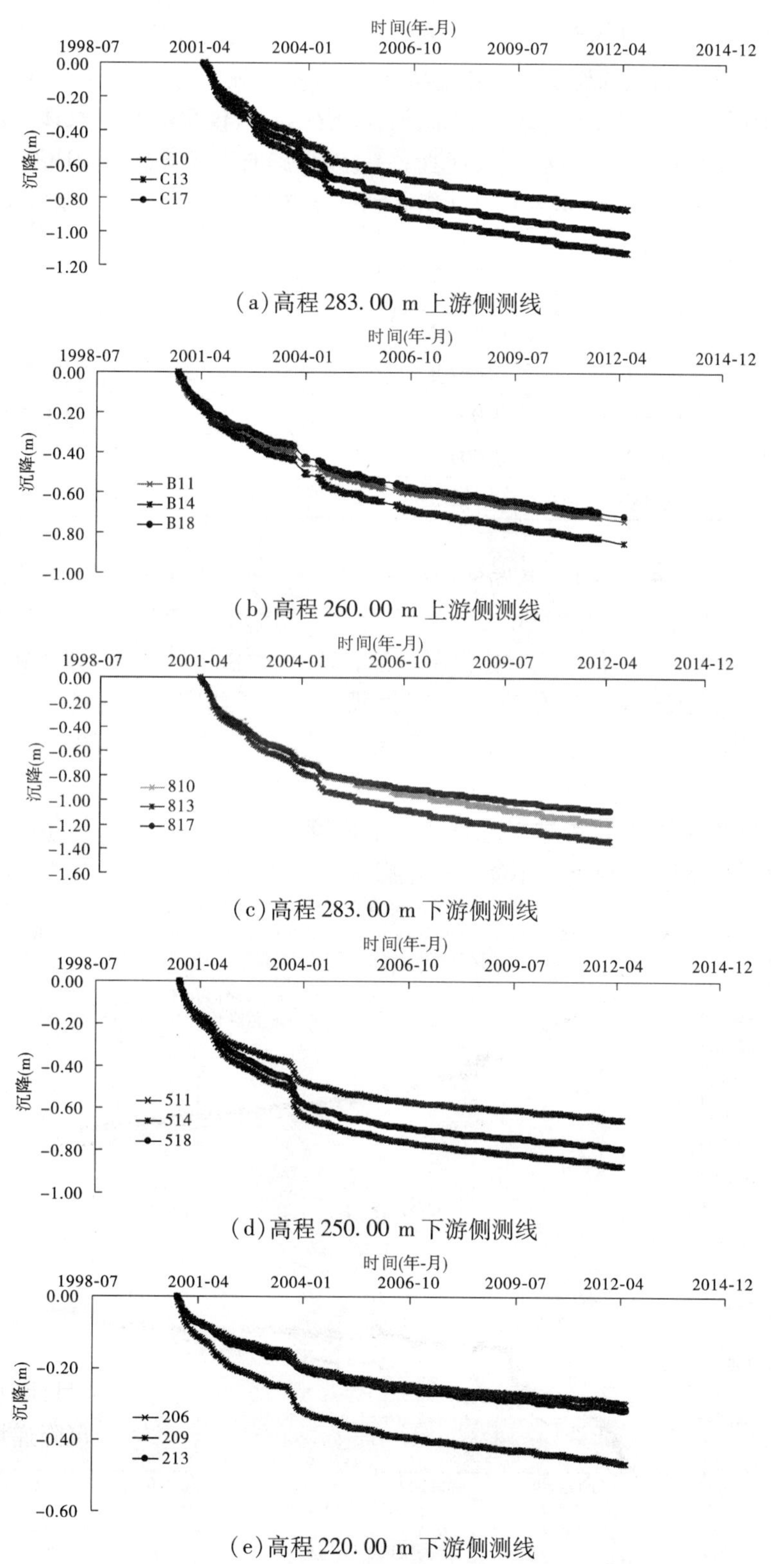

(a)高程 283.00 m 上游侧测线

(b)高程 260.00 m 上游侧测线

(c)高程 283.00 m 下游侧测线

(d)高程 250.00 m 下游侧测线

(e)高程 220.00 m 下游侧测线

图 3.4.3　各反馈观测点的沉降过程线

通过参数反馈得到主坝堆石料流变模型参数如表 3.4.6 所示。根据实测资料反馈后的参数,坝体下游堆石料的流变参数较上游侧大,且实际施工时,下游 4B、4C 区控制粉砂岩和黏土岩的含量分别为 10%、20%,而上游主堆石 4A 区仅 5%,因此坝体下游侧堆石体的流变模型参数大于上游侧,这恰好也验证了反馈得到的流变参数是合理的。

表 3.4.6 主坝堆石料流变模型参数

堆石料	b	d	m_1	m_2	c/d
反滤料	0.000 1	0.000 2	1	1	0.001 3
上游过渡料	0.000 1	0.000 2	1	1	0.001 3
下游过渡料	0.001 8	0.004 8	1	1	0.000 7
上游堆石	0.000 1	0.000 2	1	1	0.001 3
下游堆石 4B	0.002	0.004 5	1	1	0.000 3
下游堆石 4C	0.001	0.001 5	1	1	0.000 7

图 3.4.4 ~ 图 3.4.8 为 B—B 断面(D0 + 378.5)上各典型测点 C13、B14、813、514 和 209 计算位移过程线与实测值的对比情况,对比所采用的位移均为 2001 年 4 月至 2012 年 5 月产生的位移增量。由各测点对比情况可见,该断面上沉降计算值与实测值十分接近;上游侧实测顺河向位移较计算值略有减小,而坝顶及下游侧实测顺河向位移均大于计算值。根据实际情况分析,可能主要有两个原因:一是由于上游侧 260.00 m 高程测点处于水位变动区,库水位变动影响了观测值;二是下游侧坝坡暴露于大气中,受大气影响(蒸发、降水等)显著,而计算中尚未考虑这些影响因素。计算结果表明,坝体上游侧变形受库水位影响明显,而下游侧基本不受库水位影响。

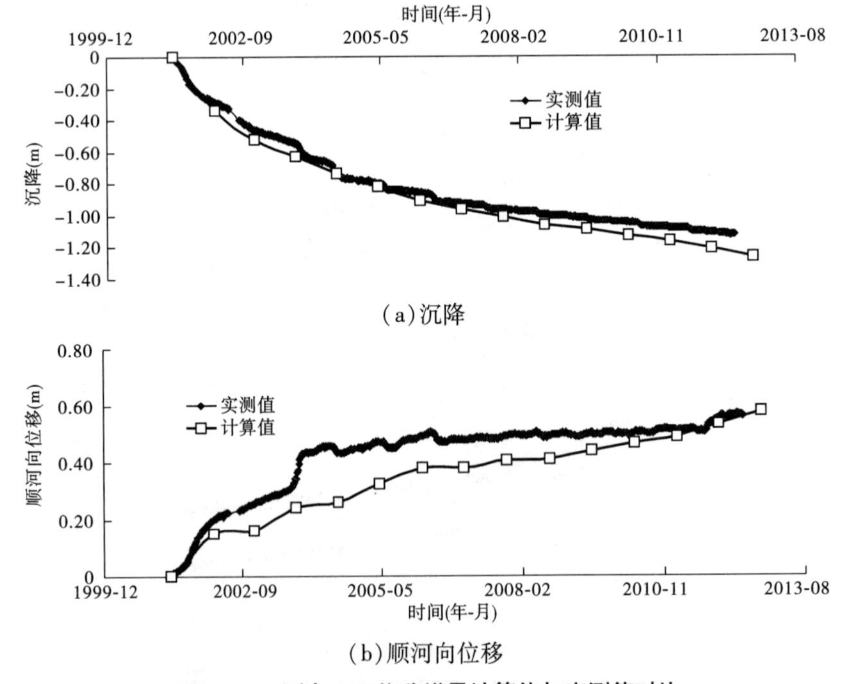

(a)沉降

(b)顺河向位移

图 3.4.4 测点 C13 位移增量计算值与实测值对比

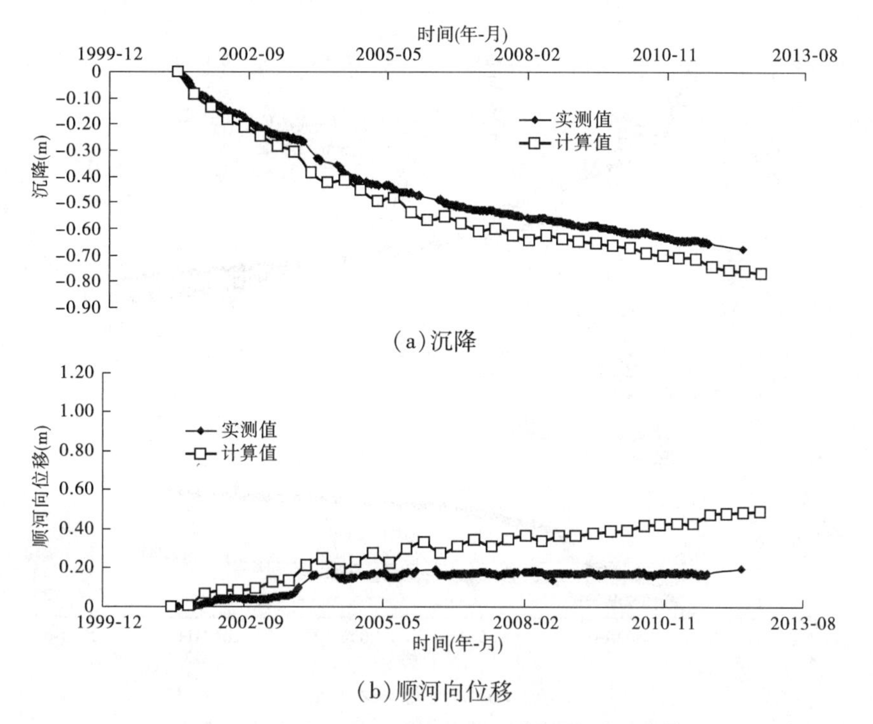

(a)沉降

(b)顺河向位移

图 3.4.5　测点 B14 位移增量计算值与实测值对比

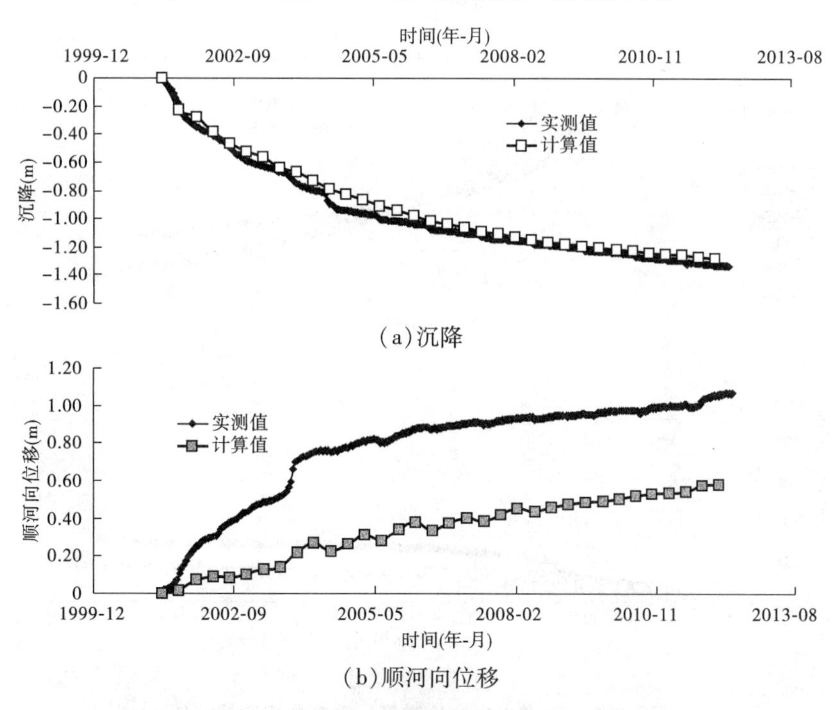

(a)沉降

(b)顺河向位移

图 3.4.6　测点 813 位移增量计算值与实测值对比

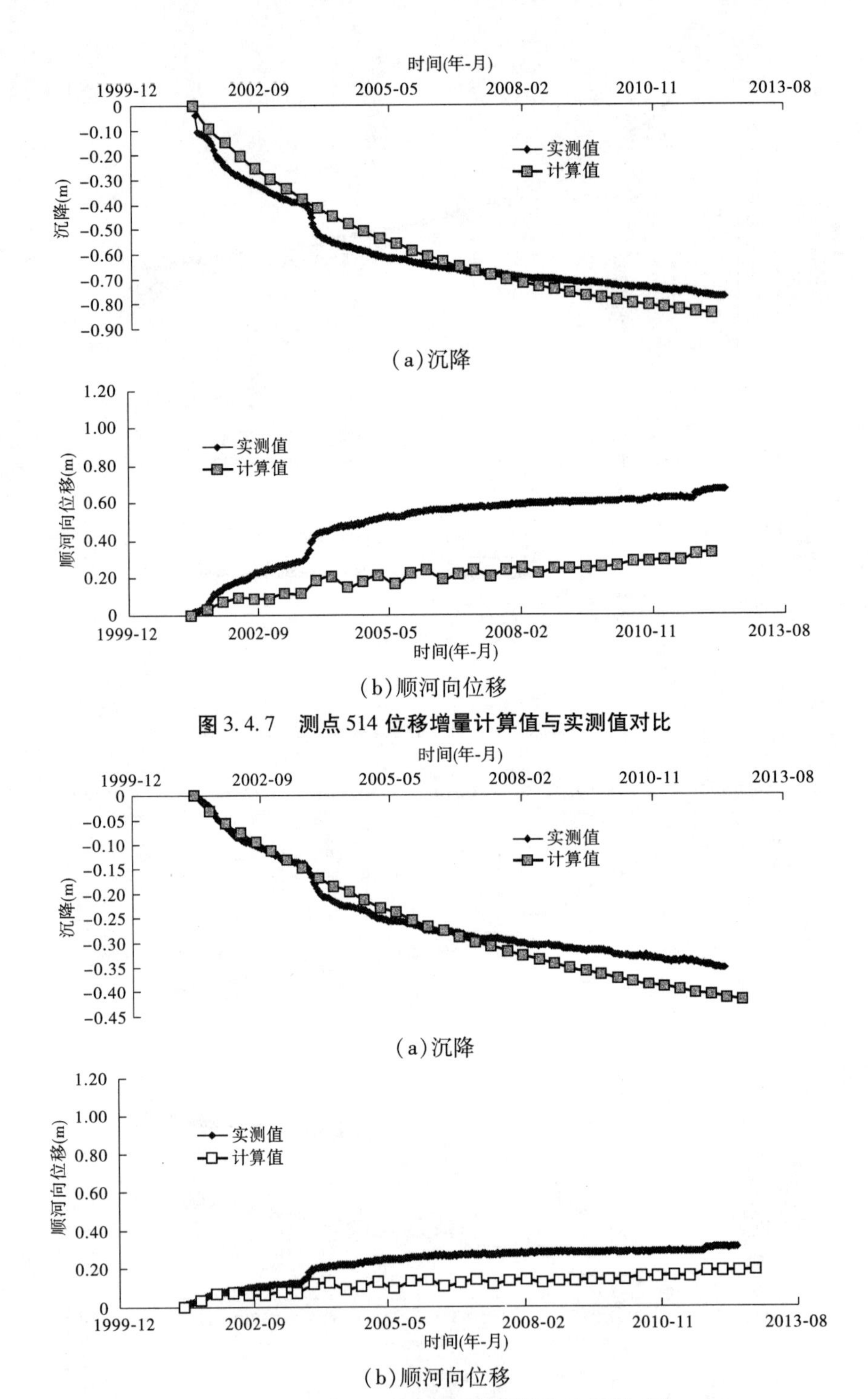

图 3.4.7　测点 514 位移增量计算值与实测值对比

图 3.4.8　测点 209 位移增量计算值与实测值对比

A—A 断面和 C—C 断面中测线上测点实测值与计算值的对比情况，其规律与上述 B—B 断面中的规律基本一致，各测点的沉降计算值与反馈值十分吻合，水平位移的吻合程度稍差。

三、小结

根据大坝坝基沉降盘以及坝体外观测线上测点的实测沉降变形，采用遗传算法对坝基覆盖层南水模型和坝体堆石料流变模型参数进行了反馈分析，通过反馈计算值与实测值对比，两者沉降基本吻合，说明通过反馈得到的参数合理可行，可用于大坝变形的预测、确定坝体变形稳定的时间。

第四章　两岸山体渗流监测分析

第一节　概　况

坝址区属低山丘陵区，两岸塬顶高程450.00 m，黄河谷地高程140.00 m。区内沟壑发育，山梁多为黄土覆盖，沟谷及黄河两岸基岩裸露。黄河自西向东穿越坝址，谷底宽400～500 m。两岸的主要支沟，左岸坝前为风雨沟，坝后为桥沟河；右岸坝前有小清河。由于风雨沟和小清河的存在，坝前库水入渗补给边界长达4.5 km。

坝址区的地下水主要为第四系松散覆盖层孔隙水、基岩裂隙水及承压水、上层滞水等。总体上两岸地下水均向黄河排泄。由于区内近东西向断层带的阻隔作用，潜水位呈阶梯状向岸边递减，右岸地下水平均比降大于左岸。

基岩裂隙水、孔隙水广泛分布于坝址区基岩裂隙岩体中。根据前期地下水长期观测资料，左岸F_{28}以东、F_{461}以南，基岩裂隙水潜水位一般在135～139 m，右岸F_1以南至F_{230}，潜水位一般在141～200 m，F_{230}以南潜水位在230 m以上。河床中，由于P_2^4厚层黏土岩的隔水作用，其下各砂岩含水层均为基岩裂隙承压水，承压水头一般高出河水位2～10 m。同时，由于两岸岩层均向近东方向（下游方向）倾斜，在泥质粉砂岩和粉砂质黏土岩层相对隔水作用下，各裂隙潜水含水层自西向东渐次由潜水变为承压水。受岩性、构造及风化卸荷作用的控制，坝区岩体表现出显著的层状非均质各向异性渗透特征。从宏观上看，砂岩类地层的渗透性大于泥岩类地层的渗透性，顺层方向的渗透性大于垂直方向的渗透性，浅部岩体的渗透性大于深部岩体的渗透性，顺断裂方向的渗透性大于垂直断裂方向的渗透性。坝址区裂隙岩体的上述渗透性特征，决定了地下水渗流运动的基本特点和规律。受降水影响，两岸基岩地下水位以上岩体中还分布有季节性局部上层滞水。这种上层滞水的存在，同样反映了坝址区砂岩、黏土岩互层在垂直层位方向上的渗透性差异。

小浪底坝址渗流控制措施布置的原则是“上堵下排，堵排结合，以排为主”。左岸由于相对隔水层P_2^4大部分深埋于高程40 m以下，因此幕底仅深入到弱透水岩层T_1^{3-2}中。右岸相对隔水层P_2^1分布在高程80 m以下，因此帷幕深度按水库0.5倍最大水头确定。

由于岩层以10°的倾角倾向下游，隔水层倾入坝下河谷，因此在左右岸岩体中均设置了排水幕，借以降低地下水位。

左岸：小浪底水库的左岸山体（左岸F_{236}断层以北的山体）是大坝的延伸，起挡水作用，也是所有枢纽建筑物的载体，保证其安全是十分关键的问题，因而其渗漏对工程安全的影响引起了普遍关注。山体内地下洞室密布，要求帷幕后地下水位应低于200 m，发电厂房区应低于130 m。为此，沿坝轴线下游设置了排水幕。为了确保发电厂房的安全及消力塘边坡的稳定，沿建筑物周边专门设置了排水幕。在出水口消力塘区域开挖高程103 m。为了降低建筑物区的地下水位，确保边坡的稳定及施工的正常进行，沿消力塘周边布置了一条贯通的排水洞及四口集水井,洞长 855 m,排水洞洞底高程 113.49 ~ 114.69 m。

右岸坝基下有承压含水层,为此防渗帷幕下游设置"Γ"字形排水幕(1 号排水洞),借以排泄坝基渗水与右侧绕坝渗漏。各排水幕的特征见表 4.1.1。

表 4.1.1　左右岸排水幕一览表

排水洞编号		洞底高程(m)	洞长(m)	排水幕顶、底高程(m)	排水幕揭露岩组	主要穿过断层	说明
左岸	2 号	153.95 ~ 170.17	321.58	200、140	T_1^4、T_1^{3-2}、T_1^{3-1}	F_{236}、F_{238}	F_{238}漏水量较大
	3 号	234.77 ~ 236.52	353.80	幕底与 2 号连接	T_1^4、T_1^5	F_{236}、F_{238}	
	4 号	185.17 ~ 189.42	872.06	200、150	T_1^4、T_1^5	F_{240}	
	28 号	161.65 ~ 164.33	761.64	幕顶 198.02	T_1^4		幕底与 30 号洞连接
	30 号	117 ~ 125	995.94	幕底 85.0、100	T_1^4、T_1^{3-2}		
	消力塘排水洞	113.4 ~ 114.69	855	幕底 90.0	T_1^5、T_1^6	F_{236}(F_{238})、F_{240}	施工时,断层及影响带涌水量较大
右岸	1 号	147.0 ~ 149.0	777.33	180、100	P_2^3、P_2^{3-1}、P_2^{3-4}	F_{230}、F_{231}、F_{233}	断层及其影响带漏水量较大

上述各排水洞内排水孔间距 3 m,孔径 110 mm。位于断层带及其影响带的排水孔,孔内均设置了组合过滤体,予以保护。

第二节　监测设施布置

一、渗水量监测布置

(一)右岸 1 号排水洞

在 F_1 ~ F_{230}间坝轴线下游 50 m 处布置的 1 号排水洞洞底高程 147.00 ~ 149.00 m,洞长 777.33 m。排水幕顶和幕底高程分别为 180.00 m 和 100.00 m,顶孔共计 210 个排水孔,底孔共计 256 个排水孔,主要目的是排泄右岸山体 P_2^2、P_2^3 砂岩岩层中的承压水,确保右岸山体和坝基的稳定。2002 年 4 月 4 日开始人工观测,按每周一次的频次进行,汛期和高水位期间适当加密,2003 年后关闭了 9 个排水量较大的底孔,孔号为 4、15、36、46、47、57、66、101、102。洞内选取 3 个水质监测点,按每月一次的频次采样,进行化验分析。

(二)左岸 2 号排水洞

2 号排水洞分布在厂房上游和左坝肩位置,洞底高程 153.95 ~ 170.17 m,洞长 321.58 m。洞内排水孔分为顶孔和底孔两部分,顶孔共计 105 个排水孔,底孔共计 103 个排水孔。根据要求关闭了 1 个排水量较大的排水孔即 93 号底孔。2001 年 1 月 3 日开始人工观测,按每周一次的频次进行,汛期和高水位期间适当加密。洞内选取 3 个水质监测点,按每月一次的频次采样化验分析。

(三)左岸 4 号排水洞

4 号排水洞分布在厂房周围,洞底高程 185.17 ~ 189.42 m,洞长 872.06 m。洞内排水孔分为顶孔和底孔两部分,顶孔共计 283 个排水孔,底孔共计 283 个排水孔。2002 年 4 月 4 日开始人工观测,按每周一次的频次观测,汛期和高水位期间适当加密。洞内选取 1 个水质监测点,按每月一次的频次采样化验分析。

(四)左岸 28 号排水洞

28 号排水洞分布在厂房周围,洞底高程 161.65 ~ 164.33 m,洞长 761.64 m。洞内排水孔仅有顶孔排水管,下部连接 30 号排水洞。顶孔共计 275 个排水孔,2002 年 4 月 4 日开始人工观测,按每周一次的频次进行,汛期和高水位期间适当加密。洞内选取 1 个水质监测点,按每月一次的频次采样化验分析。

(五)左岸 30 号排水洞

30 号排水洞分布在厂房周围,洞底高程 117 ~ 125 m,洞长 995.94 m。分左右两侧进行观测,洞内排水孔分为顶孔和底孔两部分。左侧顶孔共计 60 个排水孔,底孔共计 60 个排水孔。根据要求关闭了 7 个排水量较大的底孔,孔号为 6、7、8、35、38、39、55。右侧顶孔共计 169 个排水孔,底孔共计 210 个排水孔,关闭了 23 个排水量较大的底孔,孔号为 4、16、17、24、130、133、134、137、139、140、142、143、144、149、151、158、168、169、192、193、194、195、196。2000 年 12 月 14 日开始人工观测,按每周一次的频次进行,汛期和高水位期间适当加密。洞内选取 5 个水质监测点,按每月一次的频次采样化验分析。2006 年进行了 30 号排水洞底孔阀门关闭试验。①试验前处于关闭状态的排水孔为:左侧 39 号底孔,右侧 4、24、137、142、144 号底孔;②试验后新增关闭的排水孔为:左侧 6、7、8、35、38、55 号底孔,右侧 16、17、130、133、134、139、140、143、149、151、158、168、169、192、193、194、195、196 号底孔,原关闭的排水孔仍处于关闭状态;③2011 年 11 月 24 日 30 号排水洞 133、137、142、144、168 底孔压力超 0.13 MPa 后打开这 5 个排水孔。

(六)厂房顶拱

厂房顶拱排水管经过改造以后,目前分为上下游两个监测点。2000 年 12 月 15 日开始人工观测渗水量。按每周一次的频次观测,汛期和高水位期间适当加密。

(七)消力塘

消力塘 115 m 高程廊道分布在消力塘南北岸和上游侧位置,洞内排水孔分为底孔、顶孔、中部孔三部分,底孔共计 78 个,顶孔共计 122 个,中部孔共计 139 个。消力塘 105 m 高程廊道分布在消力塘底部周围。洞内排水孔分为暗排水孔、缝排水孔、基础排水孔三部分,暗排水孔共计 134 个,缝排水孔共计 89 个。115 m 和 105 m 高程廊道渗水由南北岸竖井水泵排出。

二、渗压监测仪器布置

右坝肩和右端头主要沿帷幕轴线和 1 号排水洞布置,见图 4.2.1。左岸山体共布置了 64 支渗压计和 12 支测压管,以监测山体内地下水位的变化情况,测点布置图略。在灌浆帷幕轴线上下游侧选择 6 个断面分别布置渗压计或测压管,以了解帷幕防渗效果;排水洞选择了 9 个监测断面,以观测排水幕的降压效果;地下厂房排水洞内外侧选择 6 个断面,以了解厂房周围地下水位情况;在中闸室及地下洞室布置了 8 个钻孔、每孔 3 个渗压计,以了解该部位的外水压力。

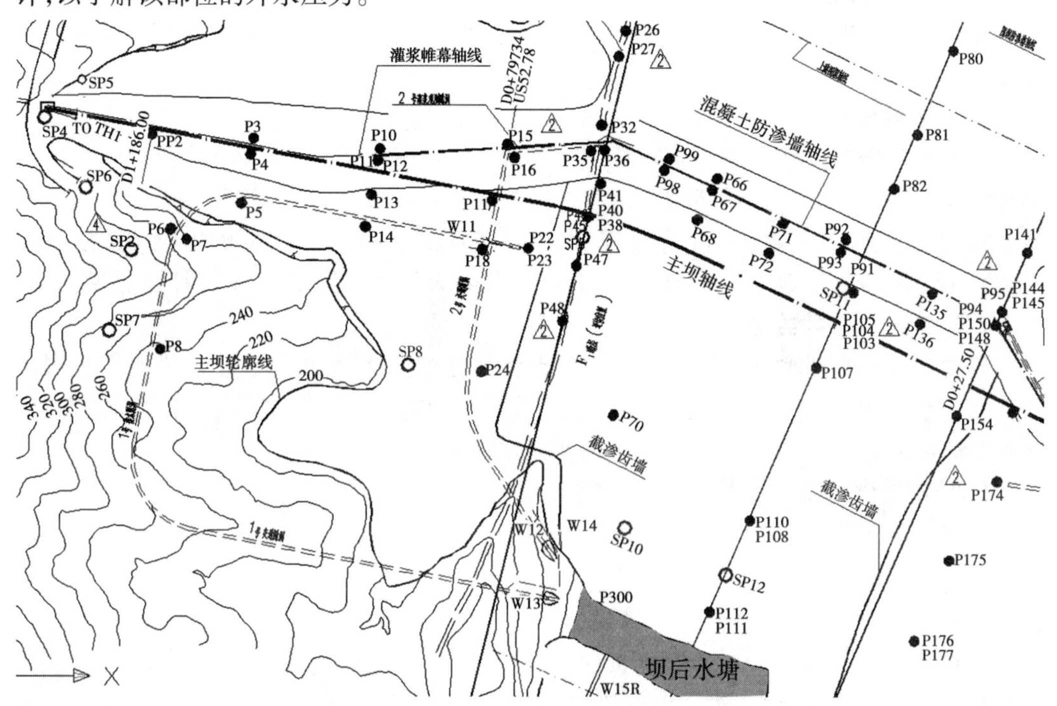

图 4.2.1　右坝肩和右端头帷幕轴线下游侧渗压计仪器布置图

第三节　两岸山体防渗补强方案及实施效果

1999 年 10 月 25 日水库下闸蓄水后不久,便发现右岸 1 号排水洞、左岸 2 号排水洞、地下厂房区 30 号排水洞及消力塘高程 115 m 排水廊道相继出现渗水,且其渗漏量随库水位上升,有明显加大趋势;2002 年春,当库水位超过 235 m 后,2 号排水洞、30 号排水洞等的渗水量均有十分明显的增加,似乎库水位在 235 ~ 239 m 间存在一个"门坎"水位;2003 年秋汛期间,库水位达到蓄水以来的最高水位 265. 69 m,4 号、30 号排水洞及地下厂房的渗水量又有显著增加。因此,运行管理单位针对渗漏情况研究水库渗漏原因和探测可能的渗漏通道,研究防渗补强方案,分阶段采取一系列减少水库渗漏的工程措施。

一、渗漏原因分析

根据枢纽区水文地质条件和渗控工程设计情况,渗漏原因分析如下。

(一)悬挂式灌浆帷幕

左右两岸相对隔水岩层埋深大,左岸 P_2^4 黏土岩层埋深在 40 m 高程以下,右岸 P_2^1 黏土岩埋深在 80 m 高程以下，帷幕底未伸入到相对隔水岩层内，属悬挂式帷幕。左右两岸岩层倾向下游，主要透水岩层在库区出露于地面以上，具有良好的库水入渗补给条件，库水必然从帷幕以下的透水岩层产生层状渗漏。

英国学者葛兰德对欧美一些大坝坝基灌浆帷幕进行分析后认为：对于均质透水岩层，即使帷幕深度达到透水岩层厚度的 90%，而经过其余 10% 厚度透水岩层的渗漏量，仍然高达相当于未处理时渗漏量的 35%。由此可见，采用悬挂式帷幕对减少坝基渗漏量的作用是相当有限的。

（二）帷幕体单薄

由于坝基岩层节理裂隙比较发育，节理的线密度一般为 2 ~ 3 条/m，且均为 80°以上的陡倾角，左坝肩部位的帷幕最深达 120 ~ 160 m，虽经过补强灌浆，灌浆帷幕很难封堵所有的宽大裂隙，因而仍会有库水穿过帷幕的薄弱部位渗向下游。河床深槽段防渗墙下部基岩宽 157 m，未进行灌浆，其两侧基岩为孔距 2 m 的单排帷幕，未能实施补强灌浆。

（三）库水入渗补给边界长

国内外许多水利水电工程的渗流观测结果表明，渗漏量大小与库水入渗边界长短及壅高水头有密切关系。小浪底水库大坝上游左岸有风雨沟，右岸有深数千米的小清河，库水位 265 m 时，库水入渗边界长达 4 km，壅高水头 130 m。

（四）承压含水层水量得到充分补给

右岸的承压含水层（P_2^{2-1}、P_2^{2-3}、P_2^{3-2}、P_2^{3-4}）在水库蓄水前便有较高的承压水位和一定的含水量。坝基开挖时，P_2^{3-4} 岩层已被挖除，P_2^{3-2} 岩层也大部分被挖除，因此造成库水渗漏的只有 P_2^{2-1}、P_2^{2-3} 砂岩层。P_2^2 层砂岩厚约 50 m，为硅质中粒砂岩，水库蓄水前，在坝基下的承压水位为 142 ~ 190 m。水库蓄水后，当库水位超过该层的承压水位时，库水便会沿该层顺层向坝下游渗漏，使其水量得到充分补给，并沿 F_1、F_{230}、F_{231}、F_{233} 等几条断层上溢，进入 1 号排水洞内。

（五）库水沿内铺盖、淤积泥沙及其与两岸岸坡接触带入渗

对于坝基渗漏而言，心墙上游内铺盖、淤积泥沙及其与两岸岸坡接触面基岩是坝基水平防渗的薄弱部位，当库水位达到一定的高度后，库水会通过这些部位向主坝防渗墙上游河床段坝基渗漏，致使防渗墙上游侧的渗压计测值升高，进而使坝基渗漏量相应增加。

二、工程措施及处理效果

（一）第一个阶段（2001 年底前）

1. 工程措施

水库下闸蓄水后不久，便发现右岸 1 号排水洞、左岸 2 号排水洞、地下厂房区 30 号排水洞及消力塘高程 115 m 排水廊道相继出现渗水，其渗漏量随库水位上升有明显加大趋势。

根据各部位的渗漏情况，在本阶段共采取了以下一些主要工程措施：

（1）在 2 号灌浆洞内，对 F_1 断层以南帷幕针对 P_2^2 强透水岩层进行补强灌浆（2000 年 3 月至 2001 年 2 月）。

（2）在右岸上游坝脚处的 215 m 高程平台上，布置 1 排灌浆孔，对 F_{231} ~ F_{233}间宽 120

m 范围实施封堵灌浆(2000 年 3 月至 7 月 15 日)。

(3)左岸 3 号、4 号灌浆洞内的帷幕补强灌浆,由原 1 排灌浆孔增加为 2 排灌浆孔,并且孔深增加到封堵 T_1^{3-1} 强透水岩层(2000 年 3 月至 2001 年 2 月)。

(4)对尚未实施的 1 号灌浆洞内的帷幕灌浆由 1 排孔增加为 2 排孔,孔深不变(2002 年 2 月完工)。

(5)对大坝以北左岸山体(DG0 - 347.89 ~ DG0 - 1097.89)尚未实施的地面灌浆,也由 1 排灌浆孔增加为 2 排灌浆孔,孔深增加到封堵住 T_1^4 强透水岩层(2001 年 4 月至 2002 年 1 月上旬完工)。

2. 补强灌浆效果

(1)由于采取上述两项补强灌浆工程和坝前淤积的发展,使右岸 1 号排水洞的渗水量有显著减少,见表 4.3.1。

表 4.3.1 右岸 1 号排水洞渗水量

时间 (年-月-日)	库水位 (m)	相当库水位 (m)	渗水量 (m^3/d)	减少 (%)
2000-04-19	210.00	210.00	5 078	—
2000-09-09	220.36	220.00	7 467	35.4
2002-07-02	220.90		4 822	
2000-11-02	234.66	234.50	9 126	36.1
2002-07-07	234.28		5 832	
2002-03-02	240.83	240.00	6 560	20.8
2003-09-01	240.00		5 193	

(2)左岸 3 号、4 号灌浆洞内补强灌浆完成后,左岸山体渗漏量有以下变化:

当库水位低于 230 m 时,地下厂房上游边墙和拱顶的渗水量显著减少,渗水量由 2000 年 12 月 18 日库水位 234.24 m 时的 96.3 m^3/d 降为 2002 年 1 月 10 日库水位 234.90 m 时的 4.7 m^3/d。

位于左坝肩下游侧的 P148、P181 两支渗压计的测值下降约达 17 m。

(二)第二阶段(2002 年至 2003 年 8 月底)

1. 出现的问题

库水位超过 235 m 后,出现以下问题:

(1)2 号排水洞南侧的 U - 028 ~ U - 036 号排水顶孔中有 6 个孔的渗水量显著增加。2002 年 2 月 21 日库水位为 240.37 m 时,6 个排水孔的总渗水量高达 1 700.8 m^3/d,其中 U - 028 号孔的渗水量达到 10.45 L/s。同时,发现从 U - 028 号孔中有软岩岩块、岩屑被渗水带出,总重达 21.7 kg。

(2)30 号排水洞渗水量明显增加(表 4.3.2)。

表 4.3.2　30 号排水洞渗水量变化

时间 （年-月-日）	库水位(m)	日渗水量(m^3/d)	增幅(m^3/d)
2002-01-13	234.95	6 600	136
2002-01-25	236.27	6 736	
2002-01-31	237.66	6 930	194
2002-02-03	238.56	7 102	172
2002-02-18	239.50	8 325	1 223
2002-02-24	240.53	8 619	294
2002-03-02	240.83	9 224	605

（3）埋设在 F_1 断层带帷幕轴线上及其附近的 5 支渗压计 P32、P35、P37 和 P34、P36 的测值异常，其位置见图 4.3.1。P32 位于帷幕轴线上游，P37 位于下游，两者相距 22.31 m，并都位于混凝土盖板下，它们的测值和位于帷幕轴线上游、混凝土盖板上面的 P35 测值几乎完全一样；同样，位于帷幕轴线上游及混凝土盖板上面的渗压计 P34 和位于帷幕轴线下游、混凝土盖板下面的 P36（相距 11.08 m）测值几乎完全一样。

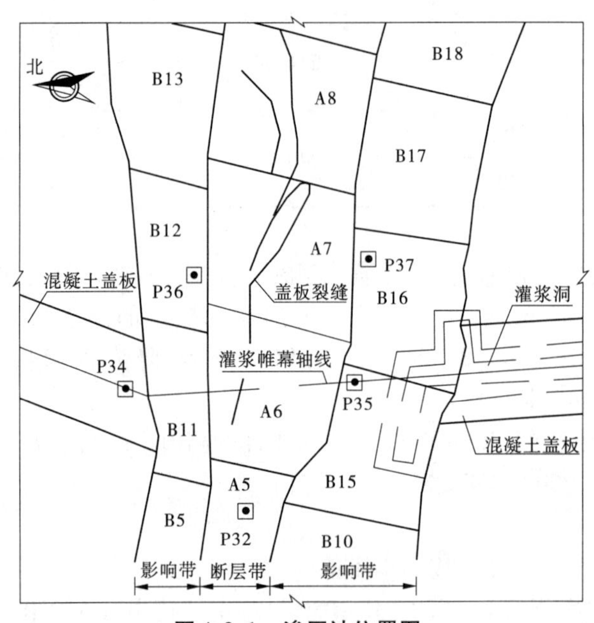

图 4.3.1　渗压计位置图

2. 查找渗漏通道

2002 年采用同位素综合示踪方法和瞬变电磁法，研究探测左岸山体的渗漏途径和可能存在的集中渗漏通道。

同位素综合示踪方法得出的主要结论为：

（1）在 F_{28} 断层下盘与灌浆帷幕之间（58 m 高程以上）的地层中（通过 T_1^{3-1}）存在一条

绕过坝肩的集中渗漏通道，该渗漏水通过30号排水洞北侧的109～171号排水孔排出，该通道是30号排水洞的主要补给源。

(2)4号排水洞26～27号排水孔附近160 m高程以上的灌浆帷幕(T_1^4)存在渗漏，同样，在120 m高程以下的T_1^{3-1}中也存在渗漏。

(3)30号排水洞下游测的189～202号排水孔的渗漏水主要来自下游。

瞬变电磁法探测结果见表4.3.3。

表4.3.3　集中渗漏通道空间分布

渗漏通道	起止桩号(m)	中心桩号(m)	高程范围(m)	所在岩层
TD1	0～10	5	120～170	T_1^{3-1}
TD2	97～120	107	110～145	T_1^{3-1}、T_1^{3-2}
TD3	140～160	150	105～140	T_1^{3-1}、T_1^{3-2}
TD4	230～350	290	75～190	T_1^{3-1}、T_1^{3-2}、T_1^4
TD5	390～410	400	110～220	T_1^{3-1}、T_1^{3-2}、T_1^4
说明	桩号起始点为溢洪道左边墙			

3.采取的工程措施

根据以上探测、研究结果，本阶段采取了以下主要工程措施：

(1)F_{28}断层下盘影响带及下盘裸露岩石边坡是库水可能的入渗口之一。为此，对215 m库水位以上的断层带及下盘影响带挖槽回填3～5 m厚土封闭；对下盘裸露的岩石边坡喷0.2 m厚混凝土；垂直断层走向，在断层带及下盘影响带范围内布置2排封堵灌浆孔，孔底达T_1^2岩层内，以截断库水沿F_{28}断层向北的运移。

(2)补充封堵位于帷幕轴线上游侧的5个地质探洞：Ⅱ17、Ⅱ18、Ⅱ19、Ⅱ24、Ⅱ25；对工程前期已封堵的Ⅱ30探洞采用灌浆方法进行补充封堵。

(3)对3号灌浆洞南端洞顶以上的左岸岸坡"三角区"进行补强灌浆，灌浆范围见图4.3.2。

(4)在4号灌浆洞内对用瞬变电磁法探测到的两个集中渗漏通道TD1、TD2实施灌浆封堵；对F_{238}断层带及影响带再次实施补强灌浆。

(5)在28号排水洞内对原有向上的排水孔加深，并在f_1、f_2两个小断层范围内增设倾斜向上的排水孔。

(6)在右岸2号灌浆洞内，对F_1断层带进行水泥-化学复合灌浆。

(7)厂房顶拱f_1、f_2两个小断层范围内实施化学灌浆，孔距1 m，孔深1.5 m。

(8)在30号排水洞内渗流量大于1 L/s的排水孔上安装控制阀门。

4.处理效果

本阶段各项工程措施完成后，左右两岸的渗水量有所减少。

(1)1号排水洞的渗水量明显减小，见表4.3.4。2003年9月1日库水位238.75 m时的渗水量比补强灌浆前的230.14 m库水位时的渗水量还小；库水位261.42 m时的渗水量与2002年2月20日库水位240.20 m时的渗水量相当，说明灌浆效果显著。

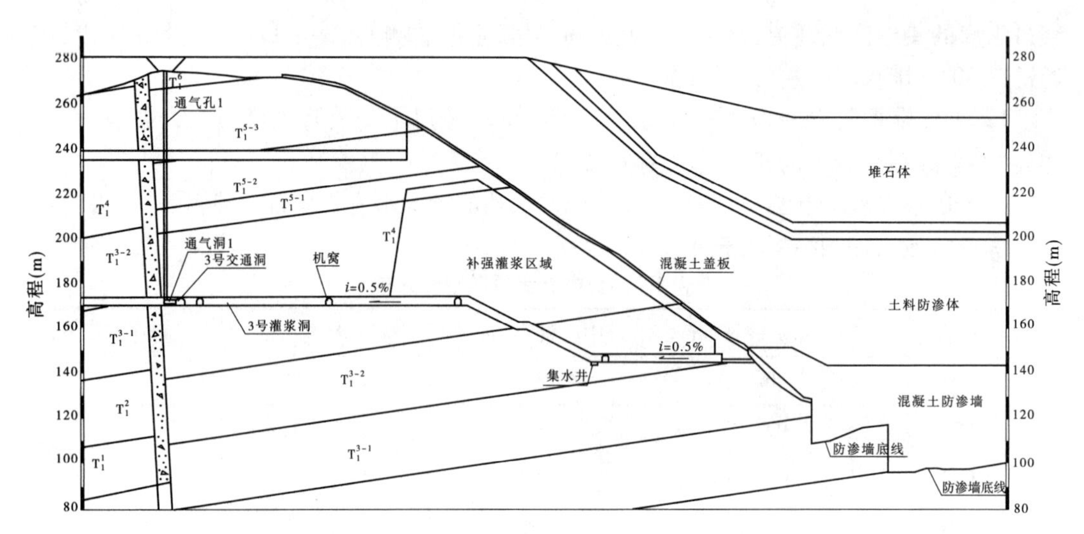

图 4.3.2 左坝岸坡“三角区”补强灌浆范围

表 4.3.4 1 号排水洞渗水量变化

时间(年-月-日)	库水位(m)	渗水量(m^3/d)
2001-11-20	230.14	5 475
2002-02-20	240.20	6 508
2003-09-01	238.75	5 146
2003-10-08	261.42	6 678

自 2004 年底至 2005 年 5 月底,库水位维持在 250 ~ 260 m,1 号排水洞的渗水量在 6 000 ~ 6 600 m^3/d 变化,说明 1 号排水洞在高水位时的渗水量渐趋稳定。

(2)3 号灌浆洞南侧岸坡“三角区”补强灌浆后,2 号排水洞 U – 028 ~ U – 036 号排水顶孔的渗水量由库水位 240.37 m 时的 1 700.8 m^3/d 减小为 262.80 m 库水位时的 125 m^3/d。

(3)30 号排水洞的渗水量也显著减小,见表 4.3.5。

表 4.3.5 30 号排水洞渗漏量变化

时间(年-月-日)	库水位(m)	渗水量(m^3/d)	减少(%)
2001-11-20	230.14	4 003	20.4
2003-08-26	230.23	3 186	
2002-02-20	240.20	8 325	44.7
2003-09-02	240.35	4 607	

(4)当库水位低于 235 m 时,厂房顶拱已不渗水。

(三)第三阶段(2003 年 9 月至 2005 年 5 月)

2003 年 9 月,“华西秋雨”导致渭河出现近一个月的洪水,下游滩区出险,小浪底水库水位迅猛上涨，最高达265.69 m，水库渗漏量明显增加。

1. 渗水量变化情况

1）右坝肩

265 m库水位时，1号排水洞的渗水量仅较库水位243.01 m时（2003年9月4日）增加1 678 m^3/d，达到6 984 m^3/d（2003年10月15日），增幅为76.3 $m^3/(d \cdot m)$。对右坝肩而言，主要透水岩层为P_2^2，其层顶高程约为205 m，渗漏量的增加仅仅由渗压力增大引起，前沿入渗面积并未增加。

2）左岸山体

对左岸山体，随着库水位的抬升，入渗面积和渗压力同时增加，同时山体上部风化壳岩体也成为库水渗漏的主要通道，因而各部位的渗水量显著增加。

当库水位低于234 m时，4号排水洞无渗水；库水位为241.73 m时（2003年9月3日），渗水量为176.3 m^3/d；库水位为250.25 m时（9月20日），渗水量为772.3 m^3/d；库水位为265.27 m时（10月16日），渗水量达1 603.7 m^3/d。

库水位240.35 m时（9月2日），30号排水洞渗水量为4 607 m^3/d；库水位250.15 m时（9月12日），渗水量为8 419 m^3/d；库水位260.96 m时（10月7日），渗水量为10 454 m^3/d；最高水位时，渗水量达11 462 m^3/d。厂房顶拱和28号排水洞的渗水量也都明显增加。

2. 工程措施

鉴于小浪底水利枢纽在黄河下游的防汛中具有极其重要的地位，根据对集中渗漏通道的研究探测结果、坝区水文地质条件，从处理方案的可操作性等方面考虑，确定了左岸山体进一步防渗补强设计方案。

（1）从3号灌浆洞北端对4号、5号、6号发电洞下面岩体实施补强灌浆。

（2）在4号灌浆洞内从3号明流洞以北范围向下补打1排灌浆孔，孔距2 m，孔底高程140 m，主要封堵T_1^4强透水岩层。

（3）在灌溉洞内对TD3、TD4、TD5三个集中渗漏通道实施封堵灌浆，孔底达90 m高程；向上的灌浆孔孔顶达245 m高程，主要封堵T_1^4、T_1^5岩层内的渗漏通道。

（4）从3号明流洞以北，由地面进行补强灌浆。2排孔，孔距2 m，在4号灌浆洞范围内，孔底达4号灌浆洞底部，主要封堵左岸山体上部风化壳岩体；4号灌浆洞以北，孔底为140 m高程；与灌溉洞灌浆衔接的一段灌浆，孔底高程为120 m。

（5）对高程275 m以下的进水塔后边坡及其他迎水面裸露的岩石边坡采用喷0.15 m厚混凝土予以封闭（因库水位上升，高程230～250 m间约有2 000 m^2未喷）。

（6）对厂房顶拱、主变洞顶拱和尾闸室顶拱的渗漏水进行引排处理。

（7）在4号、28号排水洞内补打、加密、加深排水孔及在孔内安装组合过滤体。

（8）对地下厂房范围内地表进行封闭处理。

（9）对西沟水库库盆及右岸边坡进行防渗处理。

3. 效果

左岸山体经过几次补强灌浆后，各部位的渗水量显著减小，2005年4月中旬库水位259.00 m时，左岸山体总渗水量为6 859 m^3/d，而2003年同水位下的渗水量为12 131

m^3/d,同比减少 43.5%,其中 4 号、28 号、30 号排水洞与厂房顶拱的渗水量分别减少 80.65%、77.35%、33.64%和 83.60%。

1)4 号排水洞

2003 年 8 月以前观测资料表明:当库水位超过 235 m 时,4 号排水洞开始渗水。当库水位超过 242.13 m 时(2004 年 10 月 28 日),在同水位条件下,渗水量较 2003 年明显减小,而且随着库水位上升,渗水量基本保持不变。在 258 m 较高水位下,渗水量减幅达 80.3%,并且减幅有逐渐趋于稳定的态势,见表 4.3.6。

表 4.3.6　4 号排水洞渗水量变化对比

灌浆前			灌浆过程中			减幅(%)
时间(年-月-日)	库水位(m)	渗水量(m^3/d)	时间(年-月-日)	库水位(m)	渗水量(m^3/d)	
2003-09-06	245.82	496	2004-11-24	245.18	178	64.1
2003-09-16	250.36	772	2004-12-30	250.92	183	76.3
2003-09-25	255.00	913	2005-03-03	255.31	172	81.2
2003-10-02	258.00	1 041	2005-03-31	258.12	205	80.3
2004-04-21	259.92	1 070	2005-04-14	259.21	207	80.65
2004-05-27	255.05	716	2005-05-10	255.28	164	77.09
2004-06-10	252.11	589	2005-06-02	252.19	151	74.36
2004-06-21	243.01	370	2005-06-20	242.79	133	64.05
2004-07-01	236.58	177	2005-06-21	235.69	102	42.37
2004-07-24	224.51	22	2005-07-07	224.18	15	31.82

2)28 号排水洞

当库水位超过 230 m 时,28 号排水洞开始渗水。与 2003 年同水位条件下相比,当库水位超过 240 m 时(2004 年 10 月 8 日),渗水量逐步减小,在 258 m 较高水位下,减幅也达到 59%,且基本稳定,见表 4.3.7。

表 4.3.7　28 号排水洞渗水量变化对比

灌浆前			灌浆过程中			减幅(%)
时间(年-月-日)	库水位(m)	渗水量(m^3/d)	时间(年-月-日)	库水位(m)	渗水量(m^3/d)	
2003-09-03	241.73	193.5	2004-10-19	241.73	180.8	6.56
2003-09-06	245.83	376.5	2004-11-25	245.40	209.3	44.41
2003-09-13	250.36	567.5	2005-01-12	250.91	238.0	58.06
2003-09-24	254.76	672.0	2005-02-27	254.66	270.0	59.82
2003-10-05	258.12	742.0	2005-03-31	258.12	304.0	59.03
2004-04-21	259.92	1 395.0	2005-04-15	259.32	316.0	77.35
2004-05-20	255.86	1 049.0	2005-05-05	256.10	299.0	71.50
2004-06-17	249.40	718.0	2005-06-13	250.24	235.0	67.27
2004-07-15	224.79	101.0	2005-07-06	225.21	32.0	68.32

3)30 号排水洞

30 号排水洞的排水幕穿过 T_1^{3-2},达到 T_1^{3-1} 透水岩层,排出的水大部分为承压水,以保证地下厂房周围的地下水位不高于 134 m。从相近水位下的渗水量看,受高水位长期运行影响,2004 年 11 月 23 日(库水位约 245 m)以前,在同水位条件下,渗水量较 2003 年普遍增大。但从 2004 年 11 月 23 日以后,渗水量比 2003 年明显减少。在相同库水位条件下,渗水量较 2003 年逐渐减少,减幅最大达到 36.23%,见表 4.3.8。

表 4.3.8　30 号排水洞渗水量变化对比

灌浆前			灌浆过程中			减幅(%)
时间(年-月-日)	库水位(m)	渗水量(m^3/d)	时间(年-月-日)	库水位(m)	渗水量(m^3/d)	
2003-09-05	244.43	6 131	2004-11-23	244.95	5 986	2.37
2003-09-09	248.95	7 908	2004-12-14	248.87	6 123	22.57
2003-09-12	250.15	8 419	2004-12-28	250.52	6 624	21.32
2003-09-25	254.78	9 475	2005-02-27	254.66	6 138	35.22
2003-10-05	258.45	9 985	2005-03-30	258.00	6 380	36.10
2004-04-27	259.26	9 502	2005-04-12	259.46	6 306	33.64
2004-05-25	255.24	8 748	2005-05-11	254.95	6 122	30.02
2004-06-22	245.68	7 817	2005-06-17	246.77	5 548	29.03
2004-07-13	225.00	5 750	2005-07-05	224.99	3 667	36.23

注:施工期间地下厂房区渗水量约达 1 700 m^3/d,扣除此数才是 30 号排水洞实际渗水量。

4)厂房顶拱

当库水位超过 230 m 时,厂房顶拱开始渗水。当库水位超过 232.89 m(2004 年 9 月 24 日)时,在同水位条件下,渗水量比 2003 年有所减小,且基本不随库水位变化而变化,量值基本稳定在 34 m^3/d。在 258.23 m 较高水位下,减幅高达 81.70%;从量值上看,渗水量已基本稳定,不随库水位变化而变化,见表 4.3.9。

表 4.3.9　厂房顶拱渗水量变化对比

灌浆前			灌浆过程中			减幅(%)
时间(年-月-日)	库水位(m)	渗水量(m^3/d)	时间(年-月-日)	库水位(m)	渗水量(m^3/d)	
2003-08-29	234.12	11.8	2004-09-26	234.15	7.0	40.68
2003-09-06	245.83	58.1	2004-11-26	245.58	27.5	52.67
2003-09-20	250.25	127.7	2004-12-29	250.74	34.0	73.38
2003-09-24	254.76	140.1	2005-02-25	254.24	34.0	75.73
2003-10-05	258.45	164.0	2005-04-01	258.23	30.0	81.70
2003-10-07	260.96	183.0	2005-04-08	259.36	30.0	83.61

第四节　渗流监测资料分析

一、左岸山体

左岸山体补强灌浆后,2 号、4 号、28 号排水洞渗流量明显减小。30 号排水洞在 2003 年库水位达最高水位 265.69 m 时,渗流量最大值为 11 462 m^3/d。经过灌浆处理后,在同水位条件下,渗流量大幅减小(表 4.4.1、表 4.4.2)。2006 年 4 月下旬以来,部分排水孔呈关闭状态,关闭后同水位条件下渗流量呈进一步减小趋势。2011 年 11 月 24 日打开 30 号排水洞 133、137、142、144、168 底孔后渗水量增加 2 500 m^3/d 左右,2012 年库水位 270.10 m 时 30 号排水洞渗流量为 6 077 m^3/d。30 号排水洞渗水量及库水位过程线见图 4.4.1,30 号排水洞底孔渗水量与库水位关系曲线见图 4.4.2。

表 4.4.1　库水位 250 m 左右时历年的渗水量

观测时间(年-月-日)	库水位(m)	坝基渗水量(m^3/d)	右岸 1 号排水洞渗水量(m^3/d)	左岸各排水洞渗水量(m^3/d)	总渗水量(m^3/d)
2003-09-20	250.25	22 489	5 819	5 819	34 127
2004-12-30	250.92	28 127	6 018	6 018	40 163
2005-10-03	250.02	25 524	5 851	5 851	37 226
2006-06-13	251.13	30 964	5 127	5 942	42 033
2007-02-15	250.14	29 010	5 007	5 007	39 024
2008-04-16	250.43	26 780	4 733	4 218	35 731
2009-06-16	250.34	17 953	4 439	3 810	26 202
2010-06-18	250.83	12 916	4 149	2 951	20 016
2011-04-22	250.67	10 895	3 807	3 597	18 299
2012-09-09	250.59	5 771	3 296	4 131	13 198

表 4.4.2　历年库水位最高时的渗流量

观测时间(年-月-日)	库水位(m)	坝基渗水量(m^3/d)	左岸各排水洞渗水量(m^3/d)						右岸排水洞渗水量(m^3/d)	总计(m^3/d)
			2 号洞	4 号洞	28 号洞	30 号洞	厂房顶拱	左岸合计		
2003-10-15	265.69	24 466	131	1 603	909	11 462	209	14 314	6 984	45 764
2004-04-01	261.99	34 447	142	1 154	1 525	9 744	121	12 686	7 171	54 304
2005-04-10	259.61	31 017	161	207	314	6 306	116	7 104	6 556	44 677
2006-03-31	263.41	33 296	201	254	390	6 127	200	7 172	6 947	47 415
2007-03-27	256.32	31 270	181	241	282	4 317	167	5 188	5 334	41 792
2008-03-31	252.75	26 690	166	205	221	3 634	92	4 318	4 922	35 930
2009-06-16	250.34	18 002	133	205	210	3 119	143	3 810	4 439	26 251
2010-12-25	251.71	13 875	168	207	223	3 123	148	3 869	4 059	21 803
2011-12-13	267.83	23 405	226	323	465	5 905	201	7 120	4 599	35 124
2012-11-21	270.10	18 824	224	312	470	6 077	197	7 280	4 182	30 286

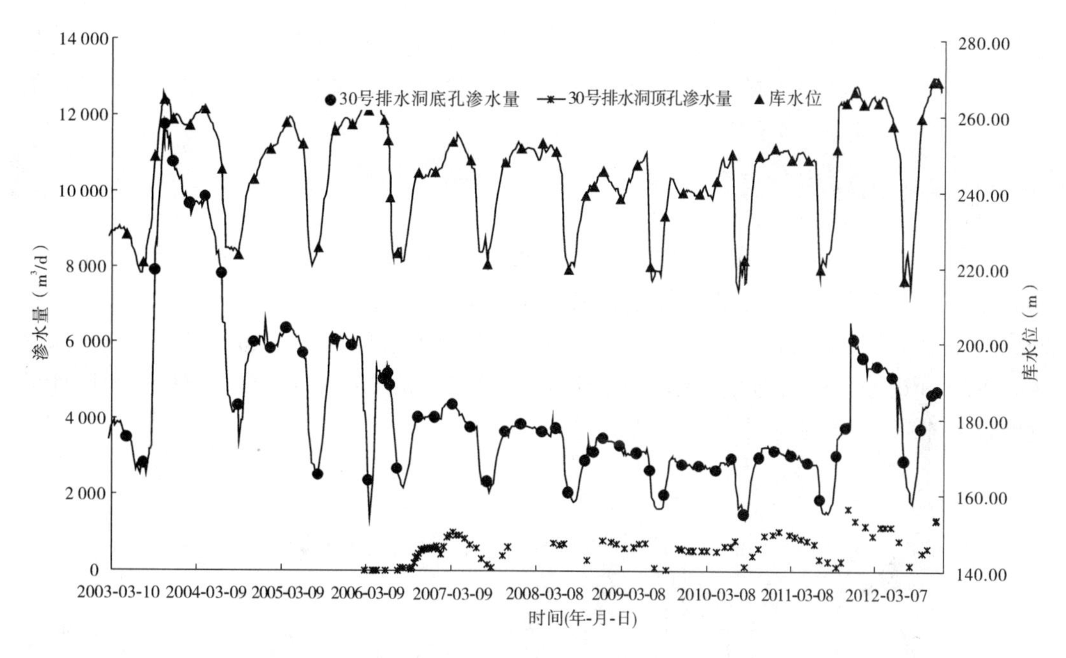

图 4.4.1　左岸 30 号排水洞渗水量及库水位过程线

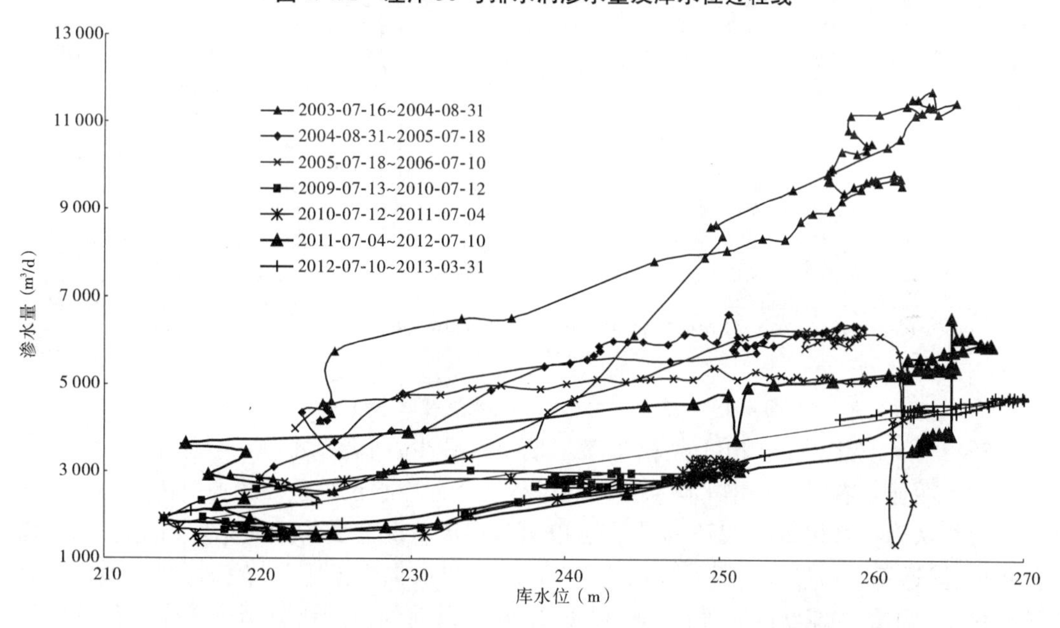

图 4.4.2　左岸 30 号排水洞底孔渗水量与库水位关系曲线

从左岸山体水文地质环境分析，各排水孔、排水洞的出水主要来自库水渗漏。2011 ~ 2012 年蓄水过程中，几个主要排水洞(2 号、30 号、厂房顶拱)的出水情况均有一些“门槛水位”值，大体分别为 215 m、235 m 和 265 m。这些特征水位为分析左岸山体库水渗漏提供了重要的信息，反映库水入渗条件发生的较大变化。坝区地层倾角平缓(8° ~ 12°)，地层的出露线及出露范围，一是受高程的控制，二是受地形坡度的控制，因不同库水位淹没的地层不同，淹没透水地层的范围也不相同，这是形成“门槛水位”的一个重要原因；几条

主要断层 F_{28}、F_{236}、F_{238}、F_{240}的出露高程及其受库水的淹没长度，是形成“门槛水位”的另一个重要原因。这些“门槛水位”为分析左岸山体的渗漏原因及渗透途径提供了重要的资料。

二、右岸山体

右岸山体岸坡地段上游以小清河为界，北以 F_1 断层为界，南以 F_{230}为界，南北长约500 m。经过灌浆处理后，随着坝前淤积发展，渗流量大幅减少。2003 年最高库水位265.69 m时，实测最大渗流量为6 984 m^3/d；2012 年库水位为 270.10 m 时，实测渗流量为4 182 m^3/d。右岸 1 号排水洞渗水量及库水位过程线见图 4.4.3。右岸帷幕后渗压计近期测值基本稳定，未见异常变化趋势。

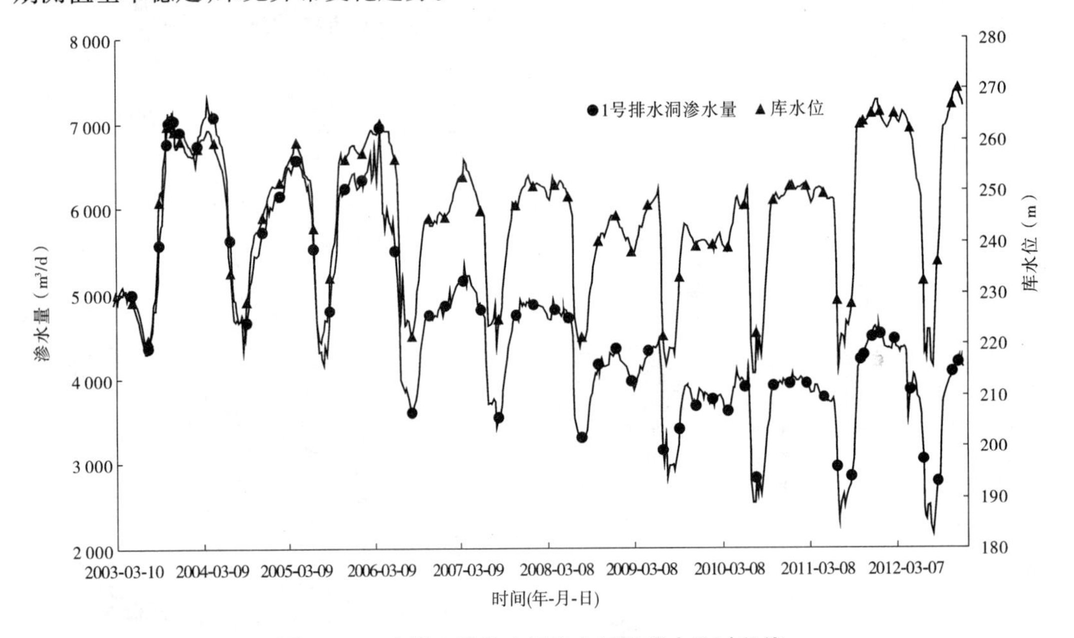

图 4.4.3 右岸 1 号排水洞渗水量及库水位过程线

2012 年水位上升，与 2011 年相比渗水量略有减少，两者基本呈线性正相关关系，滞后现象不明显。右岸 1 号排水洞渗流测值过程及其和库水位关系曲线见图 4.4.4。

分析认为在高程 265 ~275 m 没有足以引起渗流状况突变的地质条件，根据“稳定渗流场内，渗透系数与过水面积不变条件下，渗流量与水头成正比”的原则，可以预测正常蓄水位情况下的渗流状况。设计单位根据 2006 年以前的监测资料预测在库水位达到正常蓄水位 275.00 m 时，枢纽的总渗流量将可能达到 50 000 m^3/d 左右（相当于 0.58 m^3/s），其中，右岸 7 500 m^3/d，河床 35 000 m^3/d，左岸 8 500 m^3/d。

右岸 1 号排水洞的主要渗透途径是通过 P_2^2 透水岩层，其厚度为 52 m，顶板高程为200.00 ~205.00 m，库水位增高时，其进水面积基本不增加。因此，根据库水位 270.10 m时实测值 4 600 m^3/d 左右，按照线性系数 37 m^3/m 计算，预测达到正常蓄水位时，渗流量约为 4 900 m^3/d，比设计估计减少 2 600 m^3/d。目前坝前水库泥沙淤积高程在 186 m 左右，当淤积高程提高到 205.00 m 以上而封闭该透水岩层进水前沿时，1 号排水洞的渗流

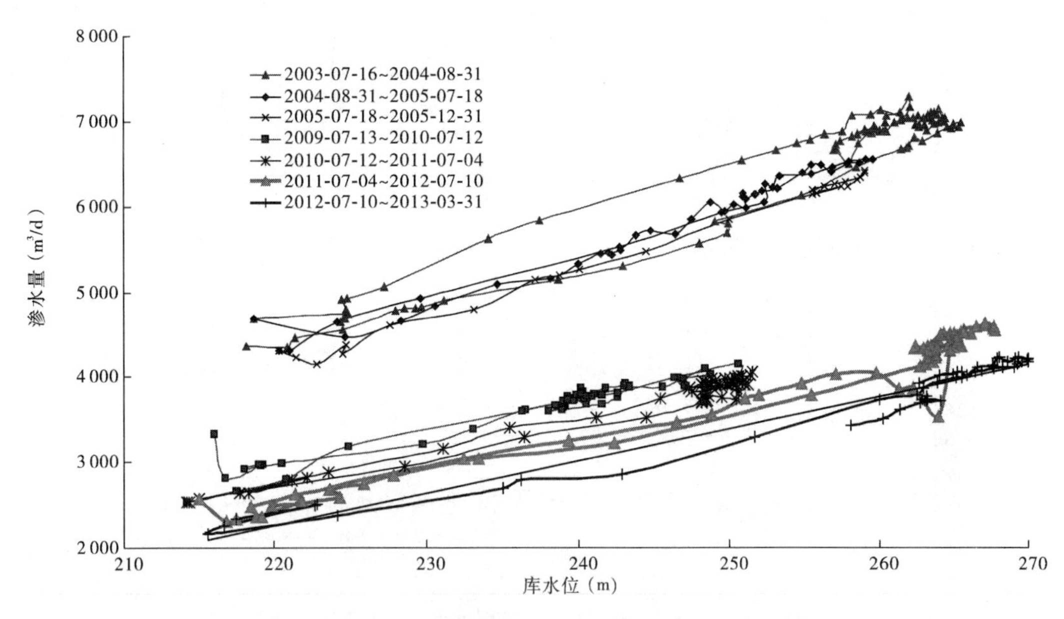

图 4.4.4　右岸 1 号排水洞测值过程及其和库水位关系曲线

量将进一步减小。

左岸山体经过 3 次补强灌浆后，总渗漏量约减少了 50%。在库水位 270.10 m 时，总渗流量约为 6 100 m^3/d。据此，预测在库水位 275.00 m 时的总渗流量为 7 100 m^3/d，比设计估计减少 1 400 m^3/d。

第五节　渗压监测资料分析

一、左岸山体

左岸山体渗压计测值过程线见图 4.5.1。

（一）灌浆帷幕前

帷幕前测压管 SP2－9 水位与库水位相关性较为显著，与库水位呈正相关关系，即库水位上升，管水位上升，库水位下降，管水位随之下降，与库水位相关系数为 0.9 以上，测值为 202.70～260.90 m，在高水位时一般比库水位低 2～5 m。帷幕前渗压计 PZ2－23 测值与库水位有很好的相关关系，一般比库水位低 4～5 m，与库水位相关系数为 0.99。

（二）灌浆帷幕后

帷幕后排水洞上游侧的测点 PZ2－8、PZ2－13、PZ2－24、PZ2－27、PZ2－29、PZ2－31 和 SP2－3、SP2－7、SP2－10 水位变幅很小，测值基本维持在仪器埋设高程，表明受库水位影响较小，与库水位相差一般在 50～80 m，山体地下水位较库水位明显下降。

根据小浪底水利枢纽拦沙后期（第一阶段）运用调度规程，左岸山体测压管 SP2－4、SP2－8、SP2－11 和渗压计 PZ2－9、PZ2－14、PZ2－20、PZ2－25 测得的地下水位警戒值为不高于 200.0 m，库水位 270.10 m 时，这些仪器的测值范围为 141.63～153.47 m，远低于警戒值。

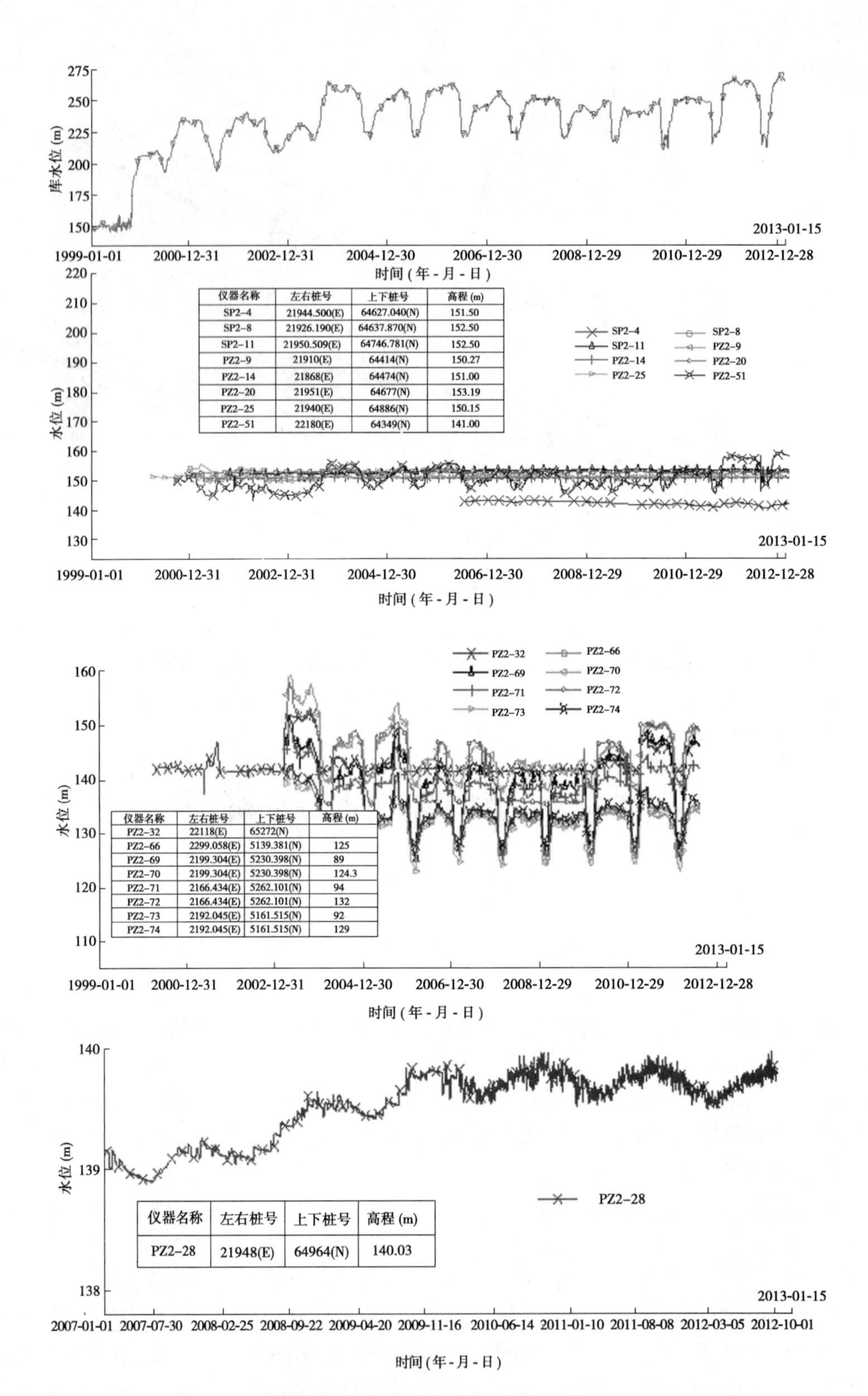

仪器名称	左右桩号	上下桩号	高程 (m)
SP2-4	21944.500(E)	64627.040(N)	151.50
SP2-8	21926.190(E)	64637.870(N)	152.50
SP2-11	21950.509(E)	64746.781(N)	152.50
PZ2-9	21910(E)	64414(N)	150.27
PZ2-14	21868(E)	64474(N)	151.00
PZ2-20	21951(E)	64677(N)	153.19
PZ2-25	21940(E)	64886(N)	150.15
PZ2-51	22180(E)	64349(N)	141.00

仪器名称	左右桩号	上下桩号	高程 (m)
PZ2-32	22118(E)	65272(N)	
PZ2-66	2299.058(E)	5139.381(N)	125
PZ2-69	2199.304(E)	5230.398(N)	89
PZ2-70	2199.304(E)	5230.398(N)	124.3
PZ2-71	2166.434(E)	5262.101(N)	94
PZ2-72	2166.434(E)	5262.101(N)	132
PZ2-73	2192.045(E)	5161.515(N)	92
PZ2-74	2192.045(E)	5161.515(N)	129

仪器名称	左右桩号	上下桩号	高程 (m)
PZ2-28	21948(E)	64964(N)	140.03

图 4.5.1　左岸山体渗压计测值过程线

排水洞下游侧的测点 PZ2－32 测值(149 m 左右)受库水位影响不明显,比库水位低 110 m 左右,比排水洞上游侧测点 PZ2－31 低 29 m 左右,表明地下水位有了进一步的降低。

从帷幕后排水洞上、下游侧测点观测结果分析可知,防渗帷幕及排水帷幕效果较好。由于大部分测点测值维持在埋设高程附近,因此这些部位山体水位实际要低于观测值。

(三)地下厂房周围

地下厂房周围排水洞上、下游侧测点 PZ2－25、PZ2－26、PZ2－33、PZ2－34、PZ2－45～PZ2－50,测值基本维持在埋设高程,地下水位低于埋设高程,地下厂房排水洞下游侧水位低于 129 m。库水位 270.10 m 时,渗压计 PZ2－26、PZ2－46 和 P10～P14、P16、P18、SP2－12 的测值范围为 129.96～134.68 m,几年来水位变化基本稳定,说明地下厂房围岩渗流场稳定。

(四)帷幕后的渗压计测值

帷幕后的渗压计测值基本可以反映出山体地下水位一般低于 132.00 m,而左岸单薄分水岭水文地质的特点是初始地下水位很低,几乎与黄河水位在同一高程(一般为 135.00 m),这一现象说明了左岸单薄分水岭裂隙十分发育,降水后入渗水顺裂隙迅速下渗,再通过裂隙排至黄河。水库蓄水后,通过帷幕的渗水部分被幕后排水洞排走,部分则顺岩石层面向下游流动,并排入高程 117.00 m 的 28 号排水廊道和高程 115.00 m 的消力池周边排水廊道。

二、副坝

2004 年 4 月 3 日,当库水位为 261.90 m 时,在副坝桩号 D0－956.90 前库内平台处发现集中渗水点。2005 年 4 月,河海大学进行了示踪试验,结果发现渗水点至 30 号、28 号、4 号排水洞,坝后水塘及库区有快速渗水通道。2005 年 10 月,采用灌注石灰水,沿裂缝追踪开挖的方法,在渗漏点处开挖一深约 11 m 的坑,坑底至 251.20 m 高程新鲜基岩面,并在坑底宽 5 m、长 7 m 的范围内,钻孔 10 个,实施水泥灌浆,总进尺 150 m,共灌注水泥 83 t。灌浆后,所挖坑用黏土进行了回填。2006 年 3 月 31 日,在库水位 263.41 m 时,此渗水点淹没,未再见集中渗水现象。

《黄河小浪底水利枢纽渗控专题安全鉴定报告》认为集中渗水点虽在 F_{28} 上盘,但实际渗漏通道是:库水经副坝上游堆石坝壳进入 F_{28} 断层的下盘影响带内,穿过帷幕底部进入 30 号洞、左坝肩风化卸荷带,再顺岩层进入坝后水塘,并认为渗流通道发生在山体深部或坝基岩体中,渗漏不致影响左岸山体和主坝安全。《黄河小浪底水利枢纽竣工验收技术鉴定报告》认为:副坝前集中渗漏原因已经初步查明,采取处理措施后经过了蓄水的考验,未再发生渗漏问题,说明处理措施是有效的。鉴于水库初期运用最高水位尚未达到正常蓄水位,建议加强高水位运用期对原集中渗漏点的巡视工作。

副坝共埋设安装 6 支正弦式渗压计,均布设在副坝 D0－910.00 断面,其中 2 支钻孔埋设,3 支位于心墙底部基础面,1 支位于心墙体内高程 250.00 m。各渗压计监测到的渗压水位变化过程线见图 4.5.2,各渗压计渗压水位未见明显异常变化迹象;其中,副坝坝基下游侧渗压计 PZ2-1、PZ2-6 渗压水位总体稳定,坝体心墙内 PZ2-2、PZ2-3、PZ2-5 等 3 支渗压计渗压水位随着库水位上升有一定程度的增加,而心墙下游反滤层底部渗压计 PZ2-4 渗压水位总体稳定,基本不随库水位变化而变化。总体来说,心墙内部及底部渗压水位受库水位一定程度的影响,随着库水位上升而有一定程度的增加,但这种趋势随着向下游距离的增加而逐渐减弱,表明副坝心墙防渗性能良好,副坝坝基渗压水位基本不受库水位影响。

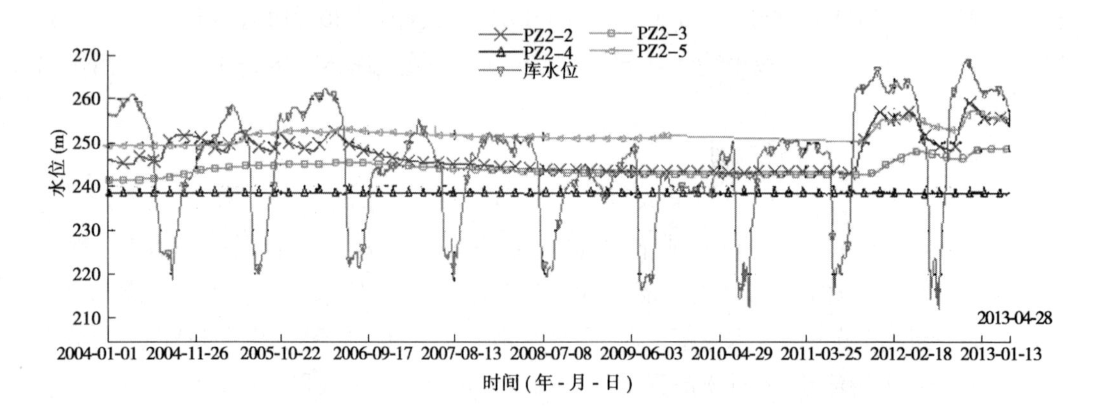

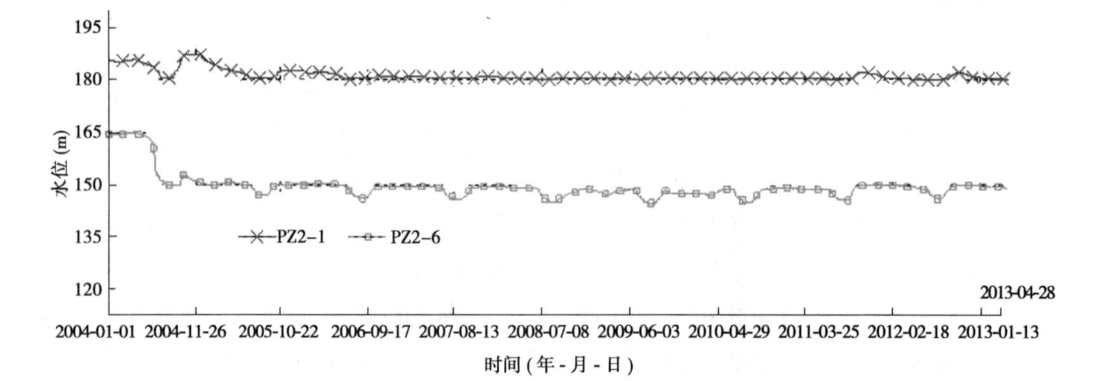

图 4.5.2 副坝渗压计测值过程线

三、右岸山体

右坝肩渗压计测值过程线见图 4.5.3,其与库水位关系曲线见图 4.5.4。由图可见,P4、P16 测值仍然受库水位变化的影响,P3、P4 测值和库水位正线性相关,并呈逐年增加趋势。P10、P12 测值在库水位超过 260 m 后,与库水位关系曲线斜率有变陡趋势,库水位超过 263.5 m 后,关系曲线斜率趋缓。

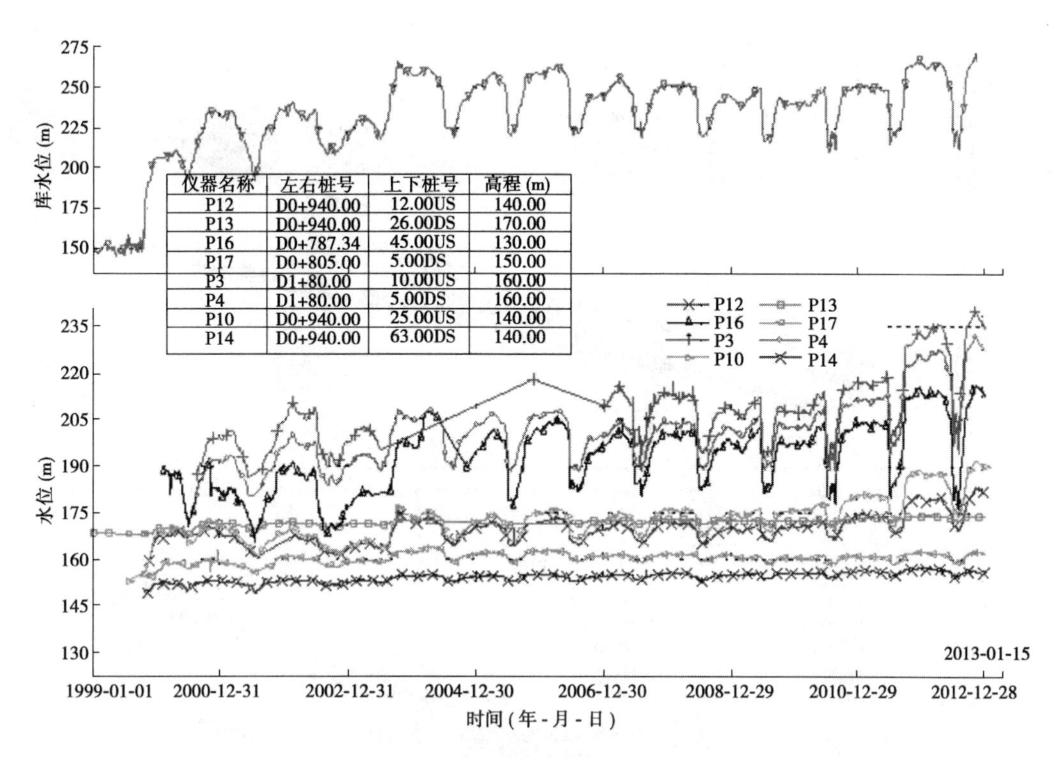

仪器名称	左右桩号	上下桩号	高程(m)
P12	D0+940.00	12.00US	140.00
P13	D0+940.00	26.00DS	170.00
P16	D0+787.34	45.00US	130.00
P17	D0+805.00	5.00DS	150.00
P3	D1+80.00	10.00US	160.00
P4	D1+80.00	5.00DS	160.00
P10	D0+940.00	25.00US	140.00
P14	D0+940.00	63.00DS	140.00

图 4.5.3　右坝肩渗压计测值过程线

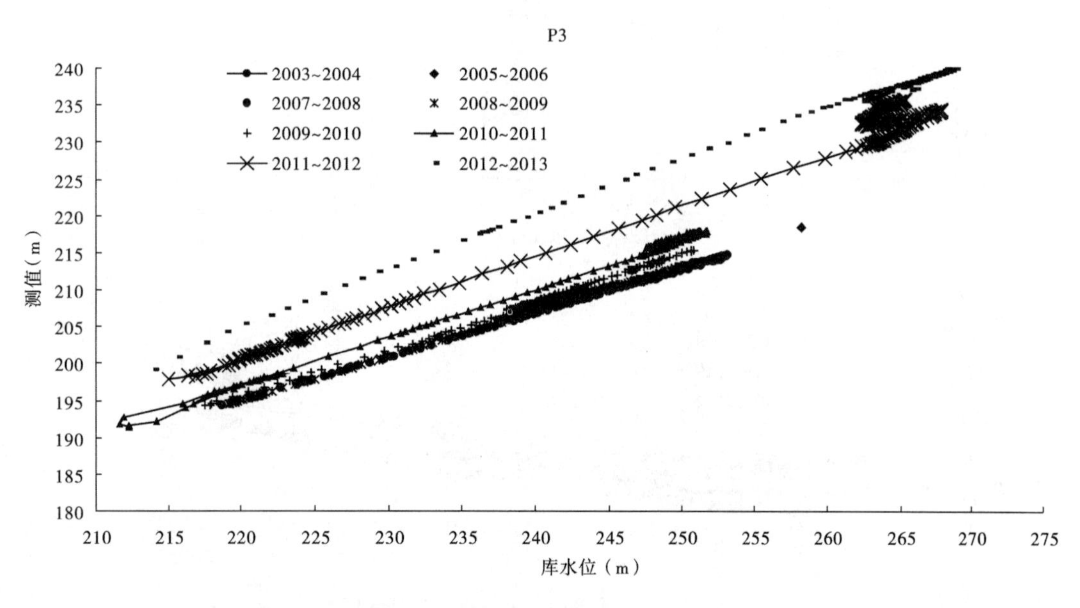

图 4.5.4　右坝肩渗压计测值与库水位关系曲线

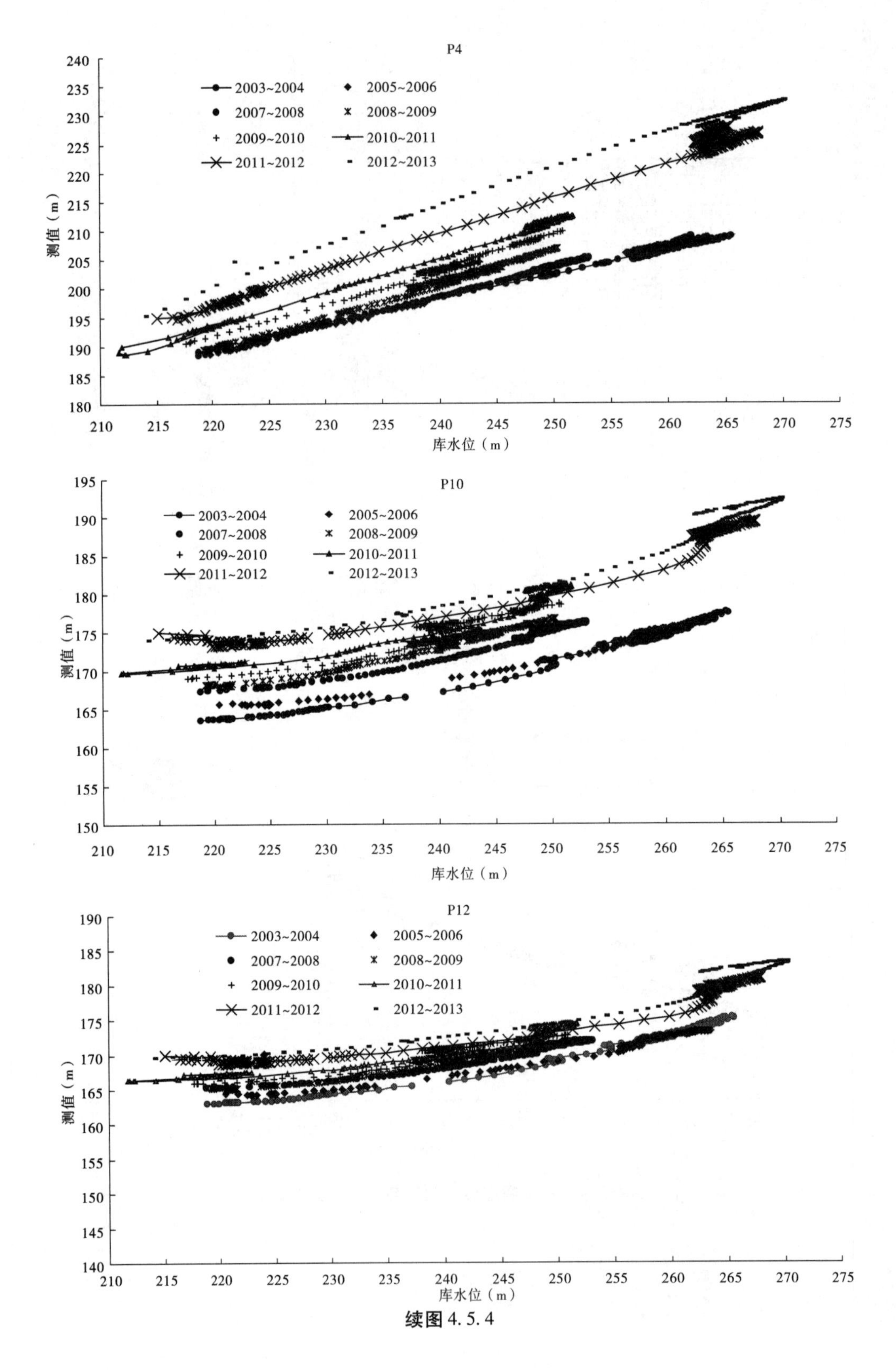
P4
2003~2004
2005~2006
2007~2008
2008~2009
2009~2010
2010~2011
2011~2012
2012~2013
测值（m）
库水位（m）
P10
2003~2004
2005~2006
2007~2008
2008~2009
2009~2010
2010~2011
2011~2012
2012~2013
测值（m）
库水位（m）
P12
2003~2004
2005~2006
2007~2008
2008~2009
2009~2010
2010~2011
2011~2012
2012~2013
测值（m）
库水位（m）

续图 4.5.4

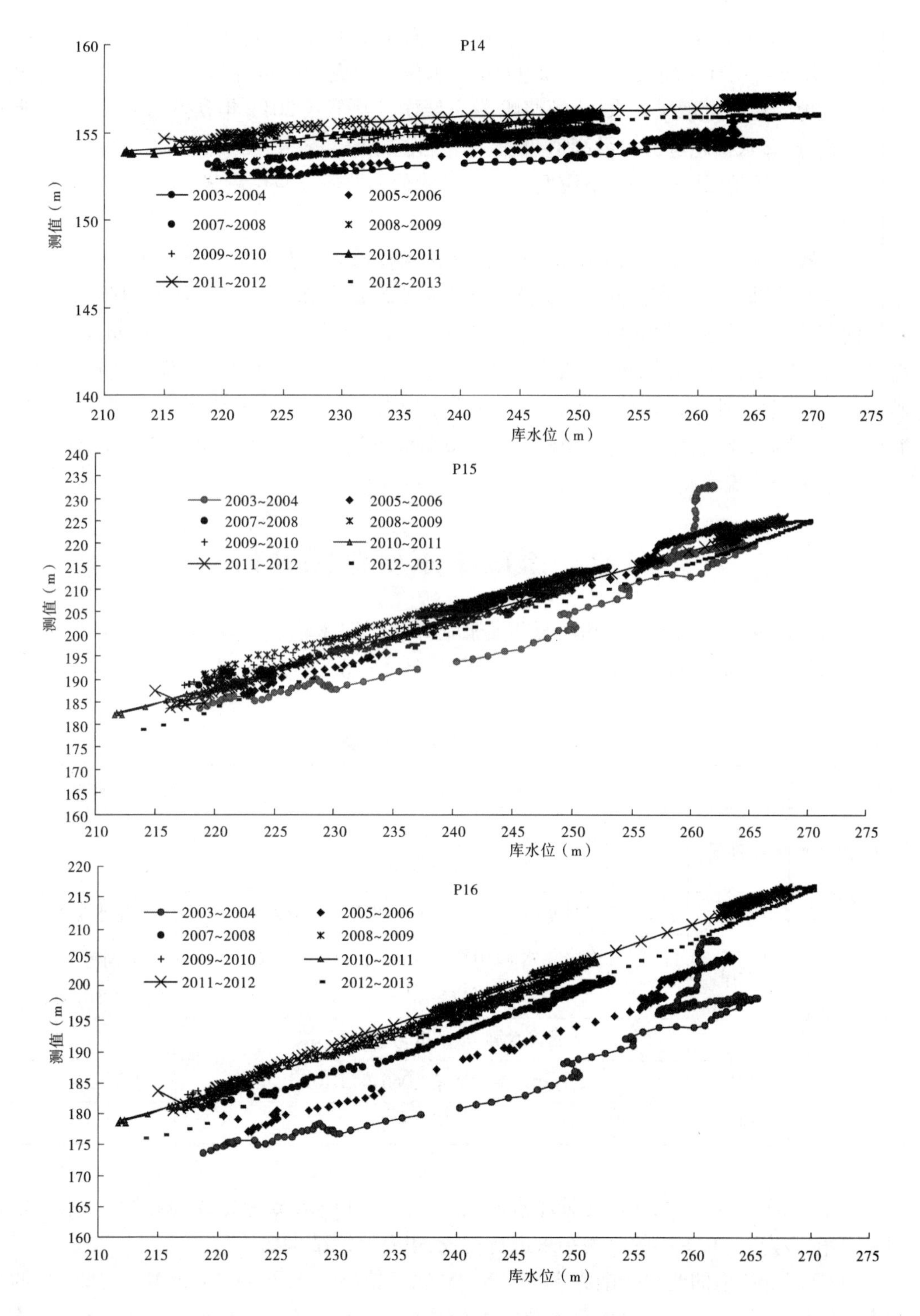
P14
测值（m）
库水位（m）
2003~2004
2005~2006
2007~2008
2008~2009
2009~2010
2010~2011
2011~2012
2012~2013
P15
测值（m）
库水位（m）
2003~2004
2005~2006
2007~2008
2008~2009
2009~2010
2010~2011
2011~2012
2012~2013
P16
测值（m）
库水位（m）
2003~2004
2005~2006
2007~2008
2008~2009
2009~2010
2010~2011
2011~2012
2012~2013

续图 4.5.4

2011 年以来的水位上升过程中，F_1 断层以右帷幕上、下游侧 P3、P4、P10、P12、P14、P15、P16 几支渗压计出现较高测值，2011 年高水位运用大坝安全评价咨询会专家认为这与该部位地层有多个承压含水层、灌浆帷幕为悬挂式帷幕及 2011 年秋降水较多、地下水补给较充分、库水位超过历史最高值、较高库水位持续时间较长等因素有关。以上几支渗压计出现较高测值，或帷幕上、下游两侧渗压计测值的差值有减小趋势，应属于正常情况，不影响大坝安全。

渗控鉴定、竣工验收专家分析认为，受降水影响，两岸基岩地下水位以上岩体中还分布有季节性局部上层滞水。同时，基岩裂隙孔隙水广泛分布于坝址区基岩裂隙岩体中。根据前期地下水长期观测资料，右岸 F_1 以南至 F_{230}，潜水位一般在 141 ~ 200 m，F_{230} 以南潜水位在 230 m 以上。由于两岸岩层均向近东方向（下游方向）倾斜，在泥质粉砂岩和粉砂质黏土岩层相对隔水作用下，各裂隙潜水含水层自西向东渐次由潜水变为承压水。F_1 断层的纵向隔水作用，使 F_1 断层两侧各有独立的渗流场，右岸坝基的渗漏不会影响 F_1 断层以北地区的渗流状况。

第六节　渗漏水水质监测分析

为查明渗漏水有无产生坝基岩石和灌浆帷幕、混凝土构件的化学侵蚀的可能性，在左岸、右岸、河床等部位布设了渗漏水水质监测点，具体监测点布设见表 4.6.1，一般每月监测一次。

表 4.6.1　水质监测点布设

水样类型	取样位置		说明
坝前库水	01 断面	主流部位设一条垂线，沿垂线从库底每 10 m 深采集一个样	
坝后渗漏水	左岸	2 号排水洞 U－28 孔、U－98 孔、U－142 孔	排水量大
		30 号排水洞 D18$_{(上)}$、D135$_{(左)}$、D191$_{(下)}$、D39$_{(右)}$、D10	洞周各选取一个点
		4 号排水洞 U$_{28B}$、28 号排水洞 U$_{209A}$	
	右岸	1 号排水洞 D05 孔、D66 孔、D101 孔	对应三条断层
	坝基	左、右量水堰	

库水位 270.10 m 时，通过比较库水渗漏过程中水化学成分变化、渗漏过程中水－岩相互作用，以及与 2011 年的监测结果进行比较，主要监测结果如下：

（1）库水 pH 值的变化范围为 7.98 ~ 8.05，属于偏碱性水质；60 m 处 Mg^{2+}、SO_4^{2-} 的浓度测值相对较高；其余深度的库水化学成分从垂直变化来看，各参数的浓度自上而下均无明显变化趋势。

（2）渗漏水 pH 值的变化范围为 6.77 ~ 8.64；从其平均值来看，3 个监测断面渗漏水的 pH 值在 7.73 ~8.06，因此渗漏水仍属于偏碱性水质。

（3）渗漏水与库水相比较，K^+、Na^+、Mg^{2+}、SO_4^{2-} 浓度低于库水，Ca^{2+}、Cl^-、HCO_3^- 浓度高于库水。

（4）在 3 个渗漏水断面中，各测点 Ca^{2+} 浓度基本上高于库水，坝基和右岸渗漏水增加幅度相对较大；左岸渗漏水的 Ca^{2+}、HCO_3^- 浓度部分测点低于库水，坝基和右岸渗漏水的 Ca^{2+}、HCO_3^- 浓度均高于库水。

（5）坝前 01 断面库水的方解石（$CaCO_3$）的饱和指数 SI_C 值为 2.62，坝后 3 个断面渗漏水的 SI_C 值为 1.41 ~2.72，说明库水中的 $CaCO_3$ 处于饱和状态，产生 $CaCO_3$ 沉淀；在库水渗入岩石裂隙过程中，岩石中的钙质胶结物不会被溶解。

渗漏水水质监测结果显示：库水总体呈现弱碱性，不会对坝体和岸坡、水工混凝土结构造成危害。渗漏水中 Ca^{2+}、SO_4^{2-}、Cl^-、HCO_3^- 浓度高于库水，这 4 种参数浓度的增加不是岩石中钙质胶结物溶解的结果，分析认为，这与左、右岸补强灌浆有一定关系，并且在库水渗漏过程中有一定量的地下水混入。以水泥为主要材料形成的灌浆帷幕、混凝土构件以及坝基岩石在 pH 值为 8.13 ~8.24 的偏碱性水体中，不会发生化学侵蚀现象。总体来看，库区渗漏没有对岩石产生溶蚀。本研究期内未发现对枢纽安全运行产生影响的状况。

第五章 进水口高边坡监测分析

第一节 监测布置

进水口地段位于坝址左岸风雨沟左侧坡，自然边坡的整体走向为 NE30°，倾向 NW300°。自然边坡坡体大面积为第四系上更新统（Q_3^2）灰黄色土覆盖。岩层地层产状为 80°～100°∠8°～10°。进水塔后边坡走向 23°、倾向 293°，左侧边坡走向 113°、倾向 203°，均为逆向坡，就地层产状而言，对边坡稳定有利。右侧边坡倾向 23°，为顺向坡。进口边坡体内对边坡稳定性影响较大的结构面有：25 条断层、4 组节理和 32 层泥化夹层。其中多条断层与进水塔后边坡夹角很小，甚至平行，需加以重视。各组节理虽产状不致对边坡影响甚大，但其分布密集，切层性强，对边坡稳定性的影响仍不可忽视。泥化夹层对边坡稳定性的影响较大，设计中未考虑的泥化夹层往往能大幅度降低边坡的安全系数，甚至在施工过程中导致边坡变形破坏。针对进口边坡的这些特点，在进口边坡安排了如下监测项目。

（1）内部变形观测。安装了多点位移计 8 孔 29 测点，其中 BX7－8、BX7－10 和 BX7－12为水平向安装，BX7－7、BX7－9、BX7－11、BX7－13 和 BX7－14 为斜向（近乎 45°）安装。

（2）水平位移观测。设置垂直测斜管 3 道，编号分别为 VI7－5、VI7－6 和 VI7－7。

（3）预应力锚索张力监测。共安装锚索测力计 25 支，连续编号为 PR7－1 ～PR7－25。

（4）渗透水压力观测。安装渗压计 6 支，编号为 P7－33～P7－38。

上述仪器和观测设施主要集中在边坡的左、中、右 3 个重点部位，用 A—A、B—B 和 C—C 3 个断面表示其集中位置，如图 5.1.1～图 5.1.3 所示。

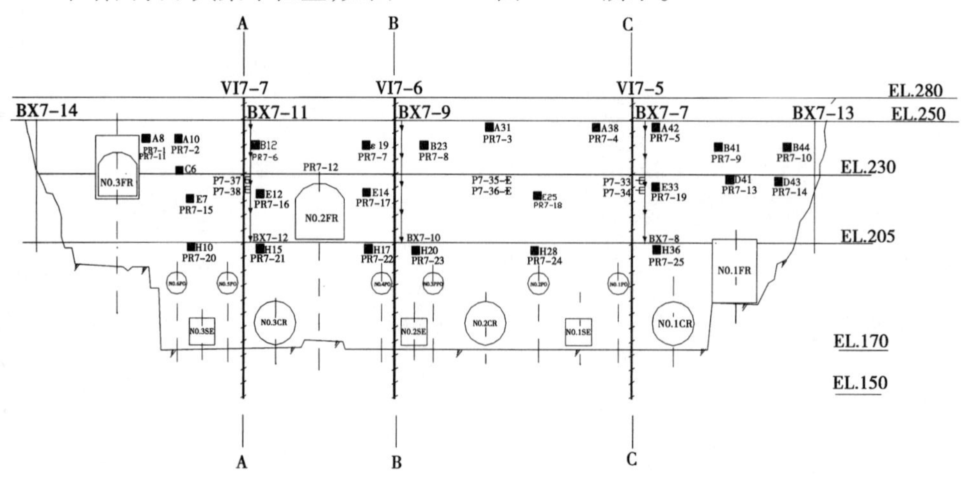

图 5.1.1 进口边坡仪器埋设立面图

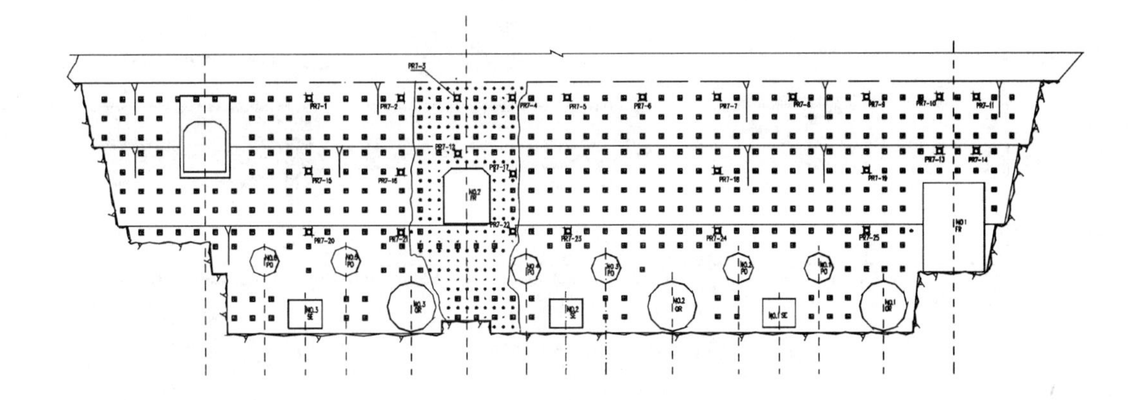

图 5.1.2　进口锚索测力计埋设立面图

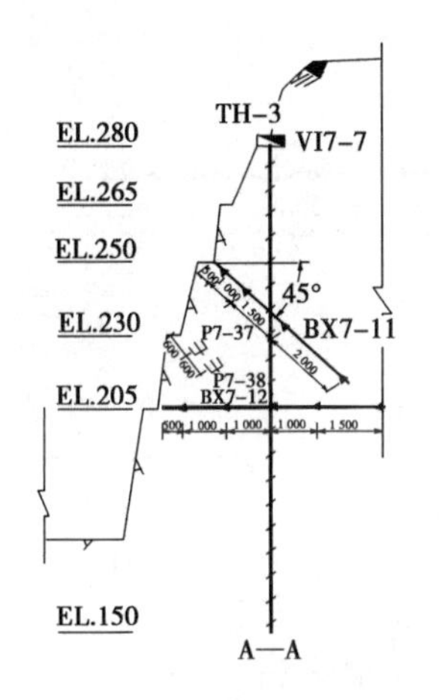

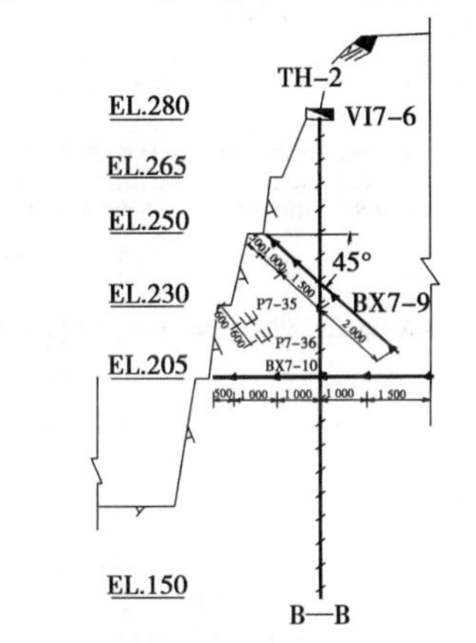

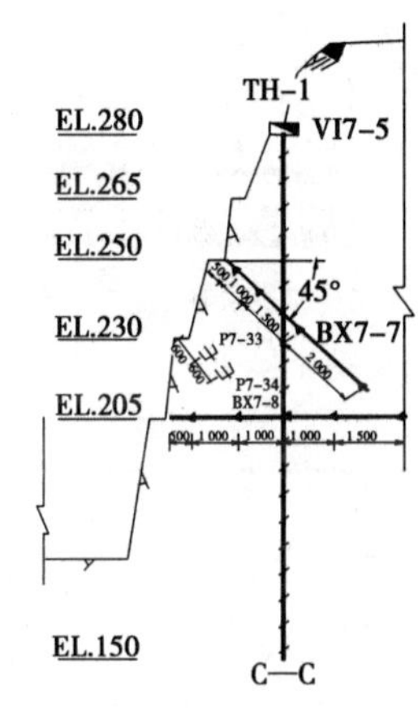

图 5.1.3　进口边坡仪器埋设剖面图

第二节　锚索测力监测分析

进水口地段仪器和观测设施主要集中在边坡的左、中、右 3 个重点部位，用 A—A、B—B和 C—C 3 个断面表示其集中位置。进口边坡共埋设 25 支锚索测力计，编号为 PR7 - 1 ~ PR7 - 25。

一、A—A 断面区域

A—A 断面附近区域设置如下锚索测力计：3 号明流洞右侧的 PR7 - 1、PR7 - 2、PR7 - 11，A—A 断面附近的 PR7 - 6、PR7 - 15、PR7 - 16、PR7 - 20、PR7 - 21、PR7 - 6、PR7 - 21位于测斜管 VI7 - 7 附近，PR7 - 6 的安装位置约在 238 m 高程处，PR7 - 21 的安装位置约在 198 m 高程处，其测值过程线见图 5.2.1，A—A 断面各测点测值特征值见表 5.2.1。

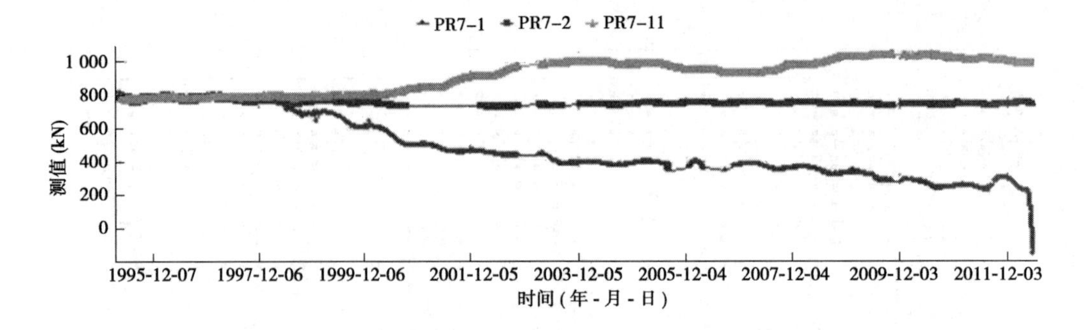

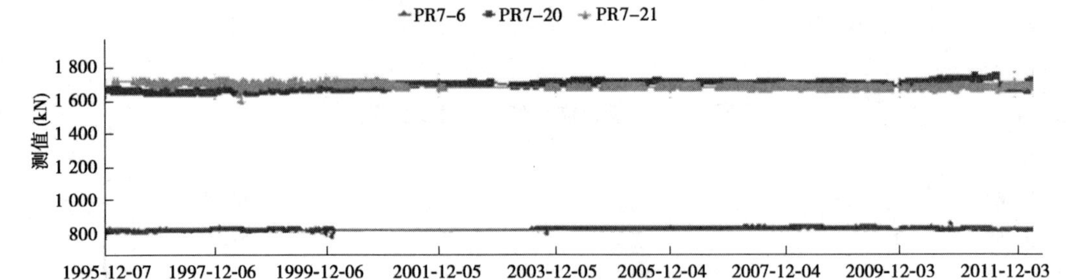

图 5.2.1　A—A 断面区域锚索测力计测值过程线

表 5.2.1　锚索测力计测值特征值(PR7 - 2、PR7 - 11、PR7 - 6、PR7 - 21)

测点号	测值时段（年-月）	最大值(kN)	最大值日期（年-月-日）	最小值(kN)	最小值日期（年-月-日）
PR7 - 2	2003-01 ~ 2013-04	760. 86	2007-04-02	736. 41	2003-08-04
PR7 - 11	2003-01 ~ 2013-04	1 048	2009-10-09	934. 58	2006-09-18
PR7 - 6	2003-01 ~ 2013-04	825. 04	2008-05-28	799. 73	2012-08-24
PR7 - 21	2003-01 ~ 2013-04	1 694. 47	2005-01-21	1 660. 73	2013-02-26

(1)3 号明流洞右侧的锚索测力计 PR7 - 1 的预应力损失比较大。从 1995 年 4 月 26 日开始量测，到 1999 年 4 月初，锚索预应力损失较小，预应力在 606 kN；从 1999 年 4 月初开始，锚索预应力加速下降，到 2012 年 5 月已经全部损失。其原因可能是 3 号明流洞施工引起局部岩体变形。

(2)锚索测力计 PR7 - 2 的预应力损失则较小，截至 2012 年 5 月应力损失 30 kN 左右。锚索测力计 PR7 - 11 的测值从 1995 年 5 月 2 日起测至 2000 年 4 月 14 日一直变化较小，此后开始上升，至 2012 年 5 月 29 日达到 995. 7 kN，上升约 21%，可能是岩体局部变形引起的。

(3)PR7 - 6 的安装位置约在高程 238 m 处，PR7 - 20 和 PR7 - 21 安装位置约在高程 198 m 处，这 3 支锚索测力计测值变化很小，基本维持在 800 kN、1 693 kN、1 695 kN 附近。锚索测力计 PR7 - 15、PR7 - 16 因仪器故障停测。

(4)从锚索测力计测值看，A—A 断面附近锚索测力计所处的岩体比较稳定。

二、B—B 断面区域

B—B 断面附近区域设置如下锚索测力计:2 号明流洞上的 PR7－12,测斜管 VI7－6 两侧的 PR7－7、PR7－8、PR7－17、PR7－22 及 PR7－23。以上测力计所对应的锚索的初测锚固拉力分别为 817 kN、784 kN、817 kN、815 kN、820 kN、850 kN。

(1)位于 2 号明流洞上的锚索测力计 PR7－12 从 1995 年 4 月 9 日起测至 1997 年 7 月 28 日保持锚固时 916 kN 左右的水平,略有下降。从 1997 年 7 月 28 日到 1999 年 1 月 4 日,拉力测值有较大的增长,达到 1 125 kN,到 2002 年 7 月 3 日达到最大值 1 168.1 kN,之后基本维持不变,表明该处岩体是稳定的。

(2)高程 235.00 m 高程处的 PR7－7 和 PR7－8 锚索测力计测值保持初锚时水平,变化较小,说明该处岩体稳定,但至 2005 年 6 月初两锚索测力计因故障停测。

(3)PR7－23 测值变化较小,基本维持在初始拉力 1 770 kN 附近。

(4)PR7－17 和 PR7－22 因损坏停测。

(5)从锚索测力计测值看,B—B 断面附近的岩体是稳定的。

三、C—C 断面区域

C—C 断面附近区域设置如下锚索测力计:PR7－4、PR7－5、PR7－18、PR7－19、PR7－24、PR7－25、PR7－9、PR7－10、PR7－13 和 PR7－14。PR7－4、PR7－5、PR7－18、PR7－19、PR7－24、PR7－25 锚索测力计位于测斜管 VI7－5 两侧,PR7－9、PR7－10、PR7－13和 PR7－14 位于 1 号明流洞上方。所对应的锚索的初测锚固拉力分别为 831 kN、831 kN、840 kN、840 kN、1 950 kN、1 700 kN、850 kN、886 kN、840 kN 和 844 kN。C—C 断面各测点测值特征值见表 5.2.2。各测点测值过程曲线见图 5.2.2。

表 5.2.2　锚索测力计测值特征值(PR7－4、PR7－5、PR7－19、PR7－25、PR7－10)

测点号	测值时段 (年-月)	最大值(kN)	最大值日期 (年-月-日)	最小值(kN)	最小值日期 (年-月-日)
PR7－4	2003-01～2013-04	1 250.17	2011-02-07	1 070	2005-07-09
PR7－5	2007-01～2013-04	1 177.63	2012-09-27	1 008	2009-01-24
PR7－19	2007-01～2013-04	336.26	2007-03-27	247.09	2012-08-19
PR7－25	2007-01～2013-04	1 620.65	2011-09-23	1 375.45	2013-04-11
PR7－10	2003-01～2013-04	879.45	2006-02-08	654.05	2013-04-11

(1)锚索测力计 PR7－4 和 PR7－5 的安装高程约为 243.00 m,至 1997 年 6 月 23 日测值一直维持初锚拉力水平;PR7－4 于 1997 年 6 月 30 日起测值开始上升,至 2010 年 1 月 22 日增至 1 242 kN,之后趋于稳定;PR7－5 于 2011 年 3 月 18 日测值达到 1 037 kN。

(2)PR7－18 及 PR7－19 安装高程约为 220.00 m,分别位于测斜管 VI7－5 的左右侧。PR7－18 从 1995 年 9 月 4 日开始施测,测值维持初锚拉力水平不变,2000 年 4 月 18 日停测。PR7－19 从 1995 年 9 月 4 日开始施测,至 1997 年 6 月 23 日其测值维持初锚拉

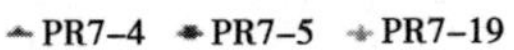

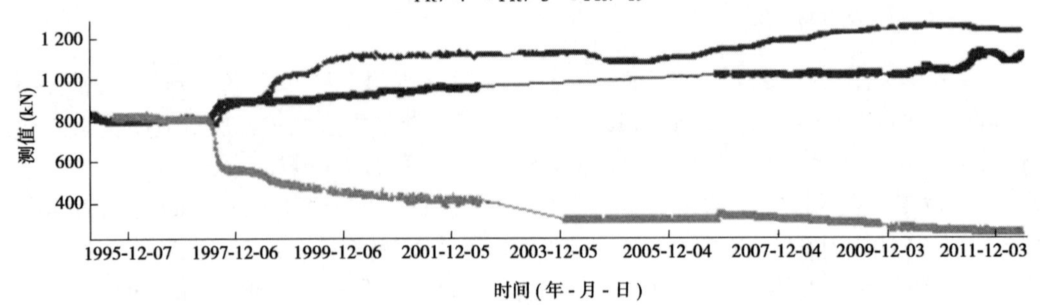

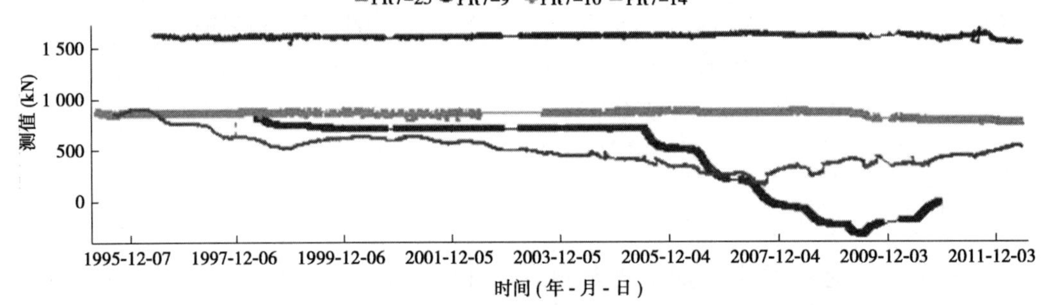

图 5.2.2　C—C 断面区域锚索应力测值过程线

力水平不变,1997 年 7 月开始下降,到 2003 年 12 月 26 日下降到 320 kN,之后趋于稳定,估计是岩体局部变化引起的,应不会影响山体整体稳定性。

(3)PR7－24 及 PR7－25 安装高程约为 219.00 m,分别位于测斜管 VI7－5 的左右侧。PR7－24 从 1995 年 11 月 9 日开始施测,其测值维持初锚拉力水平,略有下降,目前已趋稳定。PR7－25 从 1996 年 1 月 16 日开始施测,其测值维持初锚拉力水平不变。从观测结果看,两锚索所处岩体是稳定的。

(4)在 1 号明流洞上方的 4 个锚索测力计中,PR7－9 和 PR7－10,PR7－13 和 PR7－14 分别安装于同一高程,分别约为 238.00 m 和 225.00 m。PR7－9 和 PR7－10 都从 1995 年 4 月 23 日开始施测,PR7－9 的测值到 1997 年 8 月 4 日开始下降,到 2009 年 5 月 29 日下降到－305 kN,可能由岩体局部变化引起,之后停测。

(5)PR7－10 测值保持初锚拉力水平,测值稳定。

(6)PR7－13 测值一直维持初锚拉力水平,但到 2010 年 3 月 10 日测值开始不稳定,估计是仪器出现故障所致。

(7)PR7－14 测值于 1996 年 7 月 11 日开始明显下降,至 2007 年 7 月 26 日达最小值 176 kN,之后略有回升,该测点与 1 号明流洞距离较近,其测值波动可能是由 1 号明流洞影响所致,建议加强观测。

(8)从锚索测力计测值看,预应力损失较严重的测点与应力增长较多的测点都位于与洞室距离较近的地方,从目前测值来看,局部的复杂应力状态不会影响边坡的整体稳定性,C—C 断面附近的岩体是稳定的。

四、小结

进口边坡 A—A 断面 3 号明流洞右侧的锚索测力计 PR7－1 的预应力损失比较大，其原因可能是 3 号明流洞施工引起局部岩体变形。其他锚索测力计的拉力测值变化很小，说明 A—A 断面附近锚索测力计所处的岩体比较稳定。B—B 断面大部分锚索测力计基本保持初锚时的水平，变化较小，说明该处岩体是稳定的。C—C 断面部分测点预应力损失较严重的测点与应力增长较多的测点都位于与洞室距离较近的地方，从目前测值来看，局部的复杂应力状态不会影响边坡的整体稳定性，该处岩体是稳定的。

第三节　内部位移观测资料分析

一、A—A 断面位移观测数据分析

（一）测斜仪 VI7－7 测值分析

A—A 断面埋设了测斜仪 VI7－7，共 127 个测点，编号为 VI7－7－1～VI7－7－127，起测时间为 1994 年 12 月 12 日，起测点均为 0，其测值过程线见图 5.3.1。

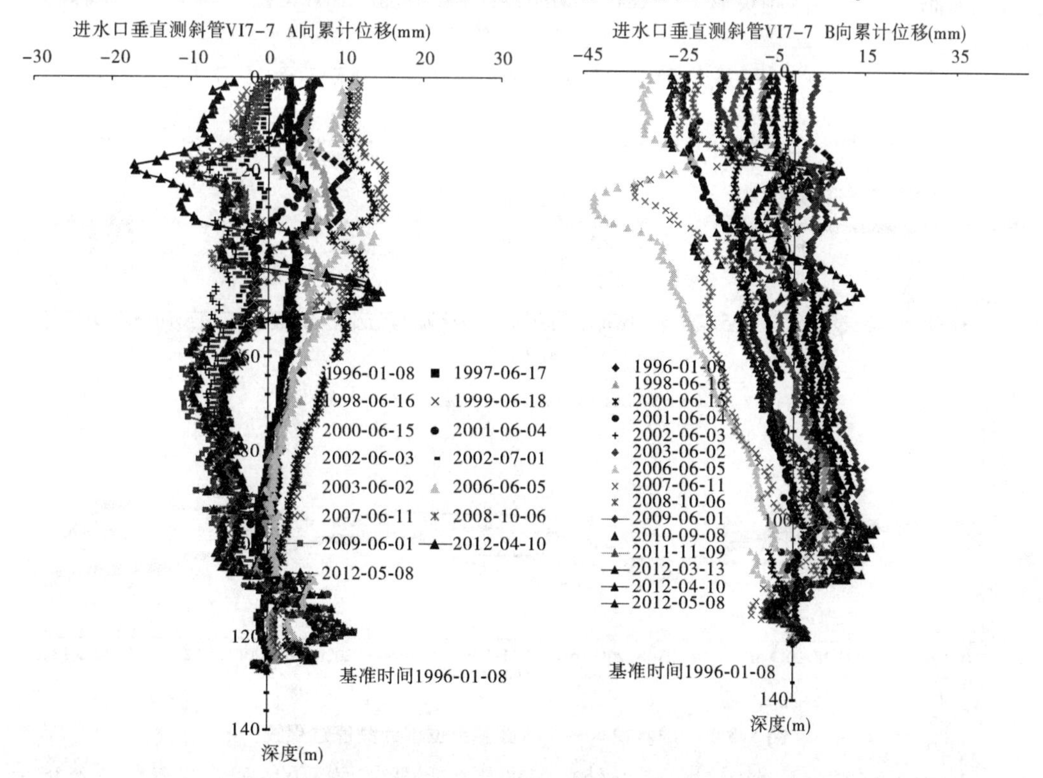

图 5.3.1　进水口 A—A 断面测斜仪测值过程线

（1）测斜仪 VI7－7 的 3 号孔板洞中心线左侧位置，其位移观测精度一般，但孔底 VI7－7－1测点的位移测值保持在 0 左右，表明测斜仪孔底是固定在不动点上，从 280.00

m 孔顶到孔底间不同测点的测值间有一定的层次关系。

(2)最大位移为 15. 18 mm,发生在 250. 00 m 高程位置。各测点位移无明显趋势性变化。结合多点位移计 BX7 - 17、BX7 - 11、BX7 - 12 观测结果看,目前进口边坡 A—A 断面附近区域的岩体是稳定的。

(3)高程 230. 00 m 附近测斜仪测点测值在 2012 年 4 月 10 日和 2012 年 5 月 8 日均产生较大的突变位移,结合多点位移计 BX7 - 11 和 250 m 高程马道位移观测结果,未发生明显位移现象,估计是观测误差造成的。

(二)多点位移计监测分析

A—A 断面设 BX7 - 11、BX7 - 12 和 BX7 - 17 3 支多点位移计,分别有 4、5、5 个测点,各以 45°、水平和 30°角度安装,其测值过程线见图 5. 3. 2。

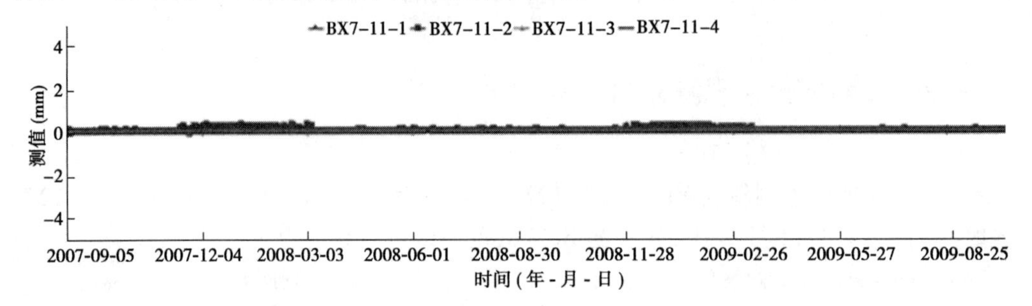

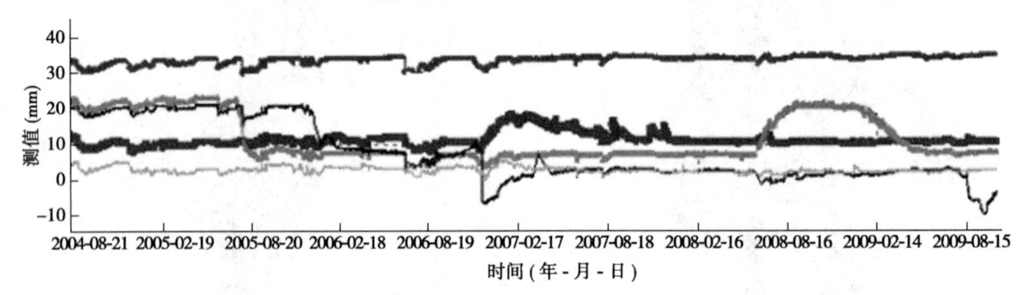

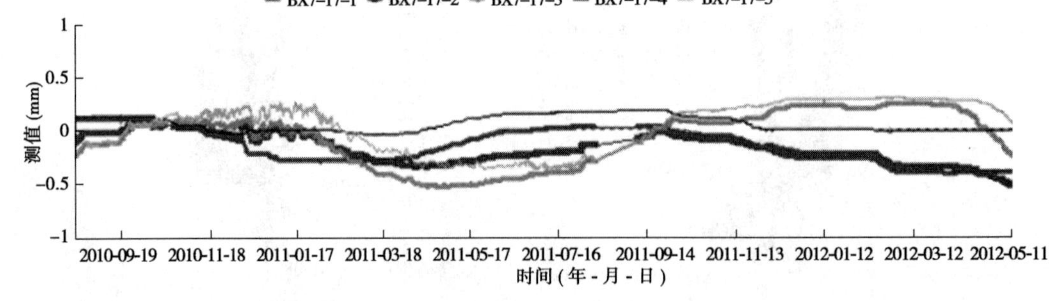

图 5. 3. 2 进水口 A—A 断面多点位移计测值过程线

(1)1999 年蓄水后水压对各测点处位移的影响是比较显著的,多数测点位移有增大趋势。后期多点位移计测值变化较为平稳,最大位移量为 3. 8 mm。BX7 - 12 - 2 ~ BX7 - 12 - 4 测点测值变动较大,可以断定是仪器故障引起的。

(2)位于上部的多点位移计 BX7 - 17 各测点位移测值较小,主要与其所处位置岩性较好有关。但测点 BX7－17－1 和 BX7－17－2 有一定的蠕变现象，从 1998 年 8 月 25 日开始观测到 2005 年 12 月 3 日蠕变位移速率达到 0.04 mm/月左右，但之后蠕变趋向稳定。其他测点测值平稳，无明显趋势性变化。

二、B—B 断面位移监测分析

（一）测斜仪 VI7－6 监测分析

B—B 断面埋设了测斜仪 VI7－6，共有 124 个测点，编号为 VI7－6－1～VI7－6－124，起测时间为 1994 年 12 月 12 日，起测点均为 0，其测值过程线见图 5.3.3。

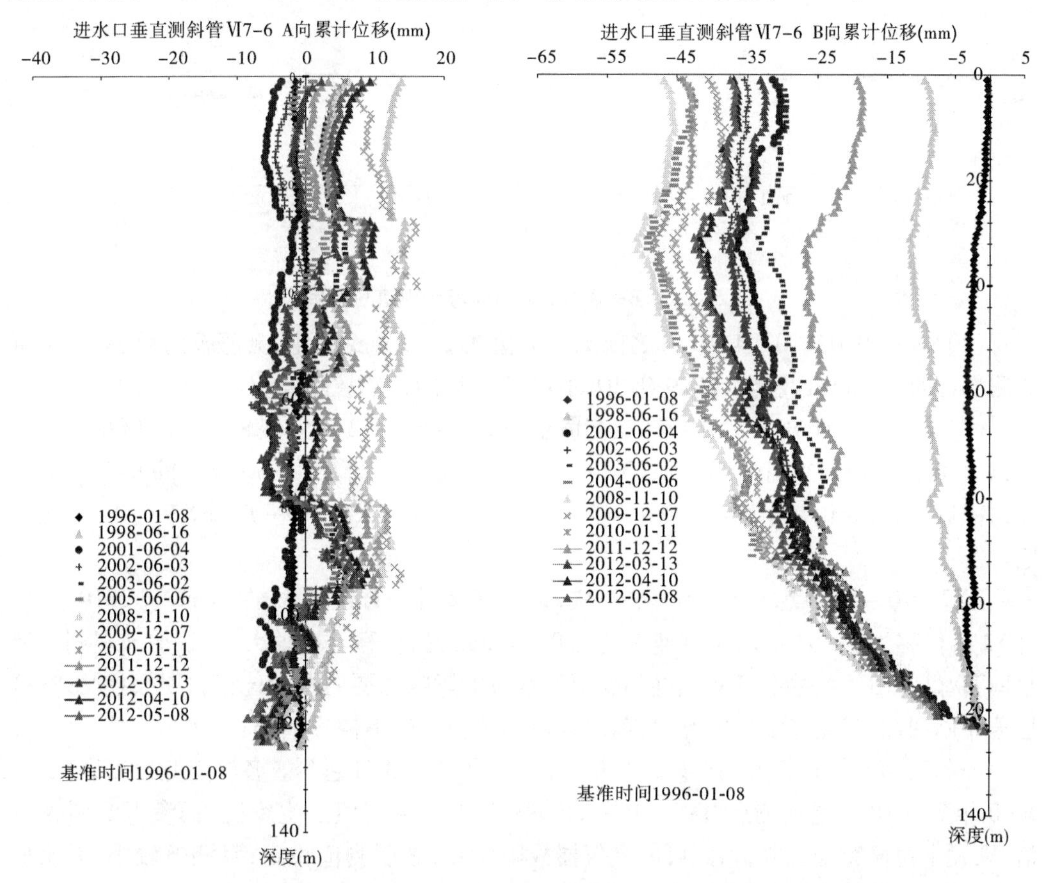

图 5.3.3　进水口 B—B 断面测斜仪测值过程线

（1）测斜仪 VI7－6 的位移测值过程线光滑，无异常跳动，形态良好，不同测点的测值间呈现良好的层次关系。

（2）除孔底 VI7－6－1、VI7－6－2 测点位移测值变化较小外，其他各测点位移测值变化相对较大，最大位移为 15.76 mm，但其变化仍有一定的规律性。

（3）在 1999 年蓄水之前，测斜仪 VI7－6 各测点位移测值变化增长较慢，呈现正常的岩石蠕变规律。蓄水后，各测点位移测值增加速度显著增加。到 2012 年 5 月 8 日，位移测值最大的 VI7－6－91 测点的 B 向位移发展到－50.54 mm，显然包含了被增大的观测误差。A 向位移在 VI7－6－96 测点处所有时间都发生了一次剪切突变位移，位移量为

1.5 mm,这估计是初始测量就存在的观测误差。

(4)目前2号发电塔左侧的进水口边坡附近区域的岩体变形未见趋势性变化或突变位移,可以说明该区域是稳定的。

(二)多点位移计监测分析

B—B断面设BX7－9、BX7－10和BX7－16 3支多点位移计,分别有4、5、5个测点,各以45°、水平和30°角度安装,其测值过程线见图5.3.4。

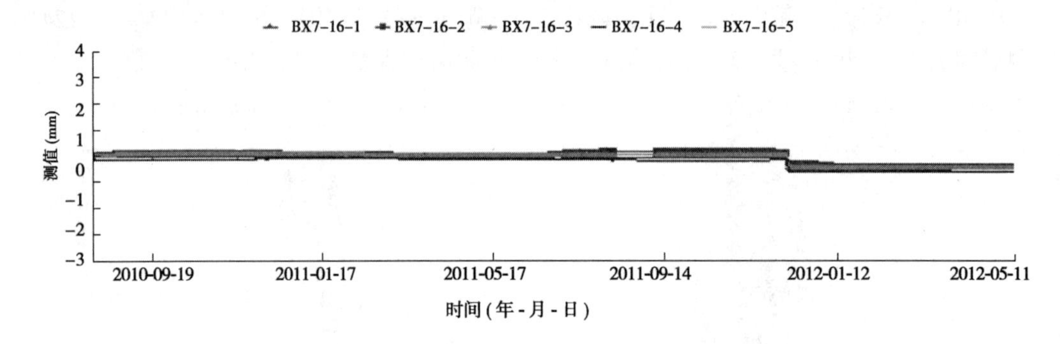

图5.3.4　B—B断面多点位移计测值过程线

(1)BX7－9在2009年10月之前测点测值在1～2 mm变化,测值较为稳定,表明所监测部位的岩体已经稳定。2009年10月14日之后因仪器故障停测。

(2)多点位移计BX7－10各测点测值至1997年5月12日发展较快,除BX7－10－5外,其余测点测值均达到6～8 mm,BX7－10－5测点则增至约1.5 mm。此后除BX7－10－1外,各测点测值变化趋于稳定。2010年10月30日之后BX7－10－1～BX7－10－4无测值。

BX7－10－1测点处的蠕变发展较快,2001年2月3日位移为6.9 mm,至2010年10月12日位移为11.63 mm,位移速率达到0.03 mm/月,位移速率偏大,建议加强观测。但水库蓄水后,山体位移在各测点处的变形受水位的影响主要向下游位移,且受温度影响呈显著年周期性,变化稳定。因此,目前蠕变对边坡稳定尚不构成威胁。

(3)多点位移计BX7－16共5个测点,1998年9月3日起测。各测点测值发展稳定。2010年7月18日之前测点BX7－16－1～BX7－16－4测值发生突变,而参考测斜仪测值,未发生明显突变现象,因此可能是仪器故障所致,之后测值稳定,且测值较小,无明显趋势性变化,岩体比较稳定。

三、C—C断面位移监测分析

(一)测斜仪VI7－5监测分析

C—C断面埋设了测斜仪VI7－5,共有128个测点,编号为VI7－5－1～VI7－5－128,起测时间为1994年12月12日,起测点均为0,其测值过程线见图5.3.5。

(1)测斜仪VI7－5的位移测值过程线形态良好,不同测点的测值间呈现良好的层次关系。

(2)从测值过程线看,1999年10月蓄水之前,各测点位移增长较慢,呈现岩石蠕变增长的形态。蓄水之后各测点位移测值的增长速度有一定的增加，尤其到 2005 年 6 月，各测点位移达到最大值，其中位移最大的 VI7 - 5 - 128 从 1999 年 10 月 1 日至 2005 年 6 月 6 日，A 向位移从 31.4 mm 发展到 98.28 mm，之后位移有所减小。

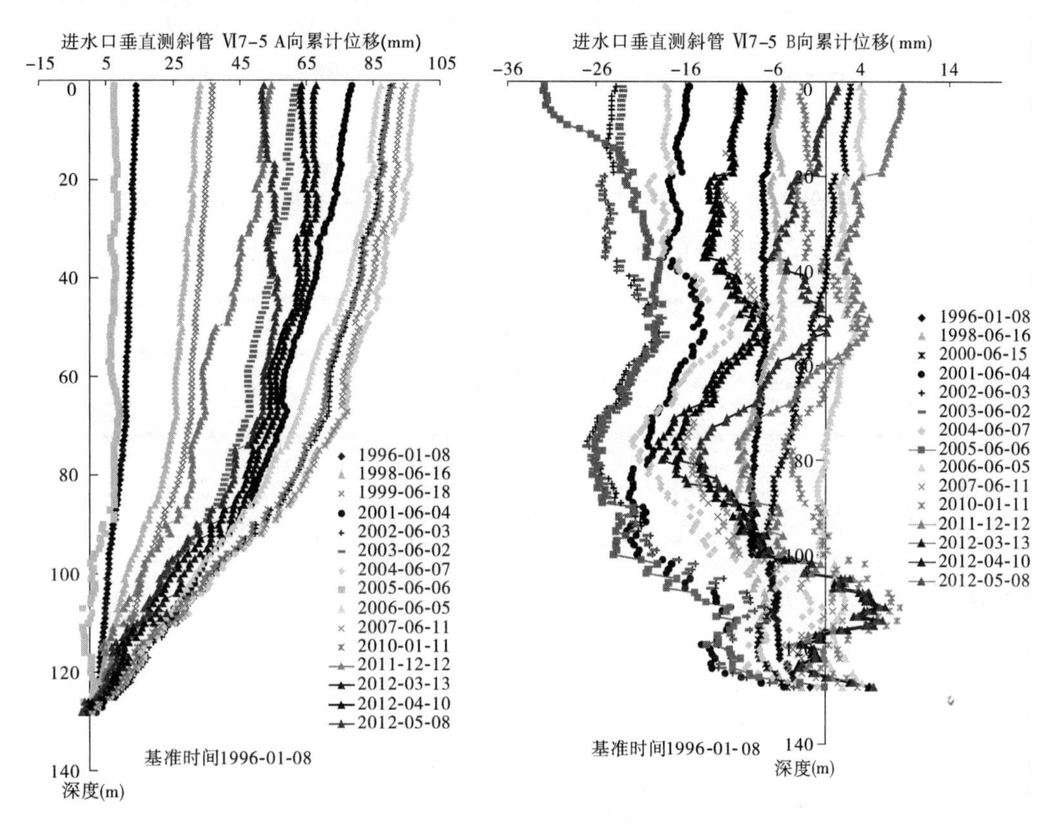

图 5.3.5 进水口 C—C 断面测斜仪测值过程线

(二)多点位移计测值分析

C—C 断面设置 BX7 - 7、BX7 - 8 和 BX7 - 15 3 支多点位移计，其测值过程线见图 5.3.6。

(1)BX7 - 7 多点位移计测值变化平稳，测值一般在 0.7 mm 以下，周期性变化显著，说明各测点位移测值为山体受温度变化影响产生的轻微变形。1997 年蓄水后位移过程线形状变化不大，说明水位对各测点位移影响并不大。截至 2009 年 10 月 17 日停测。

(2)BX7 - 8 多点位移计的 5 个测点的位移自 1996 年 2 月 26 日起测，到 2003 年 3 月 17 日各测点测值均有较大增长，最大位移增大到 15 mm。经查，在上述观测时间，该工程部位并未发生导致如此变形的工程措施或山体整体变形。至此可断定上述观测时刻观测到的位移突变属于仪器自身发生变化所致。2003 年 4 月之后除 BX7 - 8 - 3 外，其他仪器测值稳定，无明显趋势性变化。BX7 - 8 - 3 测值变化较大，而其他仪器测值稳定，因此该仪器测值分析参考价值不大。

(3)BX7 - 15 多点位移计测值均为负值，表现为孔底向的位移，测值在 -0.8 ~ -0.4 mm，位移较小。

从上述监测仪器测值来看,C—C 断面附近中部山体的变形目前比较稳定。

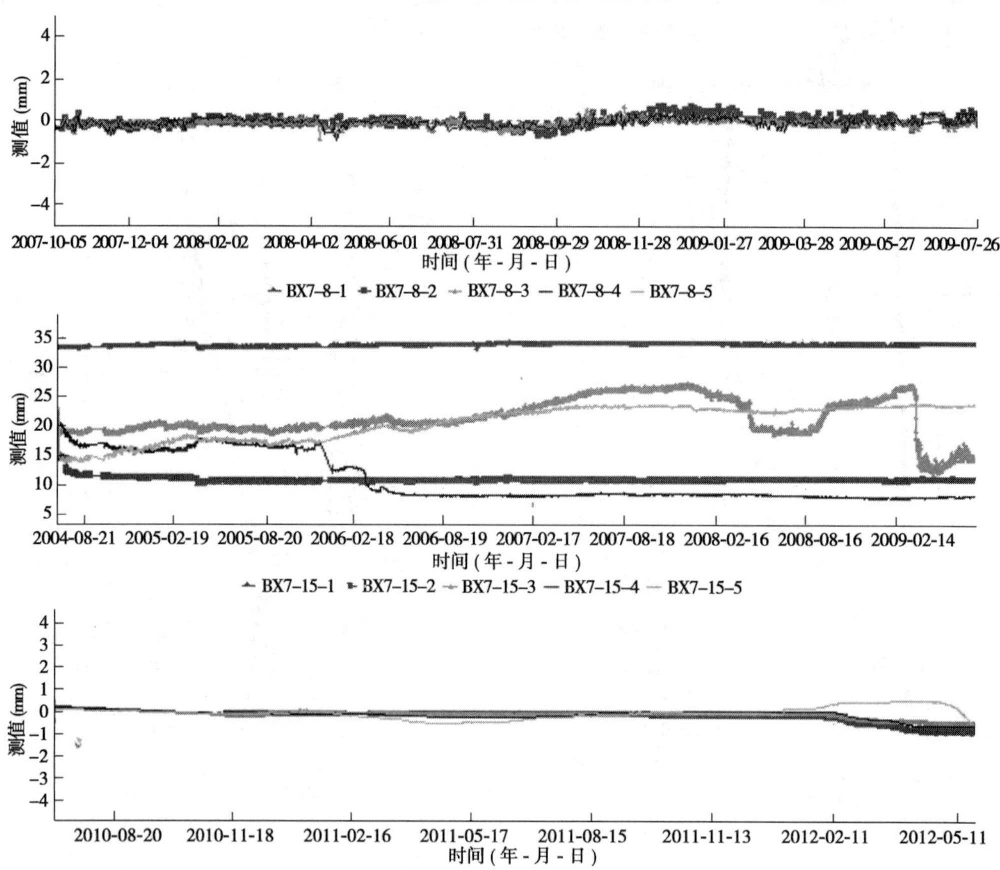

图 5.3.6　C—C 断面多点位移计测值过程线

四、小结

从变形监测资料来看,进水口边坡岩体是稳定的。

(1)A—A 断面测斜仪测点最大位移为 15.18 mm,发生在 250.00 m 高程位置。各测点位移无明显趋势性变化。蓄水后水压对多点位移计测值的影响是比较显著的,多数测点位移有增大趋势。后期测值变化较为平稳,最大位移量为 3.8 mm。进口边坡 A—A 断面附近区域的岩体是稳定的。

(2)B—B 断面蓄水之前,测斜仪各测点位移测值变化增长较慢,呈现正常的岩石蠕变规律。蓄水后,各测点位移测值增长速度显著增加。目前 2 号发电塔左侧的进水口边坡附近区域的岩体变形未见趋势性变化或突变位移,可以说明该区域是稳定的。多点位移计除 BX7-10-1 测点蠕变尚未收敛外,其他各测点处的变形呈年周期性,测值较小,岩体比较稳定。

(3)C—C 断面蓄水之后测斜仪各测点位移测值的增长速度有一定的增加,2005 年 6 月,各测点位移达到最大值,之后位移有所减小。多点位移计测值变化平稳,测值一般在

0.7 mm 以下,周期性变化显著,说明各测点位移测值为山体受温度变化影响产生的轻微变形,表明山体变形趋于稳定。

第四节　进水口高边坡 250 m 高程马道视准线监测分析

进水口高边坡 250 m 高程马道视准线为边坡外部变形观测仪器,共有 14 个测点,根据进水口边坡变形的特点依次设置在 250 m 高程马道上,近似于均匀分布。视准线用于观测进水口边坡 250 m 高程马道处的水平位移。各测点测值过程线见图 5.4.1。

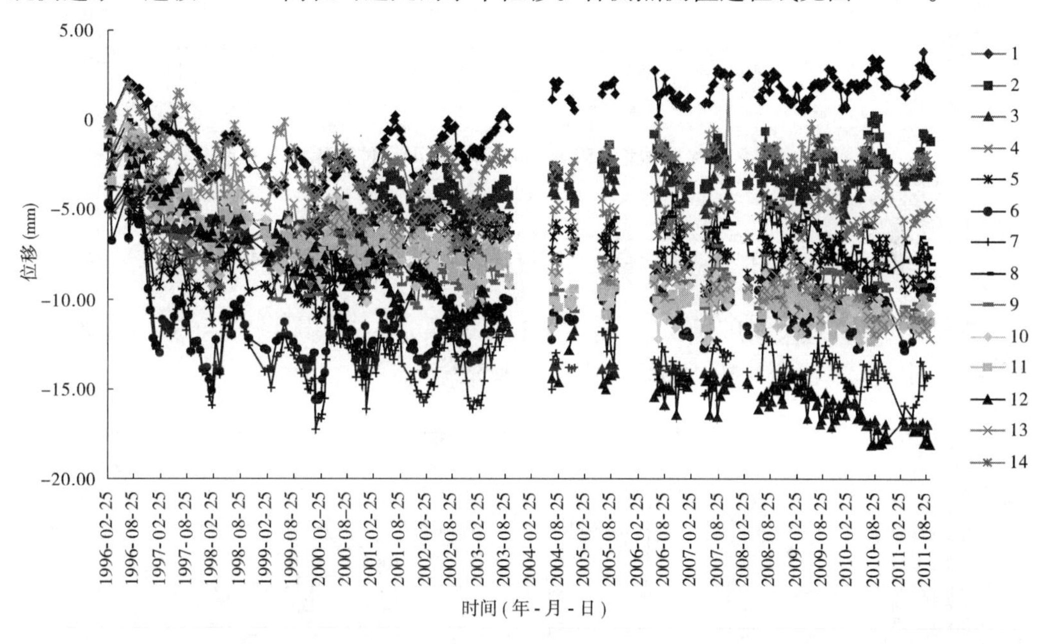

图 5.4.1　进水口边坡 250 m 高程马道各测点测值过程线

从过程线可以看出:

水位和温度对位移影响较小,位移测值周期性变化不明显。各测点位移测值之间的关系符合边坡水平位移的特点,位移变幅最大的测点是处于边坡中部的 6 号、7 号和 12 号测点,其最大位移分别为 -18.14 mm、-17.21 mm、-15.62 mm。位移测值最小的测点是位于边坡两端的 1 号、2 号和 14 号测点。

各测点位移纵向分布图见图 5.4.2。由图可知,左岸山体的 14 号测点的位移测值大于邻近主坝的 2 号测点,主要原因是:邻近左岸山体的部分约束较强,而邻近主坝的部分由于约束较小,卸荷产生的向上的位移蠕变分量较大,在相同的条件下这两个部位的位移基本相当,而抵消上述两种蠕变变形分量后即出现左岸山体位移大于靠近主坝侧山体位移的现象。

从趋势性来看,靠近主坝的山体 1 ~ 3 号测点位移有缓慢的增加趋势,自 2001 年以来,年蠕变分别为 0.05 mm、0.04 mm、0.03 mm,需要加强观测。

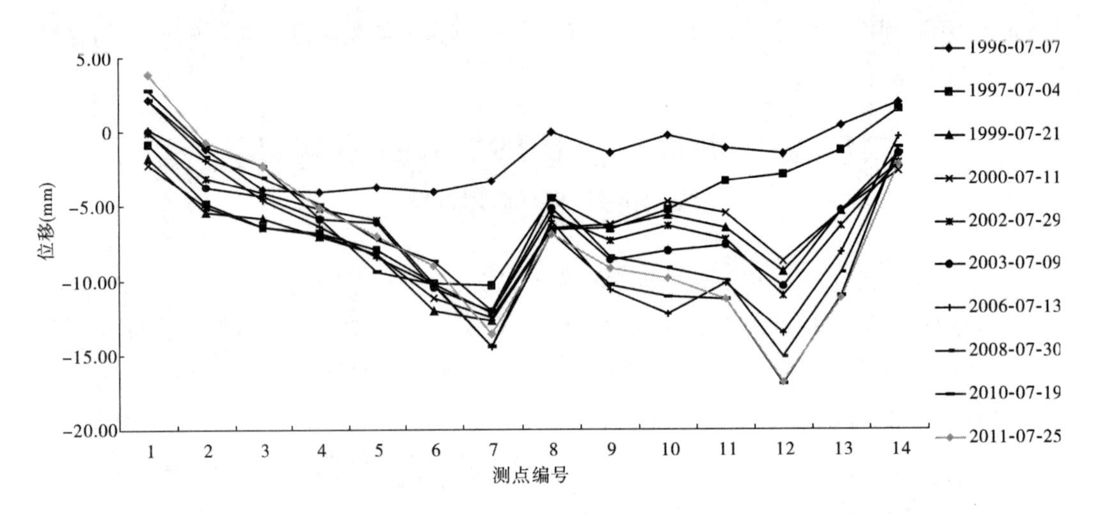

图 5.4.2　进水口边坡 250 m 高程马道各测点位移纵向分布图

第五节　进水口高边坡渗压监测分析

进水口边坡共埋设渗压计 6 支，编号为 P7 - 33 ~ P7 - 38，其中 P7 - 33、P7 - 36 测值过程线见图 5.5.1，渗压计特征值统计值见表 5.5.1。

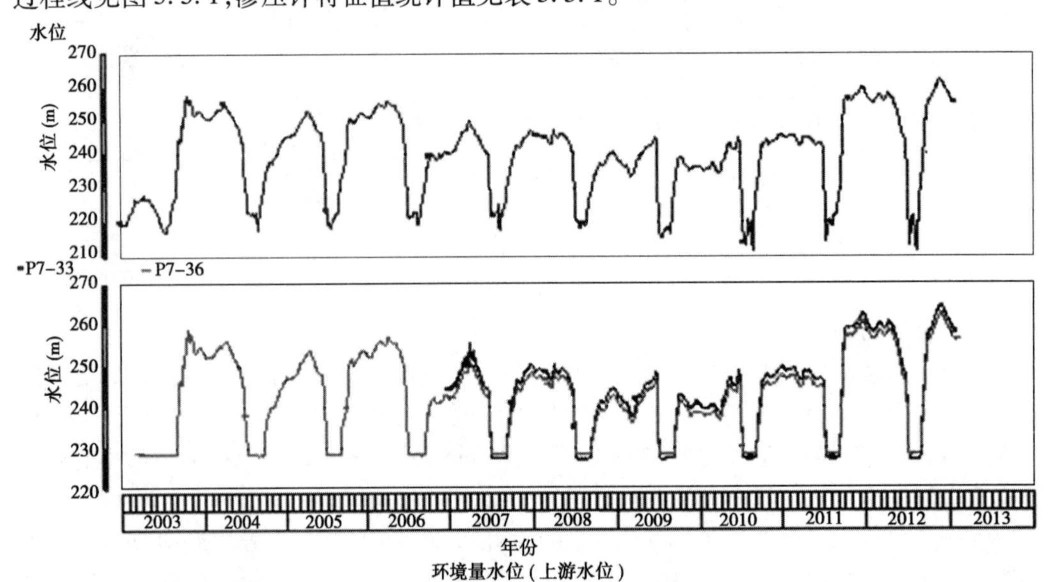

图 5.5.1　P7 - 33、P7 - 36 测值过程线

一、A—A 断面

A—A 断面安装两支渗压计：P7 - 37 及 P7 - 38，位于测斜管 VI7 - 7 处，高程为 230.94 m。P7 - 37 无测值，P7 - 38 渗压计于 1999 年 12 月 2 日施测，受库水位影响显著，

与库水位相关系数为0.99,当库水位下降时,P7－38测值快速下降,表明进水口边坡排水效果良好,A—A断面渗压监测表明边坡是安全的。

表5.5.1　进水口边坡渗压计特征值统计值

测点号	测值时段（年-月）	最大值(m)	最大值日期（年-月-日）	最小值(m)	最小值日期（年-月-日）
P7－33	2007-01～2013-04	273.64	2012-11-19	228.61	2012-07-11
P7－36	2003-01～2013-04	271.23	2012-11-19	229.78	2004-09-15

二、B—B断面

B—B断面安装2支渗压计:P7－35及P7－36,位于测斜管VI7－5和VI7－6之间,高程为230.96 m。P7－35无测值,P7－36渗压计从1999年12月2日开始施测,其测值过程线变化同A—A断面的渗压计,与上游水位的变化规律呈显著相关,与库水位相关系数为0.99,表明进水口边坡排水效果良好,B—B断面渗压监测表明边坡是安全的。

三、C—C断面

C—C断面安装2支渗压计:P7－33及P7－34,位于多点位移计BX7－7处,高程为230.77 m。P7－34无测值,P7－33从1999年12月2日开始施测,其测值过程线与上游水位的变化规律基本一致,与库水位相关系数为0.99,与A—A和B—B断面相同,表明进水口边坡C—C断面排水效果良好,边坡基本安全。

四、小结

渗压监测表明边坡排水良好。进水口边坡的渗压计测值均未超过设计安全限值。A—A、B—B、C—C断面渗压计测值均受库水位影响显著,与库水位相关系数为0.90以上,表明进水口边坡排水效果良好。

第六章　进水塔监测分析

第一节　监测布置

进水塔由3座孔板塔、3座发电塔、3座明流塔和1座灌溉塔组成，是泄洪洞、发电洞、排沙洞及灌溉洞的进口控制结构，整个工程呈“一”字形排列，并列于上游进水口边坡之前并与边坡分离，自立于上游开挖的170.00 m平台。进水塔为钢筋混凝土结构，1996年开工，1999年6月基本完工。塔基高程170.00 m，塔顶高程283.00 m，最大塔高112 m。并列塔体南北总长276 m，厚度52.8 ~70.0 m。基础上游邻近F_{28}断层。主要布置以下观测项目：塔体及基础变形观测，接缝开合度观测，扬压力及塔基应力观测。共设有285个测点，其中变形157个测点，渗压17个测点，应力应变及内部温度111个测点。进水塔监测仪器布置图见图6.1.1。

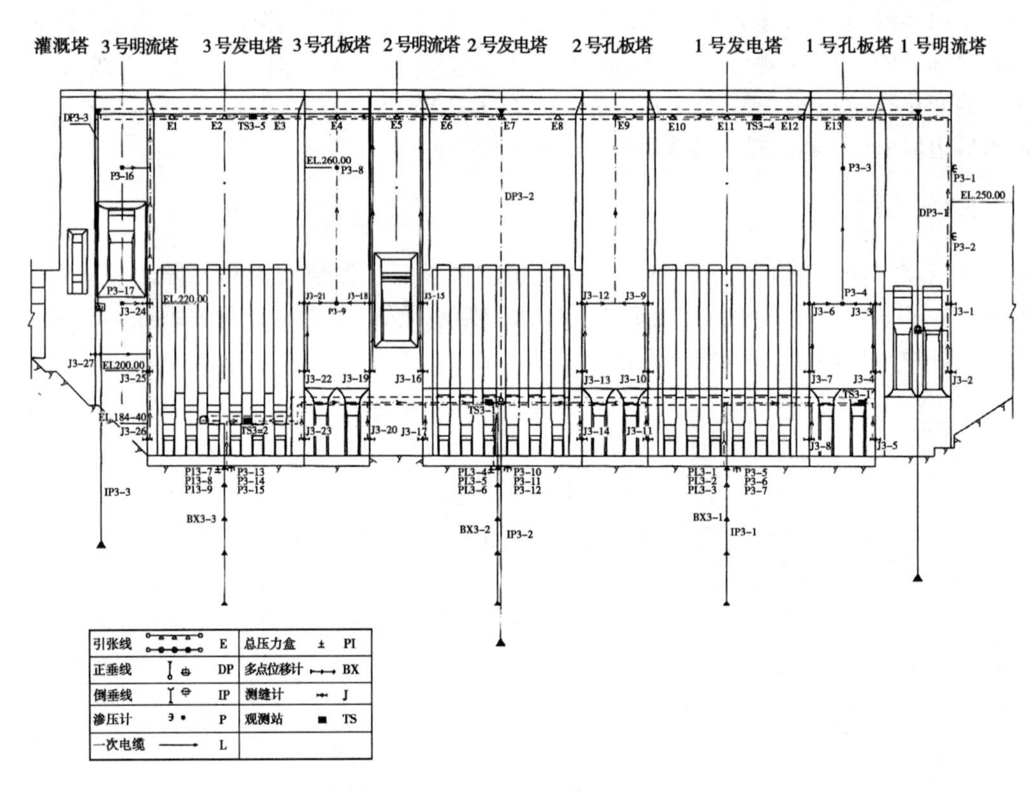

图6.1.1　进水塔监测仪器布置图

第二节　塔体及基础变形监测分析

一、监测布置

塔体和基础变形观测包括设在塔顶的视准线和水准点、顶部廊道内的引张线及基础廊道内的静力水准，由设在塔架内的正倒垂系统进行变形传递，并与外部变形网联结起来，从而形成一个立体的变形测量系统，以监测塔体挠曲、沉降及水平变形。

（一）引张线观测布置

进水塔引张线位于高程276.50 m顶部廊道下游侧边墙上，中间共设13个测点，编号分别为EX3－1～EX3－13，测点间距约17 m，测线全长245.7 m。右端墩（固定端）设于1号明流塔，左端墩（悬挂端）设于3号明流塔，两端点位移由正倒垂进行校测。引张线采用双向引张线仪测量，借助设于引张线两端的正、倒垂线作为顺水流方向的控制点，以监测各个塔体沿上下游方向的水平变形；通过对竖向变形的监测，可了解各塔体间的相对沉降变形。

（二）正倒垂观测布置

在1号明流塔中墩、2号发电塔中墩及3号明流塔右边墩设置3条正垂线，测点号分别为DP3－1、DP3－2、DP3－3，均位于276.00 m高程廊道内，对应正垂线布设3条倒垂线，测点号分别为IP3－1、IP3－2、IP3－3，形成正倒垂接力。倒垂线锚固点深入基岩最深达50 m，锚固于相对稳定的基岩内。采用两向垂线坐标仪对正倒垂进行观测，分别测量顺水流方向和垂直水流方向的水平位移。实际分析中的测点DP3－1、DP3－2、DP3－3是经过正倒垂叠加得出的塔顶悬挂点位移。

（三）视准线观测布置

进水塔视准线设在塔架顶部0＋2.2桩号上，共设13个测点，该项目以位于1号明流塔的正垂测点DP3－1和3号明流塔的正垂测点DP3－3上方的两点作为工作基点，工作基点位移值由DP3－1和DP3－3位移值确定，通过两端工作基点监测塔顶上下游方向水平位移。该项目采用T3000电子经纬仪配合活动觇牌观测。

（四）多点位移计观测布置

为观测塔基下部不同深度岩体变形情况，在1号、2号、3号发电塔中部塔基各布置有1支多点位移计，编号分别为BX3－1、BX3－2、BX3－3，埋设深度40 m，顶部出露于塔体底部廊道中，每支仪器设5个测点，按“下疏上密”原则布置。

（五）静力水准系统观测布置

由于各塔体工作状况、体形尺寸均不相同，所在部位地质条件也有差异，各塔之间会产生不均匀沉陷，同一塔上下游之间也会产生不均匀沉陷。为较精确地掌握该情况，在190.00 m和184.40 m高程的基础廊道布置2套静力水准系统，共26个测点，其中14个测点设在纵向廊道内，均位于塔架分缝两侧，编号分别为LS3－1、LS3－2、LS3－3、LS3－8、LS3－9、LS3－10、LS3－11、LS3－14、LS3－17、LS3－18、LS3－19、LS3－20、LS3－21、LS3－22；12个测点分别设在6条横向廊道内，测点一般位于廊道的端部，编号分别为

LS3－4、LS3－5，LS3－6、LS3－7，LS3－12、LS3－13，LS3－15、LS3－16，LS3－23、LS3－24，LS3－25、LS3－26。

（六）灌溉塔位移标点

在灌溉塔 232.00 m 高程埋设 4 个沉降标点，点号分别为 DZ3－1、DZ3－2、DZ3－3、DZ3－4，点位布设在灌溉塔北侧 232.00 m 平台上，主要用于监测建在 F_{28} 断层上的灌溉塔的沉陷变化。采用 NET2B 全站仪配合反光靶进行观测。

（七）塔顶沉陷

1998 年下半年突然发现进水塔塔顶启闭机钢轨发生错断现象，为及时掌握塔体沉降变形规律，在塔顶新增设 40 个沉降观测点，每个塔体四角分别布设 1 个沉降观测点，编号为 BM3－1～BM3－40。采用 NI002A 精密水准仪配合铟钢尺按变形规范限差进行观测。工作基点 B1、B2 由水准点厂房南引测。

二、监测分析

（一）视准线观测资料分析

进水塔顶视准线从 1999 年 11 月 11 日开始观测，测值序列为 1999 年 11 月 11 日至 2012 年 5 月 6 日，观测频次为每周一次。视准线测值过程线见图 6.2.1，特征值统计见表 6.2.1。

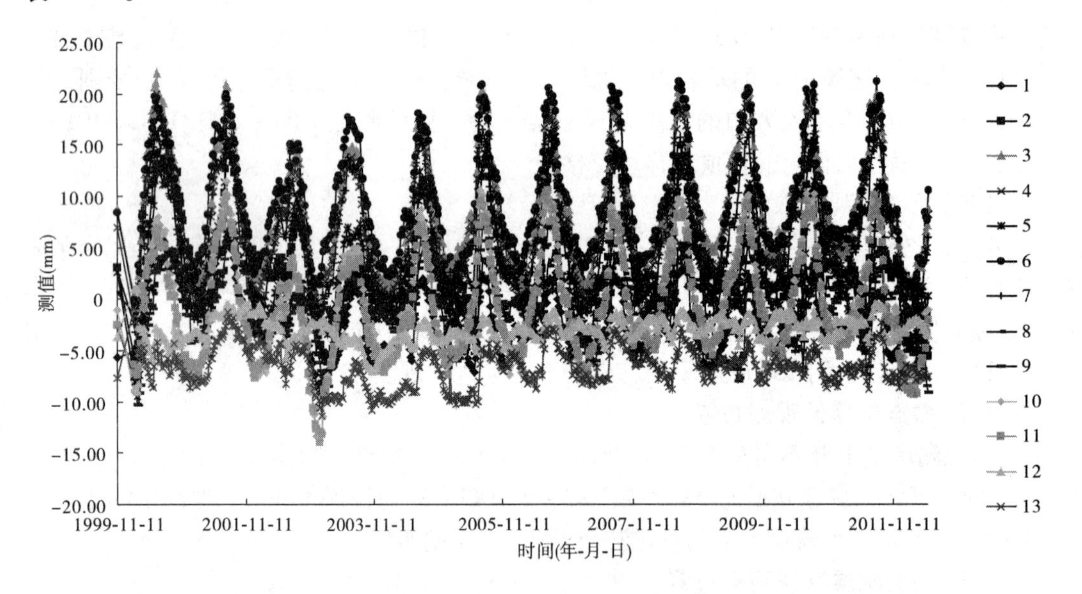

图 6.2.1　进水塔顶视准线测值过程线

1. 进水塔顶视准线测值变化规律分析

从测值过程线可见，进水塔顶水平位移呈现明显周期性变化，与引张线变化规律相同，即气温升高（夏季）向下游位移，气温降低（冬季）向上游位移。各进水塔塔顶位移测值变化稳定，无明显趋势性，变形性态正常。

表 6.2.1　进水塔顶视准线特征值统计表

测点号	最大值（mm）	最大值对应日期（年-月-日）	最小值（mm）	最小值对应日期（年-月-日）	变幅（mm）	平均值（mm）
EX3 - 1	6.03	2001-07-20	-9.09	2002-12-29	15.12	-2.28
EX3 - 2	15.35	2010-08-21	-7.42	2000-02-29	22.77	4.12
EX3 - 3	22.01	2000-06-25	-1.51	2002-12-29	23.52	8.88
EX3 - 4	19.96	2000-06-25	-2.83	2000-02-29	22.79	7.38
EX3 - 5	16.42	2006-08-26	-9.47	2000-02-29	25.89	3.11
EX3 - 6	21.20	2008-07-19	-0.68	2000-02-29	21.88	9.49
EX3 - 7	16.79	2010-08-21	-4.08	2000-02-29	20.87	5.80
EX3 - 8	6.39	2001-07-20	-4.15	2000-03-07	10.54	0.73
EX3 - 9	9.56	2006-08-19	-10.40	2000-03-07	19.96	-1.09
EX3 - 10	11.47	2001-07-20	-13.77	2002-12-29	25.24	-0.33
EX3 - 11	10.58	2006-07-22	-13.96	2002-12-29	24.54	-0.81
EX3 - 12	0.95	2000-02-14	-7.05	2003-11-08	8.00	-3.01
EX3 - 13	-1.02	2000-02-14	-11.34	2003-01-11	10.32	-6.65

2. 特征值分析

（1）极值分析。进水塔顶最大位移为 22.01 mm，发生在 3 号发电塔 EX3 - 3 测点（2000 年 6 月 25 日）；其次为 21.20 mm，发生在 2 号发电塔 EX3 - 6 测点（2008 年 7 月 19 日）。塔顶向上游最大位移为 - 13.96 mm，其次为 - 13.77 mm，分别发生在 1 号发电塔 EX3 - 11 和 EX3 - 10 测点（2002 年 12 月 29 日）。

（2）年变幅分析。进水塔顶位移年变幅最大值为 25.89 mm，发生在 2 号明流塔；塔顶位移年变幅最小值为 8.0 mm，发生在 1 号发电塔。

（3）年均值分析。进水塔顶位移最大年均值为 9.49 mm，发生在 2 号明流塔；最小年均值为 -0.33 mm，发生在 1 号发电塔 EX3 - 10 测点处。

（4）特征统计图分析。各测点特征值分布图见图 6.2.2，可以直观地看出，1 号发电塔和 3 号发电塔位移极值及位移变幅均最大，2 号孔板塔位移值最小，这主要与各塔结构有关。

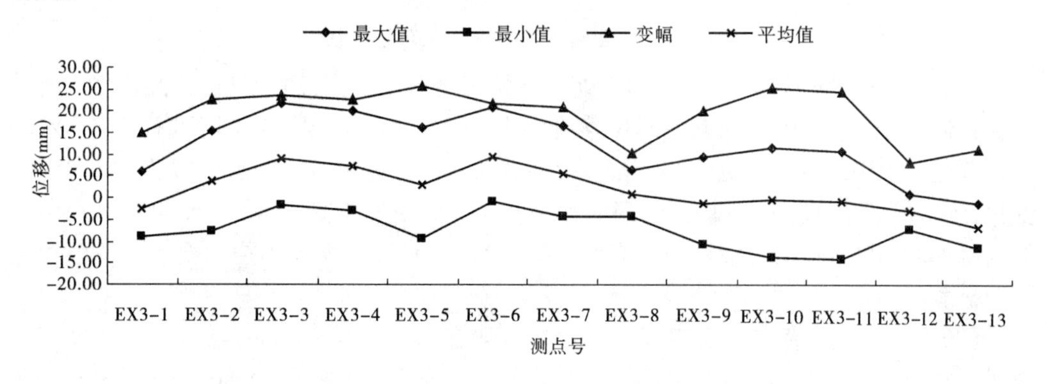

图 6.2.2　进水塔视准线测点特征值分布图

(二)正倒垂观测资料分析

正倒垂系统 1999 年 10 月 24 日起测,正垂 1999 年 11 月 25 日起测。初期采用人工测读,观测周期为每周一次。2001 年 1 月改为自动测读,自动测读每 2 ~4 h 观测一次。塔架正垂线(编号为 DP)和倒垂线(编号为 IP)左右岸水平向(*X* 向)和上下游水平向(*Y* 向)位移过程线见图 6.2.3。特征值统计见表 6.2.2。

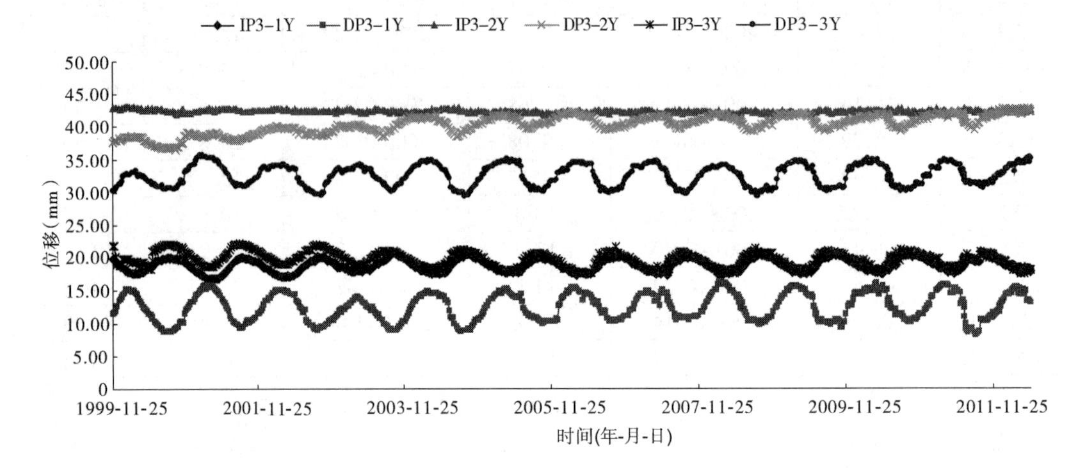

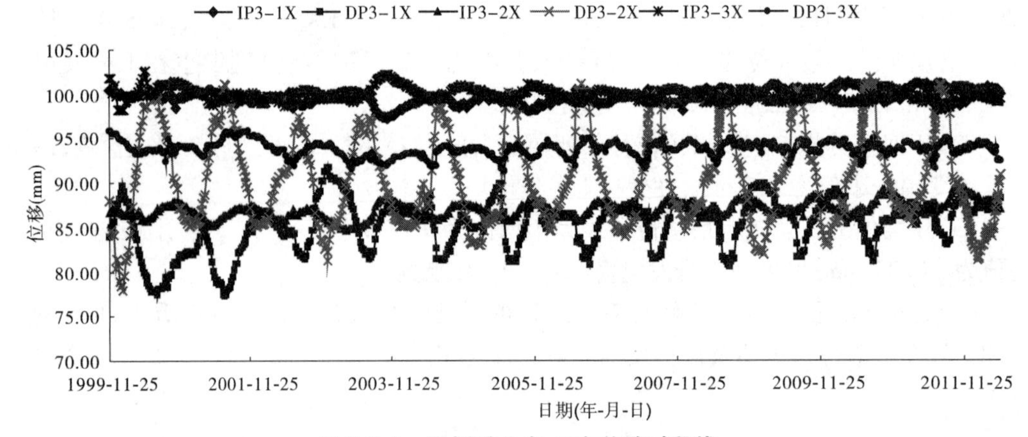

图 6.2.3　正倒垂 *X* 向、*Y* 向位移过程线

(1)从测值过程线可见,正垂测点处位移具明显周期变化,倒垂测点处位移由于所处位置较低,受气温影响稍小,其水平位移周期性变化规律不明显。其中塔顶上下游向水平位移普遍大于中部倒垂测点位移,符合塔身结构特性,且基本有一个夏季(7、8 月)向下游变化,冬季(1、2 月)向上游变化的规律,而库水位一般在夏季较低(约 216.00 m),在冬季较高(约 254.00 m),与一般重力坝变形规律相反,表明进水塔坝体挠度变形受气温影响更为显著。

(2)进水塔上下游向顶部挠度变形变幅一般在 6.08 ~8.08 mm,塔身中部挠度变形变幅一般在 1.73 ~4.72 mm,由于塔的结构形式、所处位置(左岸、中部、右岸)不同,3 座不同塔上的测点变幅各不相同,其中处于左岸的 1 号明流塔的顶部测点位移变幅最大,一般比其他相邻的塔顶位移多 1 mm 左右。总体来看,进水塔上下游向挠度变形整体协调一致,且无明显性变化趋势,挠度变形正常。

(3)正倒垂侧向位移具有明显的周期变化,且无明显变化趋势。

(4)正倒垂侧向位移顶部测点最大变幅分别为 14. 57 mm、23. 81 mm、4. 56 mm;中部测点最大变幅分别为 3. 96 mm、4. 89 mm、4. 51 mm,可以看出,塔顶水平位移大于中部测点的位移,且中间位置的 2 号发电塔中的测点侧向位移变幅最大,3 号明流塔侧向位移变幅最小。另外,左右端部塔内的测点测值的周期变化正好相反,右岸端部 1 号明流塔内的测点 DP3 - 1X、IP3 - 1X 变化规律是气温升高向左岸位移,气温降低向右岸位移;左岸端部 3 号明流塔内的测点 DP3 - 3X、IP3 - 3X 变化规律是气温升高向右岸位移,气温降低向左岸位移。

表 6. 2. 2　进水塔正倒垂位移特征值统计表

测点号	最大值（mm）	最大值对应日期（年-月-日）	最小值（mm）	最小值对应日期（年-月-日）	变幅（mm）	平均值（mm）
IP3 - 1X	101. 22	2010-04-16	97. 26	2003-11-06	3. 96	99. 64
IP3 - 1Y	20. 92	2010-10-30	16. 77	2001-04-16	4. 15	18. 78
IP3 - 2X	89. 58	2011-10-24	84. 69	2003-04-05	4. 89	86. 81
IP3 - 2Y	43. 05	2000-02-10	41. 32	2008-03-28	1. 73	42. 21
IP3 - 3X	102. 63	2000-05-28	98. 12	2011-07-27	4. 51	99. 73
IP3 - 3Y	22. 2	2001-08-21	17. 48	2012-04-26	4. 72	19. 59
DP3 - 1X	91. 74	2002-12-29	77. 17	2001-07-16	14. 57	85. 23
DP3 - 1Y	16. 22	2008-03-14	8. 14	2011-08-24	8. 08	12. 49
DP3 - 2X	101. 72	2010-08-06	77. 91	2000-02-03	23. 81	90. 67
DP3 - 2Y	42. 68	2012-05-14	36. 6	2000-10-02	6. 08	40. 34
DP3 - 3X	95. 84	2001-11-19	91. 28	2005-06-17	4. 56	93. 53
DP3 - 3Y	35. 67	2001-01-29	29. 28	2008-09-13	6. 39	32. 53

(三)沉降标点监测分析

(1)灌溉塔 232. 00 m 高程沉降标点 DZ3 - 1 ~ DZ3 - 4 自 1998 年 12 月 18 日起测,2000 年 10 月 13 日,由于库水位上升,观测墩被淹,观测中止。2001 年 4 月 20 日水位下降后恢复观测。DZ3 - 1 ~ DZ3 - 4 测值过程线见图 6. 2. 4。

从测值过程线看,各测点处沉降位移变化平稳,测值变幅为 1 ~ 5 mm,测值无明显周期变化特点,4 个测点位移量基本一致,沉降变形稳定。

(2)塔顶 40 个沉降观测点 BM3 - 1 ~ BM3 - 40 以工作基点 B1 为起点和终点进行闭合水准测量,2000 年 3 月 26 日起测,观测频率为每周一次,BM3 - 39、BM3 - 40 两个测点已被启闭机房压占,分别从 2001 年 7 月和 2001 年 6 月起停测。BM3 - 1 ~ BM3 - 40 位移测值过程线见图 6. 2. 5,特征值统计见表 6. 2. 3。

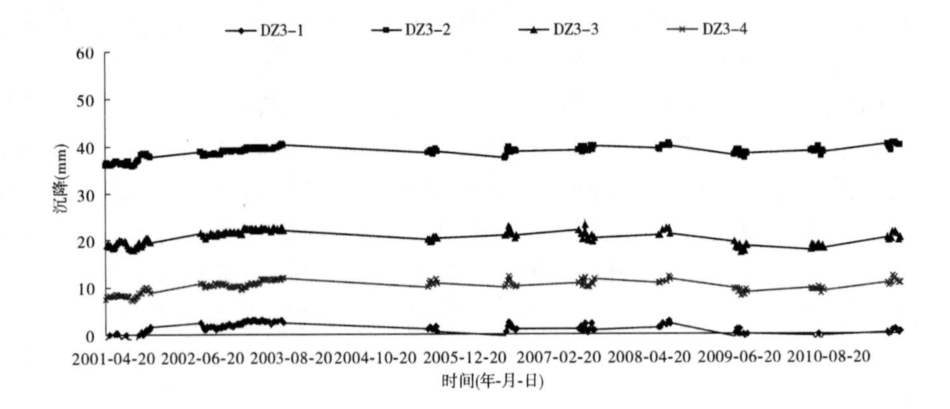

图 6.2.4　测点 DZ3－1～DZ3－4 测值过程线

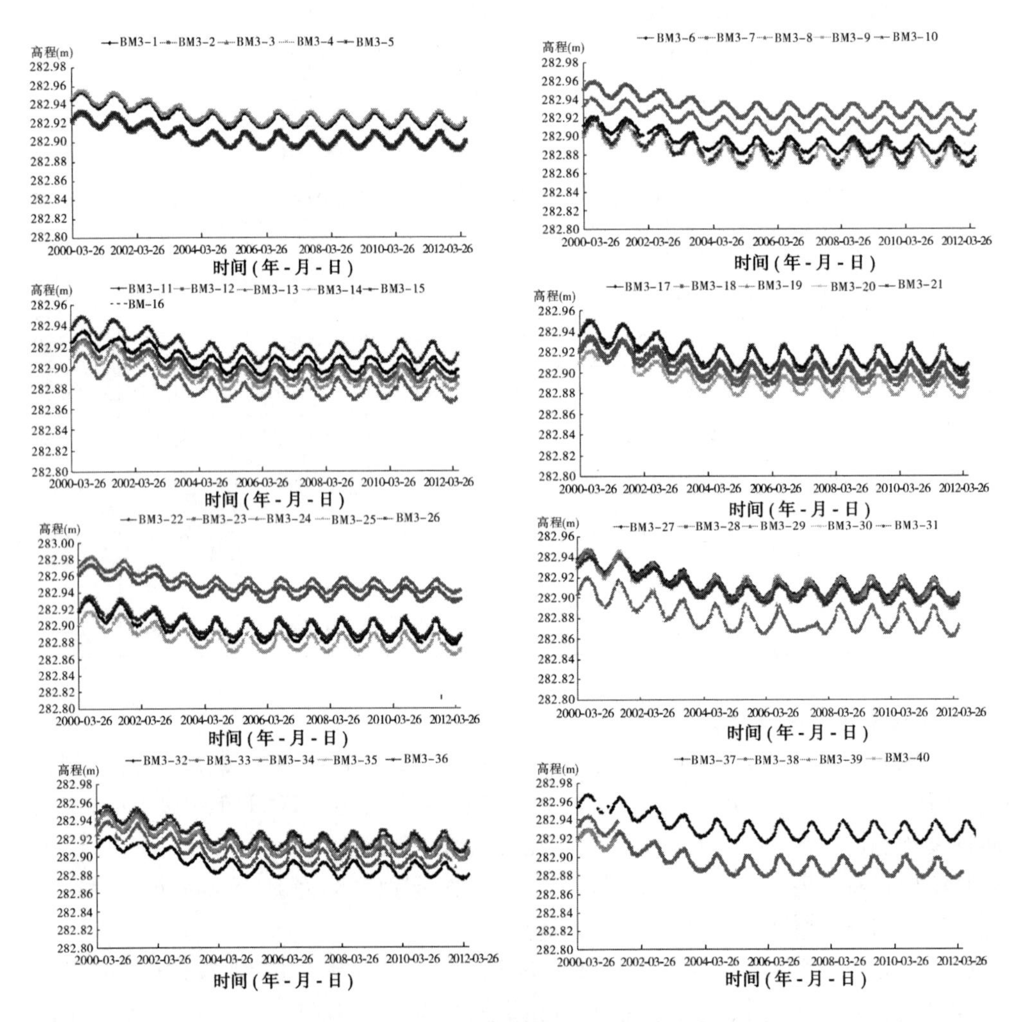

图 6.2.5　灌溉塔塔顶位移测值过程线

表 6.2.3　灌溉塔塔顶沉降位移特征值统计表　（单位：mm）

测点号	BM3－1	BM3－2	BM3－3	BM3－4	BM3－5	BM3－6	BM3－7	BM3－8	BM3－9	BM3－10
最大变幅	41	40.8	40.1	40.6	40.6	41.4	41.9	40.4	48.5	52.4
测点号	BM3－11	BM3－12	BM3－13	BM3－14	BM3－15	BM3－16	BM3－17	BM3－18	BM3－19	BM3－20
最大变幅	43.2	41.3	48.3	48.1	46.7	47.2	47.6	47.3	45.8	46.7
测点号	BM3－21	BM3－22	BM3－23	BM3－24	BM3－25	BM3－26	BM3－27	BM3－28	BM3－29	BM3－30
最大变幅	54.8	56.1	47	45.3	53.1	54.2	50.2	49.6	58.4	58.9
测点号	BM3－31	BM3－32	BM3－33	BM3－34	BM3－35	BM3－36	BM3－37	BM3－38	BM3－39	BM3－40
最大变幅	48.6	47.5	55.6	53.6	52.3	53	53.5	54.9	21.2	22.7

①从测值过程线可见，所有测点测值过程线较光滑，具明显年周期性，即温度升高则上抬，温度降低则下沉，符合混凝土结构沉降变形的一般规律。

②各测点沉降最大变幅在 21.2～58.9 mm，最大变幅发生在 BM3－30 测点。

③由典型日灌溉塔塔顶沉降位移变化分布图（图 6.2.6）可见，灌溉塔塔顶沉降位移不均匀沉降较小，一般在 1.5～3 mm，灌溉塔整体沉降变形较为协调。

④在 2000 年 3 月 26 日至 2005 年 1 月 20 日各测点处有明显沉降过程，一般沉降在 30～40 mm，之后各灌溉塔沉降位移趋于稳定，无明显趋势性变化。

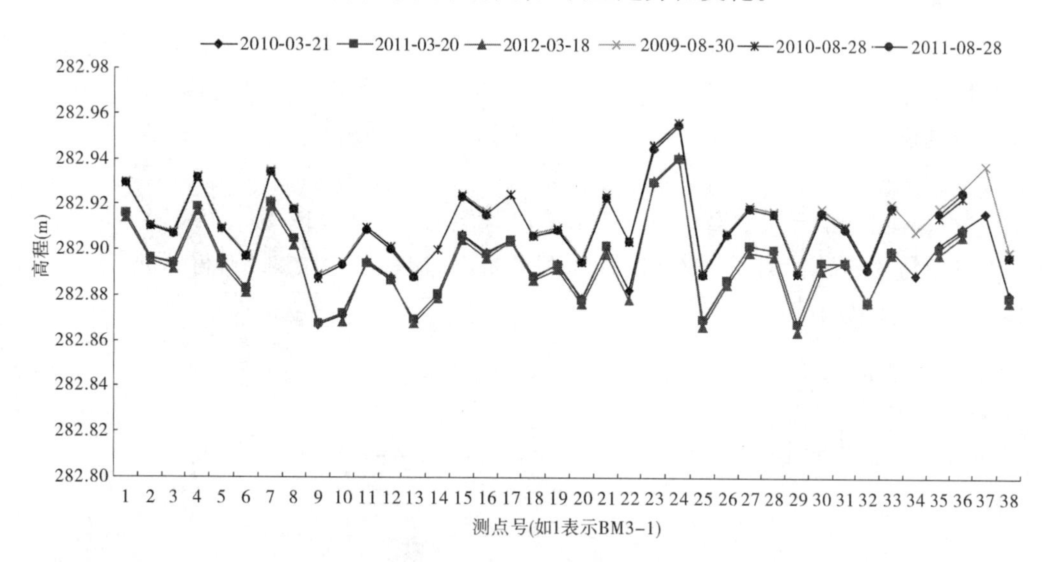

图 6.2.6　灌溉塔塔顶沉降位移变化分布图

三、进水塔视准线观测资料定量分析

（一）建模原理

进水塔水平位移主要受水压、温度以及时效等因素的影响。因此，塔顶水平位移由水压分量、温度分量和时效分量组成，即：

$$\delta = \delta_H + \delta_T + \delta_\theta \tag{6.2.1}$$

式中，δ 为坝体位移；δ_H 为水压分量；δ_T 为温度分量；δ_θ 为时效分量。

结合小浪底水利枢纽进水塔特点，简要介绍一下上述各分量的表达式。

1. 水压分量(δ_H)

进水塔塔身任一点在水压作用下的水压分量 δ_H 与水深 H、H^2、H^3 有关，即：

$$\delta_H = \sum_{i=1}^{3} a_{1i}(H_{上}^{i} - H_{上0}^{i}) + \sum_{i=1}^{3} a_{2i}(H_{下}^{i} - H_{下0}^{i}) \tag{6.2.2}$$

式中，$H_{上}^{i}$ 为塔前水深，m；$H_{下}^{i}$ 为塔后水深，m；$H_{上0}^{i}$ 为坝前初始日水深，m；$H_{下0}^{i}$ 为坝后初始日水深，m；a_{1i}、a_{2i} 为回归系数。

2. 温度分量(δ_T)

温度分量 δ_T 是塔身混凝土温度和塔基岩体温度变化引起的塔体位移。考虑到进水塔已经运行了10多年，塔体温度场已基本稳定，塔体混凝土温度仅取决于边界温度变化，由于外界温度(水温、气温)基本上呈年周期性变化，因此可以选用周期项模拟坝体温度场的变化：

$$\delta_T = \sum_{i=1}^{2}\left[b_{1i}\left(\sin\frac{2\pi it}{365} - \sin\frac{2\pi it_0}{365}\right) + b_{2i}\left(\cos\frac{2\pi it}{365} - \cos\frac{2\pi it_0}{365}\right)\right] \tag{6.2.3}$$

式中，t 为观测日当天至起测日累计天数；b_{1i}、b_{2i}为温度因子的回归系数。

3. 时效分量(δ_θ)

进水塔产生时效位移的原因极为复杂，包括塔体混凝土和基岩蠕变及基岩地质构造的压缩变形等引起的不可逆变形等因素。一般时效位移蓄水初期变化剧烈，其后渐趋平稳。根据进水塔实际情况，水平位移时效分量选用下列形式：

$$\delta_\theta = c_1(\theta - \theta_0) + c_2(\ln\theta - \ln\theta_0) \tag{6.2.4}$$

式中，θ 为从起测日至观测日的累计天数除以100；c_1、c_2 为回归系数。

综上所述，根据小浪底进水塔的运行特性并考虑初始测值的影响，得到进水塔水平位移观测资料的统计模型表达式为

$$\begin{aligned}\delta = &\sum_{i=1}^{3} a_{1i}(H_{上}^{i} - H_{上0}^{i}) + \sum_{i=1}^{3} a_{2i}(H_{下}^{i} - H_{下0}^{i}) + \\ &\sum_{i=1}^{2}\left[b_{1i}\left(\sin\frac{2\pi it}{365} - \sin\frac{2\pi it_0}{365}\right) + b_{2i}\left(\cos\frac{2\pi it}{365} - \cos\frac{2\pi it_0}{365}\right)\right] + \\ &c_1(\theta - \theta_0) + c_2(\ln\theta - \ln\theta_0) + a_0\end{aligned} \tag{6.2.5}$$

式中，a_0 为常数项；其他符号意义同前所述。

(二)回归模型及其成果分析

根据式(6.2.5)，选取进水塔塔顶水平位移3～12号测点的水平位移测值序列，采用逐步回归法，建立了相应的回归模型。其模型回归系数及相应的模型复相关系数 R、标准差 S 见表6.2.4。

表 6.2.4　进水塔视准线统计模型参数表

测点	3号	4号	5号	6号	7号	8号	9号	10号	11号	12号
复相关系数	0.949	0.949	0.892	0.940	0.935	0.758	0.722	0.919	0.920	0.678
标准差(mm)	1.730	1.784	2.211	1.883	1.879	1.225	2.515	2.089	1.999	0.855
a_0	3.969	2.954	4.268	6.261	2.413	-1.190	0.033	-5.350	-5.121	-4.112
a_{11}	0.000	0.000	-0.215	0.000	0.000	-0.147	0.000	0.000	0.000	0.000
a_{12}	-0.001	-0.001	0.001	-0.001	0.000	0.001	0.000	0.000	0.000	-0.001
a_{13}	0.000	0.000	0.000	0.000	0.000	0.000	0.000	0.000	0.000	0.000
a_{21}	0.000	0.000	0.037	0.000	-0.004	0.000	0.007	0.017	0.019	0.003
a_{22}	0.000	0.000	-0.001	0.000	0.000	0.000	0.000	0.000	0.000	0.000
a_{23}	0.000	0.000	0.000	0.000	0.000	0.000	0.000	0.000	0.000	0.000
b_{11}	-5.865	-6.000	-4.382	-5.833	-5.732	-0.637	-3.161	-5.848	-5.607	0.700
b_{12}	-1.626	-1.375	1.744	-1.448	-1.691	0.350	1.274	-2.042	-1.841	-0.206
b_{21}	0.000	0.000	-0.374	0.000	0.000	-0.522	-0.325	0.288	0.350	-0.244
b_{22}	-0.865	-0.777	-1.511	-0.665	-0.679	-0.523	-1.262	-0.894	-0.858	-0.151
c_1	2.030	2.018	-0.651	0.951	0.809	1.351	-1.333	1.292	0.982	0.818
c_2	0.362 8	0.160 7	0.299 6	0.127	0.000	-0.033	0.000	0.128 7	0.124	0.144

1. 模型精度

由表6.2.4可知:3号、4号、6号、7号、10号、11号测点水平位移回归模型复相关系数 R 大于0.900,最小复相关系数为0.678(12号),最大复相关系数为0.949(3号、4号)。最大标准差 S 为2.515 mm(9号),最小为0.855 mm(12号),与对应的最大值和年变幅相比,其 S 值较小。因此,所建水平位移的模型精度总体较高,满足分析要求。综上,可用所建统计模型分离各分量,分析和评价其对塔顶水平位移的作用。

2. 各分量对水平位移的影响效应分析

为分析各分量对水平位移的影响,由于各年变幅相当,因此选取资料较全的2008年水平位移年变幅,并以上述10个测点作为典型测点,定量分析各影响量对塔顶水平位移的影响。回归模型分离各个分量所分离结果见表6.2.5。

表 6.2.5 实测年变幅、拟合值及各分量变幅

测点	实测值（mm）	拟合值（mm）	水压分量（mm）	温度分量（mm）	时效分量（mm）	水压分量所占百分比（%）	温度分量所占百分比（%）	时效分量所占百分比（%）
3 号	19.320	15.272	2.982	12.065	0.225	19.53	79.00	1.47
4 号	18.440	15.591	3.209	12.158	0.224	20.58	77.98	1.44
5 号	16.320	13.229	3.171	9.986	0.072	23.97	75.49	0.54
6 号	18.600	15.138	3.124	11.908	0.106	20.63	78.67	0.70
7 号	17.460	14.628	2.653	11.885	0.090	18.13	81.25	0.62
8 号	5.540	4.162	1.913	2.113	0.136	45.96	50.77	3.27
9 号	9.940	7.463	0.548	6.795	0.120	7.34	91.05	1.61
10 号	15.730	14.463	2.186	12.160	0.117	15.11	84.08	0.81
11 号	13.500	13.300	1.483	11.707	0.110	11.15	88.03	0.82
12 号	3.060	1.685	0.922	0.722	0.041	54.74	42.85	2.41

从表 6.2.5 可以看出：

（1）水压分量。库水位变化对进水塔水平位移有一定影响，库水位升高，塔体向下游位移增大；库水位下降，塔体向下游位移减小。此外，库水位变化对塔体水平位移年变幅也有一定作用。在 2008 年水平位移年变幅中，水压分量占 7.34% ~54.74%。

（2）温度分量。温度变化是塔顶水平位移的主要影响因素，温度与水平位移之间的关系基本上呈正相关关系，即温度升高，塔体产生向下游位移，而温度降低，塔体产生向上游位移。在 2008 年水平位移年变幅中，温度分量占 42.85% ~91.05%。

（3）时效分量。时效分量在水平位移年变幅中所占比重较小，如在 2008 年水平位移年变幅中，时效分量占 5% 以下，且进水塔水平位移变化时效位移已经趋于收敛。

四、小结

塔顶水平位移变化周期性明显，库水位变化对坝体水平位移年变幅也有一定影响。如水压分量占水平位移年变幅的 7.34% ~54.74%。温度变化是塔顶水平位移的主要影响因素，温度分量占水平位移年变幅的 42.85% ~91.05%。时效分量在水平位移年变幅中所占比重较小，如在 2008 年水平位移年变幅中，时效分量占 5% 以下，且进水塔水平位移变化时效位移已趋于收敛。水平位移、垂直位移、倾斜等外部观测资料表明，塔架变形性态均处于正常状态。

塔基多点位移计测值稳定，表明当前塔架基础变形正常。

第三节 接缝开合度监测分析

一、监测布置

在180.00 m、200.00 m、220.00 mm高程布置了3层共27支测缝计，以监测接缝开合度变化，测点编号为J3－1～J3－27。在2号发电塔0＋010和0＋035剖面的施工缝（纵缝）埋设的测缝计编号分别为J3－F1～J3－F3、J3－F4～J3－F5。为了解监测灌溉塔支墩与塔体间接缝变形情况，在191.00 m、201.00 m、215.00 m和229.00 m高程处布设8支测缝计，编号分别为J3－31～J3－34（0＋002.00桩号），J3－35～J3－38（0＋008.00桩号）。进水塔测缝计J3－1～J3－27、2号发电塔测缝计J3－F1～J3－F5及灌溉塔测缝计J3－31～J3－38随着塔架混凝土的浇筑而埋设并开始观测，一般在1996年12月至2012年5月，采用自动化测量，频率为每天一次。

二、接缝开合度监测分析

进水塔、灌溉塔测缝计共40支，其中J3－1、J3－2、J3－5、J3－6、J3－9、J3－13、J3－17、J3－19等测点测值较差。测值过程线见图6.3.1。

（1）温度测值初期变幅较大，部分测点表现出一个降温过程，对应的缝宽度为增大的过程，则随温度变化具有稳定的周期性变化，接缝随温度变化符合一般规律，温度升高时缝闭合，温度降低时缝张开。

（2）各塔之间缝张开最大值一般出现在9～10月，最小值一般出现在3～4月，比一般气温最大值日期（6～7月）、最小值日期（12月至翌年1月）滞后2～3个月。

（3）从180.00 m、200.00 m、220.00 m 3个高程的同一高程测缝计测值看，测值均比较接近，开度差异一般在1 mm左右，说明各塔之间整体变形协调一致。随着高程的降低，各塔之间测缝开度变幅随之减小，一般在2～4 mm。

（4）开度变幅为0.4～13.5 mm，一般在10 mm以内。

以2000年9月以后较稳定的测值统计各塔架间开度变幅，见表6.3.1。

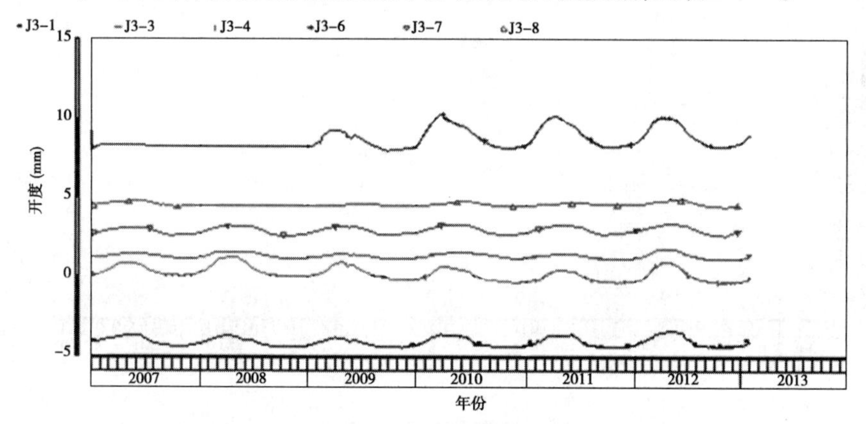

图6.3.1 进水塔、灌溉塔测缝计测值过程线

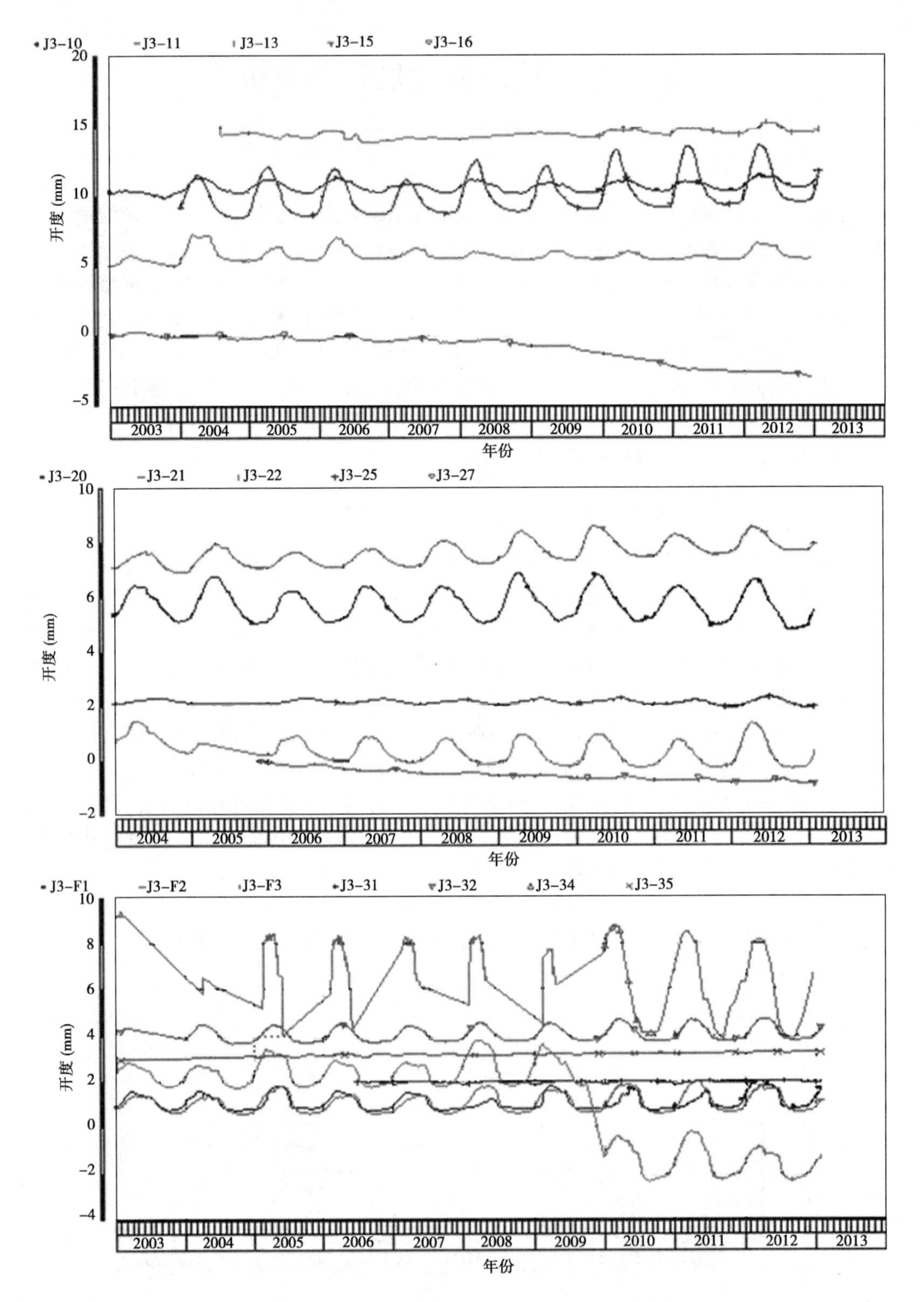
J3-10
J3-11
J3-13
J3-15
J3-16
20
15
10
5
0
-5
开度 (mm)
2003
2004
2005
2006
2007
2008
2009
2010
2011
2012
2013
年份
J3-20
J3-21
J3-22
J3-25
J3-27
10
8
6
4
2
0
-2
开度 (mm)
2004
2005
2006
2007
2008
2009
2010
2011
2012
2013
年份
J3-F1
J3-F2
J3-F3
J3-31
J3-32
J3-34
J3-35
10
8
6
4
2
0
-2
-4
开度 (mm)
2003
2004
2005
2006
2007
2008
2009
2010
2011
2012
2013
年份

续图 6.3.1

表 6.3.1　2000 年 9 月以后各塔架之间的开度变幅　　(单位:mm)

灌溉塔	3 号 明流塔	3 号 发电塔	3 号 孔板塔	2 号 明流塔	2 号 发电塔	2 号 孔板塔	1 号 发电塔	1 号 孔板塔	1 号 明流塔	右岸
J3 - 27	J3 - 24 J3 - 25 J3 - 26	J3 - 21 J3 - 22 J3 - 23	J3 - 18 J3 - 19 J3 - 20	J3 - 15 J3 - 16 J3 - 17	J3 - 12 J3 - 13 J3 - 14	J3 - 9 J3 - 10 J3 - 11	J3 - 6 J3 - 7 J3 - 8	J3 - 3 J3 - 4 J3 - 5	J3 - 1 J3 - 2	
0.2	1.4 ~2.8	1.2 ~1.6	3 ~6.9	4.8 ~11.9	2 ~3	13 ~18	1.5 ~6.1	1.2 ~3.5	2.3	

从表 6.3.1 可见,除 2 号明流塔和 2 号发电塔之间、2 号孔板塔和 1 号发电塔之间开度变幅在 10 mm 以上外,其他塔之间开度变幅一般都在 7 mm 以下变化。

(5)灌溉塔与 232.00 m 平台之间的接缝。

灌溉塔 232.00 m 平台与塔身之间的横缝靠近基础部位(高程 191.00 m)基本闭合,变幅在 0.75 mm 以内;而越靠近上部开度变幅越大,高程 201.00 ~215.00 m 开度变幅在 2 mm 左右,高程 229.00 m 开度变幅在 6 mm 左右。各接缝之间变形无明显趋势性变化,目前运行状态良好。

(6)2 号发电塔施工缝(纵缝)。

2 号发电塔测缝计 J3 - F1 ~J3 - F5 近几年来开度基本在 0.51 ~2.1 mm 变化,表明 2 号发电塔纵缝闭合较好。但 J3 - F1、J3 - F5 测点在蓄水以后变幅略有增大迹象,建议加强观测。

三、小结

进水塔部分测缝计测值较为完整,基本反映了塔架接缝的变化情况。大部分测点测值精度较高,均在 0.5 mm 以内。各个塔架间的接缝开度变幅,除 2 号明流塔和 2 号发电塔之间、2 号孔板塔和 1 号发电塔之间开度变幅在 10 mm 以上外,其他塔之间一般都在较小范围内变化。灌溉塔 232.00 m 平台与塔身之间的横缝越靠近上部开度变幅越大,变幅在 2 ~8.5 mm。两个断面的测缝计测值比较一致,该测值反映了横缝目前的开合状况。2 号发电塔的施工缝(纵缝)测缝计 J3 - F1 ~J3 - F5 开度变幅在 0.51 ~2.1 mm,明显小于横缝测缝计的开度,表明目前纵缝的闭合程度较好。

第四节　塔基扬压力及动水压力观测资料分析

一、监测布置

在塔基各土压力计测点附近均布置有 1 支渗压计,共设 9 支渗压计,编号为 P3 - 5 ~P3 - 7,P3 - 10 ~P3 - 15,以观测 3 座塔的塔基扬压力。在塔架 220.00 m 和 260.00 m 高程处设两层共 8 个动水压力观测点,分别位于 1 号、3 号孔板塔和 3 号明流塔的中心线上,编号为 P3 - 1(高程 260.00 m)、P3 - 2(高程 220.00 m),P3 - 3(高程 260.00 m)、P3 - 4(高程 220.00 m),P3 - 8(高程 260.00 m)、P3 - 9(高程 220.00 m),P3 - 16(高程 260.00 m)、P3 - 17(高程 220.00 m)。

二、塔基扬压力监测分析

在塔基各土压力计测点附近均布置有 1 支渗压计,共设 9 支渗压计,编号为 P3-5～P3-7,P3-10～P3-15,观测 3 座塔的塔基扬压力。塔基 9 支渗压计 P3-5～P3-7、P3-10～P3-15 与其附近的土压力计同期开始观测,即分别于 1996 年 9～11 月开始人工观测,人工观测到 2002 年 3 月 19 日停止,2002 年 4 月 12 日开始自动化观测。渗压计人工测量频率为每周一次,自动化测量频率为每天一次。塔基扬压力测值过程线见图 6.4.1。

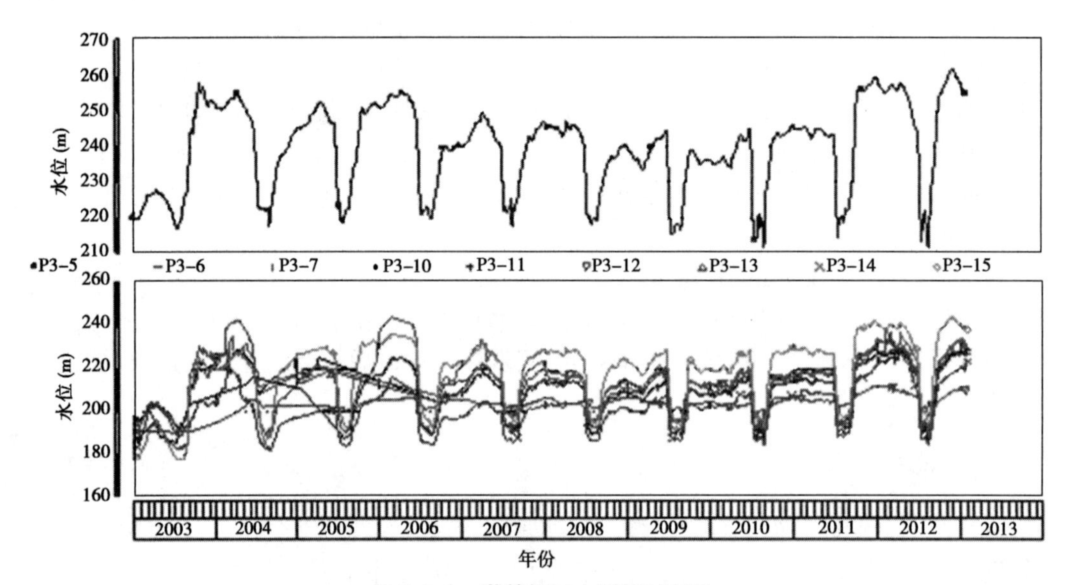

图 6.4.1　塔基扬压力测值过程线

从过程线上看,位于塔基的 9 支渗压计除 P3-12 外均与库水位相关性显著,相关系数在 0.75 以上,基本随水位变化而变化。各点渗压计测值最大值为 190.30～241.20 m,一般低于库水位 20 m 左右,渗压计测值近几年最大值主要是 P3-15 所测值,最大值为 260.40 m,出现在 2012 年 11 月 19 日;最小值为 198.42 m,出现在 2010 年 8 月 23 日,最大变幅为 61.98 m。塔基渗压计特征值统计值见表 6.4.1。

表 6.4.1　塔基渗压计特征值统计值

测点号	测值时段 (年-月)	最大值(m)	最大值日期 (年-月-日)	最小值(m)	最小值日期 (年-月-日)
P3-5	2003-01～2013-04	243.57	2013-01-25	191.10	2012-08-05
P3-6	2003-01～2013-04	243.71	2011-12-17	191.96	2012-08-05
P3-7	2003-01～2013-04	250.46	2012-04-09	193.87	2012-08-05
P3-11	2003-01～2013-04	241.55	2013-01-25	189.44	2012-08-05
P3-12	2003-01～2013-04	221.66	2012-02-14	195.84	2003-07-05
P3-13	2003-01～2013-04	260.01	2006-02-22	192.14	2004-08-03
P3-14	2003-01～2013-04	251.83	2012-02-21	185.00	2004-08-30
P3-15	2003-01～2013-04	260.40	2012-11-19	172.82	2003-07-14

综上所述，各点渗压计测值无明显趋势性变化，塔基渗流性态正常。

三、动水压力测值规律性分析

在塔架 220.0 m 和 260.0 m 高程处设两层共 8 个动水压力观测点，分别位于 1 号、3 号孔板塔和 3 号明流塔的中心线上，编号为 P3 - 1（高程 260 m）、P3 - 2（高程 220 m），P3 - 3（高程 260 m）、P3 - 4（高程 220 m），P3 - 8（高程 260 m）、P3 - 9（高程 220 m），P3 - 16（高程 260 m）、P3 - 17（高程 220 m）。塔架上 8 个测点的渗压测值过程线见图 6.4.2，塔架渗压计特征值统计值见表 6.4.2。

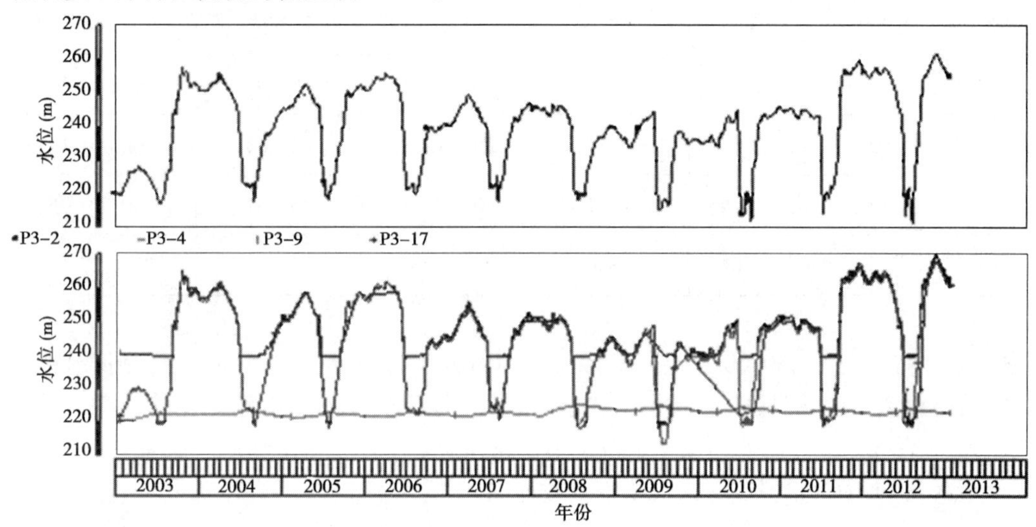

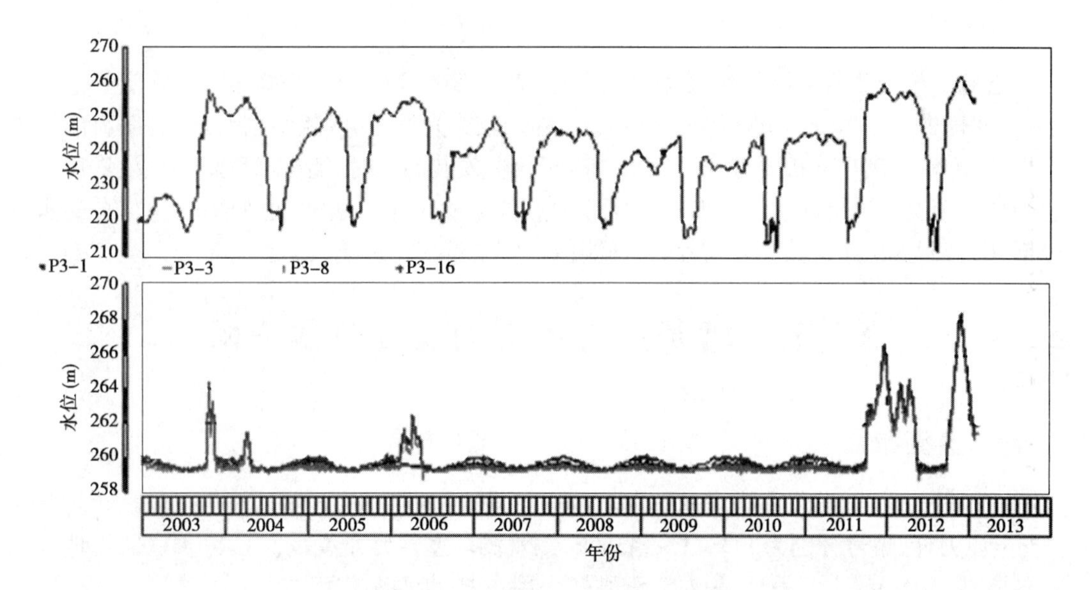

图 6.4.2　塔架动水压力测值过程线

表 6.4.2　塔架渗压计特征值统计值

测点号	测值时段（年-月）	最大值(m)	最大值日期（年-月-日）	最小值(m)	最小值日期（年-月-日）
P3 - 1	2003-01 ~ 2013-04	269.83	2012-11-19	259.06	2012-05-16
P3 - 2	2003-01 ~ 2013-04	269.61	2012-11-19	238.96	2005-06-23
P3 - 3	2003-01 ~ 2013-04	269.74	2012-12-19	259.10	2012-05-16
P3 - 4	2003-01 ~ 2013-04	268.24	2012-11-19	213.46	2009-07-21
P3 - 8	2003-01 ~ 2013-04	269.53	2012-11-19	258.92	2012-05-16
P3 - 9	2003-01 ~ 2013-04	225.13	2008-07-25	220.53	2003-01-14
P3 - 16	2003-01 ~ 2013-04	269.12	2012-12-20	259.31	2004-07-05
P3 - 17	2003-01 ~ 2013-04	268.09	2012-11-23	217.69	2009-07-10

可以看出，位于 260.00 m 高程的渗压计测值处于库水位变化范围之上，测值基本在其安装高程上下变化，反映仪器无水状态下仅受温度、气压等环境量变化的影响。位于 220.00 m 高程的测点测值均在库水位上升到 220.00 m 后才开始随库水位变化，库水位降至 220.00 m 后测值基本保持在安装高程不变。

四、小结

塔基渗压计测值主要受库水位影响变化，最大值在 221.66 ~ 260.40 m，略低于上游水位，变幅为 50 ~ 70 m。塔架渗压计测值过程线较为光滑，一般随水位变化，有明显的规律性，观测精度满足分析要求。当库水位高于仪器安装高程时，能准确反映测点处渗压水位的变化情况。塔架动水压力渗压计部分测点位于库水位以上，测值变幅较小。在高水位期间，当库水位超过其安装高程时，其测值随库水位变化影响较大。

第五节　塔基应力及塔内温度监测分析

一、监测布置

在 1 号、2 号、3 号发电塔塔基的上下游边界附近和塔基中部各埋设 3 支土压力计，共 9 支土压力计，编号分别为 PI3 - 1 ~ PI3 - 9，以观测塔基实际承受的总压力。仪器均埋设在各塔基的中心线上。另外，为对灌溉塔体作用在 F_1 断层和作用在岩基上的作用力进行比较，在灌溉塔基础的 F_1 断层以及岩基部位分别布设 2 支总压力盒进行塔基应力监测，点号分别为 PI3 - 12、PI3 - 14，PI3 - 11、PI3 - 13。

在 1 号孔板塔、2 号发电塔、2 号明流塔不同高程安装温度计共 76 支，监测混凝土的温度变化。其中,1 号孔板塔 14 支,编号为 T3 – K1 ~ T3 – K14;2 号发电塔 28 支,编号为 T3 – F1 ~ T3 – F28;2 号明流塔 34 支,编号为 T3 – M1 ~ T3 – M34。

在 1 号孔板塔、2 号发电塔、2 号明流塔不同部位安装应变计 15 支和无应力计 5 支,监测混凝土的应力。其中,1 号孔板塔 2 支,编号分别为 S3 – K1、S3 – K2,相应的无应力计 1 支,编号为 N3 – K1;2 号发电塔 9 支,编号分别为 S3 – F1 ~ S3 – F9,相应的无应力计 3 支,编号为 N3 – F1 ~ N3 – F3;2 号明流塔 4 支,编号分别为 S3 – M1 ~ S3 – M4,相应的无应力计 1 支,编号为 N3 – M1。

发电塔塔基 9 支土压力计 PI3 – 1 ~ PI3 – 9 分别于 1996 年 9 ~ 11 月开始观测,人工观测到 2002 年 3 月 19 日停止,2002 年 4 月 12 日开始进行自动化观测。灌溉塔总压力盒 PI3 – 11、PI3 – 12、PI3 – 13、PI3 – 14 于 1996 年 6 ~ 7 月开始观测,人工观测到 2002 年 5 月 14 日停止,2002 年 5 月 19 日开始进行自动化观测。上述仪器人工观测频率为每周一次,自动化观测频率为每天一次。

1 号孔板塔、2 号发电塔、2 号明流塔的内部温度计陆续从 1997 年 1 月至 2001 年 1 月开始观测。初期频率为 1 到 2 周观测一次,后期基本为每月观测一次。

1 号孔板塔、2 号发电塔、2 号明流塔应变计和无应力计从 1997 年 2 ~ 9 月开始观测,观测频率基本为每周一次。

二、总压力盒监测分析

发电塔塔基总压力盒 PI3 – 1、PI3 – 3、PI3 – 9 和灌溉塔总压力盒 PI3 – 11 ~ PI3 – 14 测值过程线见图 6.5.1,其测值拉为正、压为负。

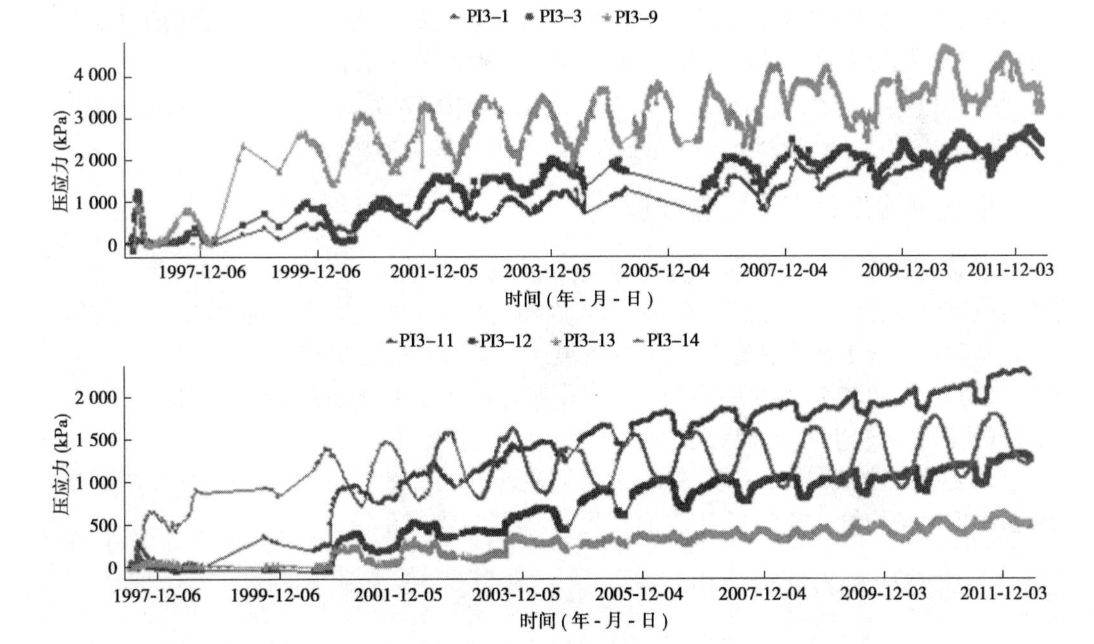

图 6.5.1　总压力盒测值过程线

（1）从过程线看，各测点测值呈年周期性变化规律，测值主要表现为受压，表明温度升高时压应力增加，温度降低时压应力减小，说明外界温度条件对其影响较大。

（2）13 支总压力盒测值受拉最大值在 -56.17 ~ -9.88 kPa（均发生在埋设初期），受压最大值在 2 087 ~ 4 206.02 kPa。

（3）将总压力盒实测应力与设计值进行对比，根据设计单位提供的资料，发电塔在建成无水状态下总压力为 407 475 t，按发电塔底板 60.0 m × 48.3 m 面积计算，发电塔平均压应力在该工况下为 1 379.34 kPa。在 275.00 m 水位及事故闸门关闭有淤沙工况下计算总压力为 545 572 t，平均压应力为 1 846.81 MPa。由此可计算塔基平均计算压应力应在 1 379.34 ~ 1 846.81 kPa。1 号发电塔 PI3 - 1 ~ PI3 - 3 的最大测值为 1 508 ~ 2 743 kPa，与设计值较接近。除 PI3 - 6、PI3 - 9 测值稍大外，其余均远小于设计值。经考证，发电塔基础总压力盒的量程均为 500 psi（3 445 kPa），PI3 - 6 的最大测值 4 206 kPa，PI3 - 9 的最大测值 4 673 kPa，均超出量程，需要对该仪器或自动化采集做进一步考证。

（4）灌溉塔按无水和正常蓄水位两种工况计算，底板面积 16.8 m × 15.5 m（宽度 15.5 m 未包括伸向岸坡的平台部分），高程取 200.00 m，平均计算压应力分别为 3 221.55 kPa 和 4 711.92 kPa。实际 PI3 - 11 ~ PI3 - 14 最大测值分别为 2 292 kPa、1 316 kPa、620.3 kPa、1 776 kPa，远小于设计值，估计与实际基础形状为台阶状有关。

（5）目前 PI3 - 1、PI3 - 11、PI3 - 12 压应力有缓慢增大趋势，需要加强观测。

总体而言，现阶段基础应力测值基本在设计范围内，塔基应力情况总体良好。

三、钢筋计观测资料分析

塔架钢筋计埋设初期拉应力较大，后期表现为明显的年周期性变化，受力随温度升高而向受压发展，随温度降低而向受拉发展，符合一般的受力规律。

运行期 R3 - F1 最大拉应力在 10 MPa 以内，最大压应力在 -45.0 MPa 以内。R3 - F2 在后期应力测值比同期的 R3 - F1 测值小约 15 MPa，且均为压应力。

四、内部温度计观测资料分析

（1）内部温度计一般初期温度较高，主要受施工期混凝土水化热的影响，然后有一缓慢降低过程。后期部分测点具有明显的年周期变化，变幅较大，相位基本与气温变化一致，这些测点一般更靠近混凝土表面，受气温或水温影响较为明显；部分测点年周期性变化不太明显，变幅较小，相位一般较气温变化滞后半年，这些测点一般靠近混凝土内部，受气温或水温影响较小且有滞后性。

（2）温度最小值在 1.9 ~ 14.5 ℃，最大值在 20.1 ~ 42.8 ℃，所有测点后期变幅都较为稳定，温度年平均值一般在 15 ℃左右变化，温度场基本趋于稳定。

五、应变计观测资料分析

1 号孔板塔、2 号发电塔、2 号明流塔单向应变计 S3 - K2 实测应变变幅为 -105.50 ~ 5.9 $\mu\varepsilon$，S3 - M4 实测应变范围在 -40 ~ 16.8 $\mu\varepsilon$，表明塔内混凝土大部分处于受压状态。

六、小结

进水塔基础总压力基本在设计范围之内,塔基渗流性态正常。从塔体混凝土内部温度计测值来看,内部温度场已趋于稳定。发电塔混凝土应变和钢筋计应力大部分处于受压状态,混凝土应力状况良好。

第七章　出水口高边坡监测分析

第一节　监测布置

出水口边坡基本上是顺向坡，岩性和水文地质条件均低于进水口边坡，结构面分布比较密集，对岩体的切割较严重。边坡存在顺岩层或结构面滑动的可能。部分区域由于岩石比较破碎，亦存在沿圆弧滑裂面失稳的可能。因此，出水口边坡的监测应是重中之重。工程部门在出水口边坡埋设如下监测仪器。

(1)内部变形监测。

多点位移计 13 孔共 65 个测点，编号为 BX7－1～BX7－6、BX7－21、BX7－23～BX7－25、BX7－28、E1 和 E2，其中 BX7－28、E1 和 E2 为水平向钻孔，其余均为斜向钻孔。

(2)水平位移监测。

测斜管 VI7－2、VI7－3 和 VI7－4。

(3)预应力锚索张力监测。

锚索测力计 19 支，编号为 PR7－26～PR7－44。

(4)渗透水压力监测。

消力塘排水廊道及边坡坡脚共安装渗压计 23 支，编号为P7－1～P7－6、P7－10、P7－11、P7－15、P7－16、P7－20、P7－21、P7－25、P7－26、P7－30～P7－32、P7－43～P7－48。

第二节　变形监测分析

一、Ⅰ区位移监测分析

Ⅰ区有如下位移观测仪器：多点位移计 BX7－1、BX7－2、BX7－21 和测斜仪 VI7－2。多点位移计各测点测值过程线见图 7.2.1。

(一)多点位移计 BX7－1

该测点从 1996 年 2 月 17 日开始施测。至 1996 年 8 月 5 日，数据曲线上升很快，上升了 6～9 mm；1996 年 8 月 5 日开始增长变缓，到 2004 年 12 月 27 日测值趋于稳定，但 2004 年 12 月 27 日之后测值跳动明显，至 2010 年 7 月 10 日停测。从 1996 年 8 月至 2004 年 12 月数据来看，边坡体位移已趋于稳定，所监测部位岩体是稳定的。

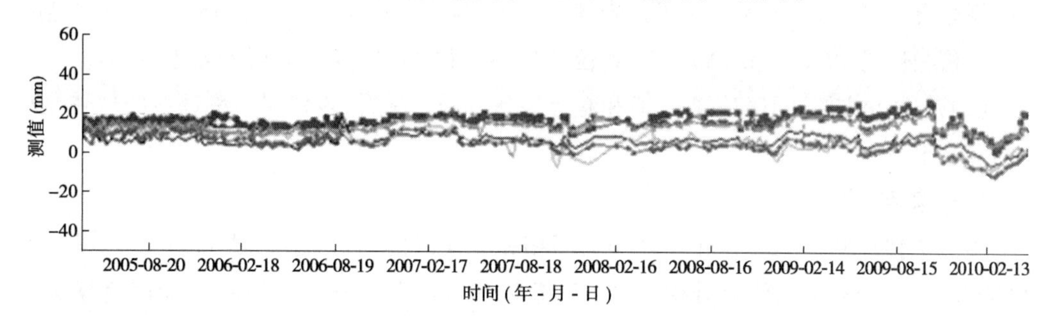

BX7-2-1 BX7-2-2 BX7-2-3 BX7-2-4 BX7-2-5 BX7-2-6
测值 (mm)
12
10
8
6
4
2
0
2001-12-05 2002-12-05 2003-12-05 2004-12-04 2005-12-04 2006-12-04 2007-12-04 2008-12-03 2009-12-03
时间 (年 - 月 - 日)

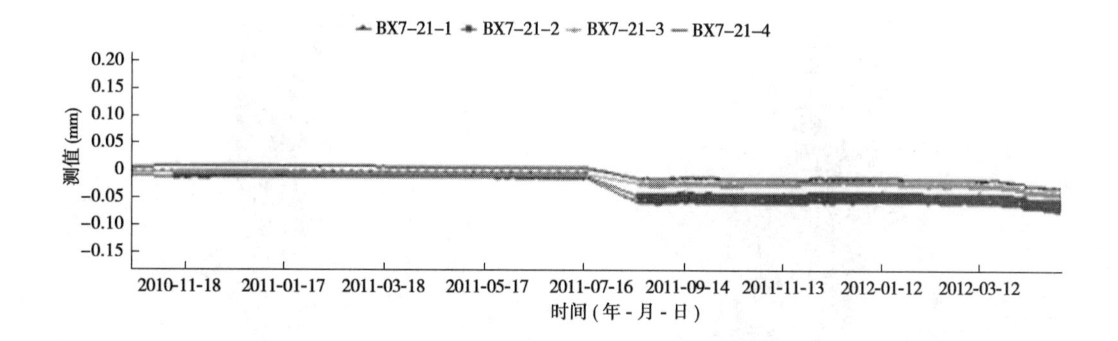

图 7.2.1 Ⅰ区多点位移计各测点测值过程线

(二)多点位移计 BX7－2

(1)多点位移计 BX7－2 位于 2 号导流洞和 2 号排沙洞之间,孔底高程为 132.00 m,共有 6 个测点,从 1996 年 5 月 8 日施测,至 1998 年 3 月 30 日位移增长较快,最快的为孔口处 BX7－2－1 和 BX7－2－2,分别增加了 6.15 mm、5.45 mm,其他 4 支增加 1.8～3 mm。从 1998 年 3 月 30 日至 2006 年 6 月 29 日增长缓慢,BX7－2－1 和 BX7－2－2 位移增加至 10.5 mm、8.95 mm,之后位移已经趋于稳定。

(2)从各测点测值的空间分布关系看,各测点测值量值和走势之间的关系与边坡变形的规律符合得很好,表现为孔口处岩体位移大,越往深处位移越小。BX7 -2 -1 测点最大的位移测值为 10.6 mm,BX7 -2 -5 位移最小,测值为 3.45 mm,属安全范围内。

(3)从多点位移计 BX7 -2 测值和趋势性各方面情况看,该仪器监测部位的岩体是稳定的。

(三)多点位移计 BX7 -21

多点位移计 BX7 -21 位于边坡与大坝相邻部分,共有 4 个测点,从 1997 年 11 月 2 日开始施测。初期数据曲线上升很快;1997 年 12 月 11 日起开始增长变缓,2011 年 7 月之前缺失数据,目前已经趋于稳定,测值基本维持在 -0.3 ~0.45 mm,量值很小,对边坡安全没有影响,岩体是稳定的。

(四)测斜仪 VI7 -2

测斜仪 VI7 -2 位移分布图见图 7.2.2。由图可知,VI7 -2 测值过程线振荡变化较激烈,但无明显趋势性变化。选取典型日绘制全管位移测值分布曲线。各分布曲线形态良好,基本符合边坡开挖变形规律,可以看出边坡岩体是稳定的。

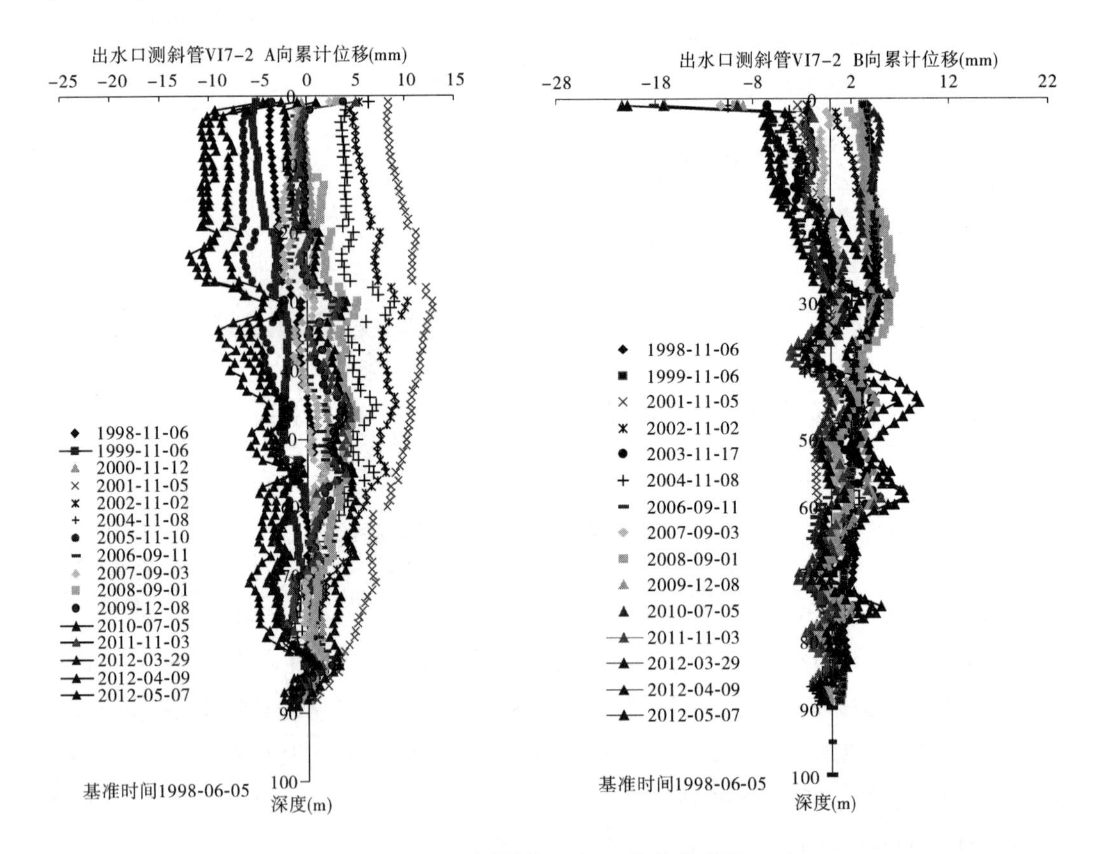

图 7.2.2 测斜仪 VI7 -2 位移分布图

二、Ⅱ区位移监测分析

Ⅱ区有如下位移观测仪器：多点位移计 BX7 -3、BX7 -4、BX7 -23、BX7 -24、BX7 -28、E1、E2 和测斜仪 VI7 -3、VI7 -4。多点位移计各测点测值过程线如图 7.2.3 所示。

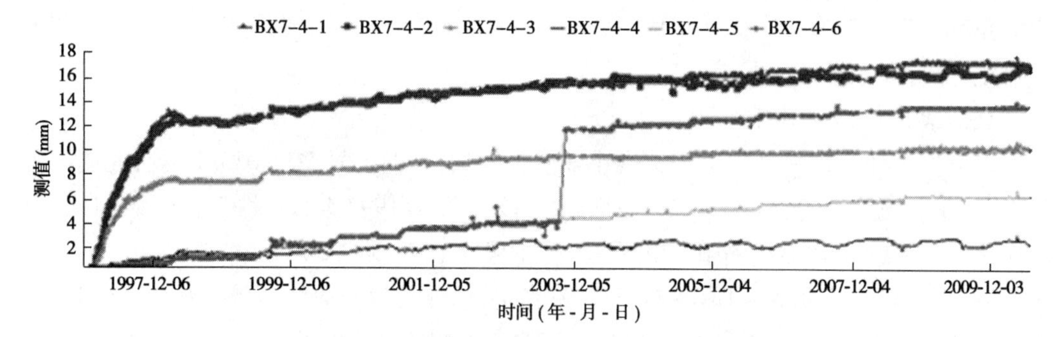

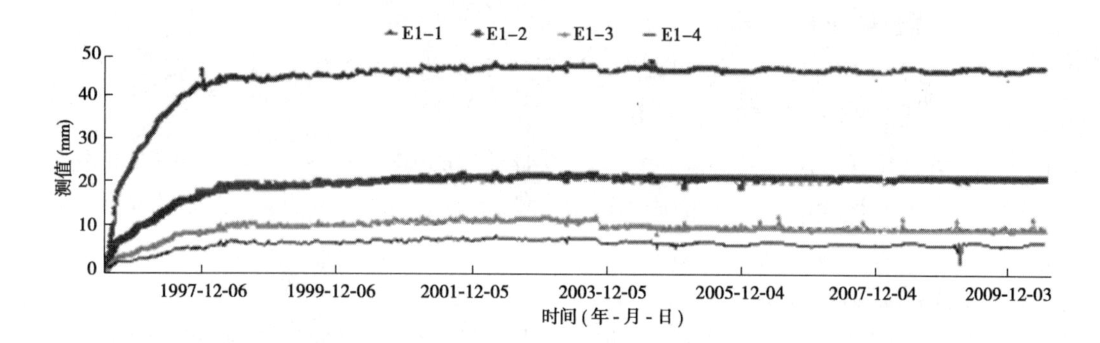

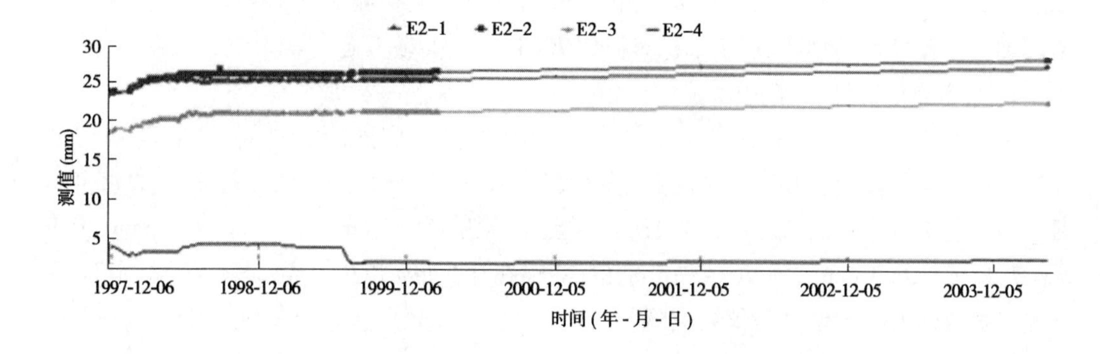

图 7.2.3　Ⅱ区多点位移计各测点测值过程线

(一)多点位移计 BX7 -4

多点位移计 BX7 -4 安装于 3 号排沙洞左侧，孔底高程为 134.50 m，安装角度为 15°，共 6 个测点，从 1997 年 1 月 13 日开始施测。

初期位移增加较快，至 1998 年 3 月 9 日孔口的 BX7 -4 -1 ~ BX7 -4 -3 位移分别增加至 13.15 mm、12.85 mm、7.8 mm，之后仍有一定的缓慢增长，BX7 -4 -1 ~ BX7 -4 -3

从 1998 年 3 月至目前,岩石蠕变位移为 0. 29 mm/年、0. 31 mm/年、0. 18 mm/年,这种长时间的增长蠕变对边坡稳定不利,需要加强观测。

(二)多点位移计 BX7 - 23

多点位移计 BX7 - 23 安装于 2 号明流洞与 3 号导流洞之间,孔底高程为 119. 00 m,安装角度为 75°,共有 4 个测点。从 1997 年 11 月 3 日开始施测,但其测值剧烈波动,测值不稳定,分析参考意义较小。

(三)多点位移计 BX7 - 24

多点位移计 BX7 - 24 安装于 2 号中隔墙轴线位置,即桩号 P0 + 053. 15 处,孔底高程约 118. 00 m,安装角度为 45°,共 5 个测点。该仪器从 1997 年 11 月 3 日开始施测,至 2010 年 7 月 31 日,各测点测值变化平稳,基本维持在 5. 0 ~ 7. 6 mm,变幅在 0. 3 mm 以下。到 2010 年 8 月之后,测值波动剧烈,不稳定,估计是仪器故障所致。从 2010 年 7 月之前的数据可以看出,BX7 - 24 位移较小,所观测的岩体是稳定的。

(四)多点位移计 E1

多点位移计 E1 安装于 2 号中隔墙上方,孔底高程约为 152. 0 m,水平向安装。E1 共有 4 个测点,从 1996 年 7 月 15 日开始施测。

E1 初期位移增加较快,至 1997 年 12 月 6 日孔口的 BX7 - 4 - 1 ~ BX7 - 4 - 2 位移分别增加至 41 mm、20 mm,之后测值变化趋于平稳,变幅在 0. 5 mm 以内,岩体蠕变无趋势性变化,表明所观测的岩体是稳定的。

(五)多点位移计 E2

多点位移计 E2 安装于 3 号排沙洞与 3 号明流洞之间,水平向安装,孔底高程 161. 00 m。E2 共有 4 个测点,从 1996 年 7 月 12 日开始施测。从初测时到 1997 年 12 月 6 日测值增加较快,之后测值变化趋于平稳。但到 2004 年 4 月 26 日已停测。

(六)多点位移计 BX7 - 28

多点位移计 BX7 - 28 安装于 2 号中隔墙轴线与 3 号排沙洞之间,孔底高程约为 162. 0 m,水平向安装。共有 6 个测点,从 1997 年 2 月 17 日开始施测。初测至 1998 年 6 月 19 日,各测点位移测值均稳定增长,各测点位移为 15. 7 mm、15. 7 mm、16. 9 mm、10. 9 mm、7. 15 mm、6. 3 mm,之后测值趋于平稳,变幅在 0. 5 mm 以内。至 2001 年 12 月 29 日开始,测值波动剧烈,估计是仪器故障所致。

(七)测斜仪 VI7 - 3、VI7 - 4

测斜仪 VI7 - 3 埋设在 2 号中隔墙与 3 号排沙洞之间,孔顶高程为 170. 00 m,共有 78 个测点。典型日位移分布图见图 7. 2. 4。VI7 - 3、VI7 - 4 测值过程线无明显趋势性变化,最大位移分别为 11. 3 mm、35 mm。选取典型日绘制全管位移测值分布曲线。各分布曲线的形态良好,基本符合边坡开挖变形的规律,测斜仪 VI7 - 3 各测点位移水平较小,可以看出边坡岩体是稳定的。

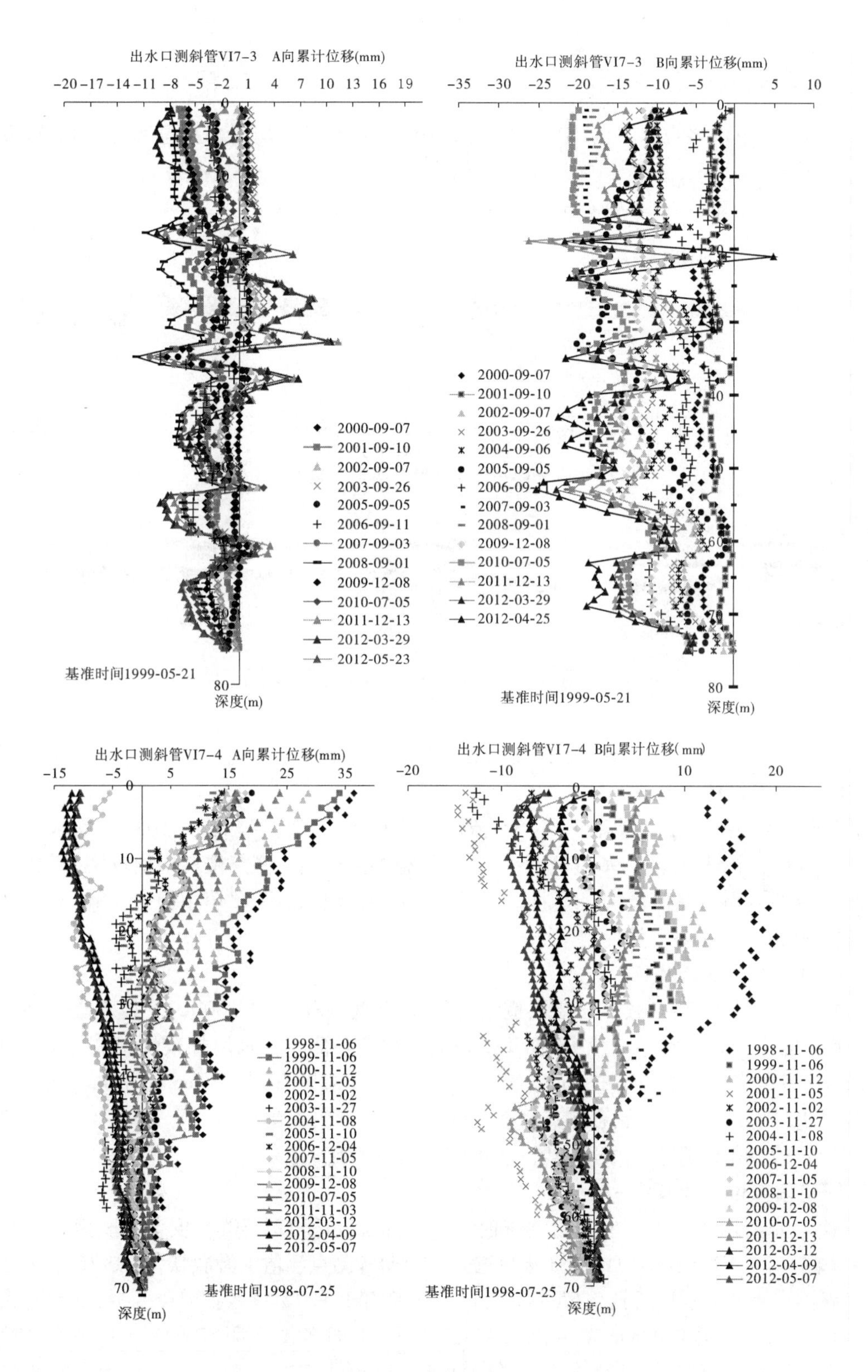

图 7.2.4 Ⅱ区测斜仪典型日位移分布图

三、Ⅲ区位移监测分析

Ⅲ区有如下位移观测测点:BX7－5、BX7－6 和 BX7－25,均为多点位移计,测值过程线见图 7.2.5。

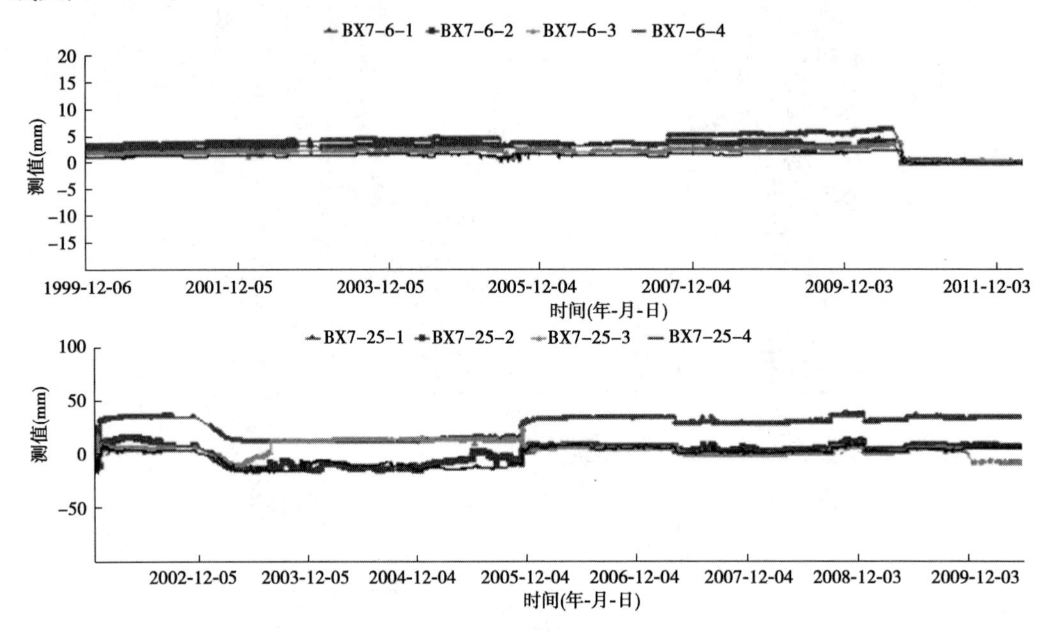

图 7.2.5　Ⅲ区多点位移计测值过程线

(一)多点位移计 BX7－25

多点位移计 BX7－25 安装于 3 号明流洞轴线位置,孔底高程约 117.00 m,安装角度为45°,共有 6 个测点,自 1996 年4 月 17 日开始施测。初期各测点位移增加较快,到 1999 年 7 月 19 日各测点测值增长变缓,但至 2001 年 12 月 2 日之后,测值不稳定,并伴有一定的缓慢增长趋势,需要加强观测。

(二)多点位移计 BX7－5

多点位移计 BX7－5 安装于溢洪道轴线位置,孔底高程为 127.30 m,安装角度为45°。共有 6 个测点,从 1996 年 4 月 17 日开始施测。初期各测点位移增加较快,到 1997 年 9 月 27 日,各测点分别增加了 11 mm、10.7 mm、7.35 mm、4.9 mm、3.25 mm、1.4 mm,从各测点测值的空间分布关系来看,各测点位移大小与边坡变形的规律基本一致。1997 年 9 月 27 日之后,测值变化趋于稳定,表明所监测部位的岩体是稳定的。

(三)多点位移计 BX7－6

多点位移计 BX7－6 安装于溢洪道轴线左侧,孔底高程 127.30 m,安装角度为 30°,共有 4 个测点,从 1996 年 12 月 14 日开始施测。初期各测点测值上升较快,到 1997 年 9 月 15 日各测点测值一般增长到 0.55 ~ 2.25 mm,1997 年 9 月 15 日之后增长变缓,呈台阶式跳动上升,每次上升 0.4 mm 左右,至 2010 年 8 月 20 日各测点测值增长至 1.53 ~ 5.98 mm,之后测值大幅降低。从总体上看,各测点位移测值均在安全范围内。出现台阶式跳升的现象和 2010 年 8 月 20 日之后测值大幅降低现象,估计是仪器故障所致。

四、小结

Ⅰ区多点位移计各测点测值量值和走势之间的关系与边坡变形的规律符合得很好，表现为孔口处岩体位移大，越往深处位移越小。个别测点 BX7－2－1 和 BX7－2－2 位移前期虽有所增大，但后期位移趋于稳定。

Ⅱ区 3 号排沙洞左侧的多点位移计 BX7－4 位移初期增加较快，之后仍有一定的缓慢增长，BX7－4－1～BX7－4－3 从 1998 年 3 月至目前，岩石蠕变位移为 0.29 mm/年、0.31 mm/年、0.18 mm/年，长时间的增长蠕变对边坡稳定不利，建议加强观测。其他部位测斜仪测值后期变化趋于平稳，岩体蠕变无趋势性变化，表明所观测的岩体是稳定的。

Ⅲ区 3 号明流洞轴线位置 BX7－25 初期各测点位移增加较快，到 1999 年 7 月 19 日各测点测值增长变缓，但至 2001 年 12 月 2 日之后，测值不稳定，并伴有一定的缓慢增长趋势，建议加强观测。其他部位测点初期位移增加较快，后期测值变化趋于稳定，表明所监测部位的岩体是稳定的。

总体来看，岩石蠕变已接近或者进入尾声，但仍有部分测点的时效位移还在上升，建议继续加强观测。

第三节　锚索应力监测分析

一、Ⅰ区锚索应力监测分析

Ⅰ区有如下锚索测力计：PR7－26、PR7－27、PR7－28、PR7－29 和 PR7－30。其测值过程线见图 7.3.1，各测点测值特征值见表 7.3.1。

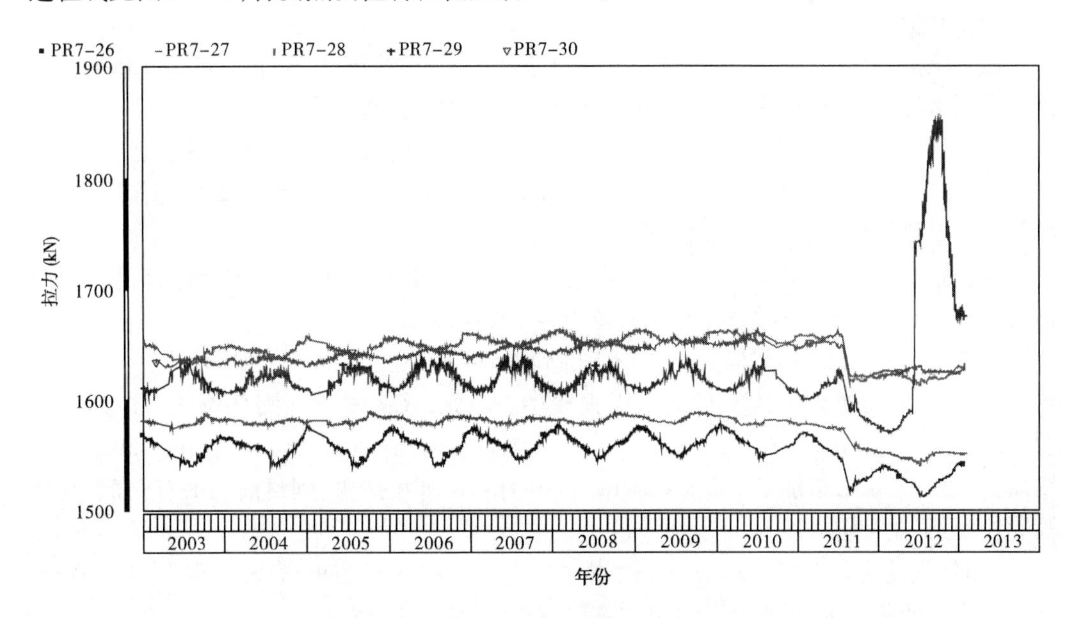

图 7.3.1　出水口边坡锚索测力计测值过程线

表 7.3.1　锚索测力计测值特征值(PR7－26～PR7－30)

测点号	测值时段 (年-月)	最大值(kN)	最大值日期 (年-月-日)	最小值(kN)	最小值日期 (年-月-日)
PR7－26	2003-01～2013-04	1 577.98	2010-01-12	1 511.96	2012-07-21
PR7－27	2003-01～2013-04	1 589.94	2005-10-05	1 539.22	2012-07-05
PR7－28	2003-01～2013-04	1 665.37	2010-02-15	1 612.26	2012-07-03
PR7－29	2003-01～2013-04	1 851.3	2012-10-07	1 570.26	2012-02-14
PR7－30	2003-01～2013-04	1 662.57	2010-06-27	1 618.48	2011-12-26

(1)锚索测力计 PR7－26 位于1号中隔墙上方,1号中隔墙轴线略左侧,安装高程为135.00 m。该锚索测力计从1996年6月19日开始施测,初测拉力为1 580 kN。

除1997年11月17日至12月18日测值达到最高值1 600 kN外,之后PR7－26测值呈现明显的周期性特点,说明锚索拉力的变化主要受季节温度变化的影响。年变幅为35 kN左右,2011年7月20日之后预应力快速衰减,但从其他多个锚索测力计看,都是同一天发生测值突变,估计是测量系统故障所致,建议核实和检查。因此,从测值可以看出,该锚索所观测的部位岩体是稳定的。

(2)锚索测力计 PR7－27 位于2号导流洞正下方,安装高程为125.00 m。该锚索测力计从1996年7月22日开始施测,初测拉力为1 630 kN。

1996年7月30日,锚索拉力测值下降到1 580 kN,之后PR7－27的测值均在这一水平波动,年变幅12 kN左右,锚索拉力测值稳定,预应力损失不大。2011年7月20日之后,预应力快速衰减,原因同PR7－26,估计是观测系统故障所致。因此,该锚索所观测的部位岩体是稳定的。

(3)锚索测力计 PR7－28 位于2号导流洞与2号排沙洞之间,安装高程135.00 m。该锚索测力计从1996年6月26日开始施测,初测拉力为1 620 kN。

1996年8月8日,锚索拉力测值下降到1 570 kN,之后重心呈稳步上移趋势,并且呈现年周期性变化,最大值为1 665.37 kN,年变幅为10 kN左右,说明锚索发挥作用较大,但其仍有上移趋势,须对此加强监测。

(4)锚索测力计 PR7－29 位于2号排沙洞下方,安装高程为135.00 m。该锚索测力计从1996年6月26日开始施测,初测拉力为1 620 kN。

1996年12月26日,锚索拉力测值下降到1 574 kN。之后测值规律同PR7－26,呈年周期性变化,年变幅为30 kN,预应力损失较小。因此,该锚索所观测部位的岩体是稳定的。PR7－29在2012年6月出现了拉力迅速增大现象,到2012年10月,由1 599.3 kN增加到1 851.3 kN,增加了252 kN,2012年10月后又开始减少,到目前的1 738 kN,变化幅度较大,正在密切关注。

(5)锚索测力计 PR7－30 位于2号排沙洞与2号明流洞之间,安装高程为147.00 m。该锚索测力计从1996年6月8日开始施测,初测拉力为1 600 kN。

1996年8月8日,锚索拉力测值下降到1 574 kN,测值规律同PR7－28,年变幅为18

kN 左右。

二、Ⅱ区锚索测力计监测分析

Ⅱ区设置如下锚索测力计：PR7－31、PR7－32、PR7－33、PR7－34、PR7－35、PR7－41、PR7－42、PR7－43 和 PR7－44。其测值过程线见图 7.3.2。各测点测值特征值见表 7.3.2。

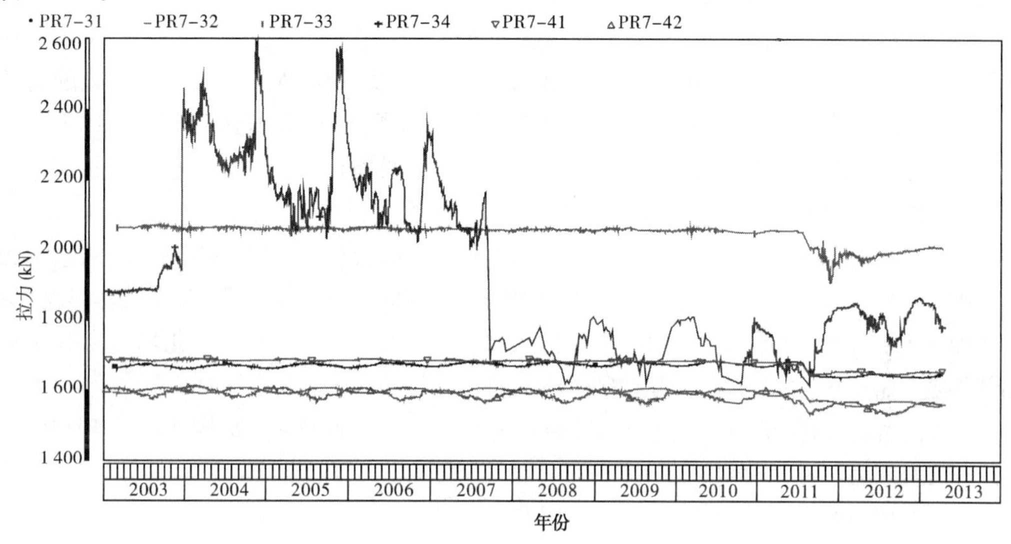

图 7.3.2 出水口边坡锚索测力计测值过程线

表 7.3.2 锚索测力计测值特征值(PR7－31 ～PR7－34、PR7－41、PR7－42)

测点号	测值时段 (年-月)	最大值(kN)	最大值日期 (年-月-日)	最小值(kN)	最小值日期 (年-月-日)
PR7－31	2003-01～2013-04	1 684.76	2010-06-23	1 637.41	2012-01-09
PR7－32	2003-01～2013-04	1 608.43	2008-09-29	1 556.76	2012-04-07
PR7－33	2003-01～2013-04	2 069.08	2003-08-31	1 905.95	2011-11-20
PR7－34	2003-01～2013-04	2 598.12	2004-11-13	1 615.05	2011-08-18
PR7－41	2003-01～2013-04	1 688.37	2005-03-15	1 643.71	2011-09-01
PR7－42	2003-01～2013-04	1 612.49	2004-02-11	1 531.56	2012-07-30

(1)锚索测力计 PR7－31 位于 2 号明流洞下方，2 号明流洞轴线上，安装高程为 135.00 m。该锚索测力计从 1996 年 7 月 18 日开始施测，初测拉力为 1 660 kN。1996 年 9 月 12 日，锚索拉力测值下降到 1 610 kN，之后 PR7－31 的测值变化不大，年变幅为 10 kN，测值稳定，预应力损失较小，表明所观测部位的岩体是稳定的。

(2)锚索测力计 PR7－32 位于 2 号明流洞下方，2 号明流洞轴线上，安装高程为 125.00 m。该锚索测力计从 1996 年 8 月 13 日开始施测，初测拉力为 1 630 kN。PR7－32

的测值基本围绕初值上下波动，变幅为10 kN，测值稳定，预应力损失较小，表明所观测部位的岩体是稳定的。

(3)锚索测力计PR7－33位于3号导流洞下方洞轴线上，安装高程为128.00 m。该锚索测力计从1997年2月24日开始施测，初测拉力为2 040 kN。1997年2月26日，锚索拉力测值下降到1 990 kN。之后，PR7－33的测值变幅为10 kN左右，测值稳定，预应力损失较小，表明所观测部位的岩体是稳定的。

(4)锚索测力计PR7－34位于3号排沙洞下方洞轴线上，安装高程为135.30 m。该锚索测力计从1997年3月19日开始施测，初测拉力为1 690 kN。初期锚索拉力的迅速上升应为局部岩体与3号排沙洞相互作用产生的变形所致，最大值达到2 598.12 kN，在2007年拉力迅速减小到1 690 kN，随后开始呈有规律的周期性变化，变化幅度为200 kN左右，在2011年、2012年高水位期间有增大的趋势，但变化幅度不大。

(5)锚索测力计PR7－35位于3号排沙洞下方，安装高程为125.00 m。该锚索测力计从1997年3月23日开始施测，初测拉力为1 660 kN。1997年3月26日，锚索拉力测值快速上升到1 860 kN。之后PR7－35测值基本围绕1 850 kN波动，变化幅度为10 kN，测值稳定，预应力损失较小，表明所观测部位的岩体是稳定的。

(6)锚索测力计PR7－41位于3号排沙洞与2号中隔墙之间，安装高程约为156.00 m。该锚索测力计从1996年11月15日开始施测，初测拉力为1 640 kN。1996年11月20日，锚索拉力测值下降到1 610 kN，随后快速上升，1998年3月12日达到1 710 kN。之后PR7－41测值围绕1 690 kN波动，变化幅度为10 kN左右，测值变化基本稳定，预应力损失较小，表明所观测部位的岩体是稳定的。

(7)锚索测力计PR7－42位于2号中隔墙上方，2号中隔墙轴线处，安装高程约为165.00 m。该锚索测力计从1996年11月15日开始施测，初测拉力为1 600 kN。1997年1月20日，锚索拉力测值下降到1 550 kN，随后开始围绕1 580 kN呈幅度为20 kN的年周期性变化，测值变化基本稳定，预应力损失较小，表明所观测部位的岩体是稳定的。

(8)锚索测力计PR7－43位于3号排沙洞上方，安装高程约为165.50 m。该锚索测力计从1997年2月14日开始施测，初测拉力为1 680 kN。2001年12月5日以前的测值是正常的，之后测值大幅减小300 kN，且测值缺失较多，估计是仪器故障所致，不便于用此来分析岩体稳定性。

(9)锚索测力计PR7－44位于3号排沙洞与3号明流洞之间，安装高程约为155.00 m。该锚索测力计从1996年11月9日开始施测，初测拉力为1 670 kN。1998年4月15日迅速上升到1 820 kN，之后围绕1 810 kN呈幅度为10 kN的变化，测值变化基本稳定，预应力损失较小，表明所观测部位的岩体是稳定的。

三、Ⅲ区锚索测力计观测资料分析

Ⅲ区设置如下锚索测力计：PR7－36、PR7－37、PR7－38、PR7－39、PR7－40。其测值过程线见图7.3.3，各测点测值特征值见表7.3.3。

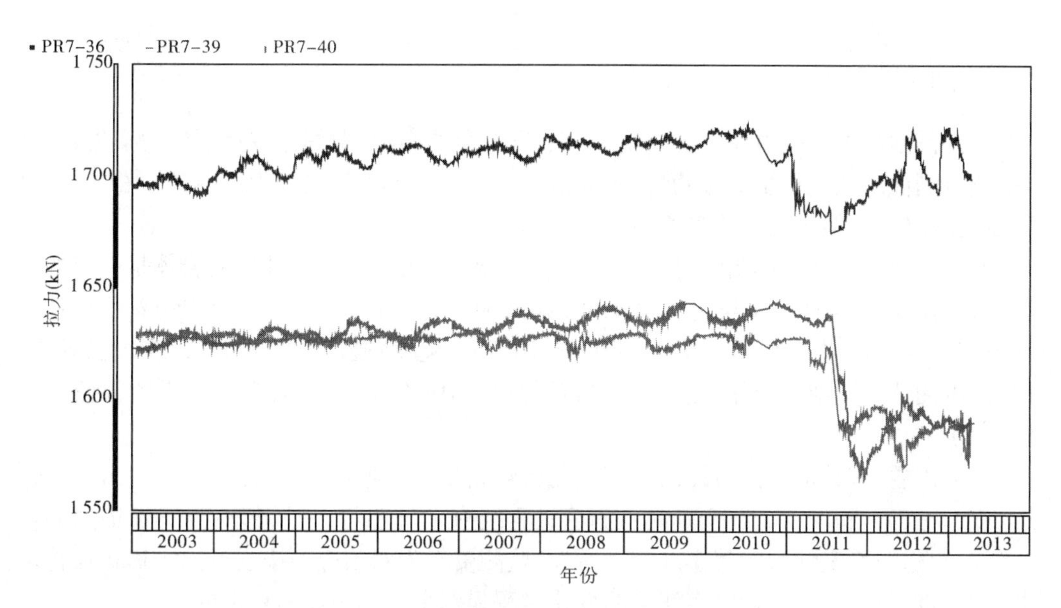

图 7.3.3　出水口边坡锚索测力计测值过程线

表 7.3.3　锚索测力计测值特征值(PR7－36、PR7－39、PR7－40)

测点号	测值时段(年-月)	最大值(kN)	最大值日期(年-月-日)	最小值(kN)	最小值日期(年-月-日)
PR7－36	2003-01～2013-04	1 766.87	2010-07-01	1 705.77	2011-07-12
PR7－39	2003-01～2013-04	1 664.89	2010-10-28	1 567.56	2011-12-16
PR7－40	2003-01～2013-04	1 651.19	2006-03-15	1 574.64	2013-04-01

(1)锚索测力计 PR7－36 位于 3 号明流洞与溢洪道之间,安装高程为 147.00 m。该锚索测力计从 1996 年 7 月 26 日开始施测,初测拉力为 1 660 kN。测值从 1998 年 12 月 6 日的 1 710 kN 至 2010 年 7 月 21 日的 1 760 kN,有逐步缓慢增大的趋势,2010 年拉力开始减小,由 1 766.87 kN 减小到 1 705.77 kN,2011 年后半年开始增长,增长到 1 764.12 kN,随后开始周期性往复变化,变化幅度较小,不影响岩体整体稳定。

(2)锚索测力计 PR7－39 位于溢洪道下方,安装高程为 153.00 m。该锚索测力计从 1996 年 6 月 24 日开始施测,初测拉力为 1 590 kN。前期呈微小的增长趋势,2011 年拉力开始减小,由 1 664.89 kN 减小到 1 567.56 kN,2011 年 12 月开始增长,增长到 1 603.08 kN,随后又呈微弱的减小趋势。

(3)锚索测力计 PR7－40 从 1996 年 10 月 12 日开始施测,初测拉力为 1 680 kN。测值变化基本维持在 1 650 kN 水平呈幅度为 10 kN 的周期性变化,测值变化相对稳定,预应力损失较小,表明所观测部位的岩体是稳定的。2011 年拉力开始减小,随后呈周期性往复变化。

这 3 个测点均未出现危险的测值,但近两年测值有较大波动,需严密观测其发展趋势。

四、小结

Ⅰ区锚索测力计拉力变化主要受季节温度变化的影响，大部分测点预应力损失较小。个别测点测值后期呈稳步上移趋势，最大值为 1 665.37 kN，年变幅为 10 kN 左右，说明锚索发挥作用较大，但对其上移趋势须加强监测。

Ⅱ区锚索测力计总体测值稳定，预应力损失较小，表明所观测部位的岩体是稳定的。

Ⅲ区位于 3 号明流洞与溢洪道之间，锚索测力计 PR7－36 从 1998 年 12 月 6 日的 1 710 kN，至 2010 年 7 月 21 日的 1 760 kN，测值有逐步缓慢增大的趋势，建议加强观测。其他测点测值呈周期性变化，测值变化相对稳定，预应力损失较小，表明所观测部位的岩体是稳定的。

总体来看，多数锚索测力计的测值变化已经稳定，且预应力损失较小，说明出水口边坡的变形也已经趋向稳定。个别测点测值过程线有上升趋势，是局部原因引发锚索的拉力增加，对边坡稳定性影响甚小。综上所述，监测资料表明预应力锚索对出水口边坡稳定加固起了重要的作用，锚索拉力测值的变化过程显示出水口边坡是稳定的。

第八章　消力塘监测分析

第一节　监测布置

消力塘为浇筑在开挖基岩表面的钢筋混凝土建筑，南北长 356 m，东西宽 165 m，底板高程 113.00 m，基岩面高程 110.0 m。中间有 25 m 高的钢筋混凝土隔墙直抵出水口边坡坡脚，形成Ⅰ区、Ⅱ区和Ⅲ区。出漫水处边墙高 22 m。监测仪器布置图见图 8.1.1。水库在高水位运行时，底板可能承受较大扬压力作用，同时消力塘边坡也将受到过高渗压的威胁。为此，沿池边和池底设有排水廊道与排水孔。底板上设有抗拔锚杆。观测项目主要有渗压和锚杆拉力。渗压计有 46 支，编号为 P7 - 1 ~ P7 - 32，P7 - 39 ~ P7 - 52。锚杆测力计有 25 支，编号为 RB7 - 1 ~ RB7 - 25。

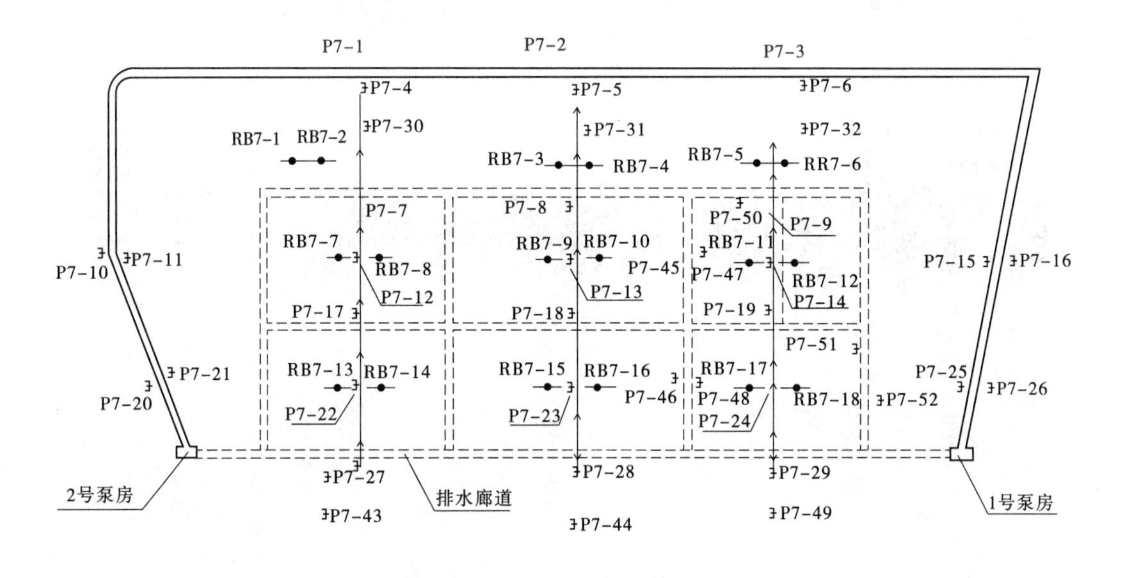

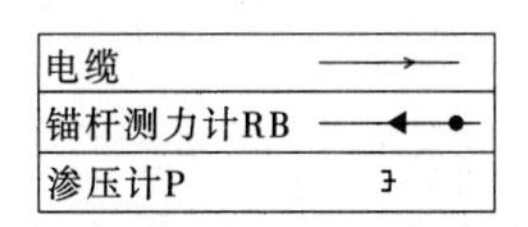

图 8.1.1　消力塘底板监测仪器布置图

第二节　位移监测分析

一、消力塘南隔墙视准线位移监测分析

南隔墙墙顶均匀间隔设置 9 个视准线测点，编号为 SA7－2－1～SA7－2－9。所观测为消力塘南隔墙顶部的 X 向和 Y 向位移，起测时间为 1997 年 10 月 19 日，起测点均为 0。各测点 X 向及 Y 向位移测值过程线如图 8.2.1 所示。

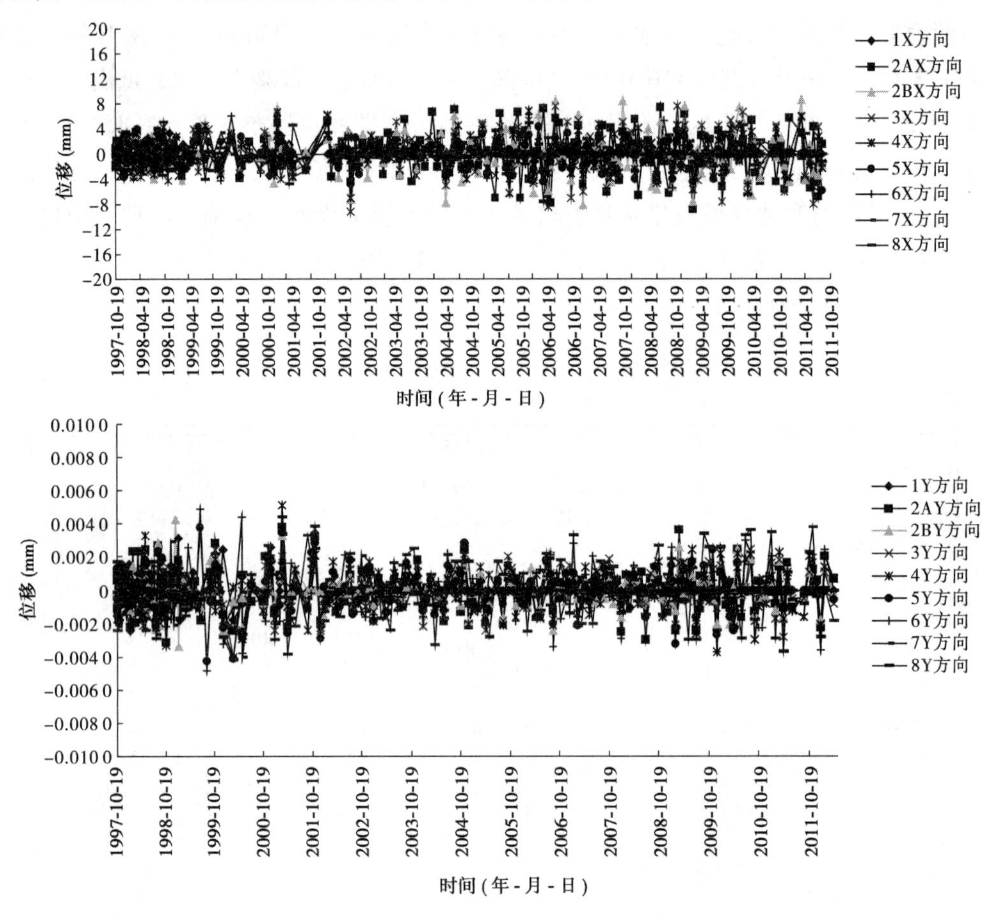

图 8.2.1　消力塘南隔墙视准线位移测值过程线

（一）X 向位移监测分析

各测点位移测值过程线形态良好。从空间分布形式上看，各测点位移测值之间的关系符合南隔墙荷载—变形模式变形的特点。位移测值最大（绝对值）的测点是位于南隔墙边部的 SA7－2－2、SA7－2－3，一般在－6～6 mm，位移测值最小（绝对值）的测点是位于边坡两端的 SA7－2－1 和 SA7－2－9 测点，测值在 0～0.01 mm。各测点位移测值的变化与上游库水位的变化无明显关系，各测点位移较小，测值变化平稳，无明显趋势性变化，测值均在结构安全范围内。

(二) Y 向位移监测分析

各测点位移测值过程线形态良好。从空间分布形式上看，各测点位移测值按从上游至下游方向递增分布。最大测值的测点为 SA7－2－2，测值为 0.004 mm，其他测点均在 0.002 mm 附近，测值均非常小，无明显趋势性变化，测值在结构安全范围内。

综上所述，消力塘南隔墙视准线位移观测情况表明消力塘南隔墙测点位移较小，测值稳定，其位移测值无明显趋势性变化，目前结构是安全的。

二、消力塘北隔墙视准线位移监测分析

北隔墙墙顶均匀间隔设置 7 个视准线测点，编号为 SA7－3－1 ~ SA7－3－7。所观测为消力塘北隔墙顶部的 X 向和 Y 向位移，起测时间为 1997 年 10 月 30 日，起测点均为 0。各测点 X 向及 Y 向位移测值过程线如图 8.2.2 所示。

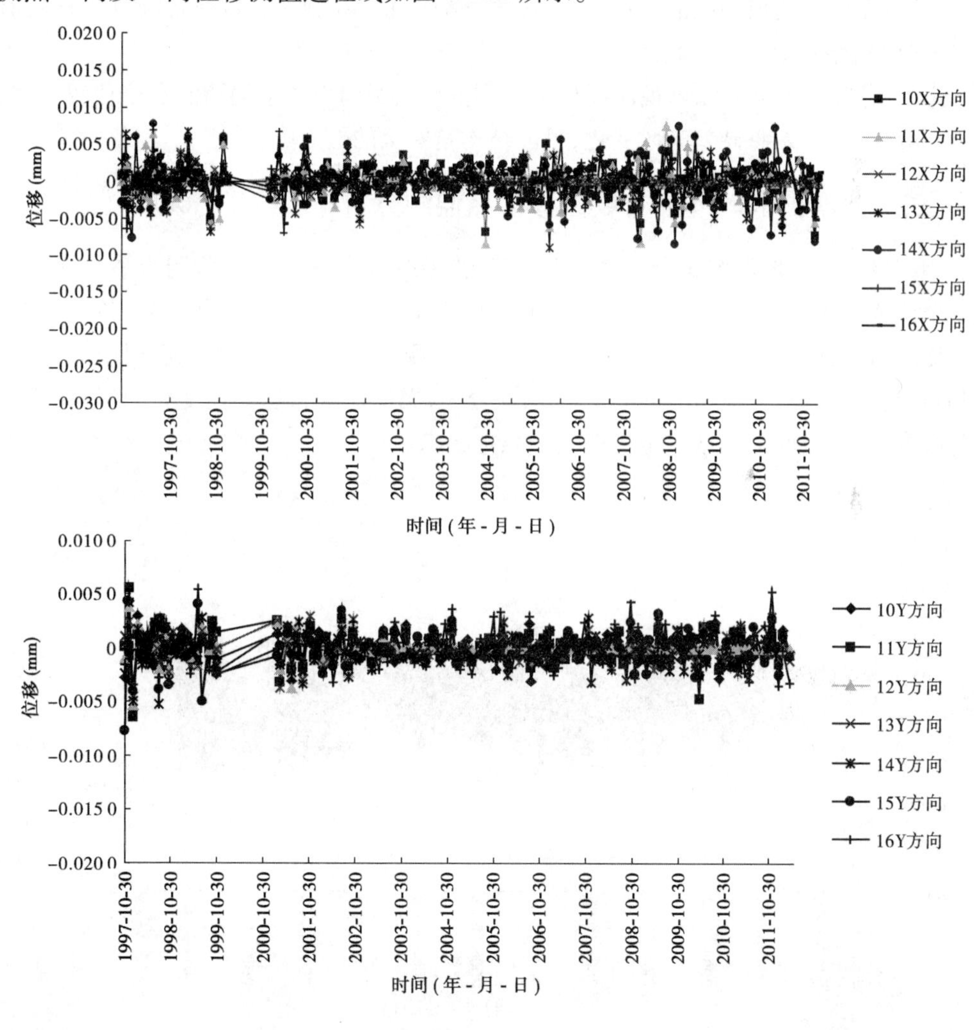

图 8.2.2　消力塘北隔墙视准线位移测值过程线

（一）X 向位移监测分析

从空间分布形式上看，各测点位移测值之间的关系符合北隔墙荷载—变形模式变形的特点。但各测点位移测值的变化与上游库水位的变化关系不明显。位移测值最大（绝对值）的测点是位于北隔墙中部的 SA7－3－13，位移为 0.005 mm，位移测值最小（绝对值）的测点是位于边坡两端的 SA7－3－10 和 SA7－3－16 测点。目前各测点位移量值较小（绝对值），结构处于安全状态。

（二）Y 向位移监测分析

从空间分布形式上看，各测点位移测值之间的关系符合北隔墙荷载—变形模式变形的特点。但各测点位移测值的变化与上游库水位的变化关系不明显。位移测值最大（绝对值）的测点是位于北隔墙中部的 SA7－3－13，位移为 0.004 mm，位移测值最小（绝对值）的测点是位于边坡两端的 SA7－3－10 和 SA7－3－16 测点。目前各测点位移量值较小（绝对值），结构处于安全状态。

综上所述，消力塘北隔墙视准线位移观测情况表明消力塘南隔墙测点位移较小，测值稳定，其位移测值无明显趋势性变化，目前结构是安全的。

三、消力塘出水口上游边坡位移标点监测分析

消力塘上游边坡设置 3 个位移标点，编号为 DZ7－1～DZ7－3，所测为消力塘上游边坡 3 个位置的 X、Y、Z 三向位移。自 1999 年 10 月 8 日起测，起测点均为 0。各测点 X 向、Y 向及 Z 向位移测值过程线如图 8.2.3 所示。各测点各方向位移测值过程线形态良好。各测点位移最大值均在 0.01 mm 以下，测值较小，无规律性和趋势性变化，测值在结构安全范围内，表明目前消力塘上游边坡处于稳定状态。

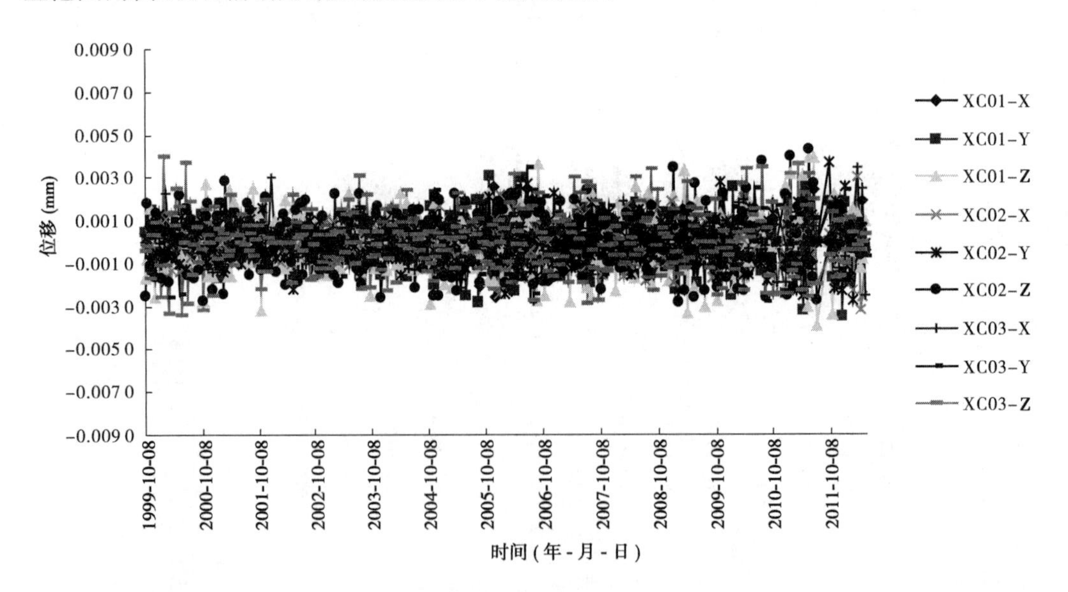

图 8.2.3　消力塘出水口上游边坡位移过程线

四、小结

消力塘南隔墙墙顶各测点位移 X 向（左右岸向）测值的变化与上游库水位的变化无明显关系，位移一般在 -6 ~ 6 mm，位移较小，测值变化平稳，无明显趋势性变化，测值在结构安全范围内。Y 向各测点位移按从上游至下游方向递增分布，测值均在 1 mm 以内，无明显趋势性变化，测值在安全范围内。

消力塘北隔墙墙顶各测点 X 向位移测值的变化规律同南隔墙，位移测值最大（绝对值）的测点是位于北隔墙中部的 SA7 - 3 - 13，各测点位移量值均在 1 mm 以内，结构处于安全状态。Y 向位移测值最大值测点是位于北隔墙中部的 SA7 - 3 - 13，各测点位移量值均在 1 mm 以内，结构处于安全状态。

消力塘上游边坡各测点各方向位移最大值均在 0.01 mm 以下，测值较小，无规律性和趋势性变化，测值在结构安全范围内。

综上，上游边坡位移标点的测值观测结果表明监测处位移量值较小，显示消力塘上游边坡是稳定的。消力塘南北隔墙上设置的视准线观测结果中的 X 向位移的变化过程和分布规律表明，南北隔墙的变形规律符合消力塘整体受荷变形的规律，Y 向位移的观测情况表明南北隔墙对消力塘上游边坡也发挥了一定的加固作用。同时，也表明消力塘南北隔墙自身是安全的，其对消力塘底板的加固作用发挥正常，目前结构是安全的。

第三节　消力塘锚杆应力监测分析

消力塘底板下设置 25 支抗拔锚杆，与之对应有 25 支锚杆测力计，编号为 RB7 - 1 ~ RB7 - 25，主要观测消力塘底板受扬压力作用拉动抗拔锚杆的锚杆拉力。

一、消力塘Ⅰ区锚杆测力计监测分析

Ⅰ区的锚杆测力计有 RB7 - 1、RB7 - 2、RB7 - 7、RB7 - 8、RB7 - 13、RB7 - 14、RB7 - 19。图 8.3.1 为Ⅰ区的锚杆测力计测值过程线。

（1）消力塘底板Ⅰ区的 7 支锚杆测力计测值过程线变化规律较好。

（2）除 RB7 - 1 及 RB7 - 2 外，其余测点的锚杆拉力测值均在 0 以下，即为压力。RB7 - 1 的测值在 0 上下波动。RB7 - 2 则始终为拉力，应力变幅区间在 50 ~ 149 kN，主要是该锚杆处于出水口边坡坡脚，受扬压力较大所致。

（3）RB7 - 7、RB7 - 8、RB7 - 13、RB7 - 19 各测点锚杆应力测值变幅均较小，呈现受压状态，变幅在 10 ~ 20 kN，而 RB7 - 14 变幅相对稍大，测值在 -20 ~ 30 kN 变化，但周期性特征明显，表明各对应的锚杆受荷的情况未发生根本性的变化。

目前，各测点锚杆应力测值均在其受压强度范围以内，RB7 - 2 无明显趋势性变化。综上，消力塘Ⅰ区锚杆工作基本正常，结构处于安全状态。

二、消力塘Ⅱ区锚杆测力计监测分析

Ⅱ区的锚杆测力计有 RB7 - 3、RB7 - 4、RB7 - 9、RB7 - 10、RB7 - 15、RB7 - 16、RB7 - 20、RB7 - 21、RB7 - 22。Ⅱ区的锚杆测力计测值过程线见图 8.3.2。

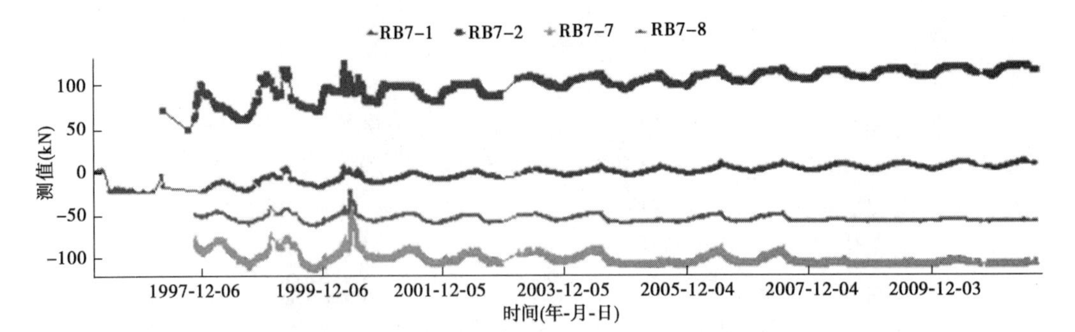

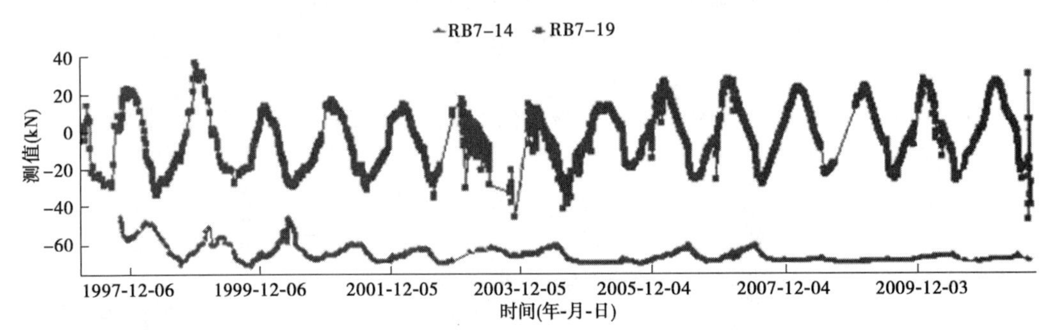

图 8.3.1　Ⅰ区的锚杆测力计测值过程线

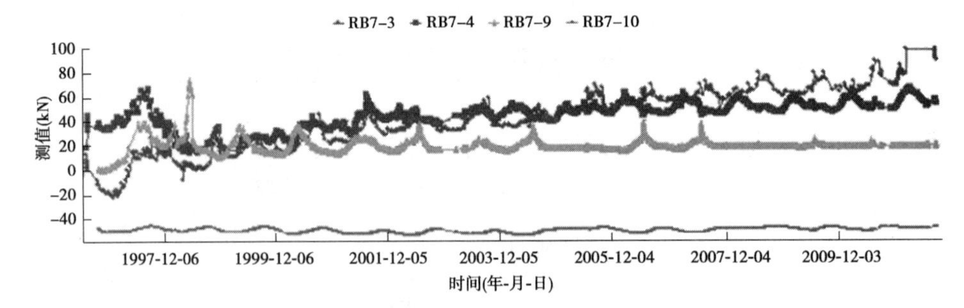

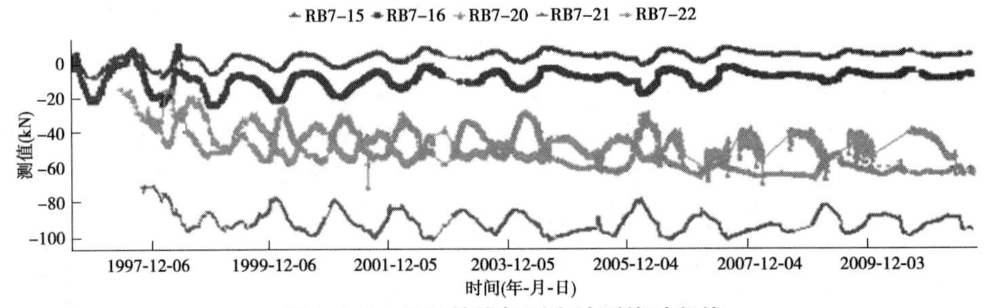

图 8.3.2　Ⅱ区的锚杆测力计测值过程线

(1)消力塘底板Ⅱ区的 9 支锚杆测力计测值过程线变化规律较好。

(2)RB7－3、RB7－4、RB7－9、RB7－15 处于受拉状态,而底边扬压力未有超过消力塘Ⅱ区底板重力及水重情况,可能是锚杆受底板局部沉降影响所致。

(3)RB7－10、RB7－16、RB7－20、RB7－21、RB7－22 处于受压状态,RB7－15 和 RB7－16 测值均在 0 附近,表明扬压力在该处基本与底板重力平衡。RB7－20、RB7－21、RB7－22 测值在－100～－40 kN,测值变幅稳定,表明测点处的扬压力水平较小。

综上所述，消力塘Ⅱ区锚杆工作基本正常，结构处于安全状态。

三、消力塘Ⅲ区锚杆测力计监测分析

Ⅲ区的锚杆测力计有 RB7－5、RB7－6、RB7－11、RB7－12、RB7－17、RB7－18、RB7－23、RB7－24、RB7－25。Ⅲ区的锚杆测力计测值过程线见图 8.3.3。

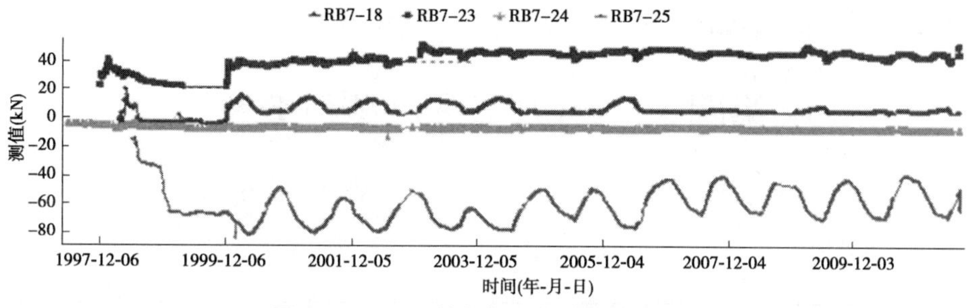

图 8.3.3　Ⅲ区的锚杆测力计测值过程线

（1）RB7－5 与 RB7－6 位于消力塘边坡坡脚，Ⅲ区轴线两侧。起测时锚杆应力测值表现为拉力，以后逐步下降。至 1999 年 12 月 6 日，RB7－5 和 RB7－6 测值逐步增大，截至 2012 年 5 月，两支锚杆拉应力增加 60 kN 和 40 kN，建议加强观测。

（2）RB7－11 与 RB7－12 位于后半池Ⅲ区轴线左侧，两者测值过程线变化规律一致。在初期两者过程线在 0 附近变化，RB7－11 在 2006 年 11 月 6 日之后测值突然下降到－118 kN，估计是仪器损坏所致。RB7－12 在 1998 年 7 月 17 日之后基本维持在－40 kN 压力附近波动。

（3）RB7－17 测值波动较大，规律性较差，估计是仪器测量故障所致。RB7－18 的测值在 0～15 kN 变化。

（4）RB7－23、RB7－24、RB7－25 均位于北隔墙左侧。RB7－23 的测值表现为拉力，1999 年 12 月 6 日之后基本维持在 50 kN 左右。RB7－24 测值变幅甚微，基本维持在－6.5 kN左右。RB7－25 的测值在初期有明显的下降，2000 年 2 月 20 日之后测值规律性较好，周期性变化特征明显，测值在－80～－40 kN 变化。

综上所述，除消力塘边坡坡脚 RB7－5 与 RB7－6 略有增大趋势外，其他测点测值表明消力塘Ⅲ区各抗拔锚杆受力水平较小，消力塘底板结构安全。

四、小结

Ⅰ区除 RB7－1 及 RB7－2 外，其余测点的锚杆拉力测值变化周期性特征明显，测值均在 0 以下，即为压力，表明各对应的锚杆受荷的情况未发生根本性的变化。RB7－2 则始终为拉力，应力变幅区间在 50～149 kN，主要是该锚杆处于出水口边坡坡脚，受扬压力较大所致。

Ⅱ区 RB7－3、RB7－4、RB7－9、RB7－15 处于受拉状态，但可以判断底边扬压力未有超过消力塘Ⅱ区底板重力及水重的情况，可能是锚杆受底板局部沉降影响所致。其他测点测值均小于 0，处于受压状态，测值在－100～－40 kN，测值变幅稳定，表明测点处的扬压力水平较小。

Ⅲ区 RB7－5 与 RB7－6 位于消力塘边坡坡脚，测值有逐步增大的趋势，截至 2012 年 5 月，两支锚杆拉应力增加 60 kN 和 40 kN，建议加强观测。其他测点周期性变化特征明显，测值在 －80～－40 kN 变化，显示Ⅲ区各抗拔锚杆受力水平较小，消力塘底板结构安全。

可见，在上游蓄水及其后库水位多次变化期间，底板抗拔锚杆应力测值变化不大，多为受压状态，说明山体挡水效果良好，并未发生严重的渗水情况。局部测点呈现受拉状态，可能是局部变形导致锚杆受拉，对消力塘整体结构影响不大。

第四节　消力塘渗压测值分析

消力塘设置了 46 支渗压计，编号为 P7－1～P7－32、P7－39～P7－52。以下分消力塘Ⅰ、Ⅱ、Ⅲ区进行分析。

一、消力塘Ⅰ区渗压监测分析

消力塘Ⅰ区的渗压计有 P7－1、P7－4、P7－7、P7－10、P7－11、P7－12、P7－17、P7－20、P7－21、P7－22、P7－27、P7－30、P7－39、P7－40、P7－43。渗压计 P7－1 与 P7－4同处消力塘边坡坡脚，P7－7 位于消力塘后端Ⅰ区轴线附近，P7－11 与 P7－12 同位于桩号 1＋164.45 附近，P7－11 位于消力塘右岸边坡坡脚，P7－12 位于Ⅰ区轴线附近，P7－17 位于Ⅰ区中部轴线附近，P7－39、P7－40 埋设于消力塘右岸边坡，P7－43 埋设于消力塘Ⅰ区前沿。其测值过程线如图 8.4.1 所示。

（1）各测点渗压测值过程线变幅较小，一般在 0.1～1.5 m，测值基本维持在埋设高程附近，表明各测点处孔隙水压力基本不受水库运行的影响。

（2）Ⅰ区消力塘扬压力较低，目前底板渗流性态在安全范围内。

2013 年至今除个别测点外，其余各测点测值有突然增大的现象，为了进一步分析近期测值突变的情况，先统计其特征值，见表 8.4.1。

表 8.4.1　消力塘Ⅰ区渗压计特征值统计值

测点号	测值时段（年-月）	最大值（m）	最大值日期（年-月-日）	最小值（m）	最小值日期（年-月-日）
P7－1	2003-01～2013-04	121.07	2013-02-16	113.12	2003-07-22
P7－4	2003-01～2013-04	121.42	2013-02-16	113.46	2004-06-22
P7－7	2003-01～2013-04	110.93	2013-02-25	107.85	2003-09-28
P7－11	2003-01～2013-04	116.63	2013-02-22	113.39	2010-02-13
P7－12	2003-01～2013-04	121.63	2013-02-16	108.95	2005-04-06
P7－17	2003-01～2013-04	122.03	2013-02-16	108.51	2009-10-20
P7－20	2003-01～2013-04	122.4	2013-02-16	115.71	2010-07-29
P7－27	2003-01～2013-04	120.34	2013-02-16	107.86	2003-09-16
P7－30	2003-01～2013-04	109.86	2003-01-09	108.96	2011-12-28
P7－39	2003-01～2013-04	131.36	2011-09-12	126.81	2005-06-23
P7－40	2003-01～2013-04	126.70	2003-02-28	126.21	2004-12-03
P7－43	2003-01～2013-04	123.20	2013-03-02	122.61	2006-07-05

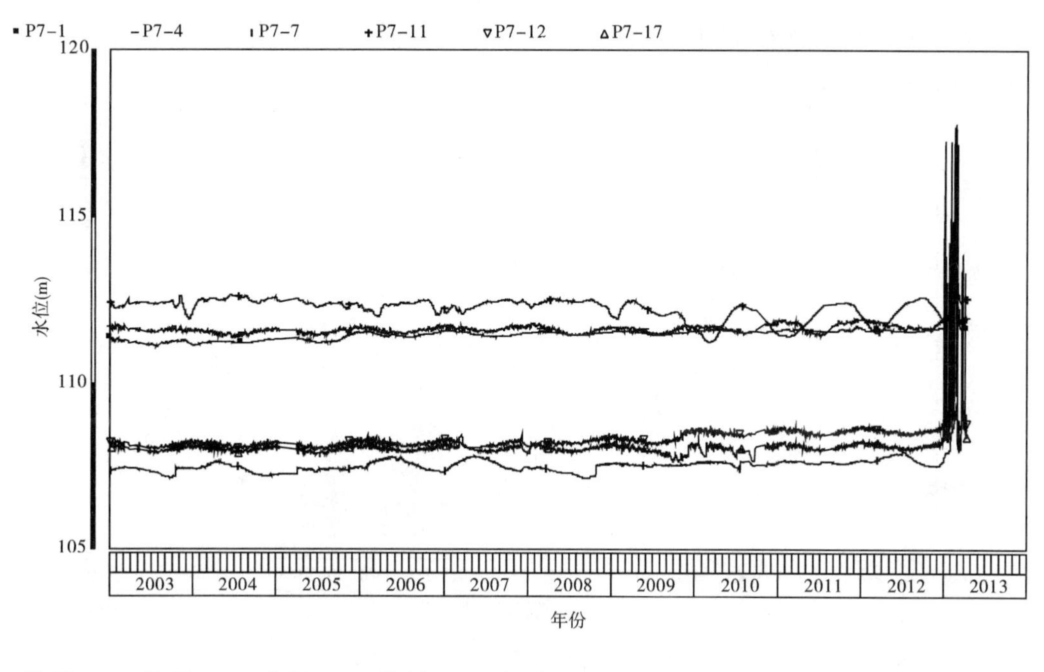

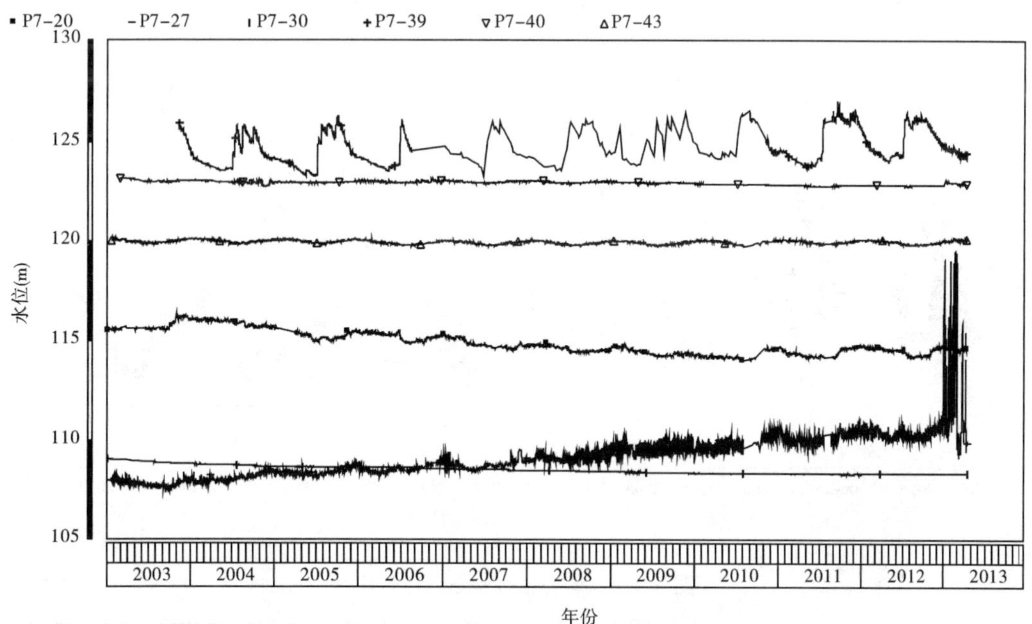

图 8.4.1 消力塘Ⅰ区渗压计测值过程线

消力塘底板部位设计时,对渗压有限制。消力塘底板部位设计允许的地下水位:①正常运用非汛期泄流量大于 3 000 m^3/s,地下水位不高于 125 m(流量小于 3 000 m^3/s,邻塘流量差小于 1 000 m^3/s,地下水位不控制);②正常运用汛期不高于 125 m;③检修期不高于 115 m。以上各渗压计测消力塘底板的主要有 P7-7、P7-12、P7-17、P7-27,这几个测点渗压水位均小于设计正常运用期渗压水头 125 m 的限制,说明消力塘Ⅰ区的底板还处于稳定状态。

对于渗压突然增大的原因，主要从消力塘排水方面来分析。消力塘排水量测值过程线见图8.4.2。

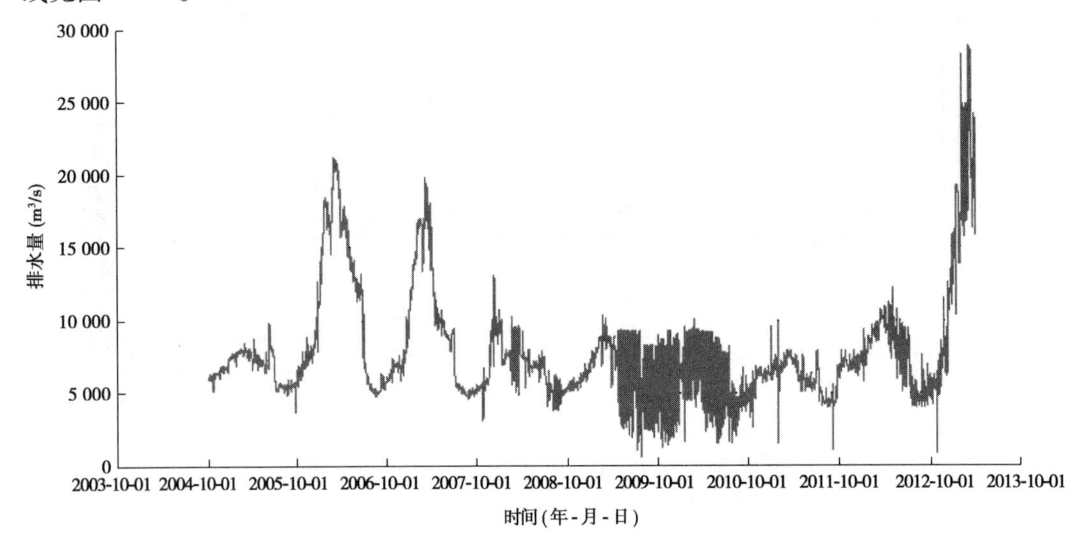

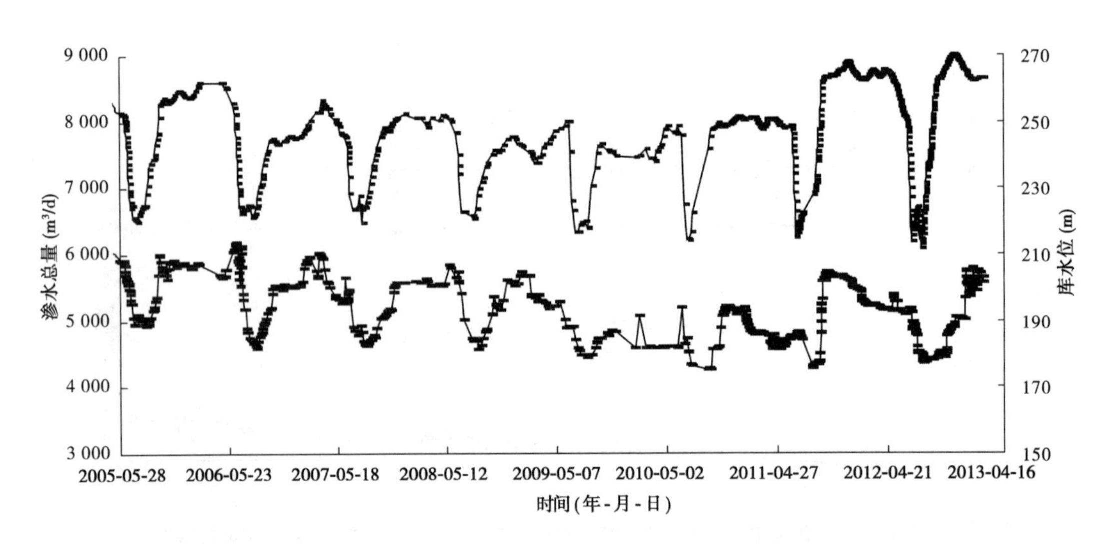

图8.4.2　消力塘排水量测值过程线

由图8.4.2可以看出，消力塘排水量2013年迅速上升，已超过25 000 m^3/s，消力塘排水泵共有4台，从安装至今保持2台泵持续抽水未停，1台备用，1台已报损，到115 m廊道现场检查发现115 m廊道已被淹没，量水堰已经无法观测，水位为119 m左右，由于排水量增大，水泵抽水不及，导致消力塘廊道水位过高，底板渗压计测值突然增大，目前已新增计划订购2台排水泵，对消力塘来水量大的原因也在进一步研究中。

二、消力塘Ⅱ区渗压监测分析

消力塘Ⅱ区的渗压计有P7－2、P7－5、P7－8、P7－13、P7－18、P7－23、P7－28、P7－

31、P7 －41、P7 －42、P7 －44、P7 －45、P7 －46。其测值过程线见图 8.4.3。

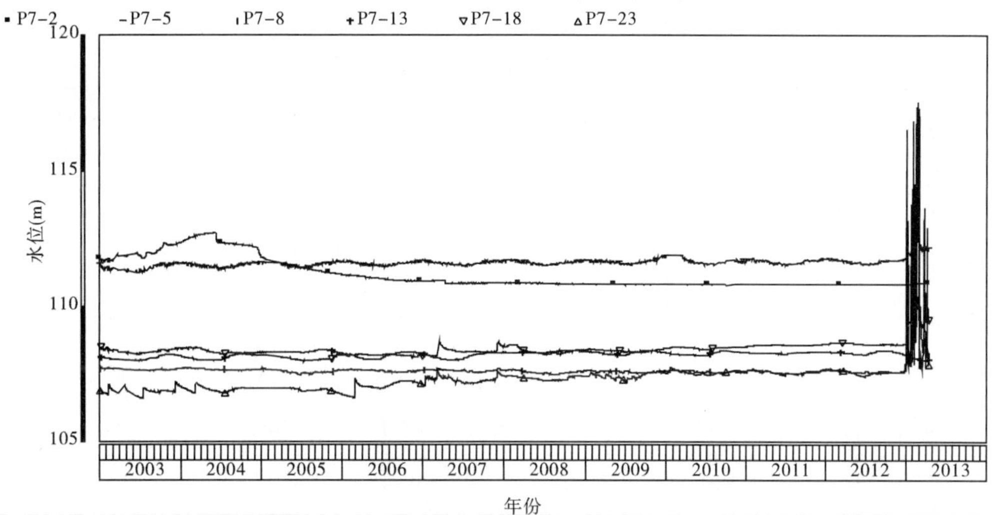

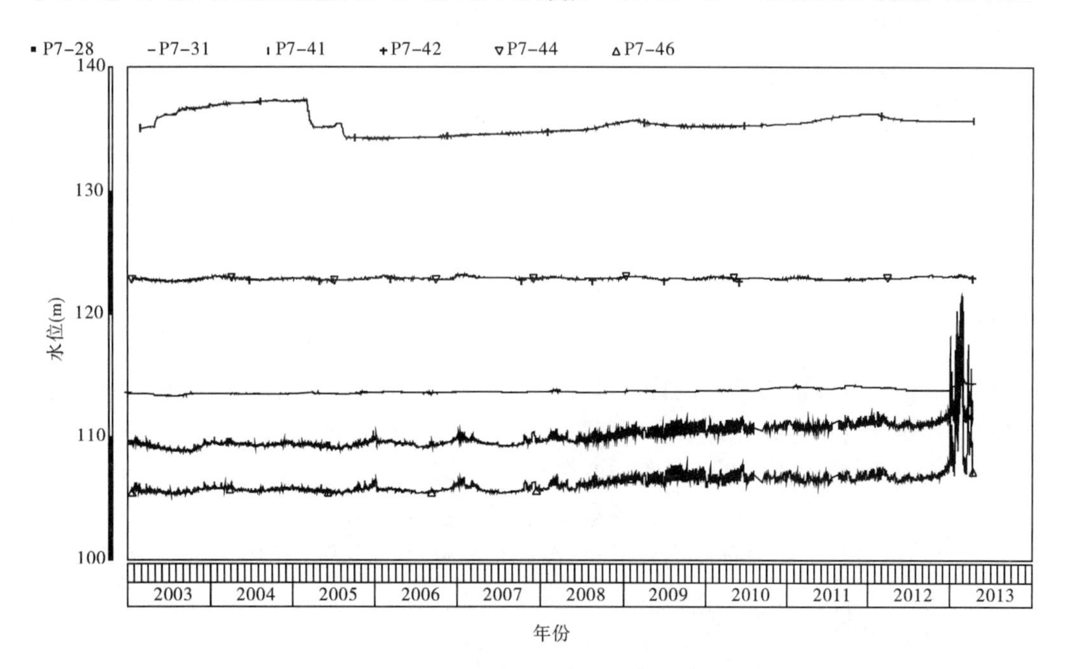

图 8.4.3　消力塘Ⅱ区渗压计测值过程线

渗压计 P7 －2 及 P7 －5 同位于消力塘Ⅱ区后沿，Ⅱ区轴线上，起测点分别为 114.5 m、115.3 m。P7 －8 起测点为 109.1 m，P7 －13 位于Ⅱ区后半池中央，起测点为 111.3 m。P7 －18、P7 －23、P7 －28 均处于Ⅱ区轴线上，分别位于Ⅱ区前半池的后、中、前部，起测点分别为 109.1 m、107.8 m、107.1 m。P7 －31 起测点为 113.0 m，P7 －41 起测点为 134.8 m，P7 －42 起测点为 123.1 m，P7 －44 起测点为 122.9 m，P7 －46 起测点为 104.1 m。

由图 8.4.3 可以看出，2013 年前各测点测值过程线均保持平稳变化，变化幅度很小，渗压计测值的量值水平基本上符合小浪底水利枢纽渗压分布的规律。各渗压计测值的量值均在设计安全范围内，表明在观测过程中消力塘Ⅱ区是安全的。变化走势表明，2013

年前各测点的渗压测值过程线不会出现导致险情的变化。渗压计特征值统计值见表8.4.2。

表8.4.2 消力塘Ⅱ区渗压计特征值统计值

测点号	测值时段(年-月)	最大值(m)	最大值日期(年-月)	最小值(m)	最小值日期(年-月)
P7 - 2	2003-01 ~ 2013-04	115.28	2004-06-02	112.70	2010-06-07
P7 - 5	2003-01 ~ 2013-04	120.46	2013-02-16	113.29	2003-05-02
P7 - 8	2003-01 ~ 2013-04	112.38	2013-02-23	108.30	2008-08-14
P7 - 13	2003-01 ~ 2013-04	109.53	2005-09-28	108.98	2003-06-16
P7 - 18	2003-01 ~ 2013-04	121.73	2013-02-19	108.93	2005-07-11
P7 - 23	2003-01 ~ 2013-04	121.51	2013-02-16	107.10	2003-07-15
P7 - 28	2003-01 ~ 2013-04	121.44	2013-02-19	108.67	2003-09-16
P7 - 31	2003-01 ~ 2013-04	117.04	2013-02-22	113.28	2003-07-26
P7 - 41	2003-01 ~ 2013-04	137.39	2004-10-13	134.17	2005-12-05
P7 - 42	2003-01 ~ 2013-04	122.86	2013-04-09	122.55	2009-07-28
P7 - 44	2003-01 ~ 2013-04	123.27	2013-02-08	122.26	2003-08-08
P7 - 46	2003-01 ~ 2013-04	118.29	2013-02-16	105.25	2003-07-31

以上各渗压计测消力塘底板的主要有P7 - 8、P7 - 18、P7 - 23、P7 - 28、P7 - 46，这几个测点渗压水位均小于设计正常运用期渗压水头125 m的限制。

可以看出，各测点渗压测值过程线变幅较小，一般在0.1 ~ 1 m，测值基本维持在埋设高程附近，表明各测点处孔隙水压力基本不受水库运行的影响。

综上所述，Ⅱ区消力塘扬压力较低，目前底板渗流性态在安全范围内。

三、消力塘Ⅲ区渗压监测分析

消力塘Ⅲ区的渗压计有P7 - 3、P7 - 6、P7 - 9、P7 - 14、P7 - 15、P7 - 16、P7 - 24、P7 - 25、P7 - 26、P7 - 29、P7 - 32、P7 - 47、P7 - 48、P7 - 49、P7 - 50、P7 - 51、P7 - 52。其测值过程线见图8.4.4。

渗压计P7 - 3和P7 - 6的起测点均为115.0 m。P7 - 9位于Ⅲ区后半池中部，起测点为109 m。P7 - 15和P7 - 16位于消力塘左岸边坡中部坡脚，起测点分别为114.7 m和115.6 m。P7 - 24位于Ⅲ区前半池中部，起测点为107.7 m。P7 - 25和P7 - 26位于消力塘左岸边坡前部坡脚，起测点分别为115.5 m和115.0 m。P7 - 29和P7 - 32同位于消力塘Ⅲ区前沿，起测点分别为104.9 m和116.6 m。P7 - 48位于北隔墙附近，起测点为102.0 m。P7 - 51埋设位置与P7 - 15相邻，但埋深较大(高程较低)。

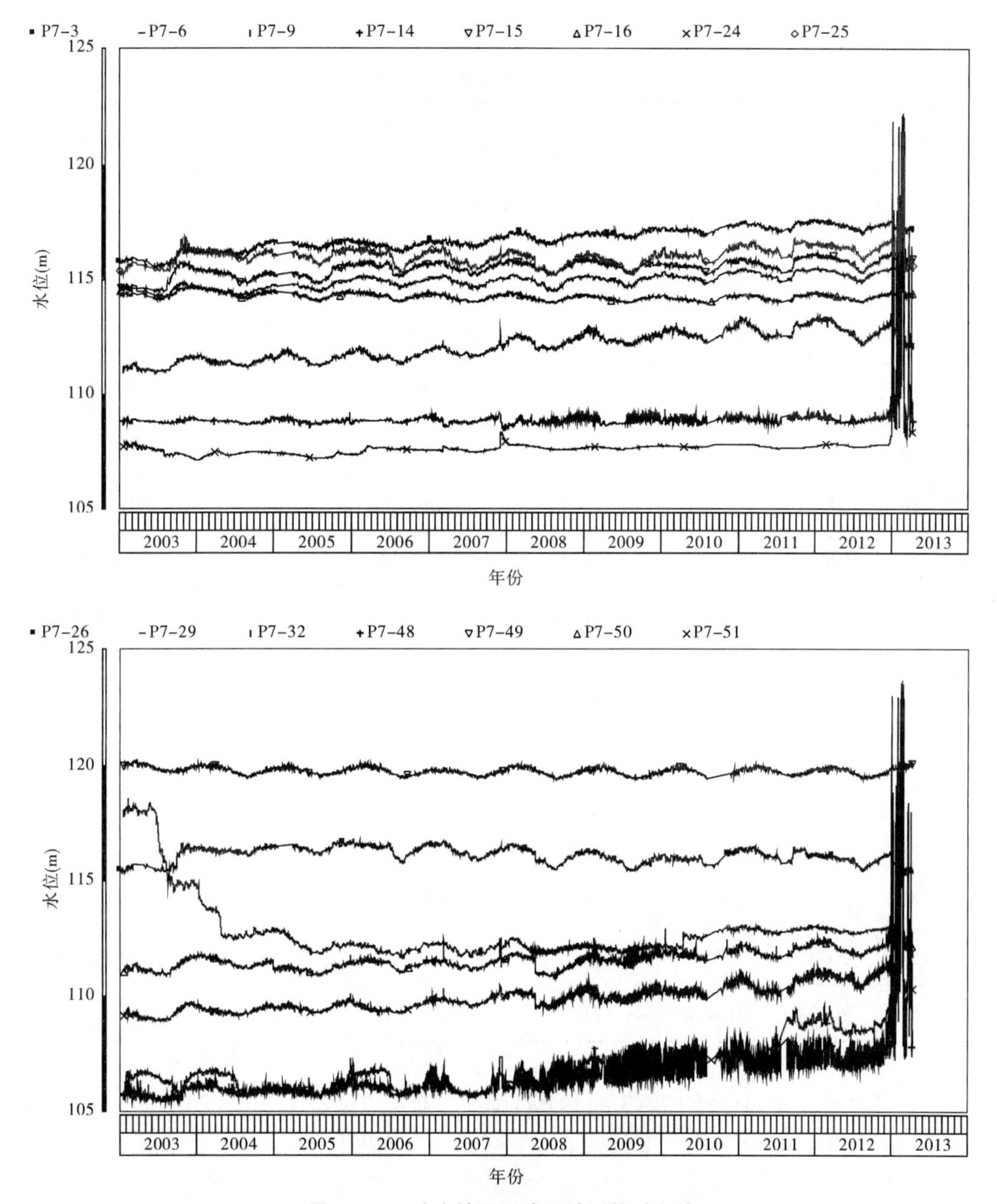

图 8.4.4　消力塘Ⅲ区渗压计测值过程线

由图 8.4.4 可以看出，渗压计 P7－32 在 2003 年、2004 年间有一次渗压减小过程，减小大约 5 m，随后保持平稳变化。P7－9、P7－29、P7－48 测值在 2003～2013 年间有较小的增长趋势，最大增长约 4 m，影响不大。其余各测点 2013 年前渗压测值过程线均保持平稳变化，变化幅度很小，各测点测值之间的空间分布关系符合消力塘渗压分布规律。从量值水平看，所观测各处渗压均在设计安全范围内，其中大部分曲线近似为直线，渗压变化很小，说明各建（构）筑物阻水情况良好。这说明 2013 年前观测过程中消力塘Ⅲ区是安全的。渗压计特征值统计值见表 8.4.3。

表 8.4.3 消力塘Ⅲ区渗压计特征值统计值

测点号	测值时段 （年-月）	最大值(m)	最大值日期 （年-月-日）	最小值(m)	最小值日期 （年-月-日）
P7－3	2003-01～2013-04	121.02	2013-02-16	115.44	2003-06-28
P7－6	2003-01～2013-04	117.53	2013-02-22	114.05	2003-06-28
P7－9	2003-01～2013-04	122.19	2013-02-16	110.91	2003-06-25
P7－14	2003-01～2013-04	121.31	2013-02-16	108.44	2007-12-14
P7－15	2003-01～2013-04	121.61	2013-02-16	114.43	2003-06-18
P7－16	2003-01～2013-04	120.17	2013-02-16	113.91	2010-07-29
P7－24	2003-01～2013-04	121.22	2013-02-16	107.12	2004-01-01
P7－25	2003-01～2013-04	121.44	2013-02-16	115.16	2003-01-13
P7－26	2003-01～2013-04	121.11	2013-02-16	115.22	2013-02-28
P7－29	2003-01～2013-04	120.43	2013-02-16	105.47	2003-10-25
P7－32	2003-01～2013-04	118.54	2003-02-11	111.55	2006-08-26
P7－48	2003-01～2013-04	121.88	2013-02-16	105.34	2003-10-11
P7－49	2003-01～2013-04	120.21	2003-03-13	119.32	2009-09-05
P7－50	2003-01～2013-04	123.63	2013-02-16	110.77	2008-08-09
P7－51	2003-01～2013-04	121.07	2013-02-16	108.87	2003-06-19

(1)Ⅲ区轴线上渗压计 P7－3 的测值过程线较起测点略有上升(自初值 115.00 m 到 117.35 m,上升 2.35 m),位于Ⅲ区后半池中部 P7－9 自初值 109.00 m 上升至 113.42 m,上升了 4.42 m。而消力塘前半池渗压计测值未出现增加现象,因此可能是仪器零漂所致,建议做进一步检查。

(2)其他测点渗压计测值均变幅较小,基本维持在安装高程附近,表明各测点处孔隙水压力基本不受水库运行的影响。

(3)Ⅲ区消力塘扬压力较低,目前底板渗流性态在安全范围内。

四、小结

消力塘Ⅰ、Ⅱ、Ⅲ区各测点渗压测值过程线变幅较小,一般在 0.1～1.5 m,测值基本维持在埋设高程附近,各测点处孔隙水压力基本不受水库运行的影响,表明消力塘扬压力较低，目前底板渗流性态在安全范围内。

2013 年多数渗压计测值有突然增大的现象，主要原因是消力塘 2013 年排水量迅速上升，消力塘排水泵共有 4 台，从安装至今保持 2 台泵持续抽水未停，1 台备用，1 台已报损，到 115 m 高程廊道现场检查发现 115 m 廊道已被淹没，水位为 119 m 左右，由于排水量增大，水泵抽水不及，导致消力塘廊道水位过高，底板渗压计测值突然增大。通过统计，底板渗压水位均小于设计正常运用期渗压水头 125 m 的限制，说明消力塘底板还处于稳定状态。目前已新增计划订购 2 台排水泵，对消力塘来水量大的原因也在进一步研究中。未来仍需对底板渗压进行严密的观测。

第九章　地下厂房监测分析

第一节　地下厂房概况

小浪底地下厂房布置于泄水建筑物以北“T”形山梁交会处的腹部。地下三大洞室即主厂房、主变室、尾水闸室采用平行布置方式。主厂房开挖长度251.5 m,最大开挖跨度26.2 m,最大高度57.94 m。主厂房顶拱高程为165.05 m,上覆岩体厚度70～100 m,其中有4层泥化夹层,对围岩稳定不利。主变室开挖跨度15.2 m,高18.3 m,长174.7 m。主厂房与主变室之间岩体厚度32.0 m,主厂房下游边墙底部布置6条尾水洞,中部布置6条母线洞和1条进厂交通洞,都与主厂房边墙垂直相交,洞室之间岩体单薄。边墙、顶拱全部采用柔性支护。顶拱采用324根25 m长的1 500 kN级预应力锚索按排距6 m间距4.5 m布置,配合直径32 mm长8 m或6 m间距3 m布置的系统张拉锚杆、挂网(Φ8@0.2 m×0.2 m)喷混凝土(20 cm)作为永久支护。61 m高的开挖直立边墙采用长10 m或8 m间距3 m相间布置的系统张拉锚杆和喷混凝土(20 cm),在泥化夹层部位设两排长12 m、500 kN的预应力锚杆。系统张拉锚杆承载力为150 kN。厂房开挖与支护施工历时37个月,从1995年2月5日至1998年3月7日。

地下厂房岩壁梁布置在主厂房上下游边墙高程152.80～154.83 m岩壁上,为悬臂长1.85 m、高24.3 m、总长219 m的钢筋混凝土结构,靠3排Φ32高强螺纹钢锚固在岩壁上。支撑2台5 000 kN吊车,吊车轨距23.5 m,最大轮压800 kN,换算单位长度荷载为685 kN/m。梁体上部采用2排500 kN预应力锚杆,间距1.0 m,排距0.5 m,上下交错布置,上排锚杆倾角为25°,下排锚杆倾角为20°,梁下部设一排砂浆锚杆Φ32@1.5 m,长8.0 m,上部锚杆承受拉力,锚固吊车梁,下部锚杆不受力,只起加固岩壁作用。

洞室围岩稳定、外水压力、渗漏量和岩壁吊车梁结构工作性态是监测的主要关注点。与主厂房机组中心线垂直,共设3个观测横断面,A—A断面位于1号机组段,B—B断面位于5号机组段,C—C断面位于安装间。

监测仪器布置图见图9.1.1。

第二节　变形监测分析

一、多点位移计

(一)测点布置

A—A断面共布置6点多点位移计13套,编号为BX10－1～BX10－13。其中BX10－1位于主厂房顶拱,开挖前钻孔预埋。BX10－2和BX10－3位于主厂房顶拱拱脚。

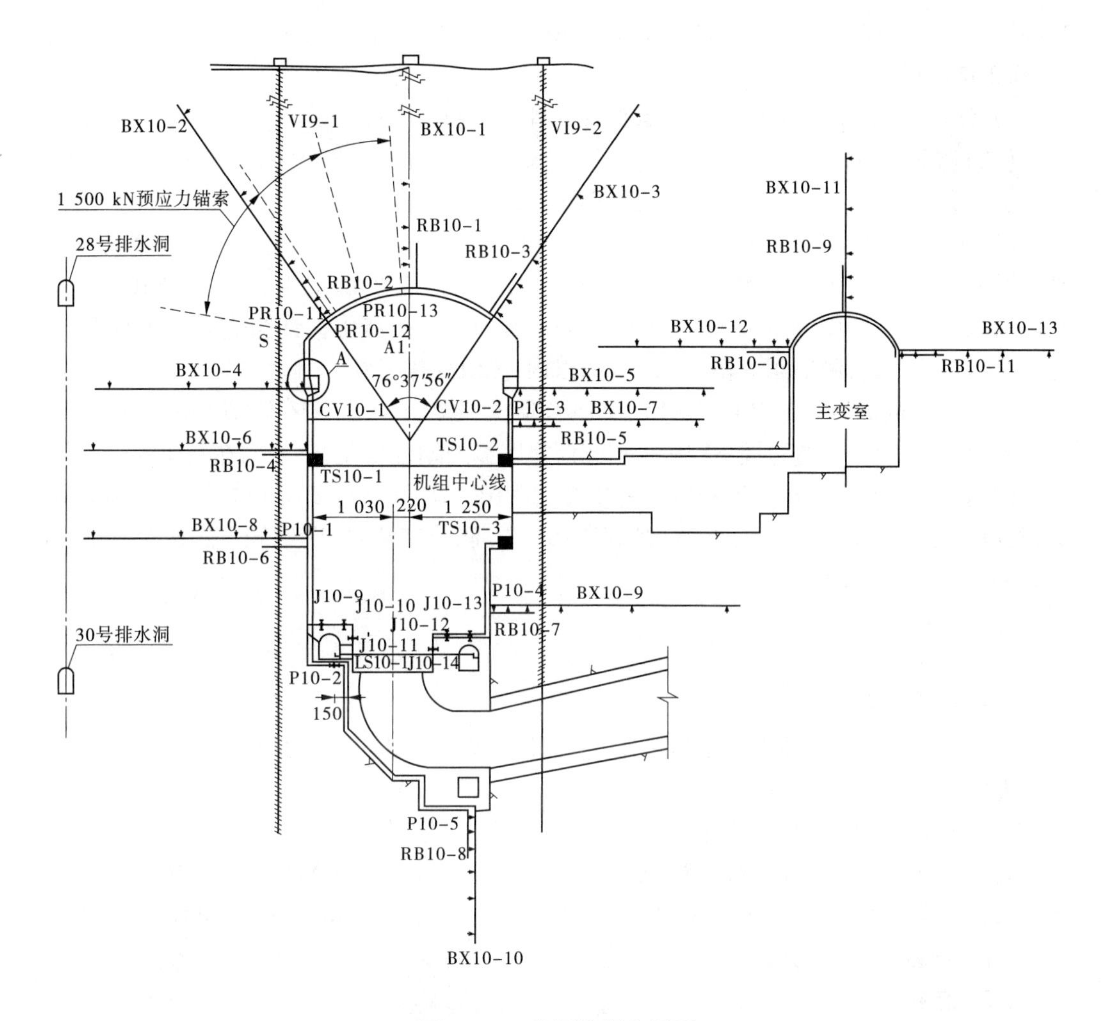

图9.1.1　监测仪器布置图

BX10－4、BX10－6 和 BX10－8 位于主厂房上游边墙，BX10－5、BX10－7 和 BX10－9 位于主厂房下游边墙，BX10－10 位于厂房底板。BX10－11 位于主变顶拱，BX10－12 和 BX10－13 分别位于主变顶拱左右拱脚。

B—B 断面共布置 6 点多点位移计 13 套，编号为 BX10－14～BX10－26。其中 BX10－14位于主厂房顶拱，开挖前钻孔预埋。BX10－15 和 BX10－16 位于主厂房顶拱拱脚。BX10－17、BX10－19 和 BX10－21 位于主厂房上游边墙，BX10－18、BX10－20 和 BX10－22 位于主厂房下游边墙，BX10－23 位于厂房底板。BX10－24 位于主变顶拱，BX10－25 和 BX10－26 位于主变顶拱拱脚。

C—C 断面共布置 6 点多点位移计 6 套，编号为 BX10－27～BX10－32。其中 BX10－27位于主厂房顶拱，开挖前钻孔预埋。BX10－28 和 BX10－29 位于主厂房顶拱拱脚。BX10－30 和 BX10－32 位于主厂房上游边墙，BX10－31 位于主厂房下游边墙。

配合吊车梁引张线观测，布置了单点位移计 BX10－33～BX10－36。

地下厂房布置的多点位移计均为差动变压器式仪器，量程为±20 mm。其中 BX10－

2 ~ BX10 - 7、BX10 - 9、BX10 - 15 ~ BX10 - 20 以及 BX10 - 28 ~ BX10 - 36 于 2002 年 3 月至 2002 年 6 月接入自动化监测。

锚杆应力计的埋深为 2 m，距多点位移计埋设平面 1.5 m。

(二)监测分析

主厂房典型多点位移计测值过程线见图 9.2.1。

(1)A—A 断面 BX10 - 1 ~ BX10 - 13 中，顶拱拱脚处 BX10 - 2 自 2003 年 12 月变形略有增大趋势，2012 年 5 月增加为 0.4 mm 左右；上游边墙处 BX10 - 6 - 1 ~ BX10 - 6 - 5 有逐渐减小趋势，2012 年 5 月减小为 0.5 mm。其他几支多点位移计测值变化相对平稳，无明显趋势性变化，测值年变幅在 0.2 mm 以内，测值变化正常。

(2)B—B 断面 BX10 - 14 ~ BX10 - 26 中，顶拱拱脚处 BX10 - 16 测值变化较为平稳，无明显趋势性变化；下游边墙 BX10 - 20 测值呈明显周期性变化，年变幅在 0.4 mm 以内。

(3)C—C 断面 BX10 - 27 ~ BX10 - 32 中，BX10 - 28、BX10 - 29、BX10 - 32 变化较平稳，测值年变幅在 0.2 mm 内；下游边墙 BX10 - 31 测值变化周期性特征显著，年变幅为 0.8 mm，无明显趋势性变化。

二、位移标点

(一)测点布置

为监测地下厂房基础垂直位移变化，在上下游操作廊道各布设了 3 个垂直位移标点，分别埋设在 1 号、3 号、5 号机组处。上游操作廊道为 BM10 - 1/3/5，下游操作廊道为 BM10 - 2/4/6。采用水准法进行观测。工作基点 3 个，分别布设在 17 号和 17C 号交通洞内，高程由坝区垂直位移监测控制网水准点“桥沟河”引入，采用 Ni002A 水准仪配合 3 m 铟瓦尺按二等水准引入，不定期校测。位移标点以工作基点为起点，形成闭合线路，采用 N3 水准仪配合 2 m 铟瓦尺按二等水准施测。

(二)监测分析

位移标点测值过程线见图 9.2.2，从图可知，厂房基础变形表现为沉降，最大值为4.3 mm，沉降变形较小，2000 年 9 月以后测值基本稳定且无明显趋势性变化，表明厂房基础变形已稳定。

三、收敛监测

(一)测点布置

厂房边墙收敛观测分为 133.00 m 高程和 150.00 m 高程两层，每层布置 3 组收敛测点。133.00 m 高程分别在 1 号机组(A—A 断面)、3 号机组、5 号机组(B—B 断面)布置测点组 CV10 - 7、CV10 - 8，CV10 - 9、CV10 - 10 和 CV10 - 11、CV10 - 12。150.00 m 高程分别在 1 号机组(A—A 断面)、5 号机组(B—B 断面)、安装间(C—C 断面)布置测点组 CV10 - 1、CV10 - 2，CV10 - 3、CV10 - 4 和 CV10 - 5、CV10 - 6。收敛观测采用 NET2B 仪进行观测。

收敛测点组编号和整编值测点号对应关系见表 9.2.1。

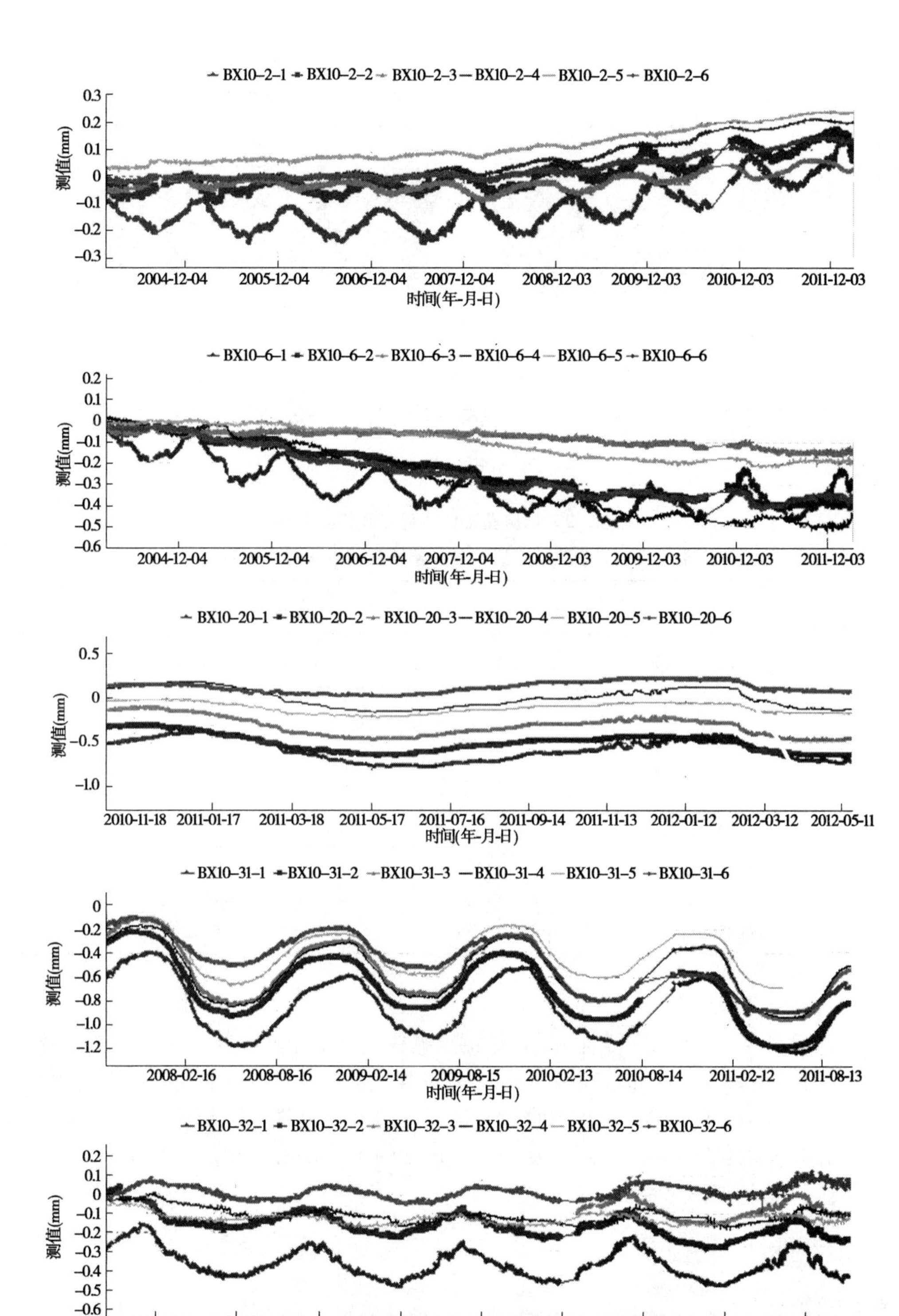

图 9.2.1　主厂房典型多点位移计测值过程线

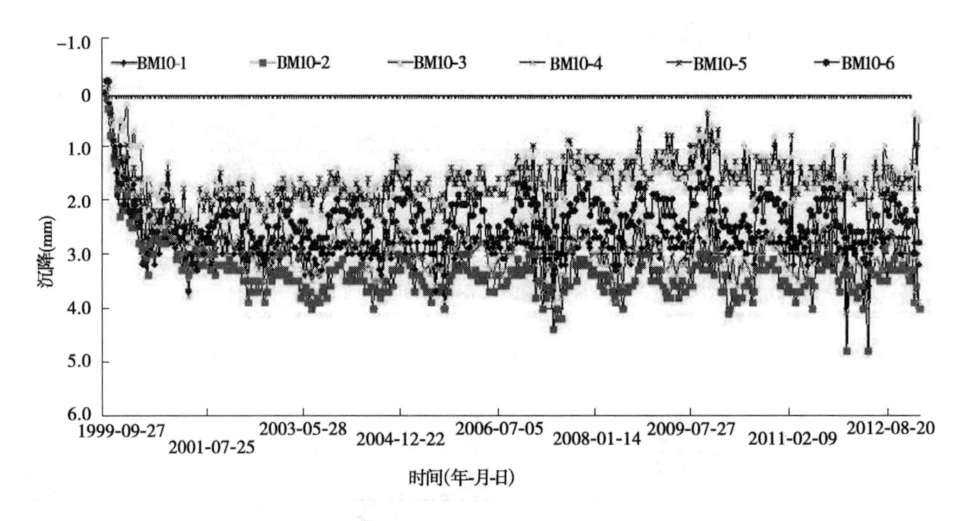

图 9.2.2 厂房基础位移标点测值过程线

表 9.2.1 收敛测点组编号和整编值测点号对应关系

收敛测点组	整编值测点号
CV10(1～2)	CV10－1
CV10(3～4)	CV10－2
CV10(5～6)	CV10－3
CV10(7～8)	CV10－4
CV10(9～10)	CV10－5
CV10(11～12)	CV10－6

(二)监测分析

至2013年4月,仍在进行监测的两组测点收敛变化累计值均为负值,呈收敛变化,累计变化范围为－18.8 mm和－23.2 mm,测值过程线见图9.2.3。上述变化主要集中在1997年和1998年,两组测点两年内收敛变化值分别占收敛总量的83%和81%;2006年以来两组测点累计收敛变化值分别为＋0.2 mm和＋1.0 mm,变化量均在观测误差范围内,说明厂房边墙变形已稳定。

四、测缝计

(一)测点布置

为监测岩壁吊车梁与围岩的开度,厂房A—A、B—B、C—C断面岩壁吊车梁与围岩接缝处共埋设测缝计20支。A—A断面上游岩壁吊车梁有J10－1～J10－4,下游岩壁吊车梁有J10－5～J10－8。B—B断面上游岩壁吊车梁有J10－15～J10－18,下游岩壁吊车梁有J10－19～J10－22。C—C断面上游岩壁吊车梁有J10－29、J10－30、J10－39、J10－40。

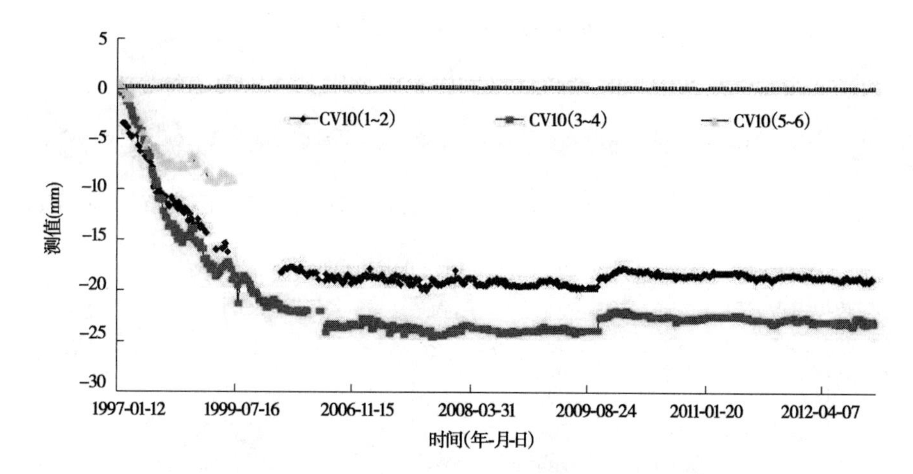

图 9.2.3　地下厂房 150 m 高程收敛观测测值过程线

20 支测缝计均为振弦式仪器，量程 0 ~ 25 mm，2002 年 3 ~ 6 月接入自动化监测。

（二）监测分析

厂房测缝计开度变化过程线见图 9.2.4。可以看出：

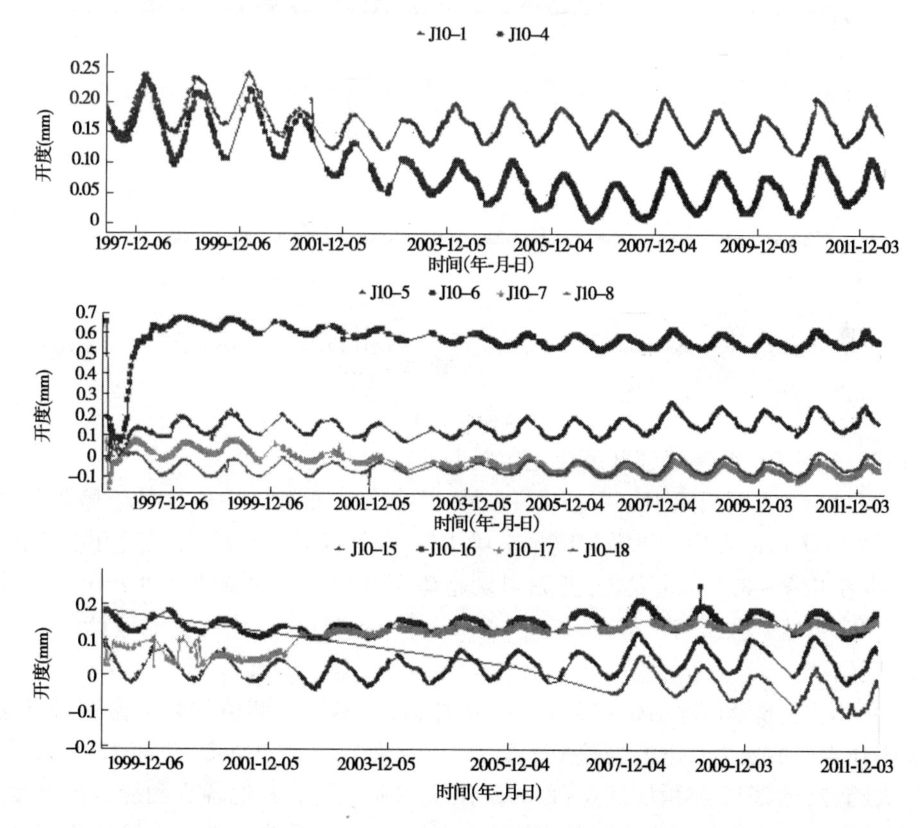

图 9.2.4　厂房测缝计开度变化过程线

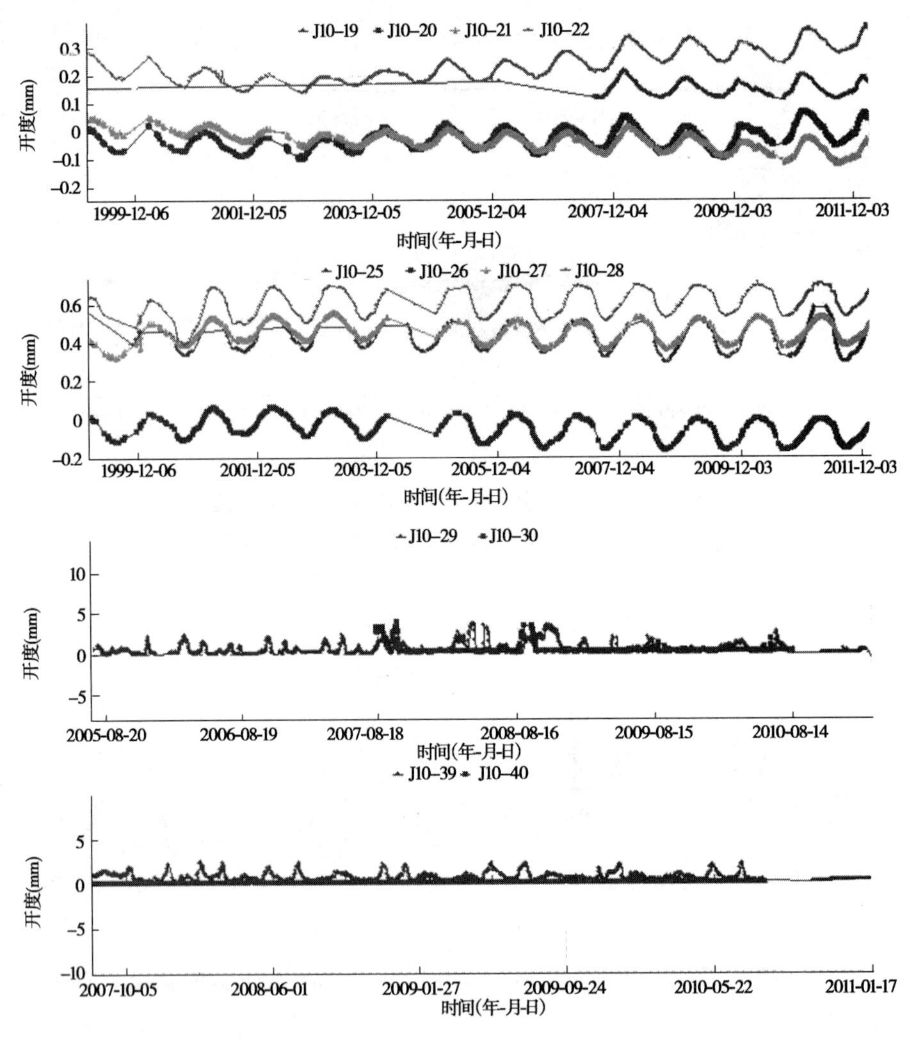

续图 9.2.4

(1)20 支测缝计各测缝计开度变化年周期性特点明显。

(2)厂房 A—A 断面除 J10－7、J10－8 外,其余各支测缝计测值均处于微张开状态,最大开度为 0.7 mm,发生在下游岩壁吊车梁 J10－6 处,2001 年 12 月以后开度变化趋于平稳,基本在 0.5～0.6 mm 变化,且无明显趋势性变化。其他测缝计处开度变化稳定,J10－7、J10－8 处于微压缩状态,测值在－0.1～0 mm 变化,其他几支测缝计测值在 0～0.2 mm 变化。

(3)厂房 B—B 断面除 J10－19、J10－20 外,各支测缝计测值均处于微张开状态,最大开度为 0.4 mm,发生在下游岩壁吊车梁 J10－22 处。该测点处 2007 年 12 月以后测值略有增大趋势,至 2012 年稍增加 0.08 mm,建议加强观测。其他各支测缝计处开度变化稳定,上游岩壁吊车梁各测缝计测值在 0～0.4 mm 变化,下游岩壁吊车梁各测缝计测值在－0.1～0.1 mm 变化。

(4)厂房 C—C 断面各支测缝计测值波动较大,无明显规律性,精度较差。

综上所述，吊车梁与围岩的开度变化周期性特点显著，无明显趋势性变化，吊车梁变形性态正常。

五、小结

(1)主厂房 A—A 断面顶拱拱脚处 BX10－2 自 2003 年 12 月变形略有增大趋势，至 2012 年 5 月增加为 0.4 mm 左右，主厂房上游边墙 BX10－6－1～BX10－6－5 有逐渐减小趋势，建议加强观测。其他几支多点位移计测值变化相对平稳，无明显趋势性变化，测值年变化在 0.2～0.8 mm，测值变化正常。

(2)厂房基础变形表现为沉降，最大值为 4.3 mm，沉降变形较小，2000 年 9 月以后测值基本稳定且无明显趋势性变化，表明厂房基础变形已稳定。

(3)吊车梁与围岩的开度变化受温度影响周期性显著，A—A 断面除 J10－7、J10－8 外，其余各支测缝计测值均处于微张开状态，最大开度为 0.7 mm。B—B 断面除 J10－19、J10－20 外，各支测缝计测值均处于微张开状态，最大开度为 0.4 mm。开度无明显趋势性变化。吊车梁变形性态正常。

第三节　围岩和吊车梁应力监测分析

一、锚杆应力计

(一)仪器布置

地下厂房共布置锚杆应力计 27 支，编号为 RB10－1～RB10－27。主厂房 A—A 断面布置锚杆应力计 8 支，编号为 RB10－1～RB10－8，其中 RB10－1～RB10－3 位于顶拱，RB10－4/6 位于上游侧墙，RB10－5/7 位于下游侧墙，RB10－8 位于底板。主变室 A—A 断面顶拱布置锚杆应力计 3 支，编号为 RB10－9～RB10－11。主厂房 B—B 断面布置锚杆应力计 8 支，编号为 RB10－12～RB10－19，其中 RB10－12～RB10－14 位于顶拱，RB10－15/17 位于上游侧墙，RB10－16/18 位于下游侧墙，RB10－19 位于底板。主变室 B—B 断面顶拱布置锚杆应力计 3 支，编号为 RB10－20～RB10－22。主厂房 C—C 断面布置锚杆应力计 5 支，编号为 RB10－23～RB10－27，其中 RB10－23～RB10－25 位于顶拱，RB10－27 位于上游侧墙，RB10－26 位于下游侧墙。

锚杆应力计的埋深为 2 m，距多点位移计埋设平面 1.5 m。锚杆应力计为振弦式仪器，其中 RB10－1～RB10－3、RB10－12～RB10－14、RB10－23～RB10－25 为点焊式，量程为 250 kN(或 310 MPa)。锚杆设计承载力为 150 kN，直径为 32 mm，换算为应力即为 186 MPa，设计允许应力 200 MPa。

(二)观测资料分析

锚杆应力计测值过程线见图 9.3.1。

(1)A—A 断面 RB10－1～RB10－8 中，RB10－1～RB10－5 测值变化平稳，最大测值为 90 MPa，发生在主厂房顶拱 RB10－1 处，年变幅在 5 MPa 以下，且无明显趋势性变化。RB10－6～RB10－8 测值变化年周期性特征明显，最大测值为 20 MPa，年变幅为 30 MPa，测值无明显趋势性变化。位于底板的 RB10 - 8 表现为压应力,测值在 - 40 ~ - 10 MPa 变化。

(2)B—B 断面 RB10 - 12 ~ RB10 - 22 中,最大测值为 120 MPa,发生在主厂房顶拱 RB10 - 12 处。除 RB10 - 19 外,其他测点测值变化年周期性特征明显,年变幅为 12 MPa 左右。RB10 - 16 测值变化呈一定的增大趋势,从 2001 年至 2012 年测值增加 1.6 MPa/年,建议加强观测。位于底板的 RB10 - 19 表现为压应力,测值在 - 21 ~ 0 MPa 变化。

(3)C—C 断面 RB10 - 23 ~ RB10 - 27 中,各锚杆应力计测值变化平稳,最大测值为 62 MPa,发生在主厂房顶拱 RB10 - 24 处,各测点测值年变幅在 10 MPa 以下,且无明显趋势性变化。RB10 - 27 表现为拉应力最小,测值在 0 ~ 9 MPa 变化。

综上所述,除 RB10 - 16 外,其他测点测值变化稳定,无明显趋势性变化,从整体上看,主厂房应力状态正常。

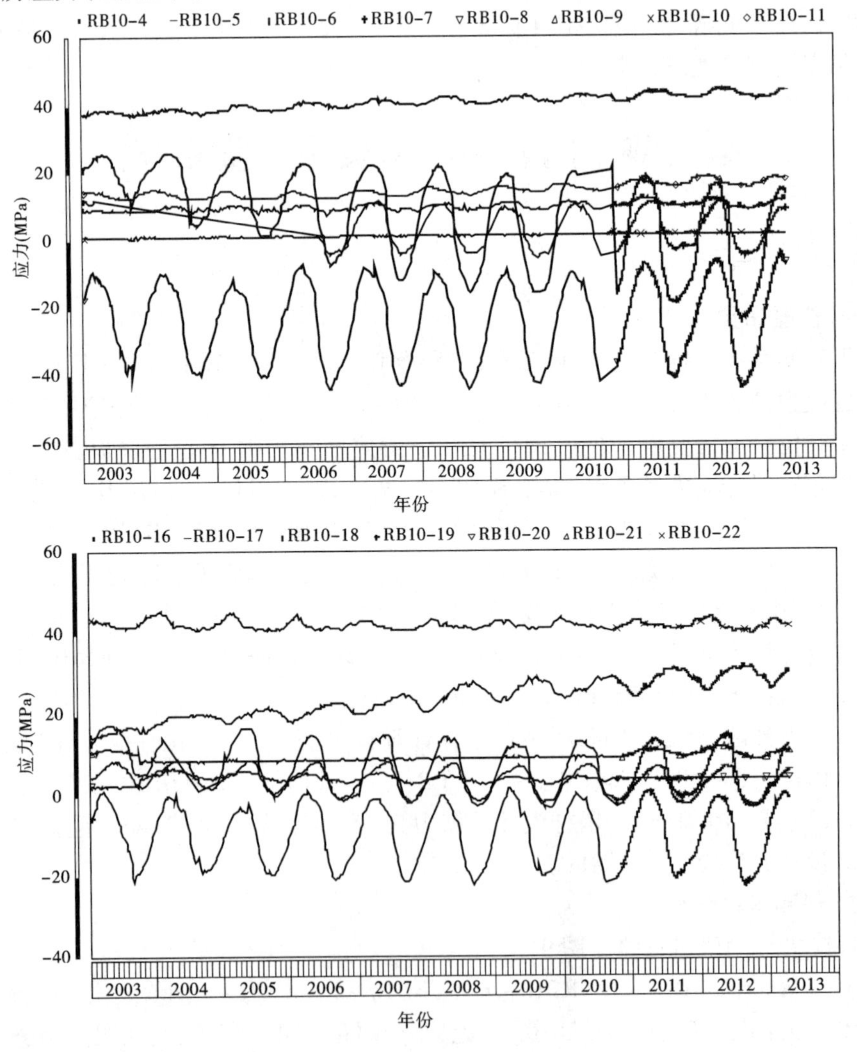

图 9.3.1 地下厂房锚杆应力计测值过程线

二、锚索(预应力)测力计和钢筋计

(一)测点布置

为监测岩壁吊车梁的预应力锚杆效果,在岩壁吊车梁每个断面的第一、二、四排锚杆上(A—A 断面 1 号机组中心线上、下游侧岩壁梁,B—B 断面 5 号机组中心线上、下游侧岩壁梁及 C—C 断面安装间上游侧岩壁梁)分别设置 3 支 Φ32 mm 钢筋计(锚索测力计),钢筋计沿锚杆长布置,距岩面的距离为上两排位于岩壁梁内侧 0.5 m、5.5 m、8.0 m,下面一排位于岩壁梁外侧 0.5 m 和岩壁梁内侧 0.5 m、2 m。在预应力锚杆上还分别设置了 1 支预应力测力计,以监测锚杆的预应力变化情况。即在 A—A 断面上游侧岩壁梁布置有 R10－1～R10－9和 PR10－1～PR10－2,下游侧岩壁梁布置有 R10－10～R10－18 和 PR10－3～PR10－4;B—B 断面上游侧岩壁梁布置有 R10－30～R10－38 和 PR10－5～PR10－6,下游侧岩壁梁布置有 R10－39～R10－47 和 PR10－7～PR10－8;C—C 断面安装间上游侧岩壁梁布置有 R10－59～R10－67 和 PR10－9～PR10－10。为监测主厂房顶拱预应力锚索效果,分别在 A—A 断面布置锚索测力计 PR10－11～PR10－13,B—B 断面布置锚索测力计 PR10－14～PR10－16,C—C 断面布置锚索测力计 PR10－17～PR10－19。

钢筋计除 R10－13 外均接入自动化观测。预应力锚索测力计 PR10－11～PR10－19 接入自动化观测。上述仪器均为振弦式仪器。

(二)监测分析

测值过程线见图 9.3.2 和图 9.3.3。

1. A—A 断面 1 号机组中心线上 R10－1～R10－18 和 PR10－1～PR10－4、PR10－11～PR10－13

R10－1～R10－3 位于同一根承拉锚杆,经历 1998 年 10 月 28 日和 1999 年 2 月 3 日两次加载,其后测值变化稳定,在 440～470 MPa 变化,大小顺序为R10－3 < R10－2,应力松弛在 6.3% 左右。R10－1 已损坏。

R10－4～R10－6 位于同一根上部承拉锚杆,经历 1998 年 10 月 28 日一次加载,测值接近,在 192～213 MPa 变化,大小顺序为 R10－6 < R10－4 < R10－5。应力松弛约 5.1%。

R10－7～R10－9 位于同一根下部锚杆,测值周期性变化明显,测值在 15～49 MPa 变化,大小顺序为 R10－7 < R10－9 < R10－8。但测值过程线略有缓慢增大趋势,增长率为 1 MPa/年。

R10－10～R10－12 位于同一根承拉锚杆,测值接近,经历 1998 年 10 月 28 日一次加载,其后测值较稳定,在 179～211 MPa 变化,大小顺序为 R10－12 < R10－10 < R10－11。应力松弛很小,小于 3.9%。

R10－13～R10－15 位于同一根上部承拉锚杆,测值接近,经历 1998 年 10 月 28 日一次加载,其后测值较稳定,在 157～170.4 MPa 变化,大小顺序为 R10－15 < R10－14。R10－15 应力松弛很小,约为 7.6%。R10－13 已损坏。

R10－16～R10－18 位于同一根下部锚杆。R10－18 基本受拉,测值为－132 MPa 左右;R10－17 测值在 22～39 MPa 变化。R10－16 已损坏。

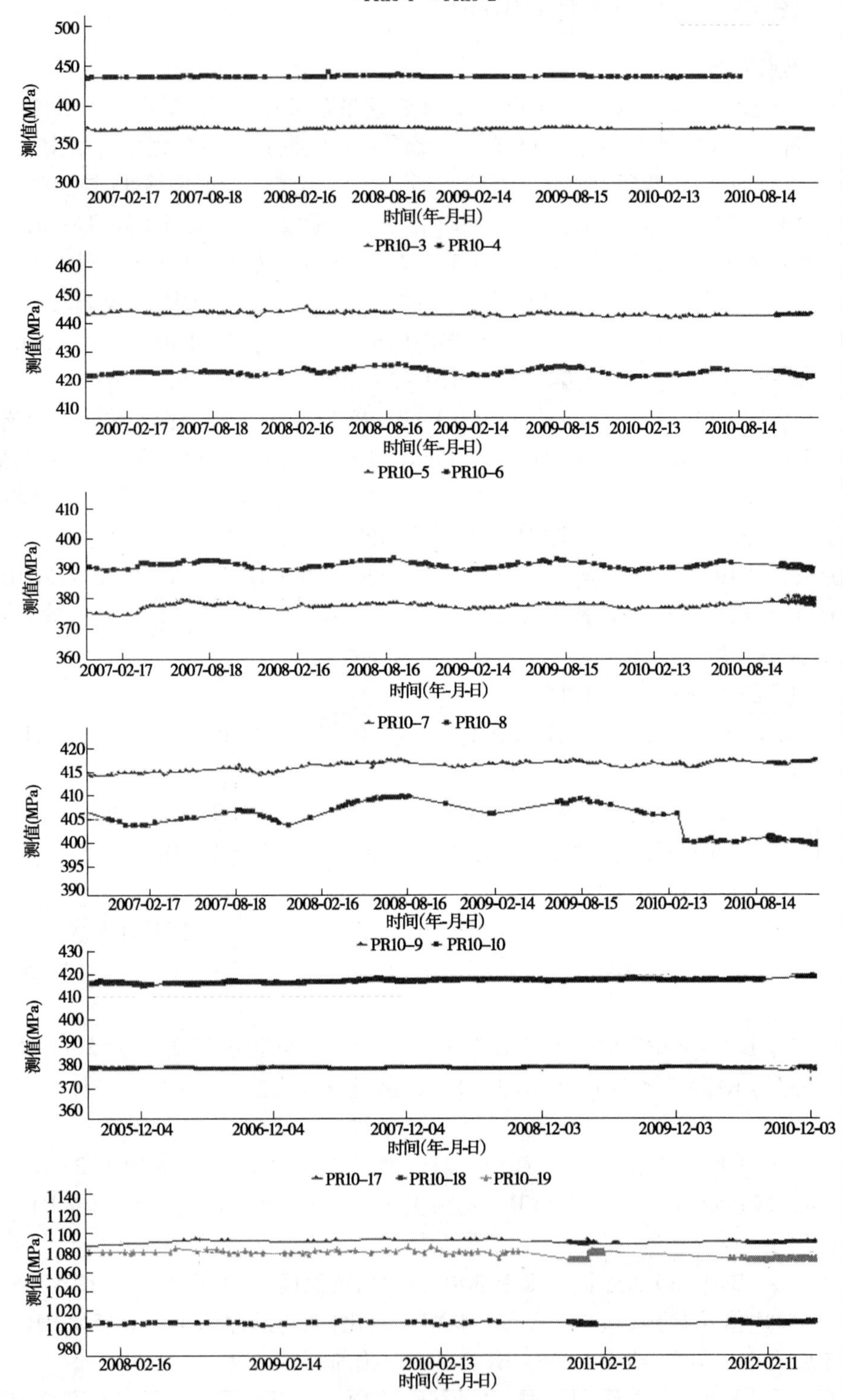

图 9.3.2 锚索(预应力)测力计测值过程线

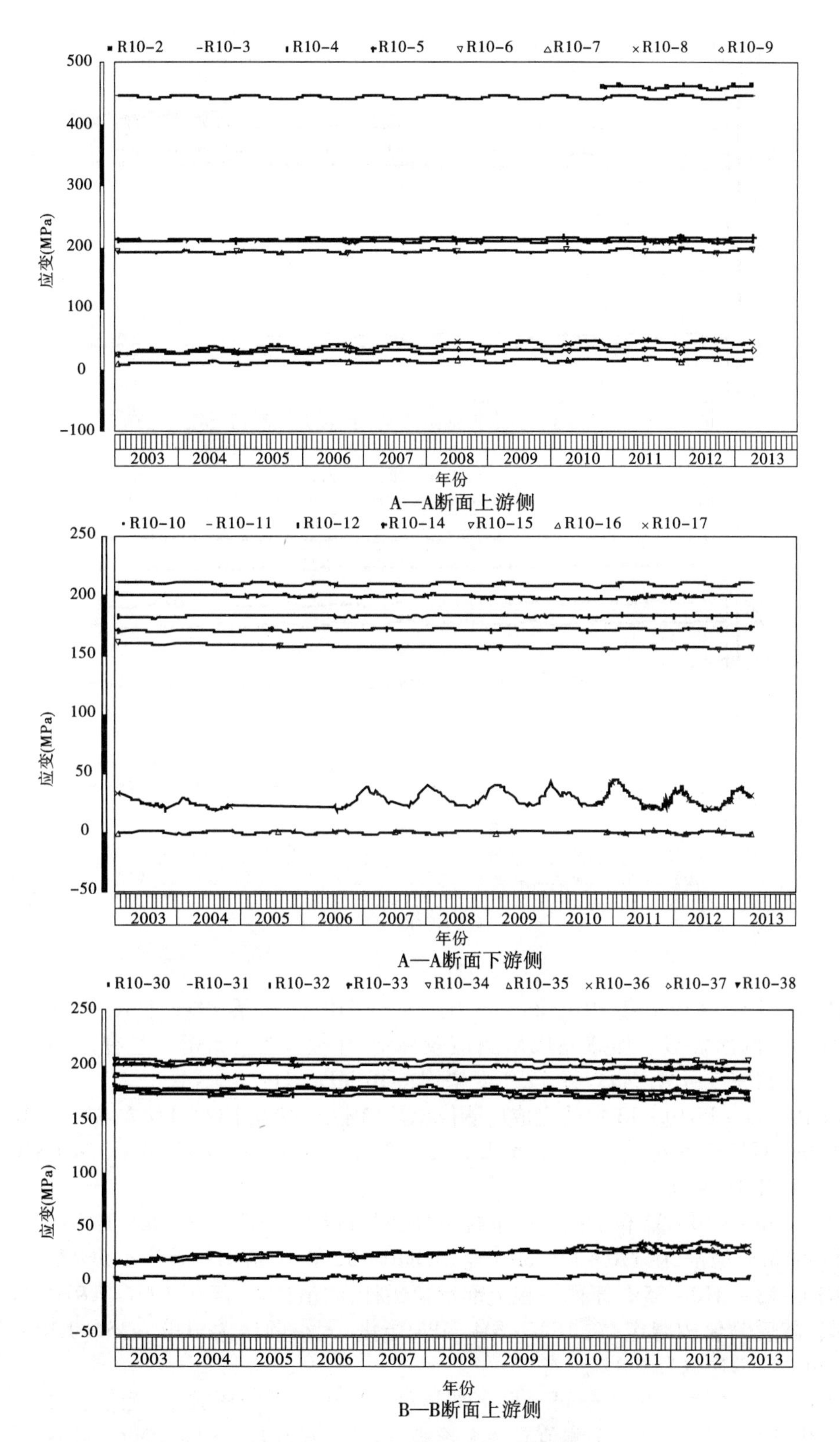

图 9.3.3　钢筋计测值过程线

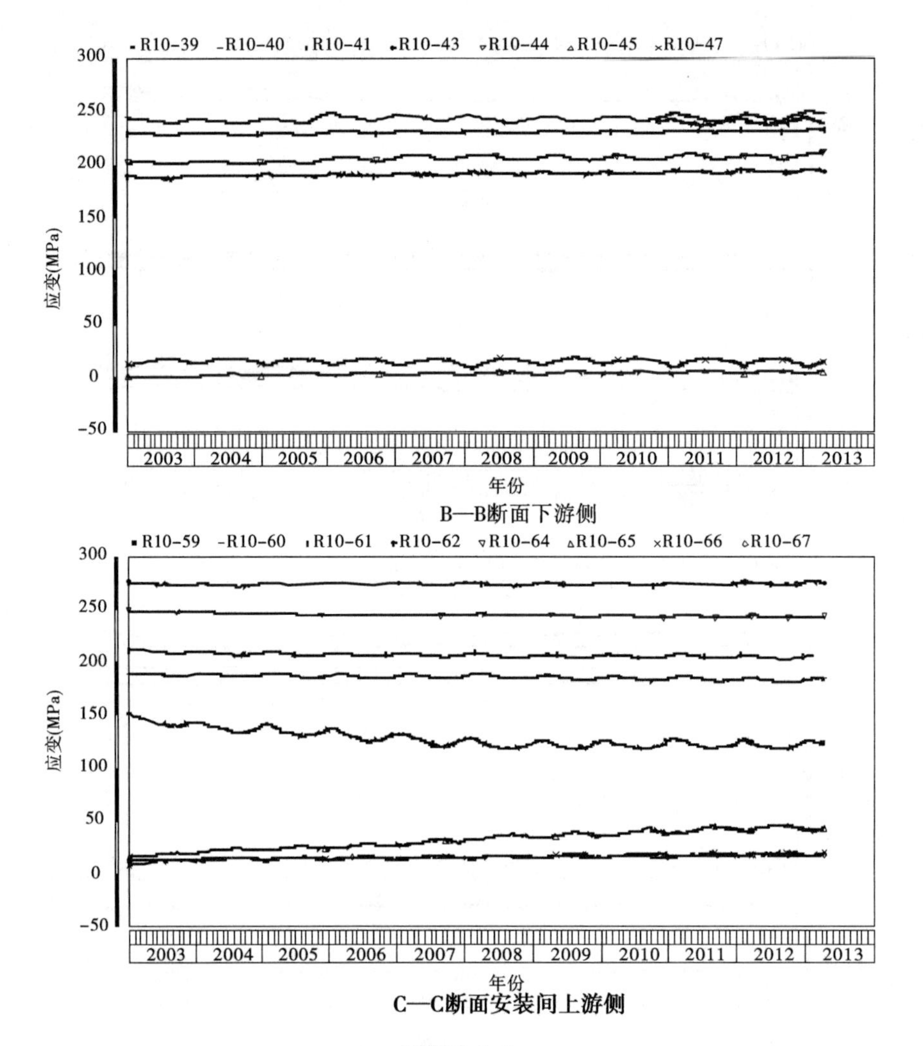

续图 9.3.3

PR10－1经历1998年10月28日一次加载，PR10－2经历1998年10月28日、1999年2月3日两次加载。加载完成后测值较稳定，年变幅在10 MPa左右。PR10－3～PR10－4加载完成后测值也较稳定，年变幅均在10 MPa以内。

PR10－11～PR10－13加载完成后测值也较稳定，保持在1 000 kN左右。

2. B—B断面5号机组中心线上R10－30～R10－47和PR10－5～PR10－8、PR10－14～PR10－16

R10－30～R10－32位于同一根承拉锚杆，测值接近，经历1997年9月24日一次加载，其后测值较稳定，在170～178 MPa变化，R10－32最小，应力松弛为4.5%左右。

R10－33～R10－35位于同一根上部承拉锚杆，测值接近，经历1997年9月24日一次加载，其后测值较稳定，在188～204 MPa变化，大小顺序为R10－35 < R10－33 < R10－34。应力松弛为2.9%左右。

R10－36～R10－38位于同一根下部锚杆。R10－38受压较小，测值在2.1～5.5 MPa变化；R10－36、R10－37测值有增大趋势，年增大值为1.8 MPa，建议加强观测。

R10－39～R10－41位于同一根承拉锚杆，测值接近，经历1997年9月24日一次加载，其后测值较稳定，在 232 ~ 246 MPa 变化，大小顺序为 R10 - 41 < R10 - 39 < R10 - 40。应力松弛约为 5.6%。

R10 - 42 ~ R10 - 44 位于同一根上部承拉锚杆，测值接近，经历 1997 年 9 月 24 日一次加载。加载后测值较稳定，测值在 193 ~ 243 MPa 变化。应力松弛约为 20.5%，应力松弛稍大。

R10 - 45 ~ R10 - 47 位于同一根下部锚杆，测值较小，在 - 6 ~ 17 MPa 变化，无明显趋势性变化，测值变化稳定。

PR10 - 14 ~ PR10 - 16 加载完成后测值均较稳定，年变幅均在 10 MPa 以内。

3. C—C 断面 R10 - 59 ~ R10 - 67 和 PR10 - 9 ~ PR10 - 10、PR10 - 17 ~ PR10 - 19

R10 - 59 ~ R10 - 61 位于同一根承拉锚杆，经历 1997 年 8 月 9 日一次加载，其后测值较稳定，R10 - 59 测值 2006 年 12 月之前有应力衰减过程，测值减小 30 MPa，应力总松弛 41.7%，偏大，建议加强观测。

R10 - 62 ~ R10 - 64 位于同一根承拉锚杆，经历 1997 年 8 月 9 日一次加载，其后测值较稳定。R10 - 62 在 271 ~ 275 MPa 变化，R10 - 63 在 262 ~ 265 MPa 变化，R10 - 64 在 241 ~ 243 MPa 变化，应力松弛为 11% 左右。

R10 - 65 ~ R10 - 67 位于同一根下部锚杆，测值较小且接近。R10 - 66、R10 - 67 测值在 15 ~ 20 MPa 之间变化。R10 - 65 测值有缓慢增大趋势，增长率为 1 MPa/年，建议加强观测。

PR10 - 17 ~ PR10 - 19 加载完成后测值均较稳定，保持在 1 000 kN 左右，年变幅均在 10 MPa 以内。

综上所述，除 R10 - 59 外，钢筋计和锚杆测力计测值比较稳定，预应力松弛较小，表明围岩应力基本稳定，锚杆与围岩的黏结较好。

三、小结

（1）锚杆应力计多数测点测值受气温影响年周期性特征明显，年变幅为 5 ~ 30 MPa。测值变化稳定，无明显趋势性变化。B—B 断面的 RB10 - 16 测值变化呈一定的增大趋势，从 2001 年至 2012 年测值增加 1.6 MPa/年，建议加强观测。

（2）1 号、5 号机组中心线多数锚杆应力测值后期变化稳定，受温度影响显著，应力松弛在 10% 以下。C—C 断面 R10 - 59 应力总松弛 41.7%，建议加强观测。R10 - 65 测值有缓慢增大趋势，增长率为 1 MPa/年，建议加强观测。总体来看，钢筋计和锚杆测力计测值比较稳定，预应力松弛较小，表明围岩应力基本稳定，锚杆与围岩的黏结较好。

第四节　围岩渗流监测分析

一、测点布置

为观测厂区地下水位情况，共埋设渗压计 13 支（P10 - 1 ~ P10 - 13），均为振弦式仪器，量程为 100 psi（约 70 m 水头）。其中 P10 - 1 ~ P10 - 2 位于 A—A 断面上游侧墙，P10 - 3 ~ P10 - 4 位于 A—A 断面下游侧墙，P10 - 5 位于厂房底板（1 号机组）。P10 - 6 ~ P10 - 7 位于 B—B 断面上游侧墙，P10 - 8 ~ P10 - 9 位于 B—B 断面下游侧墙，P10 - 10 位于厂房底板（5 号机组）。P10 - 11/13 位于 C—C 断面上游侧墙，P10 - 12 位于 C—C 断面

下游侧墙。各支仪器埋设高程见表9.4.1。

表9.4.1　仪器埋设高程

测点	高程(m)	测点	高程(m)
P10－1	135.024	P10－8	150.012
P10－2	120.162	P10－9	128.070
P10－3	149.996	P10－10	102.415
P10－4	127.918	P10－11	146.973
P10－5	103.210	P10－12	150.036
P10－6	135.522	P10－13	153.865
P10－7	120.255		

其中P10－1～P10－4、P10－6～P10－8、P10－11～P10－13共10支接入自动化观测。

二、监测分析

各支渗压计测值过程线见图9.4.1。

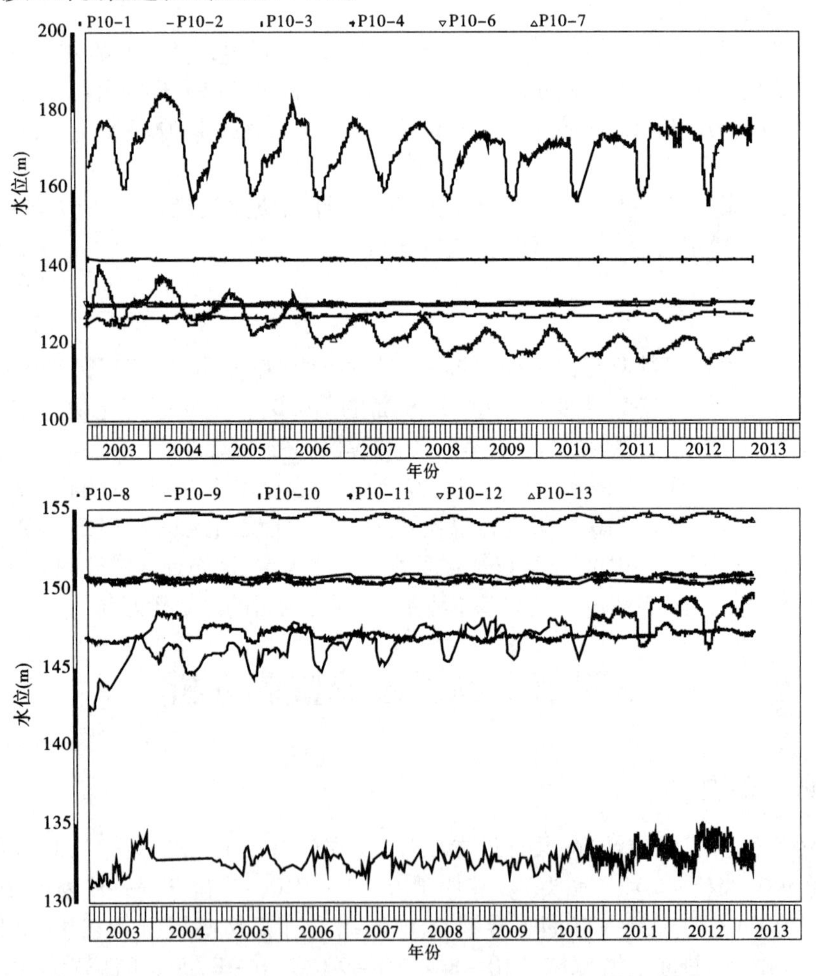

图9.4.1　地下厂房渗压计测值过程线

由图可知：

(1)除 P10－2、P10－7 外，各部位渗压水位变化很小，基本维持在埋设高程附近，表明厂房底板及其附近的上下游侧渗流压力较小，渗流场稳定。

(2)P10－2 测值与库水位相关性较好，与库水位相关系数在 0.8 以上，其最高渗压水位为 201.00 m，水头已超过 70 m 的量程，该渗压计测值不合理。P10－7 测值在 2003 年 3 月 15 日最高渗压水位为 148.50 m，但之后逐渐下降，至 2012 年 3 月 15 日最高水位为 125.30 m，下降约 24 m，从其他部位测点情况来看，并未发生明显下降过程，因此该测点仪器可能出现故障。

三、小结

各部位渗压水位变化很小，基本维持在埋设高程附近，表明厂房底板及其附近的上下游侧渗流压力较小，渗流场稳定。

第十章　小浪底水库近坝区滑坡体监测分析

第一节　概　况

一、小浪底库区工程地质条件

小浪底库区主要为低山丘陵地形，局部属山间盆地，呈峡谷型河谷地貌。库区中西部为中低山，地形陡峻；东部主要为丘陵，地形较缓。

按地貌形态特征、形成过程与第四系沉积特征，将库区及周边的地貌划分为侵蚀山区、侵蚀堆积区、沉降堆积区三大地貌单元（图 10.1.1）。小浪底库区主要为基岩裸露的侵蚀山区Ⅰ和侵蚀堆积区Ⅱ（如三门峡、垣曲、宜洛等新生代断陷盆地及渑池凹陷盆地）。

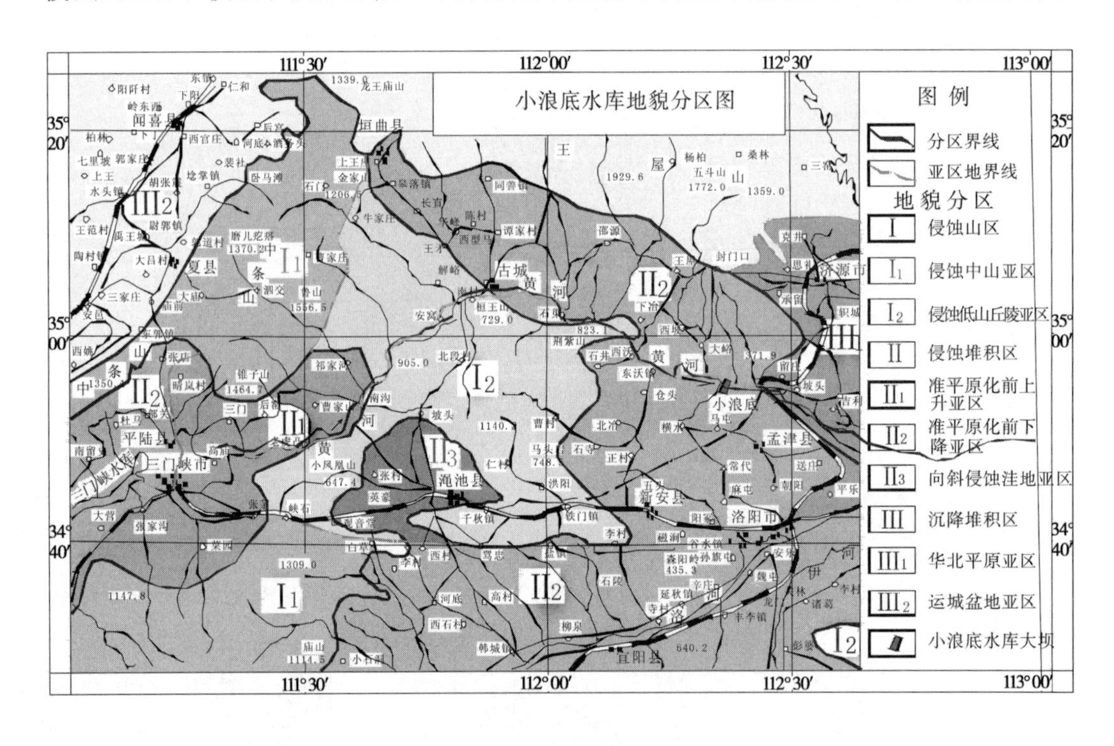

图 10.1.1　小浪底水库地貌分区图

位于库区中央的黄河干流蜿蜒穿行于中低山峡谷之中，其两岸支流较多：南岸有涧河、峪里河、石井河、畛河等支流，北岸有袛家河、板涧河、亳清河、沇河、西阳河、逢石河和大峪河等支流,大多数长年流水。

二、各类库岸的分布特征

黄河干流库段分布在西河头至小浪底坝址区 109 km 长范围内,天然河道左、右两岸岸坡总长为 218 km。

天然河道两侧以土质岸坡为主,累计长度超过 50%,其次为以软硬相间的碎屑岩和坚硬碳酸盐岩为主形成的岸坡。其分布特点是:土质岸坡散布于各个地段,左右两岸分布长度大体相同,分布地段主要为黄河两岸的阶地沉积物区,其次为坡积物区;软硬相间的碎屑岩岸坡,以平迭坡、顺向坡和逆向坡为主,主要分布于东库段。坚硬碳酸盐岩为主的岸坡,以平迭坡居多,其次为顺向坡和横交坡,主要分布于东库段,西库段有少量分布;坚硬碎屑岩为主的岸坡,以平迭坡居多,集中分布于西库段,东库段仅有零星分布,累计长度占总长度的近 10%。软弱碎屑岩岸坡长度和段数皆最小,分布于水库中部。水库各类岸坡分布图见图 10.1.2。

蓄水至正常高水位(275 m)时,随着河流两岸阶地的淹没,土质岸坡大大减少,岩质岸坡相应成为库岸的最主要成分。在岩质库岸中,软硬相间的碎屑岩分布段数和累计长度皆占首位,其中左岸超过 32.5%;其他岩质岸坡长度也有不同程度的增加,坚硬碎屑岩为主的岸坡长度,在右岸几乎增加了 1 倍,软弱碎屑岩岸坡长度增加也较大,在左岸增加了 1.5 倍;而坚硬碳酸盐岩为主的岸坡增加值则较小;这预示着库岸的可能变形破坏特征与天然河道岸坡相比将有较大变化。

三、岸坡变形破坏特征及其对工程的影响

据调查统计,库区干流段西河头至小浪底坝址两侧岸坡,在正常高水位附近及其以下的范围内,发现有规模不同的滑坡 43 处,较大的崩塌和危岩体 8 处,绝大多数属岩质岸坡变形破坏,这是小浪底库区岸坡变形破坏的最主要特征。

库区两岸分布的几十处大中型基岩滑坡,以及沿库岸分布的多处较大的崩塌和危岩体,除近坝地段 1 号、2 号滑坡体在 275 m 水位时大部分被库水淹没外,其余滑坡体分布在库水位以上的体积占大多数。受库水的作用,滑坡体和崩塌危岩体可能会复活,对水库构成影响。尤其库区西部老鸭石北至阳门坡南峡谷型库段,分布有庙上北和阳门坡大型滑坡,库区东部的八里胡同峡谷段危岩和崩塌体发育,近坝地段分布有大柿树滑坡体。因此,对库区大中型滑坡体和危岩体宜进行深入的地质调查和稳定性分析评价,并在此基础上,选择关键部位实施变形监测措施。

黄土塌岸对水库的影响也不容忽视。在 275 m 库水位时,松散土体岸坡段占库岸总长近 20%。根据库区塌岸调查,水库塌岸主要发生在水库区中段的阳上、河堤、陵上、八里胡同下口以及支流逢石河下游的薛庄、孤山崖等段,是塌岸的重点地段。另外,在沇河左岸胡村附近、亳清河左岸小赵村及右岸晁家庄—金古垛等地段也将产生塌岸现象。据 15 个典型剖面预测,最终塌岸宽度(275 m 水位)为 27 ~ 1 190 m,塌岸总方量约为 2.19 亿 m^3。其中,275 m 高程以上的方量为 1.046 亿 m^3。可能发生土层塌岸的所有地段,库面宽度均大于 500 m。

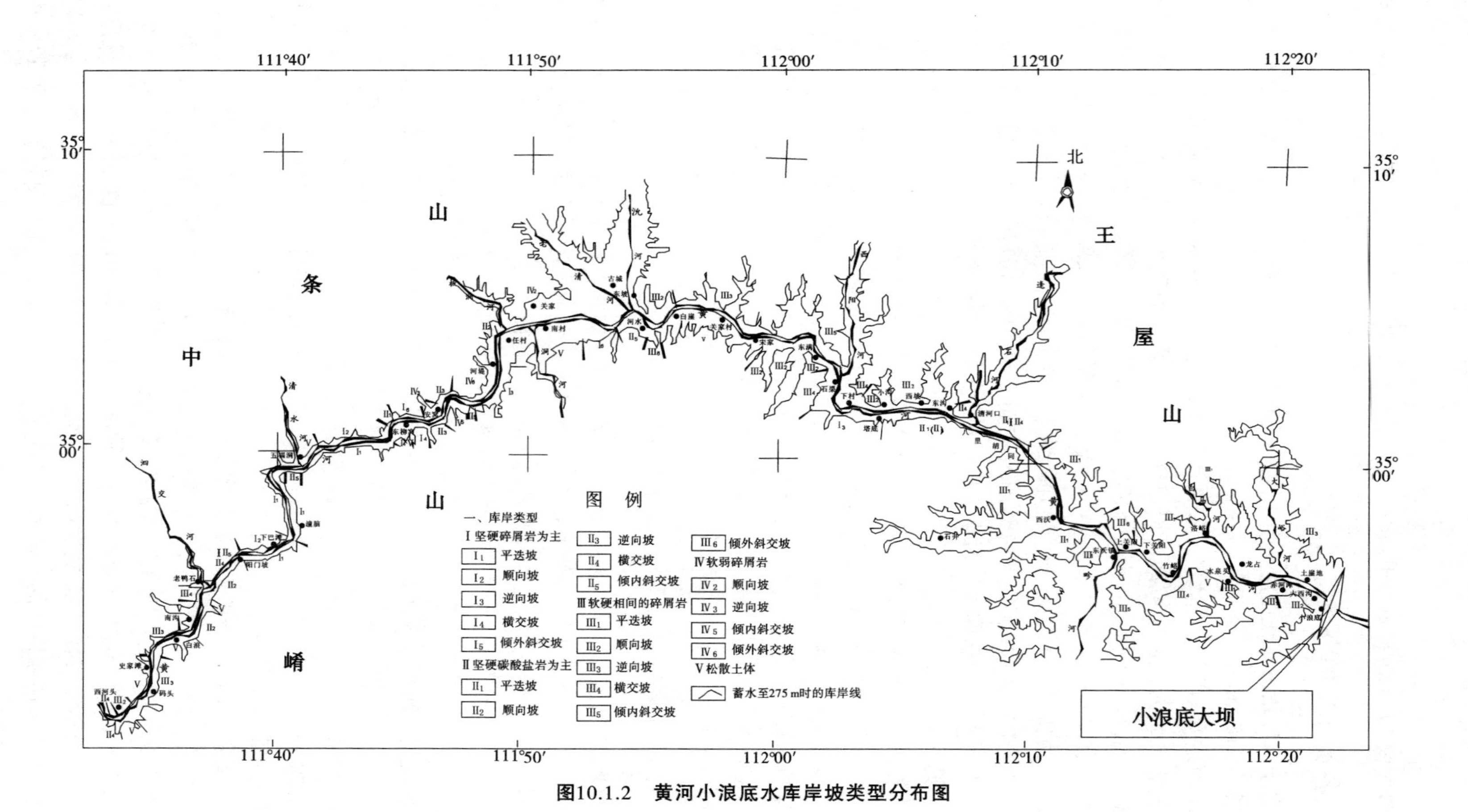

图10.1.2 黄河小浪底水库库岸坡类型分布图

小浪底水库1999年10月20日下闸蓄水,2001年7月调查前,最高水位接近235 m高程,黄河及其支流的Ⅰ级阶地全部及Ⅱ级阶地部分被淹没,Ⅲ级阶地距水面较远。在黄河两岸235 m高程附近发生了多处大大小小的黄土塌岸,规模较大的有亳清河左岸小赵村新址和寨里—洪庆观段。

2011年8~10月,小浪底水库库水位263 m高程时,对河南省境内库周83个行政村(点)进行了地质灾害调查。初步分析认为,小浪底水库蓄水后21个地质灾害易发行政村(点)已经或即将引发崩塌(黄土塌岸)。部分区域已发生的黄土塌岸高程在275 m以上,宽度达上百米。

可以预见,如果库水位继续维持原状或不断上升,塌岸现象将会进一步发展,并逐步趋向严重。

四、库区主要基岩变形体

根据前期地质调查,库区及坝下游附近主要崩塌及危岩体有8处(表10.1.1),规模较大的主要滑坡及变形体有10处(表10.1.2)。

表10.1.1 小浪底水库库区干流段主要崩塌及危岩体简要说明

编号	名称	岸别	所在县名(1/10 000图幅名称)	距坝里程(km)	岸坡类型	地层代号	地貌特征	前/后缘高程(m)	沿河分布长度(m)
B_1	老鸭石北—阳门坡南	左右	山西夏县、河南渑池(姚家坪、潼脑)	96	左$Ⅱ_4$ 右$Ⅱ_2$	$\in_3$	峡谷冲刷较强烈	230/500	1 200
B_2	下巴滩	左	山西夏县	93	$Ⅰ_4$	Z_{2bd}	河漫滩后缘	280/450	1 000
B_3	东坡北	左	山西垣曲(五福洞、前领)	82	$Ⅰ_2$	Z_{2b} Z_{2bd}	顶冲岸	250/470	800
B_4	东寨下游	左	山西垣曲(古城)	52	$Ⅲ_3$	P_{2s}^2 P_{2s}^3	顶冲岸	190/270	1 200
B_5	东满下游	右	河南新安(任家山)	43	$Ⅲ_2$	T_{11}	冲刷岸	180/380	500
B_6	八里胡同上段	左	河南济源(后庄、陶山)	29.5	$Ⅱ_1$	$\in_3$ O_{2m}	峡谷冲刷岸	165/300	1 200
B_7	西沃南	右	河南新安(西沃、郑山)	22	$Ⅱ_1$	O_{2m}	强烈冲刷岸	152/375	1 000
B_8	水泉头	右	河南孟津(水泉头)	8	$Ⅲ_1$	P_{2s}^2	陡坡	230~270/310~350	1 300

表 10.1.2　小浪底水库库区干流主要滑坡及变形体简要说明

编号	名称	岸别	所在县名（1/10 000 图幅名称）	距坝里程（km）	岸坡类型	地层代号	地貌特征	前/后缘高程(m)	滑动主方向（°）	体积（万 m^3）
H_4	庙上北滑坡	左	山西平陆（南沟、姚家坪）	99.0	$Ⅲ_4$	P_{1x}	冲刷岸	240/375	150	1 072
H_7	阳门坡变形体	右	河南渑池（潼脑）	95.0	$Ⅱ_2$	$\in_{2+3}$	冲刷岸	270/550	280	4 900
H_{14}	关家渡滑坡	左	山西垣曲（南村）	64.5	$Ⅳ_2$	E_{2+3}	河漫滩及Ⅰ级阶地后缘	200/360	140	1 050
H_{20}	东坡村南滑坡	左	山西垣曲（古城、槐树岭）	57.0	$Ⅲ_2$	P_{2s}^1	顶冲岸	200/315	240	630
H_{24}	东满滑坡	右	河南新安（任家山）	44.0	$Ⅲ_2$	T_{11}	峪里河口右侧冲刷岸	190/330	10	654
H_{25}	泉坡1号滑坡	左	河南济源（下村）	37.5	$Ⅲ_2$	P_{2s}^1	顶冲岸	170/340	210	770
H_{37}	大柿树滑坡	右	河南济源（水泉头）	7.0	$Ⅲ_2$	P_{2s}	冲刷岸	150/320	35	480
H_{39}	1号滑坡	右	河南孟津（西坡）	3.6	$Ⅲ_2$	T_{11}	河漫滩后缘	120/305	355	1 100
H_{40}	2号滑坡	右	河南孟津（西坡）	2.8	$Ⅲ_2$	T_{11}	河漫滩后缘	150/300	5	410
H_{42}	东苗家滑坡	右	河南孟津（东苗家）	2.0	$Ⅲ_2$	T_{11}	河漫滩后缘	135/270	10	500

库区主要滑坡体监测目前主要有近坝区右岸 1 号、2 号滑坡体，木底沟倾倒体，大柿树滑坡体和库区上游阳门坡变形体 4 个区域。库区主要滑坡体以外部变形观测为主。1 号、2 号滑坡体、木底沟倾倒体 3 个项目起测始于 1997 年，大柿树变形体是在 2003 年、2004 年发现有地表裂缝后新增的监测项目；阳门坡滑坡体是根据竣工初验时专家意见新

增的监测项目。采用大地测量方法测定各点水平位移和垂直位移，现使用仪器主要是TCA2003 全自动全站仪和 DNA03 电子水准仪。同时，在 1 号滑坡体和 2 号滑坡体各安有 2 根测斜管(VI)，管底部各安装有 1 支渗压计(P)，编号分别为 VI1－1、VI1－2(P1－1、P1－2)和 VI2－1、VI2－2(P2－1、P2－2)。大柿树变形体在裂缝两侧布设了 4 组监测桩，利用Leica TC2002 全站仪的对边测量功能监测每组桩间距离和高差的变化情况，以了解裂缝的变化与发展情况。

第二节　东苗家滑坡体监测分析

一、地形地貌

东苗家滑坡位于小浪底水库大坝下游约 2 km 的黄河右岸基岩斜坡区，总体积约 500 万 m^3。其前缘凸入黄河约 60 m，坡脚高程 135 m 左右；后部为一东西向山梁，梁顶高程 281.1 m，山梁西南侧发育一条陡峻的环形深切沟，沟底高程 190 m 左右，滑坡后缘位于山梁北侧黄河四级阶地前缘，高程 250～270 m；滑坡西侧为一较宽冲沟，东侧为一小冲沟，见图 10.2.1。

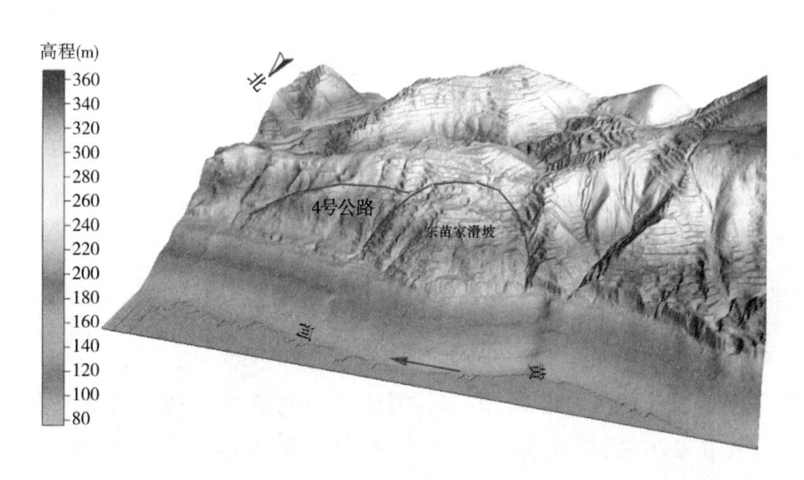

图 10.2.1　东苗家滑坡位置及滑坡区地形地貌

从平面上看，东苗家滑坡体呈舌形，东西宽平均约 350 m，南北长约 400 m。从剖面上看，滑坡体平均厚度约 35 m，其前部呈斜坡状，平均坡度 30°左右；滑坡体中后部表现为多级台阶式地形，4 号公路横贯其中，高程 214～210 m。

滑坡体前缘(高程 135～150 m)分布有较多的 1～2 m 见方的块石，其棱角分明，周围常分布带有明显擦痕和镜面的灰绿色泥化夹层条带；在滑坡体前部(高程 160～200 m)地表分布有较多的串珠状黄土落水洞，并可见少量“马刀树”。在滑坡体中后部(高程 200～270 m)地表发育有 5 条较大的弧形裂缝，这些裂缝目前多已被覆盖，仅可见部分残存痕迹。局部黄土中发育有光滑的剪切面，4 号公路开挖断面见有 T_1^5 岩组硅钙、钙质砂岩与粉砂岩呈层状覆盖于 Q_3^1 黄土上。

二、滑坡体发育特征

(一)前部滑塌体

该部分滑体分布于滑坡体前部130~219 m,南北长约140 m,厚20~40 m,平均坡度27°,主要由风化严重的灰绿色、紫红色岩块夹土(泥)等物质组成,表层覆盖有厚度不等的黄土。该部分滑体上覆于河床砂砾石层之上,其前缘中部突入黄河约60 m,其后缘以Ⅰ号裂缝为界,为黄河河谷冲蚀下切过程中高陡岸坡滑移崩塌所形成的堆积物。受滑移崩塌作用影响,该部分岩体破碎,岩层产状杂乱,岩块间架空现象普遍,透水性强。滑体表层黄土中落水洞十分发育,并见有“马刀树”。据调查,该部分滑体1950年以来曾有过较大的变形,坡面产生过贯穿性裂缝,局部有黄土坍滑现象。

(二)中后部滑移变形体

该部分滑体北以219 m高程平台前缘Ⅰ号裂缝为界,南以F_1断层及东苗家移民新村北Ⅳ号裂缝为界,南北长约170 m,地面高程219~250 m,呈多级台阶式地形。滑体厚度一般在50 m左右,主要由厚30~40 m的T_2^1、T_1^{7-4}、T_1^5岩组组成,表层覆盖有厚5~15 m的黄土,局部地段(4号公路以北)黄土底部分布有厚5 m左右的砂砾石层。

该部分滑体虽有统一的底滑面,但其滑移破坏形式比较复杂,既有顺层整体滑移,又有多层及多级分块滑移错动,同时伴有局部岩体倾倒变形现象。

1. 整体滑移特征

勘察结果显示,东苗家滑坡体主滑带为其滑移岩体变形程度明显不同的突变带,滑带以上岩体普遍拉裂,表现为结构松弛,裂隙宽张,局部存在架空现象,透水性强烈。岩层虽仍保持原层位关系,但倾角普遍变陡,一般为20°~60°,且变化较大,而滑带以下岩体则普遍完整,节理多闭合,地层倾角一般为6°~10°,仅F_1断层带附近岩层倾角因受F_1拖曳影响而变陡,倾角可达45°~57°,从而使F_1断层以北滑带以下基岩岩体呈现出南陡北缓的特点。

2. 多级分块滑移错动特征

据地表测绘调查及勘探点揭露,该部分滑体上分布有5条较大的弧形裂缝。这些裂缝目前虽多已被覆盖,但仍可见部分残存迹象,从坡体前缘向后编号分别为Ⅰ~Ⅴ,见图10.2.2,现分述如下。

Ⅰ号裂缝:位于中后部滑移变形体前缘,西起探洞d02上部195 m高程平台,向东于219 m高程平台前缘通过,再向东延伸至东苗家滑坡东侧冲沟附近。此裂缝西段附近区域发育有串珠状展布的黄土落水洞,219 m高程平台前缘以北土体亦沿此裂缝产生过坐落位移。此外,该裂缝与探洞d040+24桩号处2 m宽的灰绿色泥化带(产状35°∠40°)具有一定的对应关系。

Ⅱ号裂缝:位于4号公路北侧附近,后缘高程228 m,两端略呈弧形分别交于滑坡两侧冲沟。该裂缝西段在Cd01探槽中表现为两条平行错动面,产状30°∠60°,错动面南侧出露T_2^1黄绿色砂岩,北侧为黄土,按Jd02竖井岩面高程推测,其错距约5 m。在4号公路北侧路边一废弃窑洞中,可见此裂缝错断黄土底部砂砾石层至少2 m以上。1996年9月下旬降雨后,沿裂缝位置出现一条长40 m、总宽达5 m的黄土裂缝密集带。

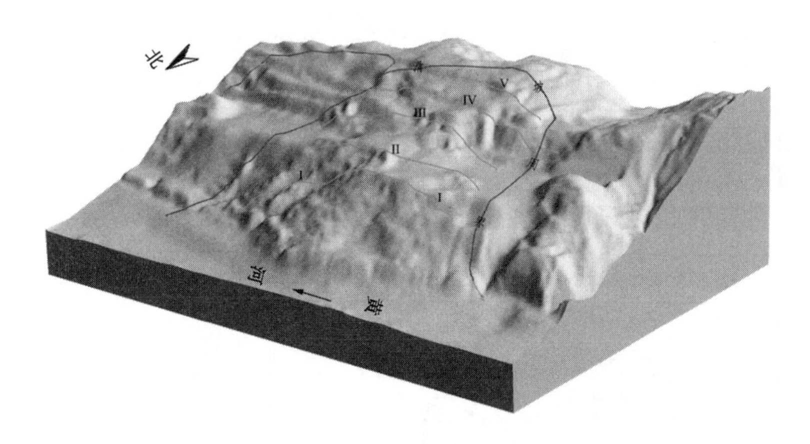

图 10.2.2　东苗家滑坡体裂缝分布图

Ⅲ号裂缝:分布于4号公路南侧,后缘高程243 m。在滑体中部236 m高程平台南侧窑洞内外黄土中见有多条产状15°∠53°的错动面,其东232 m高程平台南侧土窑洞中亦可见产状10°∠71°的错动面,错动面两侧黄土有明显位移现象并发育有羽状裂隙,错动面上有擦痕。

Ⅳ号裂缝:基本沿东苗家移民新村中部250 m高程平台展布。其西端Cd02探槽南侧黄土陡坎处见有多条产状15°∠65°的错动面,错动面北侧岩体有滑塌痕迹。在东苗家移民新村民房地基中也曾见有20 cm宽的裂缝痕迹。1996年8月降雨后,沿裂缝见有羽状小裂缝向东延伸几十米。

Ⅴ号裂缝:展布于滑坡后部270 m高程平台前部,在东苗家移民新村西南一侧窑洞中,见一条宽0.5 m的裂缝(Ⅴ号)痕迹,其产状为10°∠55°~60°,上宽下窄并充填有棕黄色黄土。沿裂缝一带曾分布有串珠状落水洞。滑坡后缘土坎壁上亦见有15°∠50°的错动面错断了黄土中钙质结核。

除上述裂缝外,滑体范围内尚可见上覆黄土底部砂砾石层的错位现象。据M02钻孔等勘探点揭露,4号公路北侧219 m高程平台一带黄土底部砂砾石层底面高程为206 m左右,而在滑体前部M03、M15钻孔一带,黄土底部砂砾石层底面高程为153.2~154.5 m,与坝址区黄河各级阶地底部砂砾石分布高程均不对应。

上述现象均表明,除整体滑移外,滑体尚具有多级分块滑移错动性质。

3. 多层滑移特征

据钻孔与竖井揭露,滑体中存在多层泥化层(带),依据成因不同,这些泥化层(带)可分为两类,即构造泥化层和重力滑动带。

构造泥化层主要是厚层坚硬岩层中所夹软弱岩层,在构造作用下受层间错动破坏演化而成的。其厚度一般为0.1~10 cm,类型包括全泥型、泥夹碎屑型、碎屑夹泥型、泥膜型等。构造泥化层在坝址区普遍发育,东苗家滑坡体及滑带以下完整岩体中亦均有揭露。

重力滑动带则是滑体中岩层(主要为软岩)在重力作用下沿软弱结构面(通常为构造泥化层)滑移错动而形成的。其厚度变化较大,一般为0.1~0.5 m,局部可达2.0 m以上,其组成物质主要为泥夹岩屑及碎岩块等,厚层滑动带底部常见有2~10 cm厚的全泥层。在滑动带内普遍可见明显的擦痕及滑移镜面,碎屑、岩块则多呈次圆状或次棱角状。

各勘探点揭露的滑体中底滑面以上主要滑动带分布及其特征见表10.2.1。

表10.2.1　底滑面以上主要滑动带分布及其特征

勘探点号	泥化层厚（m）	底面高程（m）	物质成分	上、下部附近岩层特征
M01	0.7	189.2	紫红色泥	上、下部均为泥夹块石混合物
M01	0.1	181.8	紫红色泥	上部为泥夹块石，下部岩石破碎
M02	0.15	175.3	紫红色泥夹碎屑	上、下部岩石倾角均为30°
M16	0.79	184.6	黄绿色泥夹碎屑	上、下部岩石均破碎
M16	1.20	179.6	紫红、黄绿色泥夹小岩块	上、下部岩石均破碎
M16	1.40	175.4	紫红色泥夹碎屑及小岩块	上部为灰绿色块石夹泥，下部为灰绿色砂岩，倾角48°~75°
M17	0.35	201.8	紫红色泥夹碎屑及小岩块	上部岩石较完整，倾角24°，下部岩石破碎
Jd03	2.0~3.1	201.8	紫红色泥夹碎屑，岩块底0.1~5 m为灰绿色泥夹碎屑	上部紫红色砂岩较完整，产状0°∠27°，下伏黄绿色砂岩有倾倒变形现象，产状0°∠40°
Jd02	0.1	184.3	紫红色泥夹碎屑	上部厚层钙质砂岩有倾倒现象，产状70°∠25°，下部钙泥质粉砂岩较破碎

从这些泥化层的发育情况看，滑坡体具有明显的多层滑移特征，由于沿不同滑带的滑移多具有差异性，所以往往造成滑带附近或上下两滑带间岩体的破碎，或造成滑带附近岩体的倾倒变形现象。探洞及竖井资料也表明，倾倒变形现象一般仅发育在泥化层上下一定范围内。

此外，4号公路两侧边坡表层黄土中夹杂有成层的 T_1^5 钙硅质砂岩，F_1 断层北侧的Jd03竖井中见有厚层 T_1^5 钙质砂岩上覆于 T_2^1 黄绿色钙质砂岩之上等岩层异常现象。

上述情况说明，中后部滑体变形破坏形式复杂，既有顺层整体滑移，又有多层及多级分块滑移错动，同时伴有局部岩体倾倒变形现象。

（三）后部拉裂变形体

该部分分布于 F_1 断层以南至滑体后缘区域，地表为Ⅳ裂缝至滑体后缘部分，滑体厚20~30 m，主要由 T_1^5 岩组组成，其表层为5~10 m厚的黄土。F_1 断层作为岩体切割分离面，正常情况下其北侧应为三叠系下统和尚沟组 T_1^7 和中统二马营组 T_2^1 岩组地层，南侧应为三叠系下统刘家沟组 T_1^5、T_1^4 岩组地层，受滑塌物质影响，4号公路南侧Пd01探洞相应部位未见到 F_1 断层，而全部为陡倾的 T_1^5 岩组钙质砂岩、粉砂质黏土岩，该岩组地层见有明显的倾倒变形现象。

组成滑体的岩体相对完整，存在较多层泥化夹层，以拉裂松弛及倾倒变形为主。岩层产状为 15°～20°∠40°～50°，与滑坡后缘以南正常岩体产状(60°～85°∠8°)差异较大，且岩层倾角呈自上而下由陡变缓的趋势，至滑带以下约为 15°。

滑坡体后部分布有Ⅴ号拉裂缝，窑洞中可见宽度 0.5 m，并被后期黄土充填，沿裂缝一带曾分布有串珠状落水洞。

三、滑坡体监测分析

由于东苗家滑坡体的稳定性直接影响到大坝的安全运行，为了有效地防治地质灾害，做好预测预报工作，从 1999 年开始就对滑坡体建立了多种仪器、多层次综合监测系统，为滑坡体稳定性定量和定性评价提供了可靠的依据。同时，10 余年的变形监测成果对于深入研究滑坡体的变形机制和稳定性预测分析，提供了宝贵的资料。

东苗家滑坡体及其东部滑坡体共布置了 25 个地表变形监测点，其中滑坡体上布置了 15 个，东部滑坡体布置了 7 个，滑坡体后缘外侧布置了 3 个。另外，为监测滑坡体的深部变形特征，在滑坡体中分别布置了 3 个测斜仪监测孔，监测点布置图见图 10.2.3。

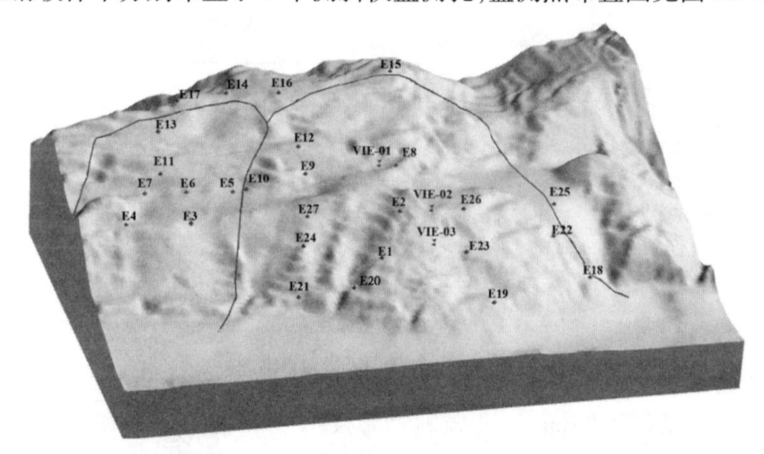

图 10.2.3　东苗家滑坡体监测点布置图

(一)监测项目

针对东苗家滑坡体变形的具体特点，考虑到滑体中滑动结构面或软弱面是滑坡体失稳的内在因素，因此监测项目设立以整个东苗家滑坡体稳定性为主，重点对象主要为岩体中滑动结构面。变形监测项目主要由地表位移监测和深部变形监测组成，具体包括：滑坡水平位移、垂直位移；节理和裂缝开闭；软弱夹层或滑带的剪切位移；滑体钻孔倾斜等。

(二)监测点布设

(1)地表变形测量：仪器选用 DI2002 测距仪(精度 1 mm + 1×10^{-6} mm)、经纬仪(精度 0.5"级)和 Ni002 水准仪。在东苗家滑坡体上沿主滑方向布置 3 个观测断面，每个断面在滑坡体后缘裂缝外侧布置 1 个测点，在内侧布置 3～4 个测点。

(2)地表裂缝监测：仪器选用 GY－85 型收敛计(精度 0.05 mm、量程 30 m)。在滑坡体后缘裂缝出露处跨裂缝布置 2 个观测断面，在滑坡体中部第 3、4 条裂缝处跨裂缝各布置 1 个观测断面，断面两侧各浇筑 1 个测量桩，桩距不超过收敛计钢尺长度。

(3)钻孔深部位移监测：仪器选用 SINCO 公司生产的活动式测斜仪，包括测头、控制电缆、读数仪(精度 ±6 mm/25 m、量程 ±53°);测斜管选用中国水利水电科学研究院生产的铝合金管(外径 71 mm,内径 67 mm)。为控制整个滑坡体,沿主滑断面 3—3 剖面上前后部位各布置 1 个测斜孔,在 4—4 剖面上中部布置 1 个测斜孔,钻孔穿过底滑面,进入稳定岩体 5 m。

(4)渗压监测:仪器选用 GEKON 公司生产的 4500S 振弦式渗压计,包括渗压计、读数电缆、读数仪(精度 0.1% F.S、量程 50 psi)。在测斜钻孔底部各布置 1 支渗压计。渗流监测仪器采用简易钻孔水位计,监测位置选为滑坡体 M02 长观孔。

(5)深部多点位移计变形监测:选用中国水利水电科学研究院生产的 DWG－40 型杆式多点位移计,读数仪为电子测深尺(精度 0.01 mm,量程 ±20 mm)。沿 1 号排水洞轴线跨桩号 0＋030、0＋047、0＋063、0＋072 4 条浇筑缝布置多点位移计。测头安装在洞口 0＋022.22 处,5 个锚头分别布置在预留槽两侧,其中 1 号测点与 2 号测点相互校正,安装测杆总长度 219.58 m,安装位置示意图见图 10.2.4。

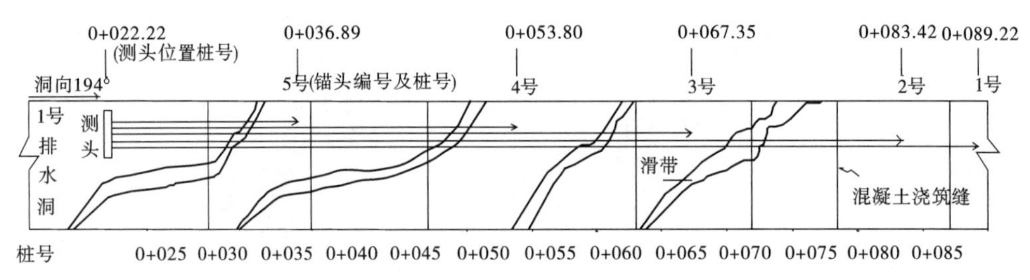

图 10.2.4　多点位移计安装位置示意图

(6)深部测缝计变形监测:选用南京自动化研究院生产的 3DM－200 型三向测缝计(精度 0.25% F.S、量程 200 mm)。平洞衬砌时,在 1 号平洞右壁桩号 0＋030、0＋063、0＋072 处预留测缝计安装槽,各安装一套三向测缝计组;在 2 号排水洞左侧洞壁安装单向测缝计两套两支。

(三)变形监测分析

1. 滑坡体表面变形

各地表变形监测点的监测成果见图 10.2.5～图 10.2.8。从整体上来看,除东 3、东 12、东 2、东 22、东 25 监测点的监测数据局部时间段出现突变异常外,其余监测点的监测数据比较合理可靠。根据分析核查,东 3、东 12、东 2、东 22、东 25 监测点的监测数据异常是由于地面或埋测点位发生不同程度的破坏引起的。另外,局部某些变形点的变形发展趋势还可能受局部地形的影响。

可以看出,位于前部滑塌体上的地表变形监测数据波动较大(图 10.2.5),而其余部位的变形数据相对较为平滑,这也反映了其变形机制和变形因素的差异性。前部滑塌体主要物质为崩坡积物,受降水影响较大,数据较为波动;而中部、中后部及东部滑坡体的变形主要是沿着软弱夹层(或裂缝)的蠕滑变形,外部因素主要是受大气降水影响,而受黄河水位影响较小。

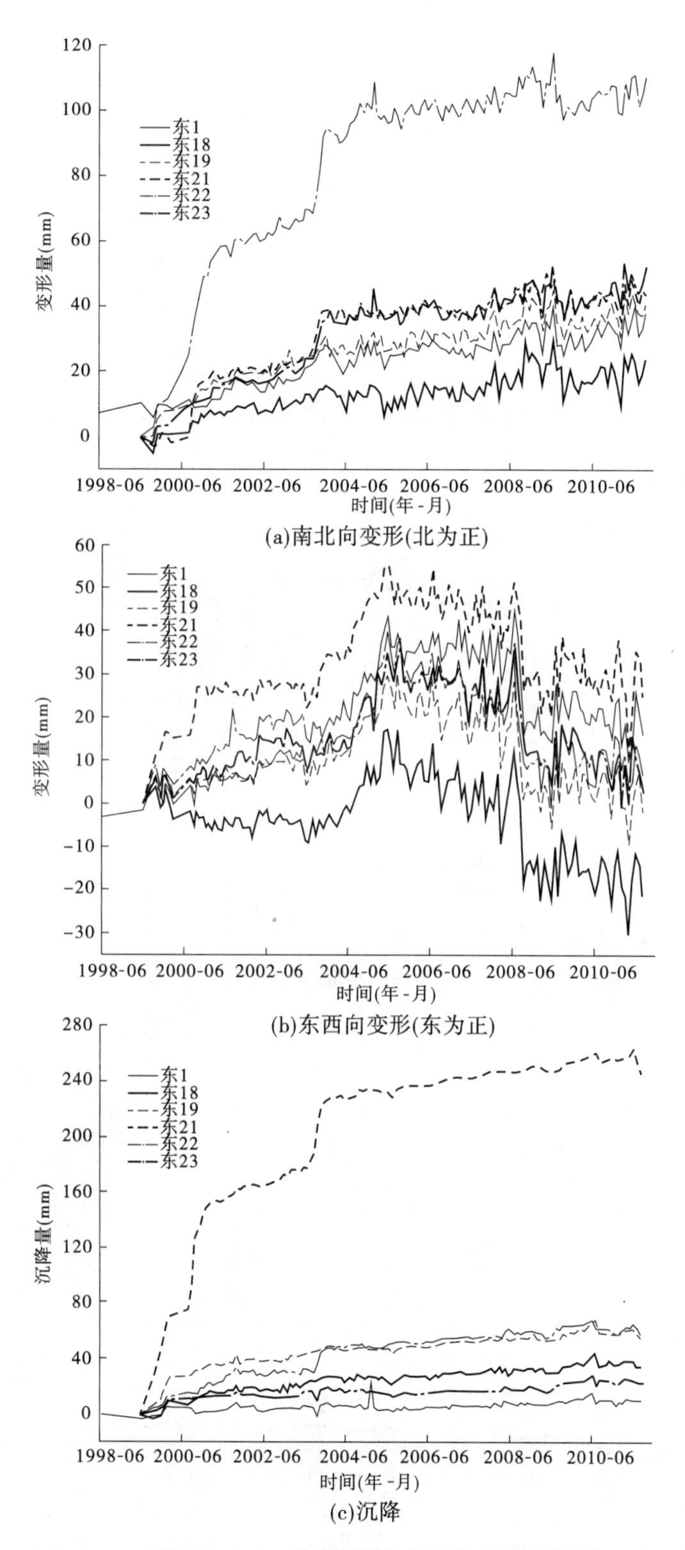

(a)南北向变形(北为正)

(b)东西向变形(东为正)

(c)沉降

图 10.2.5　前部滑塌体表面变形监测成果

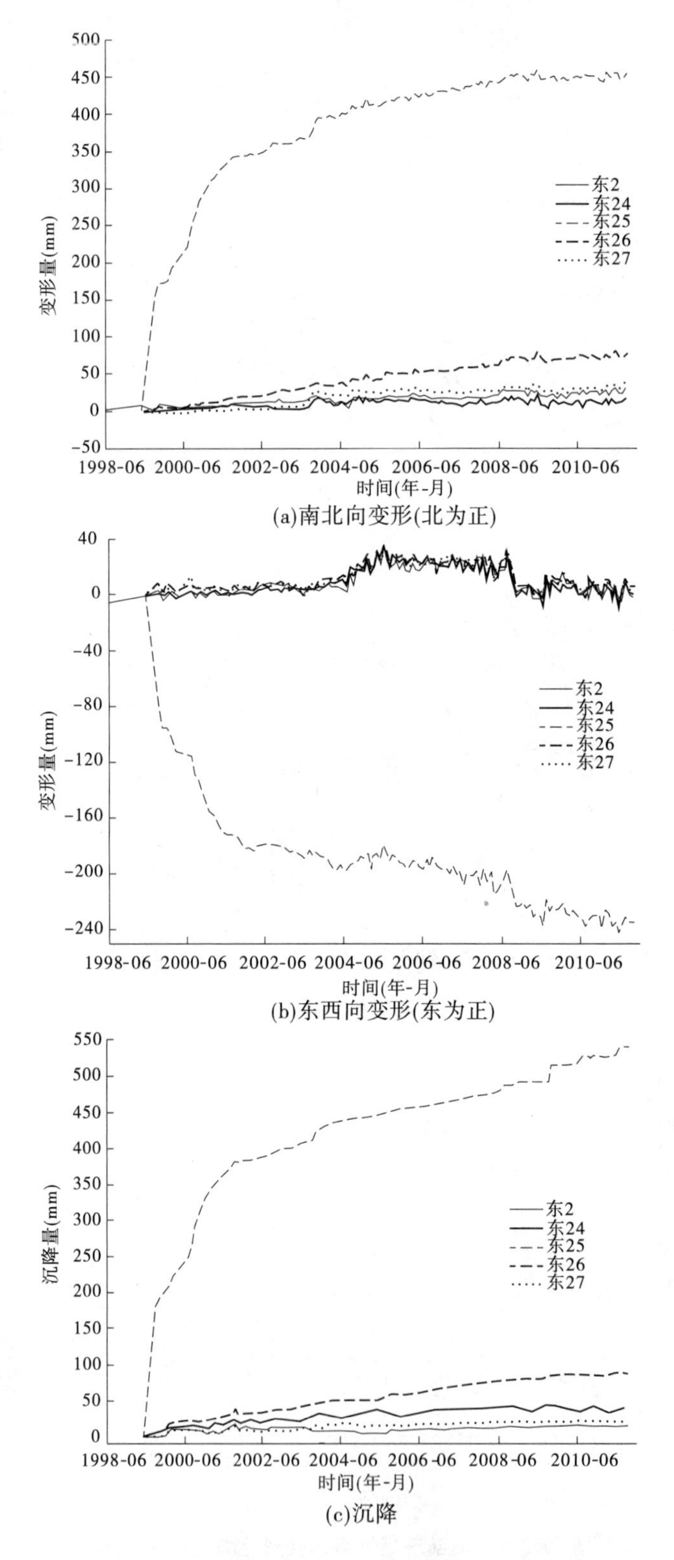

图 10.2.6　滑坡体中部(Ⅰ—Ⅱ裂缝段)表面变形监测成果

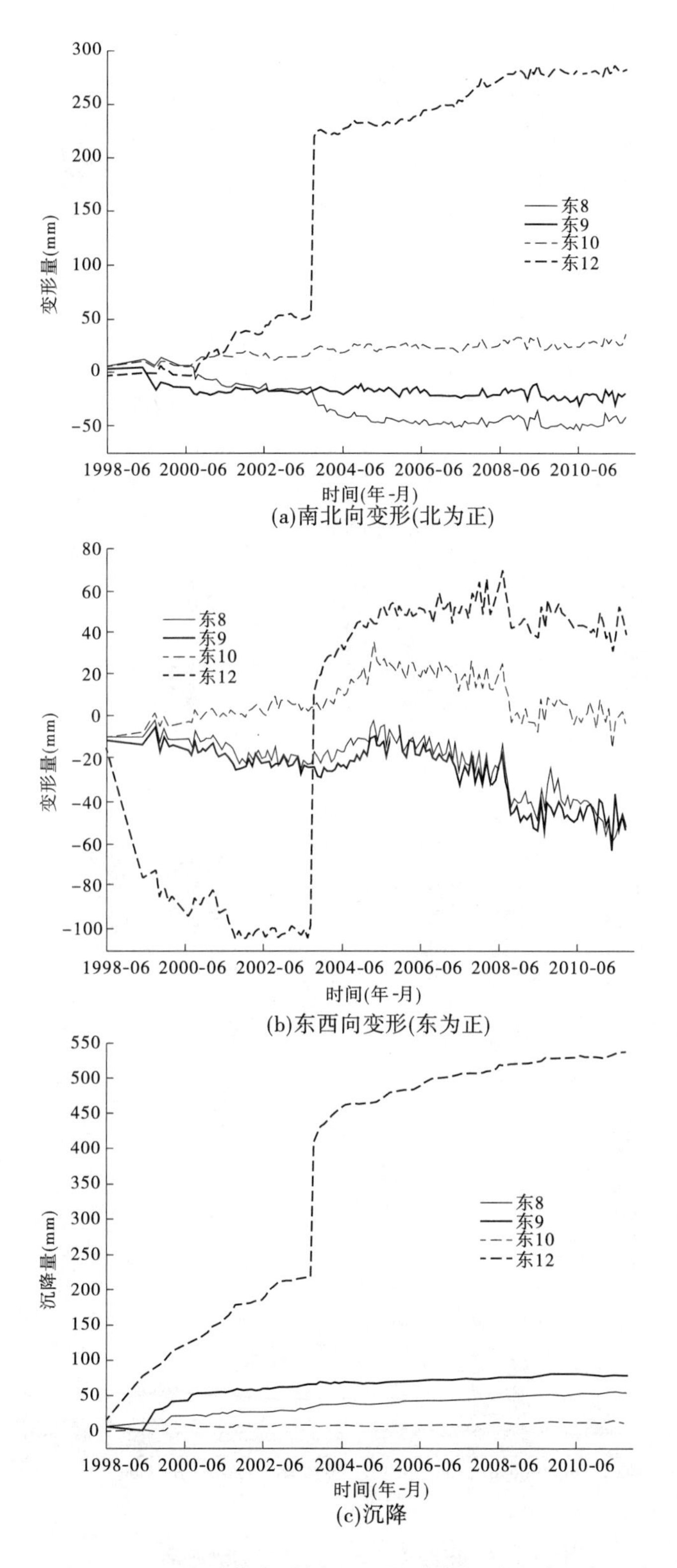

(a)南北向变形(北为正)

(b)东西向变形(东为正)

(c)沉降

图 10.2.7　滑坡体中后部(Ⅱ—Ⅳ裂缝段)表面变形监测成果

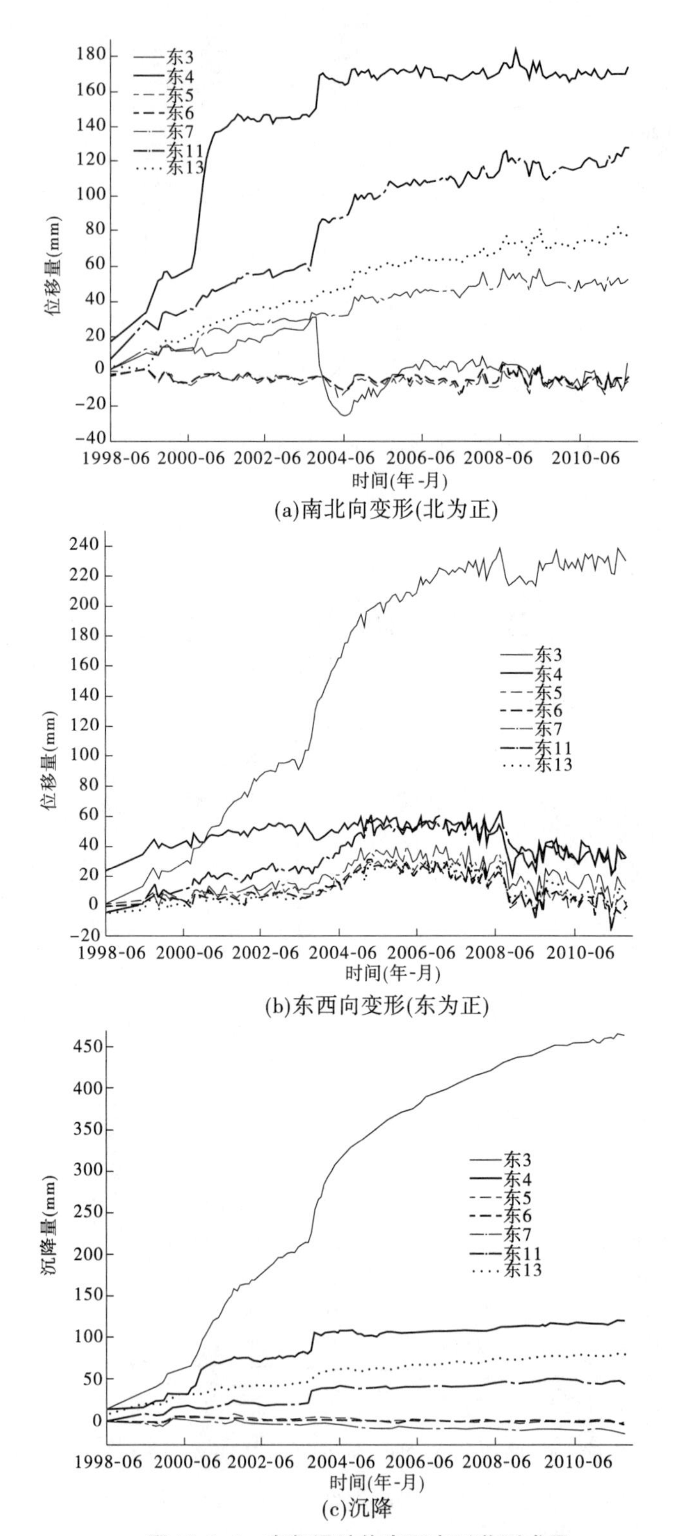

图 10.2.8　东部滑坡体表面变形监测成果

各监测点的顺坡向变形及沉降变形，从总体发展趋势上看均具有缓慢增长的趋势，除个别监测点外，基本上变形较为平稳。而横向变形（东西向），从发展趋势上看大致可以分为两个阶段：2005 年之前具有向东变形发展的趋势；之后变形发展逐渐趋于向西，即变形呈现一定的回弹趋势。调查表明，在 2005 年时位于东苗家滑坡体上的原东苗家村迁出滑坡区。由于居民的搬迁，从而减少了因入渗进入滑坡内的地下水，使得滑坡体的变形有所“回弹”，提高了滑坡体的稳定性。这从另一个侧面也反映了人类工程活动与滑坡体稳定性特征的耦合关系。

从监测开始（1999 年 5 月）到 2011 年 9 月各监测点总的变形发展趋势见图 10.2.9，可以看出，除个别监测点运动方向有异常外（仪器问题，或受局部地形影响），东苗家滑坡体及其东部滑坡体变形总体具有坡外运动发展的趋势，除个别监测点的变形较大外（最大 260 mm 左右），其余监测点的总变形量一般在 50 mm 以内，即平均变形速率约为 5 mm/年。

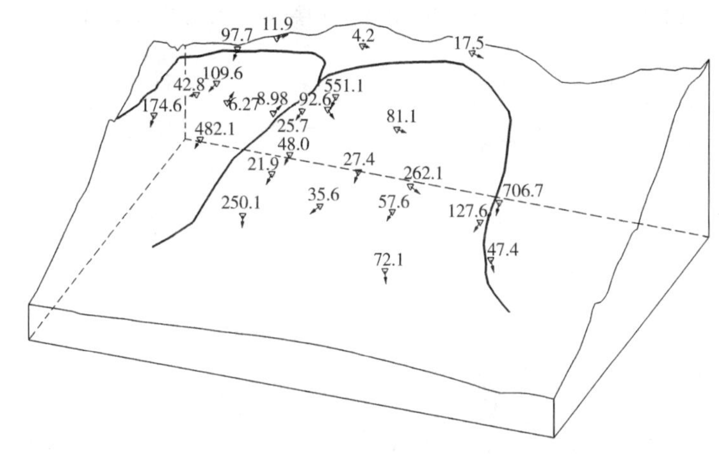

图 10.2.9　东苗家滑坡体各监测点变形三维矢量图

2. 滑坡体深部变形

为监测东苗家滑坡体的深部变形规律和变形特征，共在滑坡体主剖面上布置了 3 个测斜仪监测孔，一个（Ⅵ东 -03）位于前部滑塌体（Ⅰ号裂隙以北），另外两个（Ⅵ东 -02、Ⅵ东 -01）位于中后部滑移变形体（其中Ⅵ东 -02 位于Ⅰ号和Ⅱ号裂隙之间，Ⅵ东 -01 位于Ⅱ号与Ⅲ号裂隙之间）。

东苗家滑坡体上布置的各测斜仪监测成果见图 10.2.10 ~ 图 10.2.12。

可以看出，随着时间的增长，东苗家滑坡体深部不同层位上的变形总体上也具有逐渐增长的趋势，越近地表处变形越大；滑坡底部主滑面附近有一个明显的变形突变区域，滑面以上的滑体变形较大，而底滑面以下的基岩变形则较为稳定，几乎没有发生变形，这表明东苗家滑坡体的现有变形趋势是以沿着底部主滑面为主的蠕滑变形。从这 3 个监测点的变形量上来看，位于前部滑塌体的Ⅵ东 -02 和Ⅵ东 -03 总的变形量较大，近地表处指向坡外的变形量将近 40 mm，而位于坡体中后部的Ⅵ东 -01 的变形量相对较小，不到 20 mm，从而也表明，前部滑塌体和中后部滑移变形体的变形从某种程度上来讲具有一定的差异性，见图 10.2.13。此外，从Ⅵ东 -02 监测孔不同深度的变形量可以看出，在Ⅰ号裂

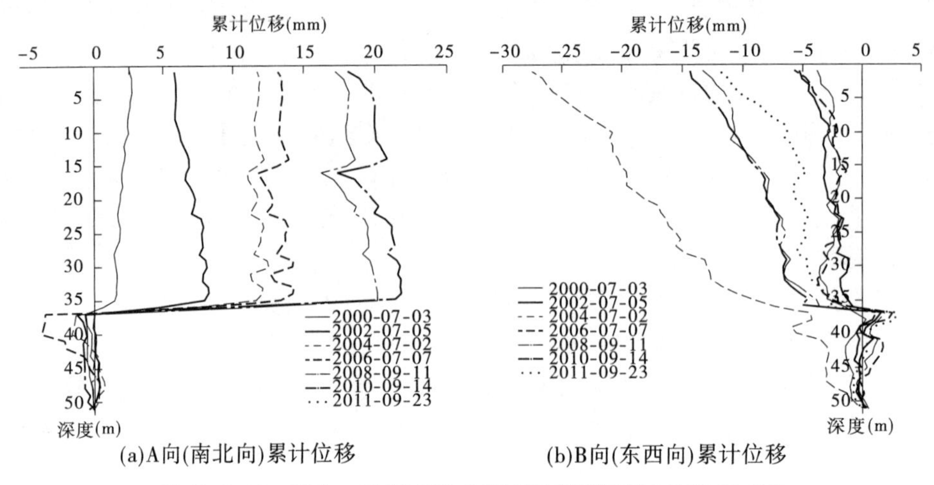

(a)A向(南北向)累计位移　　(b)B向(东西向)累计位移

图 10.2.10　Ⅵ东－01 测斜仪监测成果(基准时间 1999-11-13)

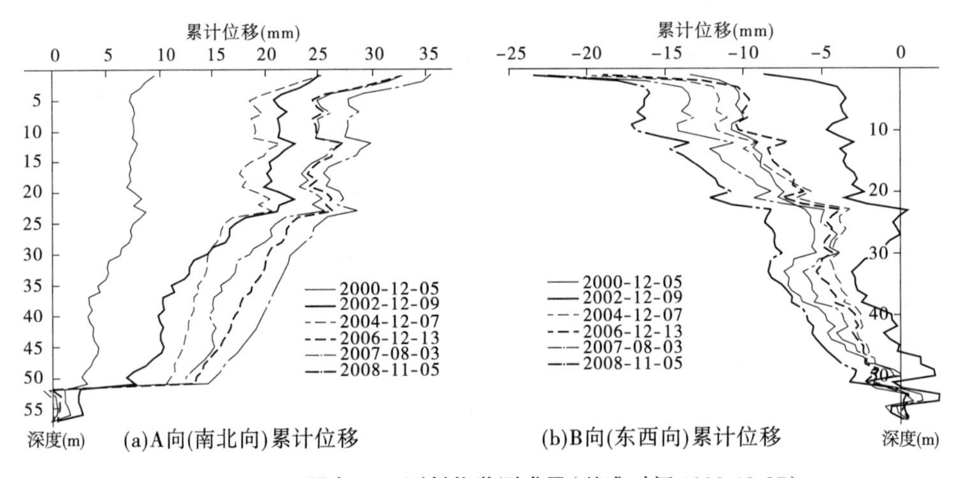

(a)A向(南北向)累计位移　　(b)B向(东西向)累计位移

图 10.2.11　Ⅵ东－02 测斜仪监测成果(基准时间 1999-12-07)

缝附近监测值发生一定程度的变化(尤其是倾向坡外的变形变化更为明显，见图 10.2.11)，这也反映了裂缝上下变形机制的差异性，上部主要为崩坡积物，而裂缝以下主要为岩体的蠕滑变形。从目前监测数据来看，东苗家滑坡体变形趋势整体上处于稳定发展阶段，稳定性较好。

四、三维数值计算分析

东苗家滑坡是一个经过长期发育过程而形成的前有牵引、后有推动的顺层基岩滑坡。其前缘开阔，呈扇形，自然坡度 32°，中后部自然坡度 12°，相对高差 100 m 左右。总的地形悬殊不大，势能较小，这是多次滑动后形成的稳定状态。另外，滑坡表层均有厚层黄土覆盖，形成天然防渗铺盖，大气降水入渗条件差。尤其是在现状条件下，已对滑坡体采取了前缘防护，中后部设置坡面、坡体排水系统的综合整治措施，使滑坡稳定性大为改善。已有的变形监测结果表明，东苗家滑坡体经采取综合治理措施后，变形明显收敛，且深部

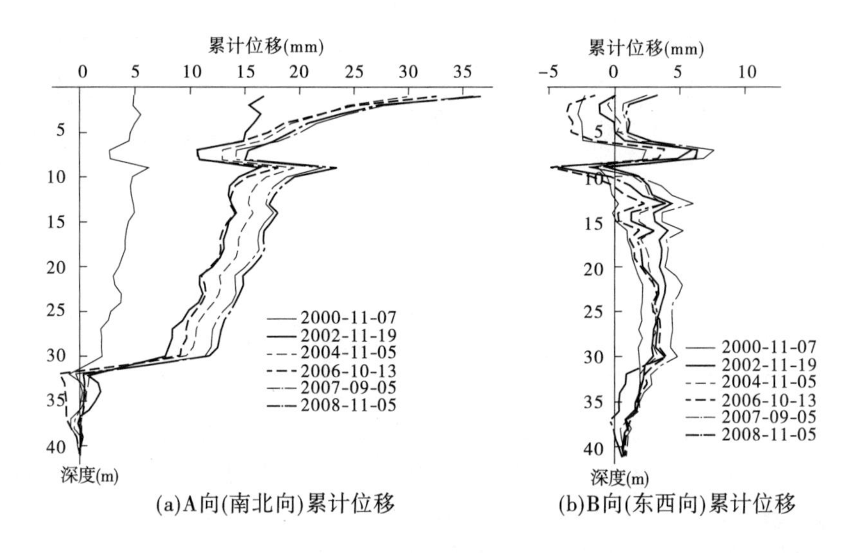

图 10.2.12 Ⅵ东－03 测斜仪监测成果(基准时间 1999-11-25)

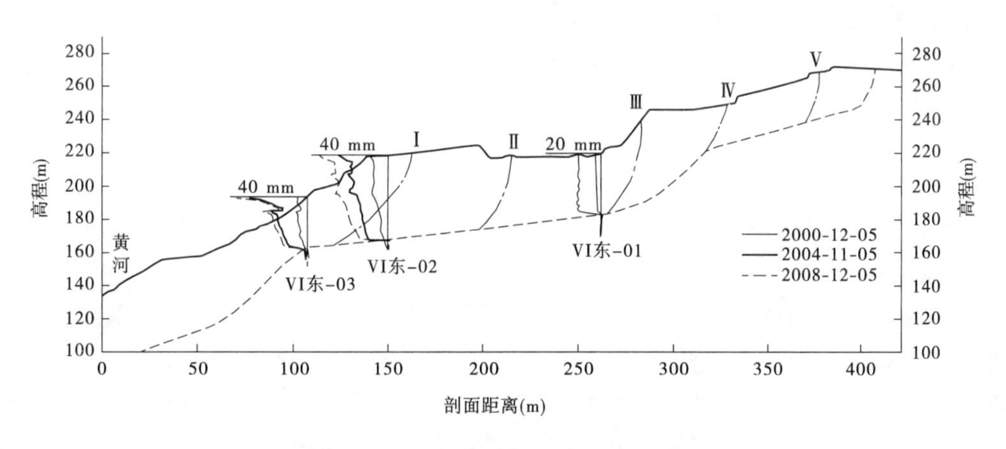

图 10.2.13 东苗家滑坡体测斜仪监测成果

位移绝对值很小,滑坡体稳定性已得到明显改善。在现状条件下,滑坡体整体是稳定的。

(一)计算模型

根据复杂地质体三维地质力学数值计算模型建模方法,建立了东苗家滑坡体地质力学三维结构模型。

计算分析所采用的模型边界条件:侧向边界采用水平侧向约束,模型底部边界采用垂直方向约束。

计算初始应力条件:因考虑到滑坡体已经基本为松散岩体,可以忽略构造应力影响,故在计算过程中仅考虑自重应力产生的初始应力条件。

材料参数:根据设计单位提供的报告及工程类比,三维计算采用的材料参数与二维计算分析参数相同(表 10.2.2),材料本构模型采用摩尔－库仑理想弹塑性模型。

表 10.2.2　东苗家滑坡体计算材料参数表

材料名	弹性模量（MPa）	泊松比	内摩擦角（°）	黏聚力（kPa）	密度（kg/m³）
主滑动面	60	0.3	12.4	7.0	2 100
裂缝	60	0.3	24.2	10.0	2 100
前缘崩塌体	500	0.3	21.8	20.0	2 300
中后部滑坡体	1 800	0.3	30	35.0	2 400
岩体	5 000	0.25	38	1 000.0	2 400

在重力作用下东苗家滑坡及周围地质体内部最大主应力和最小主应力分布云图符合一般斜坡的应力分布特征，但是在主滑动面、裂缝等部位出现明显的应力集中现象。这表明，主滑动面、裂缝与周围岩土体力学性质的差异，导致了斜坡在演变过程中内部应力的调整和分异，并出现局部应力集中现象；坡体内这种应力集中现象的存在将进一步促使相应部位岩土体的损伤演变及应力调整。

（二）三维稳定分析及失稳模式

为了对东苗家滑坡体的稳定性特征进行定量分析和评价，在研究过程中采用上述基于 FLAC^{3D}的强度折减法及采用其内置的 Fish 语言编制的强度折减函数，对滑坡体的三维稳定性特征进行了分析。在稳定系数的确定方面采用计算过程不收敛为标准，即当折减系数达到某一值时如果满足：采用该折减系数对材料参数进行折减时系统整体能达到计算收敛，而当折减系数大于该值时系统整体计算达不到收敛，则此时的折减系数即可作为计算得到的系统稳定系数。

根据表 10.2.2 所示的滑坡体各材料分区的强度参数，通过计算分析得到东苗家滑坡体的稳定系数为 1.19。当折减系数达到 1.19 时，滑坡体底部主滑面的塑性区基本贯通，裂缝Ⅰ局部进入塑性状态，而裂缝Ⅳ基本未发生破坏。根据此时滑坡体内塑性应变增量分布情况，得到滑坡体潜在滑动面形态，即为滑坡体的主滑动面。然而从计算结果上来看，此时滑坡体前缘崩塌体部分尚未发生任何塑性破坏，这表明虽然此时中后部滑坡体整体滑动面已经基本形成，但是前缘崩塌体对其具有一定的支撑作用。

当折减系数为 1.19 时，受滑坡体东西两侧冲沟的切割作用，滑坡体在失稳过程中除整体上具有下滑趋势外，两侧岩土体还具有侧向位移趋势。

从整个计算过程来看，当折减系数达到 1.19 时，由于主滑动面内的岩土体已经完全进入塑性状态，而导致整个斜坡体系值计算不收敛。由于连续变形数值计算方法的缺陷性，不能模拟在中后部滑坡体下部滑动面整体贯通形成后的运动情况。为了更好地分析这一过程，在计算过程中在上述折减系数为 1.19 时的计算结果基础上，将主滑带及裂缝参数进行调整：①在本构模型上将其变为弹性模型，以模拟后续大变形；②将弹性模量降低为原来的 1/1 000，以实现材料失效后的大变形特性模拟。在此基础上，继续进行强度参数折减，折减系数达到 1.24 时的滑坡体底部滑面已经完全贯通，但从破坏机制上看，前缘崩塌体的变形与中后部滑坡体的变形在裂缝Ⅰ两侧呈现明显的分异。

五、地震作用下东苗家滑坡体稳定性分析

小浪底工程区位于华北地震区的许昌—淮南地震带内，该地震带是一个弱震带，以小震活动为主。经国家有关地震部门鉴定，并经国家地震局审定通过的《小浪底水库坝址地震危险性分析和地震动工程参数专题报告》重新复核：工程区地震基本烈度为Ⅶ度。依据中国标准出版社出版的《中国地震动参数区划图》(GB 18306—2001)中中国地震动峰值加速度区划图(比例尺：1/400万)和中国地震动反应谱特征周期区划图(比例尺：1/400万)，小浪底地区地震动峰值加速度为0.10g，地震动反应谱特征周期为0.40 s。

进行滑坡稳定性验算时，考虑地震荷载作用情况下的地震水平加速度可取0.1 g。此外，根据有关规范，垂直方向地震加速度取水平方向地震加速度的2/3。为了综合考虑地震加速度方向对滑坡体稳定性的影响，在计算过程中分别选取表10.2.3所示的4种组合工况，选择所求得稳定系数最小的工况作为地震作用下滑坡体的稳定系数。在滑坡稳定分析方法上，采用基于拟静力法的强度折减分析方法。

表10.2.3 地震作用下东苗家滑坡体稳定性分析工况

工况	地震加速度方向		稳定系数
	水平方向	垂直方向	
O_U	指向坡外	垂直向上	0.92
O_D	指向坡外	垂直向下	0.93
Ⅰ_U	指向坡内	垂直向上	1.60
Ⅰ_D	指向坡内	垂直向下	1.53

表10.2.3显示了不同工况下，强度折减得到的滑坡体稳定系数，从中可以看出：在水平地震加速度方向指向坡外的情况下(O_U和O_D两种工况)，滑坡体稳定性最差，两种工况的稳定系数均为0.92左右。从折减得到的滑坡体变形云图上可以看出两种工况的变形云图和失稳机制基本相同，均为中后部滑坡体首先失稳沿着底部主滑面下滑。

在水平地震加速度方向指向坡内时(Ⅰ_U和Ⅰ_D两种工况)，滑坡体稳定性较好，两种工况的稳定系数为1.53～1.60。而且从折减得到的滑坡体变形云图上可以看出两种工况的变形云图和失稳机制基本相同，均为前缘滑塌体失稳模式。

综合上述地震作用下东苗家滑坡体稳定性分析成果，并结合有关规范具体要求，在Ⅶ度地震工况下(水平地震加速度为0.1g)滑坡体的稳定性较差，稳定系数为0.92。

六、稳定性可靠度分析

(一)数值计算参数选取

东苗家滑坡体底部的主滑动面、裂缝及前缘滑塌体对滑坡的稳定性起控制作用。因此，在本部分仅考虑主滑动面、裂缝及前缘滑塌体3种材料的变异特性。根据混凝土重力坝设计规范，在分析中选取3种材料的内摩擦系数($f=\tan\varphi$)服从正态分布，变异系数为0.2，黏聚力(c)服从对数正态分布，变异系数为0.35，见表10.2.4。内摩擦系数($f=$

$\tan\varphi$)和黏聚力对数($\ln c$)复合联合正态分布,相关系数取 -0.5;不同材料间参数相互独立。通过上述算法,随机生成了主滑动面、裂缝及前缘滑塌体的200种参数组合。

表 10.2.4　东苗家滑坡体材料参数分布特征

材料名	内摩擦角(°)					黏聚力(kPa)				
	均值	标准差	变异系数	最小值	最大值	均值	标准差	变异系数	最小值	最大值
主滑动面	12.4	2.5	0.2	10.2	14.6	7.0	2.0	0.35	3.1	10.9
裂缝	24.3	2	0.2	14.2	34.4	20.0	2.8	0.35	14.5	25.5
前缘滑塌体	21.8	4.6	0.2	12.6	31.0	20.0	2.9	0.35	14.3	25.7

(二)东苗家滑坡体稳定性可靠度成果分析

根据200种参数组合工况,采用 $\mathrm{FLAC^{3D}}$ 强度折减法,对不同工况下的稳定性特征进行了分析,获得相应的稳定性系数。计算得到的稳定系数随机分布特征见图10.2.14,可以看出,总体上滑坡体稳定系数服从正态概率分布特征。根据分析计算得到稳定系数的均值为1.17,标准差为0.128,变异系数为0.109,计算得到滑坡体稳定性可靠度指标为1.58。

根据分析得到的东苗家滑坡体稳定系数分布特征,得出概率密度分布曲线,从中可以计算得到滑坡体的失稳概率为9%。

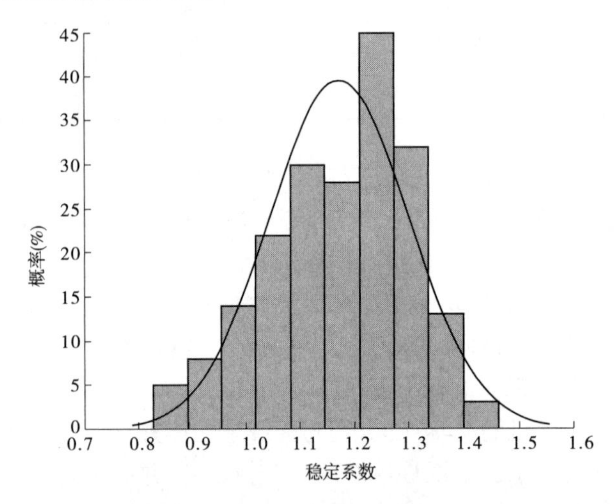

图 10.2.14　强度折减计算得到的滑坡体稳定系数随机分布特征

(三)基于可靠度分析的东苗家滑坡体可能失稳模式

根据200种参数组合工况下东苗家滑坡体的 $\mathrm{FLAC^{3D}}$ 强度折减稳定分析成果分析,可以看出东苗家滑坡体的失稳模式从总体上来讲可以划分为两类。

1. 前缘失稳→中后部滑坡体失稳

这种情况主要发生在前缘崩塌体的强度参数较低的情况下,由于前缘崩塌体首先失稳,导致中后部滑坡体的抗力降低,并逐渐启动失稳。在该情况下,虽然滑坡体底部主滑面局域也已逐渐进入塑性状态，但是尚未整体贯通；而前缘崩塌体内部已经形成贯通滑动面，其后缘以Ⅰ号裂缝为边界。一旦前缘崩塌体失稳，将导致中后部滑坡体的抗滑力急剧降低，从而使中后部滑坡体底部主滑面也逐渐进入塑性状态而贯通失稳。

从总体上来讲，当前缘滑塌体强度较低时滑坡体的失稳模式为牵引式破坏。

2. 中后部滑坡体失稳→前缘失稳

这种情况主要发生在前缘滑塌体强度较高时，其自身具有足够的稳定性，而中后部滑坡体稳定性较差，这样中后部滑坡体首先沿着底部主滑面产生滑动，并推动前缘滑塌体，从而导致前缘滑塌体后续逐渐失稳，并最终形成贯通滑动面，滑坡体整体失稳滑动。

从总体上来讲，当前缘滑塌体强度较高时滑坡体的失稳模式为中后部推移式破坏。

七、现状条件下排水措施失效时滑坡体可靠度分析

目前东苗家滑坡体已采取了较好的地表、地下排水措施，考虑到排水措施在日常运用中的可能损坏，分析了假定这些排水措施失效对滑坡体稳定性的影响，即基于极限平衡的东苗家滑坡体二维稳定性可靠度分析，在计算过程中考虑了因排水失效后导致的滑体容重增加而引起的滑体稳定变化。计算中考虑滑体容重的变异系数为0.3。

东苗家滑坡体的稳定系数对滑体容重的敏感性分析成果见图10.2.15，从图中可以看出，滑坡体的稳定系数与滑体容重近似呈线性降低关系。从东苗家滑坡体对滑体容重的稳定性和可靠度分析成果来看，滑坡体稳定系数均值为1.15，标准差为0.025，变异系数为0.02，破坏概率为0。

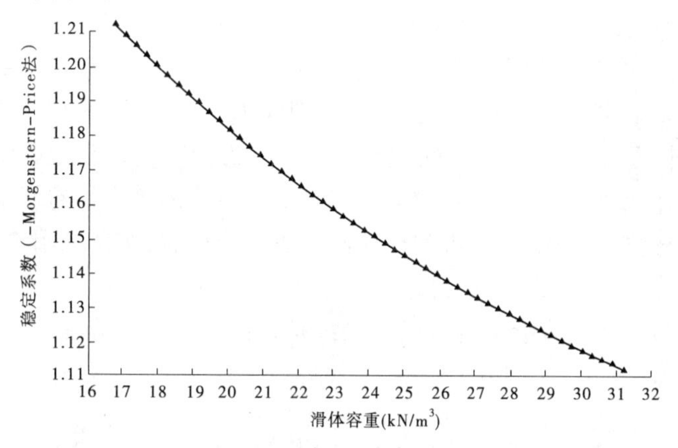

图10.2.15　东苗家滑坡体的稳定系数对滑体容重的敏感性分析图

八、小结

东苗家滑坡体位于小浪底水库大坝下游约2 km的右岸基岩斜坡区，是以牵引式蠕滑变形破坏为主的大型基岩古滑坡。滑坡体东西宽约350 m，南北长约400 m，总体积约500万m^3。

对现有监测数据进行的系统分析表明，东苗家滑坡体变形总体具有坡外运动发展的趋势，除个别监测点的变形较大外（最大260 mm左右），其余监测点的总变形量一般在50

mm 以内,即平均变形速率约为 5 mm/年;根据滑坡体的深部变形监测数据分析,东苗家滑坡体的现有变形趋势是以沿着底部主滑面为主的蠕滑变形,且前部崩塌体和中后部滑坡体的变形具有一定的差异性;从现有监测成果分析,东苗家滑坡体变形趋势整体上处于稳定发展阶段,其稳定性较好,处理措施是可行的。

基于东苗家滑坡体的地质结构特征及物理力学特性参数,建立了滑坡体的 DDA 数值计算分析模型,对东苗家滑坡体的二维稳定性特征及可能的破坏模式进行了计算分析。分析结果表明:东苗家滑坡体天然状态下的稳定系数为 1.15,其可能的破坏模式为中部推移式滑动、后缘牵引式滑动的复合破坏模式,前缘滑塌体对其整体稳定性起支撑作用。

采用极限平衡法对东苗家滑坡体的稳定性分析成果表明,最不利滑动面为通过Ⅳ裂缝的滑动面,稳定系数约为 1.14(Bishop 法)。分析了假定滑坡体排水措施失效而对滑坡体稳定性的影响,从滑坡体稳定性对滑体容重的敏感性分析可以看出,滑坡体的稳定系数与滑坡容重近似呈线性降低关系,通过对滑体容重的可靠度概率分析表明,滑体容重不是影响滑坡体稳定性的主要因素。

根据东苗家的地质结构特点,并在现有长期变形监测数据分析的基础上,建立了东苗家滑坡体的三维地质力学结构模型,进行滑坡体稳定性分析。FLAC^{3D}强度折减法分析结果表明:天然工况下东苗家滑坡体的稳定系数为 1.19,较二维稳定分析成果(1.15)高,显示了滑动面三维空间形态对其稳定性成果的影响;从破坏模式上来看,属于后推式失稳模式;与二维破坏过程分析结果相似,且整体滑动面的剪出口也位于护坡挡墙上部。在Ⅶ度地震工况下(水平地震加速度为 0.1g)滑坡体的稳定性较差,稳定系数为 0.92。

根据东苗家滑坡体稳定性和可靠度分析成果,其失稳模式从总体上来讲可以划分为两类,即前缘失稳→中后部滑坡体失稳,牵引式破坏模式;中后部滑坡体失稳→前缘失稳,中后部推移式破坏模式。由于东苗家滑坡位于泄洪道对岸,且滑坡部位为黄河河道凸岸,受河流冲刷影响较大,而且从滑坡体失稳机制来看,前缘稳定性对滑坡体整体稳定有重要的影响,因此防治前缘滑塌体的冲刷破坏对于整个滑坡体的稳定性有积极的作用。

对于东苗家滑坡,从稳定性分析和现有监测成果分析看,东苗家滑坡体变形趋势整体上处于稳定发展阶段,稳定性较好,处理措施是可行的。

建议对已有的综合整治措施进行必要的维护,并进行日常观测、预报,以确保工程的运营安全可靠。

第三节　1 号滑坡体监测分析

一、1 号滑坡体基本地质条件

(一)地形地貌

1 号滑坡体位于黄河右岸,下距小浪底大坝约 3.6 km,为一深层基岩滑坡。滑坡西至赤河滩村东冲沟,东以红荆寨东冲沟(1 号沟)为界,南以 F_{10}断层及南侧山前陡坎为界,北临黄河,似扇形三面临空,见图 10.3.1。

滑坡体东西(顺河向)长 650 m、南北宽 400 m,最大厚度 80 多米,总体积 1 100 万 m^3。

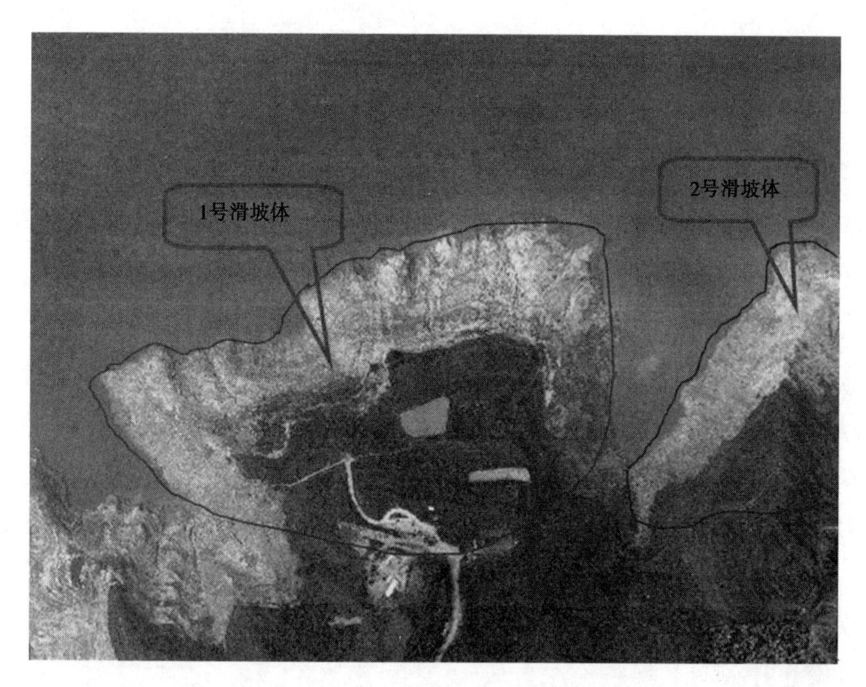

图 10.3.1　1 号滑坡体地形地貌俯视图

滑坡体略向河床突出 10 ~ 30 m,分布高程在 120 ~ 300 m。其前缘地形较陡,自然坡角 35°,中部坡缓,后部稍平坦,表层覆盖的黄土最厚 20 余米,滑体后缘为一滑坡台阶,宽约 120 m,一级阶地分布在坡前的西部。滑坡主滑方向 18°左右。

(二)地层岩性

组成滑坡体的物质主要为三叠系刘家沟组(T_1^4、T_1^3、T_1^2)地层,局部(滑体前缘)见有少量三叠系刘家沟组(T_1^1)地层和二叠系石千峰组(P_2^4)上部的黏土岩。此外,滑坡体上部分布有较多的黄土,底部见有砂卵石。

1. *基岩*

(1)T_1^1 岩组:暗紫红色厚层、巨厚层状钙质、泥钙质粉细砂岩,夹薄层泥岩透镜体,胶结物中含针铁矿,粉细砂岩中常见零星分布的扁球状同生砾。该岩组厚 30 m,主要分布于滑体前部 F_{67} 和 F_{221} 断层间,是组成该部位的滑床物质。

(2)T_1^2 岩组:以紫红色厚层、巨厚层状钙质细砂岩为主,夹少量薄层泥质粉砂岩与中厚层状钙质砾岩,中部夹一层 2 ~ 5 m 厚的钙质砾岩为标志层(又称中部砾岩),砂岩中常见砂岩和页岩同生砾。岩石中均含有薄膜状、土状针铁矿,岩石呈棕红色。该岩组厚28 ~ 32 m,主要分布于 F_{67} 以南,是组成该滑坡中前部滑床的主要物质。

(3)T_1^3 岩组:分 T_1^{3-1}、T_1^{3-2} 上下两个岩组:上部 T_1^{3-1} 厚 28 ~ 31 m,以紫红色厚层、巨厚层状硅质、钙硅质石英细砂岩(石英含量 >75%)为主,夹薄层泥质粉砂岩与粉砂质页岩。下部 T_1^{3-2} 岩组厚 30 m,以紫红色厚层、巨厚层状泥钙质、钙泥质粉细砂岩为主,夹厚层、中厚层钙质硅钙质细砂岩。顶部夹有薄层至中厚层粉砂质泥岩。距层顶 7 m 左右往往有一层葡萄状钙质砾岩,称为"顶部砾岩"。软岩分布在顶部砾岩以上,所占比例可达 45% 左右,顶部砾岩以下,主要为平均饱和单轴抗压强度 $R_c > 60$ MPa 的硬岩。该岩组是组成滑体和中后部滑床的主要物质。

(4) T_1^4 岩组：紫红色厚层、巨厚层状硅质、钙硅质石英细砂岩，有少量钙质细砂岩，夹薄层泥质粉砂岩或粉砂质泥岩（相变较大，局部呈中厚层状，亦可尖灭）。石英砂岩中石英含量达 90% 以上，是坝址区坚硬岩石占比例最高的地层，软岩仅占 1.6% 左右。厚 58 ~66 m，主要分布在滑体中西部，是组成该滑体的上部的主要基岩物质。

(5)滑坡体上部多有 5 ~25 m 厚的黄土，底部多有砂卵石。

2. 第四系(Q)地层

滑坡体上部及附近区域广泛分布第四系地层，主要有中更新统、上更新统和全新统地层，成因类型以冲积和洪积为主。

(1)中更新统(Q_2^{al-pl})：分布于滑坡后缘南侧山梁上，岩性上部为棕黄色粉质壤土夹棕红色条带和钙质结核层，下部为砂砾石层，砾石成分复杂。

(2)上更新统(Q_3^{al})：分布于滑体上部及河床下部，其下段(Q_3^{1-al})以冲积为主，厚一般为5 ~25 m，上部为灰黄色轻—中粉质壤土，下部为砂层、砂砾石层。上段($Q_3^{2-eol-dl}$)主要为风成的马兰黄土及坡积成因的次生黄土，岩性为灰黄色均质具大孔隙的轻粉质壤土，厚一般为 3 ~5 m。

(3)全新统(Q_4)：以近代河流冲积砂、卵石、粉细砂、砂壤土为主，分布在一级阶地上者为砂壤土及粉砂土，分布在一级阶地底部和河床上部者为砂卵石层。

(三)地质构造

滑坡区位于狂口背斜(NWW - SEE)东部倾伏端北翼，基本上属单斜岩层，岩层倾向一般在 70° ~105°，倾角 8° ~15°，为典型的顺向坡。受多期构造运动影响，工程区内断层、节理、泥化夹层、层间挤压破碎带发育。现就与滑坡有关的主要断层分述如下：

(1) F_{67} 断层：沿滑坡体前缘东西向延伸，为一正断层，倾向 170° ~175°，倾角 60° ~70°，断距 70 ~100 m，断层带宽 3 ~6 m，充填角砾岩、岩粉、岩块和断层泥，未胶结或半胶结，挤压紧密。

(2) F_{10} 断层：分布于滑坡体的后缘，为一正断层，倾向 190°，倾角 65° ~70°，断距 30 ~60 m，断层带宽 1 ~8.5 m，充填角砾岩、岩粉、岩块和泥，半胶结或未胶结，挤压紧密。

另外，滑体前 F_{67} 断层北侧，还近平行分布有 F_{66}、F_{215} 和分支断层 F_{221}，F_{66}、F_{215} 断层滑体范围之外的河床部位，紧邻滑体前缘，其规模比 F_{67} 小，产状基本与 F_{67} 一致。F_{221} 断层作为 F_{67} 分支断层主要分布于滑体前缘西侧，规模较小，仅造成附近岩体进一步破碎。滑体后部 F_{10} 断层北侧分布有其分支断层 F_{10}，性状与 F_{10} 断层基本一致，在基岩中倾角为 65° ~70°，而在滑体中变为 30° ~48°，滑体范围之外延伸不远，又合二为一。

滑体中部，近平行 F_{67} 分布有 F_{224} 断层，滑体西部分布有 F_{11}、F_{50} 和 F_{205} 断层等，由于其规模不大、延伸长度较小，不再赘述。

滑坡体周围岩层中主要发育有 3 组构造节理：

(1)走向 75° ~90°，倾向 SE 或 NW，倾角 62° ~83°；

(2)走向 155° ~165°，倾向 NE 或 SW，倾角 83° ~87°；

(3)走向 5° ~25°，倾向 SE，倾角 80° ~82°。

(四)岩体结构

滑坡体所在区域的岩体主要由层状钙、硅质砂岩，细砂岩与泥质粉砂岩，黏土岩组成。岩体结构的主要特征为岩层分布软硬相间，硬岩被结构面切割成高宽比为1∶2～2∶1的岩块，软岩受构造影响，形成大面积泥化夹层。据坝址区研究成果，泥化夹层主要是由于褶皱、断裂等构造作用引起岩层间相对滑动而产生的。此外，滑坡等外动力作用也可形成泥化夹层。

经试验得知：软弱夹层大都为隔水层，坚硬岩层中的节理仅发育于硬岩内，一般不穿透软岩夹层。硬岩变形以脆性破裂为主，软岩变形以塑性蠕变为主。

(五)水文地质条件

建库前，滑坡区地表大部分被第四系冲洪积黄土覆盖，临河岸坡及沟谷下部多出露基岩。区内地下水主要为赋存于基岩裂隙中的裂隙潜水和第四系黄土、碎石土中的孔隙潜水。黄河作为地表径流和地下水排泄基准面，非汛期流量一般为1 300 m^3/s左右，坡脚处河水位约在140 m。

地下水主要接受大气降水和周边山体地下水的补给，本区雨季降水较为充沛，大气降水多以地表径流形式排泄入滑体周边沟谷，最终汇入黄河中，少量下渗补给地下水。地下水主要通过基岩裂隙和黄土、碎石土中的孔隙进行入渗、径流，集中向黄河排泄。

建库前，岸边地下水标高在137～140 m，比较平缓，滑坡前缘在地下水位以下，其他部位均高于地下水位。据钻孔及平洞资料，滑床以上没有滞水层，在06号探洞中观察，降雨后滑体中有渗水流出。滑坡体本身为极强透水体，据21个钻孔钻进情况，全部漏水漏浆。大部分钻孔做注水试验时，不能形成水柱，有条件能做注水试验的孔段，单位吸水量亦达10～100 L/min，个别可达1 000 L/min。滑床以下岩层透水性显著降低，单位吸水量一般小于0.05 L/min。

建库后，滑坡前坡脚处堆积了大量的人工碎块石(施工弃渣)，尤其是蓄水后，滑体周边除常被库水环绕浸泡外，周围还淤积了大量的泥沙，至研究时的2012年10月，泥沙淤积高程已至190 m，厚度达40 m。

变形监测资料显示：1号滑坡自小浪底水库蓄水以来曾发生明显位移，尤其是滑体中前部(220 m高程以北部分)X向(水平向北)最大位移约为200 mm，Z向(垂直向下)位移最大值约为250 mm；从滑体剖面也可看出，滑坡中前部滑移变形比较明显。

小浪底水库蓄水后，地下水与库水位联系密切，除汛期少量接受大气降水的补给外，主要接受库水的补给，并向水库排泄。水位埋藏受库水位的影响较大，并随库水位升降。地下水埋藏深度多在30～40 m，地下水与库水位基本持平。蓄水后，滑体及周边岩土体常被库水环绕浸泡，库水位高程及以下岩土体常处于饱和状态。

二、滑坡体发育及运动学特征

(一)滑坡体内部构造特征

1号滑坡为土层覆盖下的基岩滑坡体，岩层总体表现为向黄河河槽倾斜的单斜构造，岩体破碎程度从总体上看是上部重、下部轻，前部重、后部轻。其内部构造特征主要表现在以下几个方面：

(1)横向张性断裂:方向与滑动方向垂直,向坡里倾斜,倾角 40°~60°,断距几厘米到几米不等,在垂向上整个切穿滑体岩层者少见,多局限于几米到十几米的层间,这类变形多发生于滑坡的中部和前缘。

(2)层间错动:大部分由顺岩层间软弱夹层形成,并显示上部岩层顺滑向均向下错动的规律性,沿错动面有明显的擦痕和摩擦镜面,错距一般数厘米到数十厘米。层间错动的层数颇多,又多次发生于主滑段的岩体中。

(3)反迭瓦状构造:按规模大小有两种,小者在单层间形成,大者包括多层,由岩层向着滑动方向依次倾倒迭置而成,岩层面倾角变陡,变陡程度上部重、下部轻,这类构造是本区基岩滑坡中普遍存在的一种变形现象。1 号滑坡主要分布在滑体的前部及上部,这种变形也是导致岩层伸展变薄,造成岩层架空、松、碎、严重透水的主要原因。

(4)褶曲变形:滑体岩层发生褶曲变形现象,褶曲轴向与滑动方向垂直,常表现为顺坡向翼缓,背坡向翼陡,主要分布在滑坡的前部。另外,褶曲变形也常与反迭瓦状构造、横向张性断裂、层间错动等伴生,受到积压的黏土岩滑床中也有分布。

(5)断层变形:指通过滑体的横坡向(平行于岸坡方向)断层,受滑坡滑动的影响,顺滑向向下歪倒。1 号滑坡体后部 F_{213} 及 F_{10} 断层在基岩中倾角为 65°~70°,而在滑体中变为 30°~48°。

除上述特征外,1 号滑坡体后部还有一明显特点:滑坡的后缘顺断层走向拉开,形成"V"字形空当,下部被滑塌物充填,充填物具有反迭瓦状构造,上部被黄土覆盖。

(二)滑坡体变形特征

根据滑坡体变形情况可分成三部分,即前缘破(压)碎区(抗滑段)、中部碎裂区(主滑段)和后缘拉开区(空当段),见图 10.3.2。

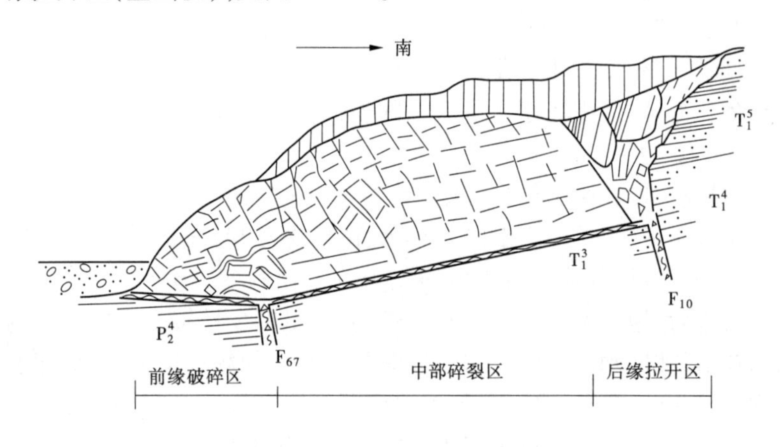

图 10.3.2　1 号滑坡体横向分区图

(1)前缘破(压)碎区(抗滑段):在滑坡前段,F_{67} 断层以北部分,宽 40~70 m,滑床面呈 2°倾角的反坡状倾向坡内,地层皱曲、反翘等构造现象发育。滑体前部斜坡滑塌的基岩裸露,块石倾堆,似山麓堆积状,上部被黄土覆盖。滑塌的 T_1^3 等岩土体越过 F_{67} 断层上覆于 P_2^4 黏土岩之上,岩石极为破碎,已无层序规律,较软的粉砂岩、页岩已挤压为细碎岩屑、岩粉,或挤压形成褶曲,较硬的砂岩被节理切割成块状,呈反迭瓦状分布。

（2）中部碎裂区（主滑段）：在前缘破（压）碎区（抗滑段）后，F_{67}断层以南，后部以 F_{10} 断层为界，与空当段相接，本段大致又可分为前、后两段，前段在构造特征上，具有横向张性断裂，上部多为反迭瓦状构造及小型褶曲，下部多为层间错动。裂隙拉开现象普遍，张开宽度一般为 5～10 mm，宽者 50～60 mm，个别达 150 mm，无填充，开挖平洞时，无需通风，7～8 min 炮烟即行消散。后段各种构造变形形迹随着深度和距离增加逐渐轻微，直至滑体岩石相对完整，地层仍保持原层位关系，但层间错动、裂隙变宽等现象仍普遍存在。

（3）后缘拉开区（空当段）：滑坡后部 F_{10} 和 F_{213} 断层附近，顺断层走向拉开，形成"V"字形空当，上部宽度 60 m 左右，下部变窄，中间被滑落岩块充填，上部被黄土覆盖。另外，滑坡后缘陡坎窑洞处（300 m 高程处）见有剪切缝错断 Q_3 黄土。

（三）底滑带空间展布及其性状特征

1. 底滑带空间展布特征

根据勘探成果，滑床面展布基本与地层产状一致，主滑方向为北东 18°，滑面倾角 13°～20°。滑坡前部 F_{67} 断层以北部分，滑塌的 T_1^3 岩体越过 F_{67} 断层上覆于 P_2^4 泥质粉砂岩层之上，滑面呈 2°倾角倾向坡内的反坡。前缘在漫滩面以下，分布高程为 120～150 m，滑床面最低处标高 120 m。F_{67} 断层以南滑坡中后部，滑床面沿 T_1^3 下部的黏土岩、页岩层上下层面延伸，南段位于其上，北段位于其下，剖面图上呈折线状。F_{10} 断层及以南的滑坡后部，滑带沿断层破碎带展布，坡度陡，在 60°～69°，断层破碎带由于滑动拉张及后期岩土充填，与块石和土层接触。滑坡后缘沿黄土中裂缝向上延伸至 Q_3^2 底部，裂缝面倾向河床，与滑坡的滑动方向基本一致。由于上覆 Q_4 土层较薄（一般仅有 2 m 左右），稳定分析时假定后缘滑裂面切穿 Q_4 土层至地表。

2. 底滑带性状特征

由于滑体滑动时规模、动能大，滑带大多搓碎成泥，从 06 号探洞揭露的情况看，滑带厚 2～3 m，为黏土质页岩搓碎而成的岩块、岩屑、岩粉，顶部主滑带大部分搓碎成红色黏泥，厚 5～20 cm，擦痕及摩擦镜面普遍存在，与主滑方向基本一致。平面上滑体的中下部（北部区域）及后部（南部区域）的西半部，钻孔打穿滑带时均取出黏泥，据此分析滑带泥在滑体中下部及后部的西半部是普遍存在的，滑带泥属重壤土或黏土，天然含水量在 5.7%～20.6%，干容重 1.76～2.27 g/cm^3，一般在 2.0 g/cm^3 左右，流限为 20%～26%，塑限为 12%～15%。所以，天然状态的滑带黏泥多属于塑性状态，黏泥经热差分析、脱水、化学、电子显微镜等鉴定，主要黏土矿物为水云母族的伊利石。滑带后部（南部）的东半部，岩石搓碎程度较轻，含泥较少。

（四）滑坡体运动学特征

1. 滑坡的运动方式

由勘探结果和滑体变形特征可以看出：1 号滑坡的滑动模式属牵引式，前部先滑，牵引后部滑动。受张拉力的作用，首先在其后部各段滑体中发生裂缝，这些裂缝沿着走向裂隙拉开，向坡里倾，小的裂隙在单层间，大的裂隙通过数层，甚至切穿整个滑体。当滑坡滑过一段距离，下部阻力增大而停止滑动时，上部岩体则由于惯性作用不能同步停止，仍然继续移动，整个滑坡表现为：上部滑距大、下部滑距小，前部滑距大、后部滑距小。于是，前部滑体在前缘临空处，岩层由下向上发生栽头，依次迭置，形成反迭瓦状构造。

后部滑体的上部岩层栽头于张裂缝中，除形成反迭瓦状构造外，还由于后部岩层因栽头层位相对降低，形成横向张性断裂。该段滑体的下部多形成层间错动；滑体上的断层歪倒，形成断层变形；后缘拉裂的“V”字形空当中的滑塌岩块，也具有反迭瓦状构造变形。滑体中较为软弱的、具塑性的页岩和黏土岩，受挤压形成褶曲变形，并多分布在滑体前部，或与层间错动、反迭瓦状构造、张性断裂等伴生。

2. 滑动方向分析

根据滑坡中部06号探洞资料，滑体中部底滑面泥化夹层，多见有滑移擦痕，擦痕产状一般为15°~20°，倾角10°~15°，后缘（F_{10}断层附近）稍陡，达20°，由此判断主滑方向为NE18°左右，滑面倾角13°~20°。另据变形监测资料，滑体变形位移总体上与主滑方向一致，深部滑动方向为NE16°左右，地表浅部由于位置不同，滑动方向变化较大。综合分析，滑坡主滑方向为NE18°，滑面倾角13°~20°。

3. 滑动位移分析

由滑坡运动变形特征可以看出：该滑坡属牵引式，前部先滑，牵引后部滑动。整体运动表现为上部（浅部）滑距大、下部滑距小，前部滑距大、后部滑距小的特点。滑坡前段，滑塌的T_1^3等岩土体越过F_{67}断层上覆于P_2^4黏土岩之上，虽有后期河水的淘刷冲蚀，仍保留宽40~70 m，说明该滑体前部滑移距离至少在70 m。从滑体后缘拉裂空当宽度看：滑坡后部的“V”字形空当，上部宽度达60 m左右，下部变窄，说明滑体后缘上部（浅部）岩土体滑移距离应在60 m左右，而后缘下部（深部）滑移距离仅有几米。从现有深部监测资料看：自2000年11月开始至2012年12月的10年间，滑坡20~40 m的深部最大变形有44 mm。

三、变形监测分析

（一）监测系统简述

为了有效地防治地质灾害，做好预测预报工作，从1999年开始就对滑坡体建立了多种仪器、多层次综合监测系统，为滑坡稳定性定量和定性评价提供了可靠的依据。同时，10余年的变形监测成果为深入研究滑坡体的变形机制和稳定性预测分析提供了宝贵的资料。

变形测量系统包括地表位移监测、深部位移监测和渗压监测，内容包括：滑坡水平位移、垂直位移；滑体倾斜；钻孔倾斜和滑坡体地下水的动态变化情况等。

1号滑坡体共布设了21个水平变形测点，点名为101~121，滑坡体外布设垂直工作基点4个，点名为G2~G5。另外，为监测滑坡体的深部变形特征，了解蓄水期滑坡体前部的稳定状况，同时兼顾水库正常运营期整个滑坡的稳定性，分别在250 m、270 m高程布置了2个测斜仪监测孔。

（二）监测成果分析

1号滑坡体共布置21个地表位移监测点，根据监测点高程不同可将监测点分为5组，监测点坐标、分组及分布如图10.3.3和表10.3.1所示。位移分析中主要分析X向位移（南北向位移，向北为正）和Z向位移（竖向位移，向上为正）。

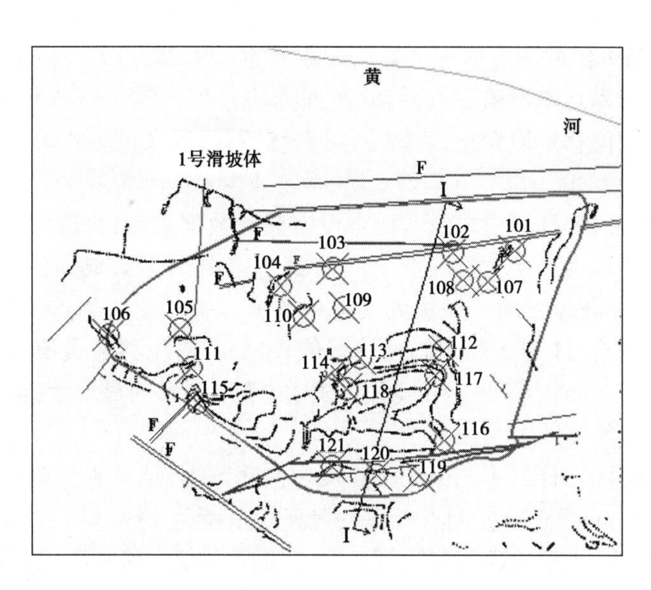

图 10.3.3　1 号滑坡体地表位移监测点平面布置图

表 10.3.1　监测点坐标水平坐标统计表

编号	分组情况	坐标(m)		
		X	*Y*	*Z*
101	第一组,101～106 号监测点,高程范围 189～200 m	37 621 937	3 868 464	193.535
102		37 621 840	3 868 462	189.555
103		37 621 649	3 868 435	199.218
104		37 621 567	3 868 409	199.461
105		37 621 409	3 868 343	197.009
106		37 621 296	3 868 334	196.577
107	第二组,107～111 号监测点,高程范围 220～230 m	37 621 896	3 868 416	224.367
108		37 621 856	3 868 418	221.861
109		37 621 667	3 868 376	227.866
110		37 621 603	3 868 363	229.916
111		37 621 426	3 868 284	227.153
112	第三组,112～115 号监测点,高程范围 249～270 m	37 621 824	3 868 310	264.897
113		37 621 692	3 868 298	268.444
114		37 621 653	3 868 280	269.716
115		37 621 437	3 868 228	249.428
116	第四组,116～118 号监测点,高程范围 302～303 m	37 621 786	3 868 117	302.431
117		37 621 718	3 868 119	302.872
118		37 621 647	3 868 131	302.960
119	第五组,119～121 号监测点,高程范围 315～350 m	37 621 717	3 868 058	318.603
120		37 621 672	3 868 071	317.130
121		37 621 660	3 867 893	344.235

自 1999 年 9 月 25 日起第一组监测点没有监测数据,该日蓄水位 190.30 m,历史最高

水位 190.30 m。第一组监测点所在位置高程范围为 189.55 ~ 199.46 m，蓄水位与监测点高程基本相当，由于库水淹没监测点，因此数据无法采集。第一组监测点 101 ~ 106 位移变化规律基本一致，位移量值较小，*X* 向位移最大值不超过 8 mm，*Z* 向位移最大值不超过 5 mm。

自 1999 年 12 月 27 日起第二组监测点没有监测数据，该日水库蓄水位 205.40 m，历史最高水位 205.40 m，第二组监测点所在位置高程范围为 221.86 ~ 229.92 m，蓄水位与监测点相差约 20 m（高程方向），无法人工采集数据。第二组监测点 107 ~ 111 位移变化规律基本一致，1999 年 11 月 15 日前，位移量值较小，*X* 向位移最大值不超过 8 mm，*Z* 向位移最大值不超过 5 mm；由于库水位急剧上升，监测点位移明显增大，最大 *X* 向位移超过 40 mm，最大 *Z* 向位移超过 30 mm。

自 2003 年 10 月 16 日起第三组监测点没有监测数据，该日水库蓄水位 265.26 m，历史最高水位 265.48 m，第三组监测点所在位置高程范围为 249.43 ~ 269.72 m，蓄水位与监测点高程基本相当，无法人工采集数据。第三组监测点位移过程线如图 10.3.4 所示，监测点 112 ~ 114 位移变化规律基本一致，出现台阶状位移变化。

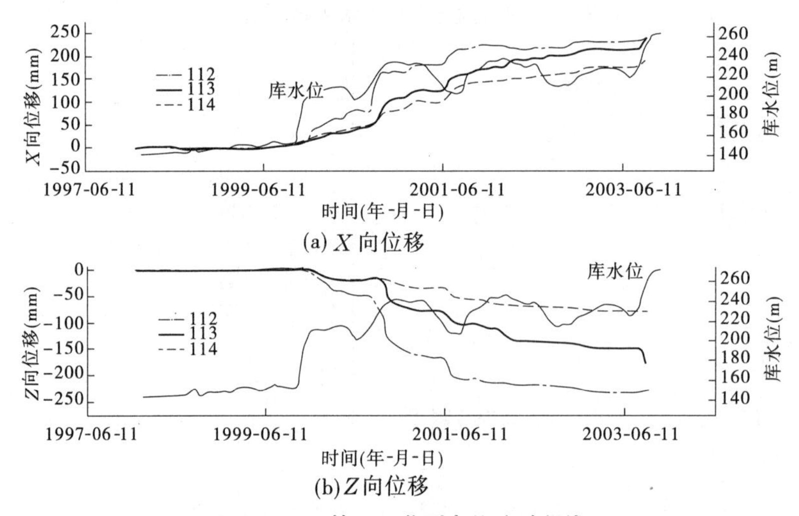

图 10.3.4　第三组监测点位移过程线

1999 年 11 月 15 日前，位移值较小，*X* 向位移最大值不超过 8 mm，*Z* 向位移最大值不超过 5 mm；2000 年 9 月 20 日，*X* 向、*Z* 向位移逐渐增大，*X* 向最大位移约 70 mm，*Z* 向最大位移约 60 mm；2000 年 9 月 20 日至 2000 年 11 月 27 日（该阶段库水位骤升），*X* 向、*Z* 向位移明显增大，*X* 向最大位移约 100 mm，*Z* 向最大位移约 150 mm；2000 年 11 月 27 日至 2001 年 7 月 15 日，*X* 向、*Z* 向位移缓慢增大，*X* 向位移最大值约为 110 mm，*Z* 向位移最大值约为 189 mm；2001 年 7 月 15 日至 2001 年 12 月 16 日（该阶段库水位骤降后骤升），监测点位移明显增大，*X* 向位移最大值约为 200 mm，*Z* 向位移最大值约为 250 mm；2001 年 12 月 16 日至 2003 年 9 月 9 日，监测点位移变化缓慢。

第四组监测点位移过程线如图 10.3.5 所示，监测点 116 ~ 118 位移随时间变化大致可分为 3 个阶段：1999 年 11 月 15 日前，位移值较小，*X* 向位移最大值不超过 8 mm，*Z* 向位移最大值不超过 5 mm;1999 年 11 月 15 日至 2005 年 4 月 1 日,监测点位移增长较快,X 向最大位移约 100 mm,Z 向最大位移约 120 mm;2005 年 4 月 1 日后,监测点位移缓慢增加,X 向最大位移约 140 mm,Z 向最大位移约 140 mm。

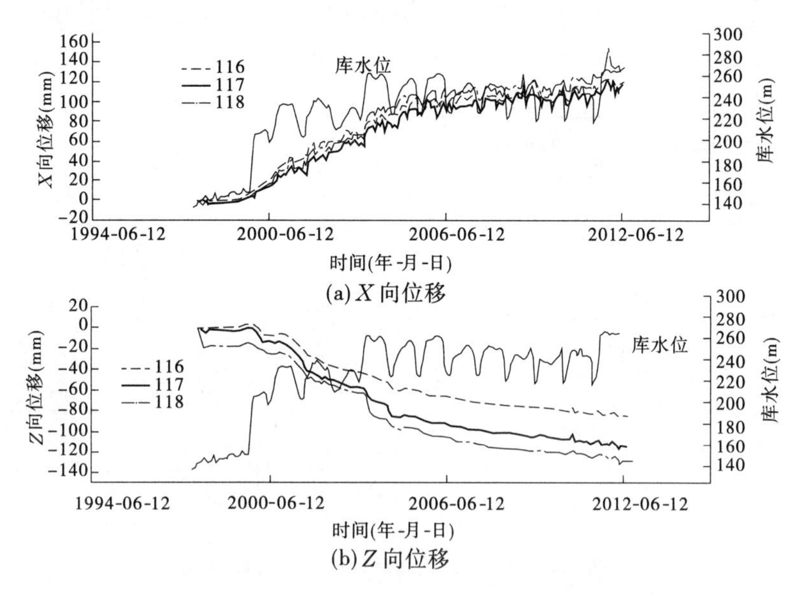

图 10.3.5　第四组监测点位移过程线

第五组监测点位移过程线如图 10.3.6 所示,由于监测点 119 ~ 121 位于滑坡体边界外基岩上,整体位移随时间变化不大,X 向最大位移约 35 mm,Z 向最大位移约 20 mm。

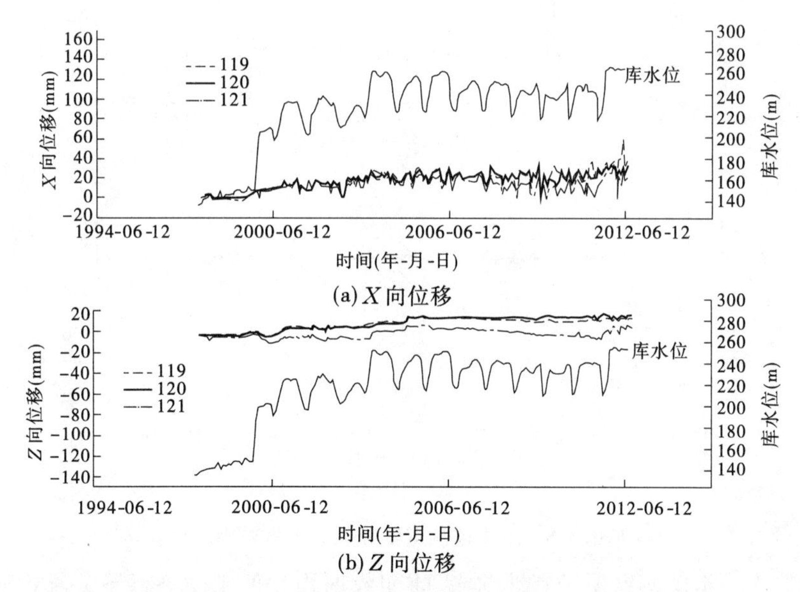

图 10.3.6　第五组监测点平均位移过程线

可以看出,同一组监测点位移变化规律基本一致,每组取一个监测点(分别取监测点 102、108、112、117、120)进行对比分析,位移变化对比曲线如图 10.3.7 所示,平均变形速率变化对比曲线如图 10.3.8 所示。

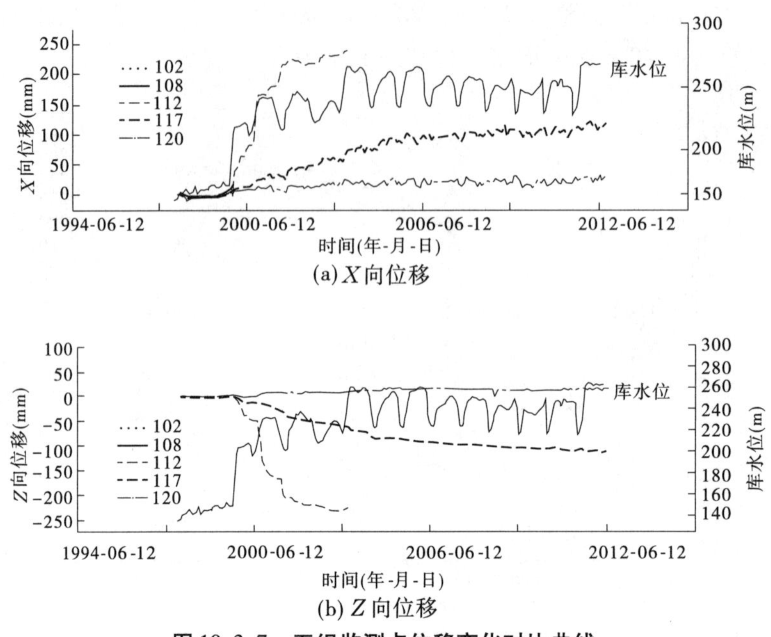

图 10.3.7　五组监测点位移变化对比曲线

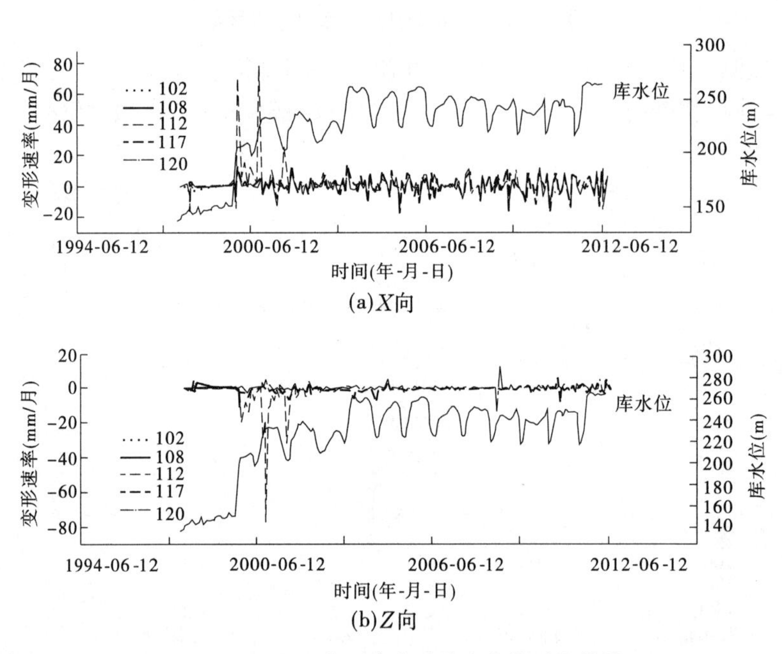

图 10.3.8　五组监测点变形速率变化对比曲线

第一组、第二组监测点位于滑坡前缘，前期数据均在低水位条件下采集得到，数据量有限，因此主要对比分析第三组、第四组和第五组数据。监测点 112 位于滑坡体中部，监测点 117 位于滑坡体后缘，监测点 120 位于滑坡体外基岩上。从位移分布情况看，滑坡中部位移最大，量值约为 250 mm；滑坡后缘位移次之，量值约为 100 mm；基岩上位移最小，不超过 10 mm,符合滑坡体滑动过程中位移分布规律,可以认为小浪底 1 号滑坡体在水库蓄水过程中发生了滑动。

从边坡位移规律情况看,近几年(2005 年 6 月以后)边坡各部位位移幅度较小,有逐渐收敛趋势,边坡整体处于稳定状态。除监测点 112 外,月平均位移均小于 20 mm;监测点 112 最大月平均位移达 80 mm,主要发生在前期蓄水阶段。

(三)岩体物理力学参数反演分析

自 1999 年小浪底 1 号、2 号滑坡体监测系统建设完成以来,已进行了约 15 年的长期地表位移监测。这些监测数据为滑坡体稳定性评价和滑带土参数反演提供了宝贵的原始数据与科学依据。因此,在现有监测资料基础上进行处理,深度挖掘信息,对滑坡体稳定性进行宏观评价,为滑坡涌浪计算提供更多有效支持,并在监测资料分析基础上对滑带土岩体物理力学参数进行反演分析等是一项非常有意义的工作。

为了对小浪底 1 号、2 号滑坡体稳定性进行评估,现场设置了完整的监测系统,包括滑坡体变形监测、渗流监测等项目。由于岩土体本身及所赋存环境的复杂性,一般难以得到精准的岩体力学参数,并将其用于后续稳定分析中。借助数学方法和有限差分模拟软件,采用"正交设计 - 数值计算($FLAC^{3D}$)"正反分析方法,通过正交设计的有限次计算,基于现场监测结果,选取 1 号、2 号滑坡体,进行以监测点变形为回归目标的滑带土整体物理力学参数反演分析,具体见表 10.3.2。

表 10.3.2　1 号滑坡体滑带土优选参数值

地层名称	容重(kg/m^3)	变形参数		力学参数	
		弹性模量 E(GPa)	泊松比 υ	黏聚力 c (kPa)	内摩擦角 φ(°)
滑带	2 370	0.7	0.25	4	18.5

四、1 号滑坡体稳定性分析

(一)二维刚体极限平衡分析

1. 计算工况

根据计算要求,本次工作主要针对滑坡体在变形前与变形后的地形特点,复核以下几种计算工况的稳定状况:

(1)考虑不同库水位(275 m、265 m、250 m、230 m)条件,正常运用工况;

(2)考虑不同库水位(275 m、265 m、250 m、230 m)条件,降水工况;

(3)考虑不同库水位(275 m、265 m、250 m、230 m)条件,地震工况。

(4)对于滑坡体变形前的原地形,讨论蓄水前(空库)的稳定状况,此时假定滑坡体内外均为无水,主要用于模拟施工期的稳定状况。

对于不同蓄水位,计算中假定滑坡体内的地下水位线与库水位齐平。

对于降水工况,根据相关资料,小浪底地区年降水总量的 70% 左右集中在 5 ~ 9 月,多为大雨和暴雨,且滑坡体透水性较好。同时,水库蓄水后滑坡体大部分位于库水位以下。基于此，本次计算拟通过给定滑面上的孔压系数 $r_u=0.05$ 来模拟降水对滑坡体稳定性的影响，即假定降水时地下水位以上的滑面上部有10%的土体内充满水。从以往工程经验与滑坡体的物质组成来看，这一处理方式是偏于安全的。

对于地震工况，根据地质资料，小浪底库区基本地震烈度为Ⅶ度，按Ⅷ度设防，因此本次计算考虑Ⅶ度与Ⅷ度地震荷载对滑坡体稳定性的影响。

2. 计算剖面的选取

本次稳定分析选取位于1号滑坡体中代表主滑方向的Ⅰ-1、Ⅰ-2、Ⅰ-4与Ⅰ-5剖面作为典型计算剖面，滑坡体Ⅰ-1工程地质剖面图如图10.3.9所示。

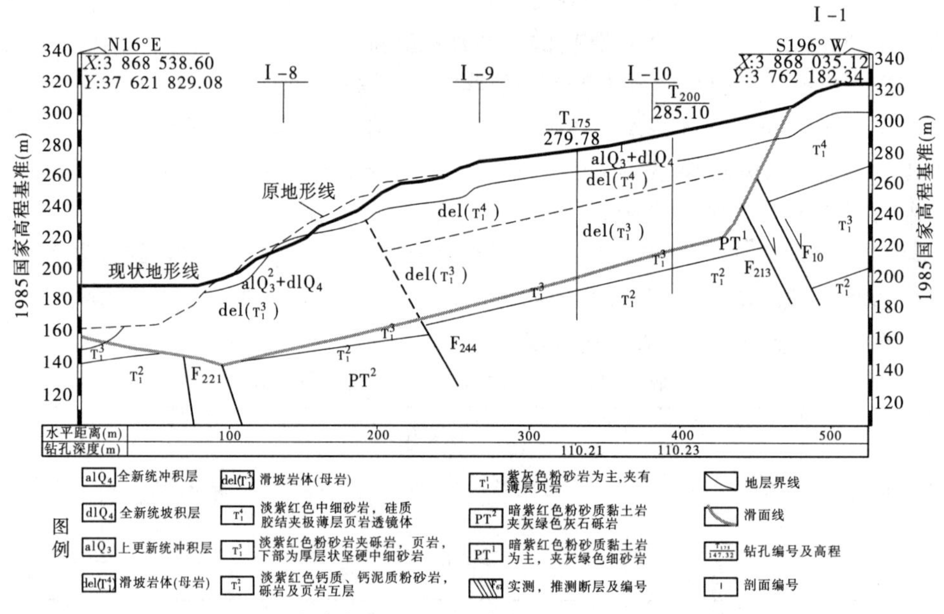

图10.3.9 小浪底库区1号滑坡体Ⅰ-1工程地质剖面图

3. 计算滑移模式、计算参数与稳定分析方法

根据相关地质资料，1号滑坡体的滑裂面位置与滑移模式十分明确，其主滑带可分为4段，即前缘反翘段（F_{67}与河床之间）、滑带泥段（F_{67}与底滑面高程180 m之间）、滑带碎屑段（底滑面高程180 m与F_{10}之间）及滑带陡坎段（F_{10}以南）。

根据相关资料，小浪底水电站的水工建筑物级别为Ⅰ级，1号滑坡体为库区边坡，距小浪底大坝3.6 km，且滑坡体估计方量达1 100万 m^3，规模较大，一旦滑动失稳，造成的涌浪可能会对下游大坝的安全运用造成影响，从而可能会造成较为严重的后果。据此，本次计算将1号滑坡体的边坡级别定为2级。当采用刚体极限平衡法对该滑坡体进行稳定性评价时，正常运用工况下的安全系数不应低于1.20，考虑降水工况时的安全系数不应低于1.15，考虑地震工况时的安全系数不应低于1.05。

4. 稳定分析结果与分析

1号滑坡体现状地形条件下采用反演分析参数获得的各工况下的稳定分析成果见表10.3.3。

表 10.3.3　小浪底库区 1 号滑坡体现状地形条件下各工况的二维稳定分析成果

计算剖面	库水位(m)	安全系数 F						数据文件
		天然状况	考虑降水	考虑地震(烈度)				
				Ⅶ		Ⅷ		
				不放大	放大	不放大	放大	
Ⅰ-1剖面	275	1.59	1.59	1.41	1.37	1.26	1.21	Ⅰ-1-275
	265	1.56	1.55	1.39	1.35	1.25	1.20	Ⅰ-1-265
	250	1.51	1.51	1.36	1.33	1.23	1.19	Ⅰ-1-250
	230	1.47	1.46	1.33	1.30	1.22	1.18	Ⅰ-1-230
Ⅰ-2剖面	275	1.54	1.54	1.37	1.33	1.23	1.19	Ⅰ-2-275
	265	1.51	1.51	1.35	1.32	1.22	1.18	Ⅰ-2-265
	250	1.47	1.46	1.32	1.29	1.19	1.15	Ⅰ-2-250
	230	1.41	1.40	1.28	1.26	1.18	1.15	Ⅰ-2-230
Ⅰ-4剖面	275	1.45	1.45	1.31	1.27	1.19	1.14	Ⅰ-4-275
	265	1.43	1.43	1.30	1.26	1.18	1.13	Ⅰ-4-265
	250	1.39	1.39	1.27	1.23	1.16	1.12	Ⅰ-4-250
	230	1.35	1.34	1.25	1.21	1.15	1.11	Ⅰ-4-230
Ⅰ-5剖面	275	1.20	1.20	1.12	1.07	1.04	0.98	Ⅰ-5-275
	265	1.20	1.20	1.06	1.00	0.95	0.88	Ⅰ-5-265
	250	1.17	1.17	1.05	0.99	0.94	0.87	Ⅰ-5-250
	230	1.13	1.12	1.01	0.96	0.92	0.86	Ⅰ-5-230

(1)对于所计算的 4 个不同水位,随着库水位的降低,滑坡体的安全系数也随之减小,表明水库蓄水对其稳定性有利。

(2)对于原地形边坡,天然条件下各剖面的安全系数在 1.09~1.30,其中在最不利水位(230 m)条件下,剖面Ⅰ-4 的安全系数最小,即 $F_m = 1.09$。在考虑地震荷载时,部分剖面的安全系数小于 1.0,稳定性较差。

(3)对于变形后的现状边坡,受滑坡体前缘河床淤积等因素影响,其安全系数提高较为显著。在现状地形条件下,滑坡体天然工况的安全系数在 1.13~1.60,其中剖面Ⅰ-5 在 230 m 水位时的安全系数最小,即 $F_m = 1.13$。考虑地震烈度为Ⅶ度和Ⅷ度时,剖面Ⅰ-5的安全系数,不能满足规范要求,其余计算剖面的安全系数大于 1.10,满足规范要求。

(4)根据小浪底 1 号滑坡体位移监测结果,采用回归分析获得了该滑坡体滑带土的综合抗剪强度参数为:$\varphi = 18.5°$,$c = 4$ kPa。当采用滑带土的反演参数时,各计算剖面均满足"随着库水位降低,其安全系数也随之降低"的一般规律。对于原地形,各计算剖面在天然条件下的安全系数在1.04～1.30,其中剖面Ⅰ－4在230 m库水位条件下的安全系数最小,即F_m＝1.04,与采用参数建议值获得的最小安全系数F_m＝1.09十分接近。对于现状地形,各剖面在天然条件下的安全系数在1.06～1.50,其中剖面Ⅰ－5在230 m水位条件下的安全系数最小,即F_m＝1.06,略低于采用参数建议值时的安全系数(F＝1.13)。总的来看,根据位移反演分析得到的滑带土的抗剪强度参数获得的安全系数低于或接近采用参数建议值的计算结果,可以判断,根据位移反演分析得到的计算结果基本符合滑坡体目前的稳定状况。

(二)库水位骤降工况下滑坡稳定性分析

根据相关资料,小浪底水库正常蓄水位为275 m,死水位为230 m。本次分析主要讨论库水位由275 m骤降至265 m、250 m、230 m水位时滑坡体的稳定状况。

稳定分析方法采用有效应力法,参数分别取建议值与反演值时各计算剖面的稳定分析成果。从稳定分析成果(表10.3.4)可以看出,库水位骤降对滑坡体的稳定性影响显著。对于库水位由275 m骤降至230 m水位这一最不利工况,骤降后滑坡体的安全系数较骤降前降低0.2～0.4。当考虑滑坡体的三维效应时,现状地形条件下,骤降后滑坡体的整体安全系数大于1.10,表明其整体稳定具有一定的安全储备。尽管如此,为避免滑坡体在前缘的水位变动带部位发生小范围的滑塌破坏,建议避免库水位的快速降落,同时加强坡体内部的排水。

表10.3.4　库水位骤降工况下1号滑坡体的稳定分析成果

计算条件			Ⅰ－1剖面	Ⅰ－2剖面	Ⅰ－4剖面	Ⅰ－5剖面	准三维加权值
参数建议值	原地形	265 m水位	1.18	1.14	1.08	1.11	1.13
		250 m水位	1.08	1.05	0.99	0.83	1.01
		230 m水位	0.96	0.94	0.89	0.62	0.88
	现地形	265 m水位	1.49	1.47	1.38	1.12	1.40
		250 m水位	1.35	1.35	1.26	0.86	1.25
		230 m水位	1.20	1.22	1.11	0.67	1.10
参数反演值	原地形	265 m水位	1.20	1.26	1.02	1.14	1.18
		250 m水位	1.09	1.16	0.93	1.03	1.07
		230 m水位	0.97	1.03	0.83	0.92	0.96
	现地形	265 m水位	1.36	1.53	1.19	1.14	1.36
		250 m水位	1.23	1.40	1.07	1.03	1.23
		230 m水位	1.09	1.26	0.94	0.92	1.10

五、1号滑坡体涌浪计算

(一)1号滑坡体初始速度计算

1号滑坡体Ⅰ－1剖面垂直条分模型见图10.3.10,共将其分为22个土条,每个土条宽度为 20 m。

滑坡体在变形不断积累并逐渐增加的过程中,滑面的抗剪强度指标(f,c)也将逐渐降低。当滑坡体开始滑动时,滑面上的凝聚力 c 降低为 0,f 将降低至残余强度。根据这一分析结果,采用滑面的残余强度指标来模拟滑坡失稳后的运动状态更符合实际情况。因此,本次计算采用滑带土参数 c 取 0,内摩擦角取 16.7°。计算水阻力 R 时黏滞阻力系数 C_w 取 0.15。计算工况选取水库蓄水至 230 m、250 m、265 m 和 275 m 4 种工况。

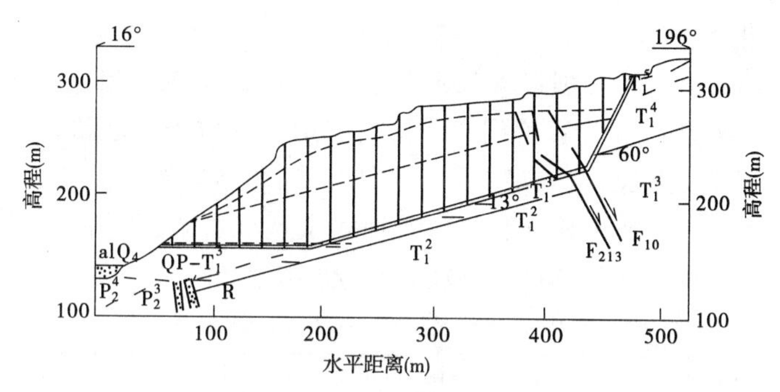

图 10.3.10 1 号滑坡体垂直条分模型

采用潘家铮经验公式计算得出的 1 号滑坡体的最大水平滑动加速度、最大水平滑动速度、最大滑动时间和最大水平滑动位移计算结果见表 10.3.5。

表 10.3.5 1 号滑坡体滑坡初始速度成果统计表

计算工况	最大水平滑动加速度(m/s²)	最大水平滑动速度(m/s)	最大滑动时间(s)	最大水平滑动位移(m)
蓄水位 230 m	0.108	2.08	105	110
蓄水位 250 m	0.100	2.01	84	87
蓄水位 265 m	0.093	1.93	76	71
蓄水位 275 m	0.090	1.89	78	64

计算表明,滑坡体在滑动过程中经历了由静止加速到最大滑速后再由最大滑速减速恢复静止的变化过程。这是因为在滑坡体启动时,提供下滑力的主要是重力,此时由于滑速很小,水阻力也相应很小,滑坡体在重力的主导作用下做加速运动,加速度很快达到峰值。随着滑块入水条块增多、底坡坡度变缓,下滑力逐渐减小,但入水条块的增多、速度的增大导致水阻力相应增大,使得滑坡体的滑动加速度在增至最大后开始迅速减小,但在加速度变为 0 以前,滑坡体仍在加速运动。当加速度小于 0 以后,滑坡体开始减速运动,此时虽然滑速在逐渐减小,但入水条块的迎水面积在逐渐增大,水阻力仍然与滑块底部的摩擦力一起共同阻止滑块的前进。

不同计算工况下的滑动情况是不同的,蓄水位最低工况下的最大滑动加速度和最大滑动速度要比静水位情况更大,这主要是因为水位降低时滑坡体内部的浸润线仍很高,浸润线以下的土体容重为饱和容重,其产生的下滑分力大,坡体迎水面水位下降后,水体对坡体的反压减小,导致滑动加速度和滑动速度加大,说明该工况下运行对滑坡体的稳定最为不利，这一结论与边坡稳定性分析结果是一致的。

在以上4种工况下，通过潘家铮经验公式计算得到最大滑动速度为2.08 m/s，滑动速度较小。

(二)1号滑坡体涌浪计算

采用水科院经验公式与潘家铮经验公式的滑坡涌浪计算结果见表10.3.6。从计算结果可以看出：采用水科院经验公式和潘家铮经验公式计算得到涌浪初始高度和传播至大坝处的高度变化规律基本一致，量值略有变化。4种工况下，1号滑坡体入水产生最大涌浪高度为7.33 m；传播至大坝最大涌浪高度小于2 m；传播至水库对岸涌浪高度约为4.5 m。总体而言，经验公式计算得到的结果均假定大坝位于涌浪传播方向上，而实际工程中大坝位于1号滑坡体滑动方向的垂直方向上，计算结果偏于保守，且量值较小(小于2 m)，说明1号滑坡体造成的涌浪不会对大坝安全造成影响；传播至水库对岸涌浪高度较高，最大量值为4.69 m，应注重该区域的滑坡涌浪问题。

表10.3.6　1号滑坡体涌浪计算结果

库水位		230 m	250 m	265 m	275 m
涌浪初始高度(m)	水科院经验公式	7.33	6.86	6.37	6.19
	潘家铮经验公式	6.89	6.64	6.39	6.29
传播至水库对岸涌浪高度(m)	水科院经验公式	4.69	4.45	4.21	4.12
	潘家铮经验公式	4.58	4.26	4.21	4.05
传播至大坝涌浪高度(m)	水科院经验公式	1.96	1.86	1.76	1.73
	潘家铮经验公式	1.53	1.49	1.43	1.38

注：传播至水库对岸的传播距离约为1 km，传播至大坝的传播距离约为3.2 km。

六、小结

1号滑坡体位于小浪底大坝上游约3.6 km的右岸基岩斜坡区，是以牵引式变形破坏为主的大型深层基岩滑坡。滑体东西(顺河向)长650 m、南北宽400 m，最大厚度80 m以上，总体积1 100万m^3，整体滑动发生在晚更新世中后期，滑坡主滑方向18°左右。

以勘察资料为基础，以监测点高程为依据，结合小浪底水库水位变化规律，对1号滑坡体监测点进行分组分析，通过对监测点位移与库水位关系、不同监测点位置间相对位移情况等方面的研究和滑坡体长期地表位移监测结果的深入分析，对边坡稳定性进行了宏观判断。分析结果表明，1号滑坡体滑坡中部位移最大，量值约为250 mm；滑坡后缘位移次之，量值约为100 mm；滑坡外基岩上位移最小，不超过10 mm，符合滑坡体滑动过程中位移分布规律。可以认为小浪底1号滑坡体在水库蓄水过程中发生过较大位移，最大月平均位移超过80 mm；近几年(2005年6月以后)随着水库淤积的抬高，前缘滑带逐渐深埋，1号滑坡体边坡各部位边坡位移幅度变小，有逐渐收敛趋势，月平均位移不超过2 mm，边坡整体处于稳定状态。

针对滑坡体地层复杂、岩土体变形及强度参数难以方便、准确获取的现状，以勘察资料为基础,以库水位变化时边坡变形规律及量值为反演目标,基于1号滑坡体变形监测资料,综合运用“正交设计-数值计算($FLAC^{3D}$)”智能正反分析方法,以反演指标随因素变化及显著性规律为区分手段,结合显著性单因素试验,实现滑带土强度及变形参数的反演获取。由以监测点变形为回归目标的滑带土整体物理力学参数反演分析得知,1号滑坡体强度参数反演值:黏聚力 c 为4 kPa,内摩擦角 φ 为18.5°。强度参数反演为边坡稳定性分析奠定了基础。

采用二维刚体极限平衡法,对小浪底1号与2号滑坡体在不同工况条件下的稳定性进行分析评价并对强度参数反演结果的合理性进行了评价。评价结果表明,随着库水位的降低,滑坡体的安全系数也随之降低,表明水库蓄水对其稳定性有利;1号滑坡体,天然条件下(原地形+无淤积)各剖面不同工况的安全系数在1.09~1.30,其中在最不利水位(230 m)条件下,剖面Ⅰ-4的安全系数最小,即 $F_m=1.09$,在考虑地震荷载且考虑动态分布系数沿高程的放大效应时,部分剖面的安全系数小于1.0,稳定性较差;对于变形后的现状边坡(淤积高程190 m),受滑坡体前缘河床淤积等因素影响,其安全系数提高较为显著。现状地形条件下,滑坡体天然工况(不考虑降水和地震的水库正常运用条件)的安全系数在1.13~1.6,其中剖面Ⅰ-5(滑坡上游侧)在230 m水位时的安全系数最小,即 $F_m=1.13$。考虑地震烈度为Ⅶ度和Ⅷ度时,剖面Ⅰ-5的安全系数小于1.0,不能满足规范要求,其余计算剖面的安全系数大于1.10,满足规范要求。

库水位骤降对滑坡体的稳定性影响显著,因滑坡体表层的黄土堆积层透水性很差,库水位骤降时坡体内的水无法及时排出。计算结果显示,对于库水位由275 m骤降至230 m这一最不利工况,骤降后滑坡体的安全系数较骤降前降低0.2~0.4。库水位骤降工况时,现状地形条件下1号滑坡体整体滑动的安全系数大于1.10。为避免水位变动带处的岩土体发生局部滑动破坏,建议一方面减小库水位的降落速度,另一方面在滑体前缘布置排水孔等必要的工程处理措施。

通过建立的小浪底滑坡体的三维地质模型和有限元模型,应用$FLAC^{3D}$有限差分大型计算软件,对小浪底1号滑坡体进行了应力变形和稳定分析。分析结果表明,不考虑地下水的影响,1号滑坡体的强度储备安全系数为1.2;随着库水位变化,库水位在高水位时滑坡体的稳定性要高于库水位较低的情况,230 m、250 m、270 m 3个水位下1号滑坡体的安全系数分别为1.16、1.2、1.24。

通过经验方法对滑坡涌浪问题进行分析,分析结果表明,1号滑坡体最大滑动速度为2.08 m/s,入水产生最大涌浪高度为7.33 m,传播至大坝最大涌浪高度小于2 m,传播至水库对岸最大涌浪高度为4.69 m。综合上述分析,小浪底1号滑坡体滑坡涌浪不会对大坝安全造成影响,但会在水库对岸产生5 m左右涌浪,应注重该区域涌浪问题。

第四节　2号滑坡体监测分析

一、地形地貌

2号滑坡体西隔红荆寨东沟(1号冲沟)与1号滑坡体相邻,东至6号沟东侧,前缘

(北侧)为黄河。滑坡体被冲沟切割,分布在几个山梁上,沟底多切至滑面下,故又称该滑坡为悬挂式滑坡;后缘(南侧)以 F_{10} 为界。该滑坡体南北长 200 ~ 300 m,东西累计宽约 750 m,滑坡体平均厚约 25.8 m,最厚可达 46 m(包括上覆 10 ~ 20 m 黄土),总方量为 410 万 m^3。滑坡体分布高程 150 ~ 300 m,悬挂在河床以上 10 ~ 30 m。滑坡体上覆 5 ~ 20 m 黄土,下为 T_1^3、T_1^4 岩层组成的滑体物质,层间错动,反迭瓦状构造、褶曲、张性断裂等特征普遍存在。区内有 5 ~ 6 条冲沟垂直河流发育,将山体切割成一系列梁状地形,每一个单个山梁即为一列滑坡。滑坡的主滑方向为 18° ~ 20°。

二、地层岩性

组成滑坡体的主要物质为三叠系刘家沟组 T_1^5、T_1^4、T_1^3 岩组。此外,滑坡体上部分布有较多的黄土,底部见有砂卵石。

(一)基岩

(1)T_1^3 岩组:以紫红色厚层、巨厚层状泥钙质、钙泥质粉细砂岩为主,夹厚层、中厚层钙质、硅钙质细砂岩。该岩组厚 58 ~ 61 m,是组成滑床的主要物质。

(2)T_1^4 岩组:紫红色厚层、巨厚层状硅质、钙硅质石英细砂岩,有少量钙质细砂岩夹薄层泥质粉砂岩或粉砂质泥岩(相变较大,局部呈中厚层状,亦可尖灭)。该岩组厚 58 ~ 66 m,是组成该滑体上部的主要基岩物质。

(3)T_1^5 岩组:主要为紫红色中厚层状硅钙质细砂岩与钙泥质粉砂岩或粉砂质黏土岩互层,占滑体的少部分。该岩组总厚 58 ~ 63 m,其在滑体中仅长 10 m 左右。

(二)第四系(Q)

滑坡体上部及附近区域广泛分布第四系地层,主要有中更新统、上更新统和全新统地层,成因类型以冲积和洪积为主。

(1)中更新统($al \sim plQ_2$):分布于滑坡后缘南侧山梁上,岩性上部为棕黄色粉质壤土夹棕红色条带和钙质结核层,下部为砂砾石层,砾石成分复杂。

(2)上更新统(alQ_3^1):分布于滑体上部及河床下部,其下段(alQ_3^1)以冲积为主,厚一般 5 ~ 20 m,上部为灰黄色轻 - 中粉质壤土,下部为砂层、砂砾石层。上段($eol \sim dlQ_3^2$)主要为风成的马兰黄土及坡积成因的次生黄土,岩性为灰黄色均质具大孔隙的轻粉质壤土,厚一般 3 ~ 5 m。

(3)全新统(Q_4):以近代河流冲积砂、卵石、粉细砂、砂壤土为主,分布在一级阶地上者为砂壤土及粉砂,分布在一级阶地底部和河床上部者为砂卵石层。

(三)地质构造

2 号滑坡区位于 1 号滑坡区东侧,基本地质构造与 1 号滑坡区相同,位于狂口背斜东部倾伏端北翼,基本上属单斜岩层,岩层倾向一般在 70° ~ 105°,倾角 8° ~ 15°,为顺向坡。受多期构造运动影响,工程区内断层、节理、泥化夹层、层间挤压破碎带发育。主要断层有 F_{10},发育特征与前述相同。同时,滑坡体内小断层发育较多,大多为东西走向,断距在 0.1 ~ 0.7 m,断层带宽 0.1 ~ 0.5 m,充填泥、角砾及碎块岩。

滑坡体及周围岩层中节理发育情况与 1 号滑坡体类似,主要有 3 组:

（1）走向 75°～90°，倾向 SE 或 NW，倾角 62°～83°；

（2）走向 155°～165°，倾向 NE 或 SW，倾角 83°～87°；

（3）走向 5°～25°，倾向 SE，倾角 80°～82°。

（四）岩体结构

滑坡体所在区域的岩体主要由层状钙、硅质砂岩、细砂岩与泥质粉砂岩、黏土岩组成，岩体结构的主要特征为岩层分布软硬相间，硬岩被结构面切割成高宽比 1∶2～2∶1的岩块，软岩受构造影响，形成大面积泥化夹层。据坝址区研究成果，泥化夹层主要是由于褶皱、断裂等构造作用引起岩层间相对滑动而产生的。此外，滑坡等外动力作用也可形成泥化夹层。

经试验得知：硬岩变形以脆性破裂为主，软岩变形以塑性蠕变为主。软弱夹层节理不发育、节理少而弯曲，多为相对隔水层；坚硬岩层中的节理仅发育于硬岩内，一般不穿透软岩夹层。

（五）水文地质条件

与 1 号滑坡区类似，区内地下水主要为赋存于基岩裂隙中的裂隙潜水和第四系黄土、碎石土中的孔隙潜水。地下水主要接受大气降水和周边山体地下水的补给，通过基岩裂隙和黄土、碎石土中的孔隙进行入渗、径流，集中向黄河排泄。

蓄水前，地下水位高程一般在 140 m 左右，比降平缓，整个滑体均处于地下水位以上；蓄水后，根据渗压计资料分析，滑体地下水位受库水位影响较大，基本与库水位持平。滑体为极强透水体，根据钻孔资料，漏水漏浆严重，大部分钻孔滑体部分做注水试验时，不能形成水柱；相反，滑体以下完整岩体透水性较低，单位吸水量一般小于 0.5 L/min。

三、2 号滑坡体发育及运动学特征

（一）2 号滑坡体发育特征

内部结构特征与 1 号滑坡体有许多相似之处，不再赘述。其变形特征与 1 号滑坡体一样，根据滑坡体变形情况可分为三部分：前缘破（压）碎区、中部碎裂区和后缘拉开区，但前缘破碎区和中部破裂区界线不明显，构造特征基本类似，因此把滑体分为两部分：前部破碎区和后部拉开区。目前除 1～2 号沟与 2～3 号沟间两列滑体上保留有完整的滑坡外，3～6 号沟各列滑坡的前缘破碎区的大部分已在Ⅱ级阶地侵蚀期被冲蚀掉，后缘仅有部分残留物。

（1）前部破碎区：在滑坡体中前部，长度 200～300 m，断层变形、倾倒现象明显，f_2 断层在滑体中的部分受滑动影响，顺滑向向下歪倒，两端可看到倾倒变形、反迭瓦状构造发育，裂隙普遍拉开，宽 5～50 mm，部分有充填物。

（2）后部拉开区：滑体后缘沿 F_{10} 拉开，宽度 50 m 左右，从滑坡体中的断层角砾岩的分布可见 F_{10} 断层被节节错断，砂岩块大部分产生倾倒变形。由于滑动造成大小不等的空当，岩块相互架空，尤其是与主滑方向垂直的一组裂隙（走向 290°～310°）形成“V”字形裂隙，整个滑体岩层上部变陡，局部达到 60°，往下逐步变缓，接近滑面时岩层近于正常。

(二)滑坡体运动学特征

1. 滑坡的运动方式

2 号滑坡体的形成演化过程大致可分为三个阶段:

第一阶段:正常岩层受断层、裂隙切割(裂隙一般不穿过软弱岩层)和河流的侵蚀,形成与周围岩层分离的块状岩体。

第二阶段:在地壳运动和地震力作用下,分离的块状岩体沿 T_1^3 的软弱夹层向临空方向滑动,岩体顺层滑动,在滑动过程中前部受阻,后部具有较长的滑塌段,长达 200 m 左右,而且反迭瓦状构造普遍发育。

第三阶段:滑体滑动后,进一步经受河流的侵蚀及人为因素影响,从而形成现在的地形地貌。

滑坡滑动之前,F_{10}横贯滑坡后部,构成了滑坡后缘切割分离面,受 F_{10}影响,断层附近地层变陡,从而为滑坡的顺层滑动提供了推动力;而河谷深切,则在滑体前部产生了张拉力。在推动力和张拉力的作用下,滑坡发生位移。在滑动过程中,下部滑动受阻,滑动距离较近,滑体上部继续滑动,滑距相对较远,往往造成岩层变薄,并且形成反迭瓦状构造,后部造成大小不等的空当。整个滑体表现为上部破碎程度较下部严重,前部重后部轻的特征。据钻孔资料,靠近后缘的 T_{049}钻孔 *RQD* 值一般为 47% 以上,而靠近前部的 T_{168}钻孔 *RQD* 值大部分为 20% ~45% ,在 T_{168}钻孔中上部 *RQD* 值仅为 34% ,下部一般达到 50% 以上。

2. 滑动方向分析

根据底滑带产状及滑带泥擦痕产状分析,2 号滑坡体主滑方向为 18° ~20°。

3. 滑动位移分析

由该滑坡发育变形特征可以看出,该滑坡也属于牵引式滑体,各部位滑动位移差别较大,一般滑体前部滑移距离大、后部小,上部大、下部小。从相应岩层、断层错断距离分析,滑坡总体位移为 40 m 以上。

四、2 号滑坡体变形监测分析

(一)监测系统简述

与 1 号滑坡体一样,从 1999 年开始就对 2 号滑坡体建立了多种仪器、多层次综合监测系统,截至目前已进行了 10 余年的变形监测。其变形测量系统包括地表位移监测、深部位移监测和渗压监测,内容包括:滑坡水平位移、垂直位移;滑体倾斜;钻孔倾斜和滑坡体地下水的动态变化情况等。

2 号滑坡体前期布设了水平变形测点 16 个,点名为 201 ~216,垂直工作基点 2 个,点名为 G1、G6。2006 年考虑到滑坡变形的实际需要,又在滑体后部 273 ~292 m 高程补充布设 3 个地表观测点,点号为 217 ~219,2 号滑坡体共布设地表变形测点 19 个。另外,为监测滑坡体的深部变形特征,了解蓄水期和水库正常运营期整个滑坡的稳定性,又分别在 250 m 和 275 m 高程各布置 1 个测斜孔。考虑到 2 号滑坡体由多列滑坡组成,结合稳定性分析,250 m 高程测斜孔布置在 2 号沟与 3 号沟滑体上,275 m 高程以上测斜孔布置在 1 号沟与 2 号沟滑体上。

(二)监测成果分析

2 号滑坡体共布置 19 个地表位移监测点,根据监测点高程不同可将监测点分为 5 组,监测点坐标、分组及分布如表 10.4.1 所示。位移分析中主要分析 X 向位移(南北向位移,向北为正)和 Z 向位移(竖向位移,向上为正)。

表 10.4.1　2 号滑坡体地表监测点坐标统计表

编号	分组情况	坐标(m)		
		X	Y	Z
201	第一组,201 ~205 号监测点,高程范围 200 ~220 m,1999 年 11 月 25 日后无数据	37 622 630	3 868 321	205.243
202		37 622 522	3 868 323	213.605
203		37 622 360	3 868 348	210.049
204		37 622 267	3 868 372	213.405
205		37 622 136	3 868 402	215.331
206	第二组,206 ~208 号监测点,高程范围 230 ~250 m,2000 年 8 月 18 日后无数据	37 622 732	3 868 219	232.591
207		37 622 593	3 868 248	235.009
208		37 622 497	3 868 286	240.200
209	第三组,209 ~211 号监测点,高程范围 250 ~280 m,2003 年 9 月 9 日后无数据	37 622 361	3 868 211	276.842
210		37 622 238	3 868 259	272.069
211		37 622 092	3 868 289	257.106
212	第五组,212 ~216 号监测点,高程范围 290 ~320 m	37 622 517	3 868 152	292.998
213		37 622 463	3 868 169	299.835
214		37 622 370	3 868 168	299.456
215		37 622 184	3 868 159	296.940
216		37 622 076	3 868 151	312.090
217	第四组,217 ~219 号监测点,高程范围 270 ~300 m,2006 年 9 月 28 日后开始采集数据	37 622 234	3 868 209	291.687
218		37 622 179	3 868 193	287.887
219		37 622 078	3 868 252	273.124

自 1999 年 12 月 10 日水库蓄水位 200.48 m 起,第一组监测点停止监测,第一组监测点所在位置高程范围为 205.24 ~213.61 m,蓄水位与监测点高程相差约 10 m。第一组监测点 201 ~205 位移变化规律基本一致,位移量值较小,X 向位移最大值约 12 mm,Z 向位移最大值约 5 mm。

自 2000 年 9 月 8 日水库蓄水位 220.11 m 起,第二组监测点停止监测,第二组监测点所在高程范围为 232.59 ~240.2 m,蓄水位与监测点高程相差约 10 m。第二组监测点 206 ~208位移变化规律基本一致,X 向、Z 向位移随着库水位增大而增大,随着库水位骤降而减小;X 向最大位移约 13 mm,Z 向最大位移约 12 mm。

自2003年10月16日水库蓄水高程265.26 m起,第三组监测点停止监测,第三组监测点所在位置高程范围为257.11~276.84 m,蓄水位与监测点209高程相差约10 m。第三组监测点位移过程线如图10.4.1所示,监测点209~211位移变化可分为以下两个阶段:2000年8月18日前,位移量值较小,X向位移最大值不超过15 mm,Z向位移最大值不超过12 mm;2000年8月18日后,监测点位移逐渐增大,X向最大位移约为370 mm,Z向最大位移约为320 mm;监测点210位移最大,211位移次之,209位移最小。

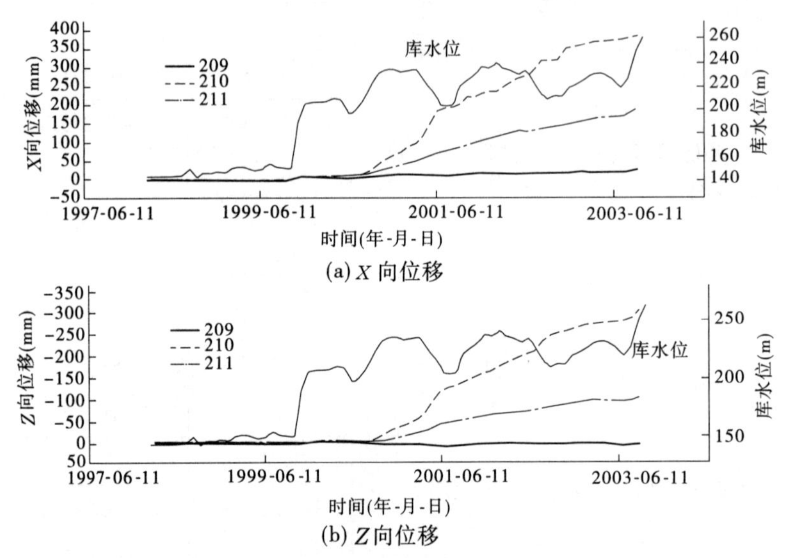

(a) X向位移

(b) Z向位移

图10.4.1　第三组监测点位移过程线

第四组监测点位移过程线如图10.4.2所示,监测点217~219为2006年8月补充监测点,监测时间较短,其变形规律主要表现为:监测点219位移较大,X向最大位移约为110 mm,Z向最大位移约为90 mm;监测点217、218位移量值较小,最大值约为15 mm。

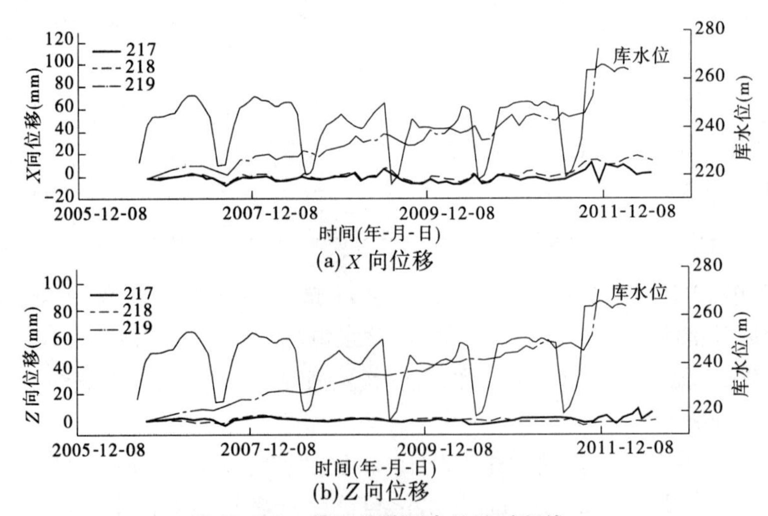

(a) X向位移

(b) Z向位移

图10.4.2　第四组监测点位移过程线

第五组监测点位移过程线如图10.4.3所示,由于监测点位于滑坡体边界外基岩上,

X 向、Z 向位移与库水位有很强的相关性，库水位上升，位移值增大，库水位下降，位移值减小。总体而言，滑坡体位移缓慢增大；X 向最大位移约 55 mm，Z 向最大位移约 15 mm。

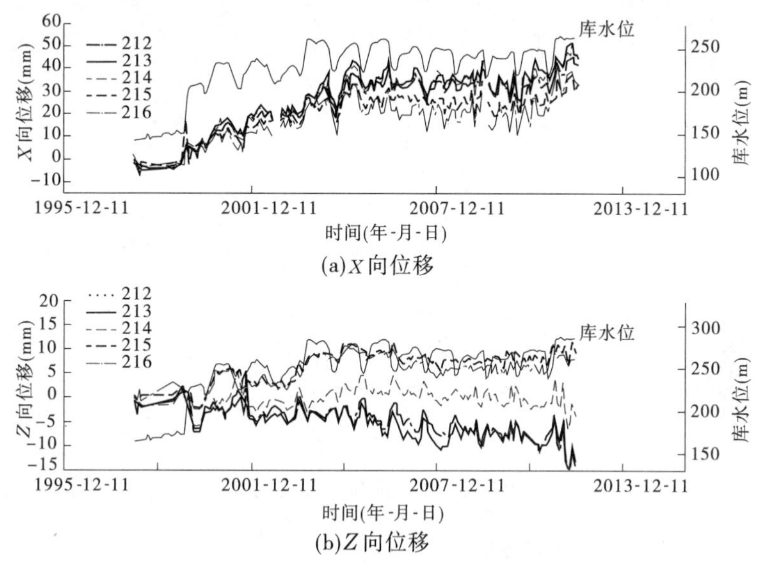

图 10.4.3　第五组监测点位移过程线

可知，同一组监测点位移变化规律基本一致，每组取一个监测点进行对比分析，位移变化对比曲线如图 10.4.4 所示，平均变形速率变化对比曲线如图 10.4.5 所示。

第一组、第二组监测点位于滑坡体前缘，前期数据均在低水位条件下采集得到，第四组监测点为后期补充监测点，数据量有限，因此主要对比分析第三组和第五组数据。监测点 214 位于滑坡体中部，监测点 215 位于滑坡体外基岩上。从位移分布情况看，滑坡体中部位移最大，量值约为 350 mm；基岩上位移最小，量值不超过 15 mm，符合滑坡体滑动过程中位移分布规律，可以认为小浪底 2 号滑坡体在水库蓄水过程中可能发生了滑动。从位移边坡规律情况看，近几年（2005 年 6 月以后）边坡各部位位移幅度较小，有逐渐收敛趋势，边坡整体处于稳定状态。监测点月平均位移均小于 20 mm。

（三）岩体物理力学参数反演分析

对 2 号滑坡体整个坡面均按照一定的布置原则及地形条件等进行了监测点布置，与 Ⅱ -2 剖面较为接近的监测点为 204、210、215、217。

影响滑坡变形及稳定的因素较多，如蓄水、地震、降水等一系列内、外部营力，如考虑所有特征变量的变化，进行滑带土力学及变形参数影响分析将十分复杂。由于不确定因素的增加，不仅仅造成分析工作成倍增加，同时结果可信性亦相应大幅降低，因此进行一定的简化，即仅认为主要是蓄水位的变化造成滑坡体发生位移及变形，此处选择两个时间段作为反演分析的时间标量，其中 2000 年 9 月 14 日库区蓄水位为 220.85 m，2003 年 9 月 9 日库区蓄水位为 248.95 m。综合考虑监测点数据量采集情况，选取监测点 210、215 的位移变化量作为反演的回归目标。综合考虑，确定滑带土优选参数，如表 10.4.2 所示。

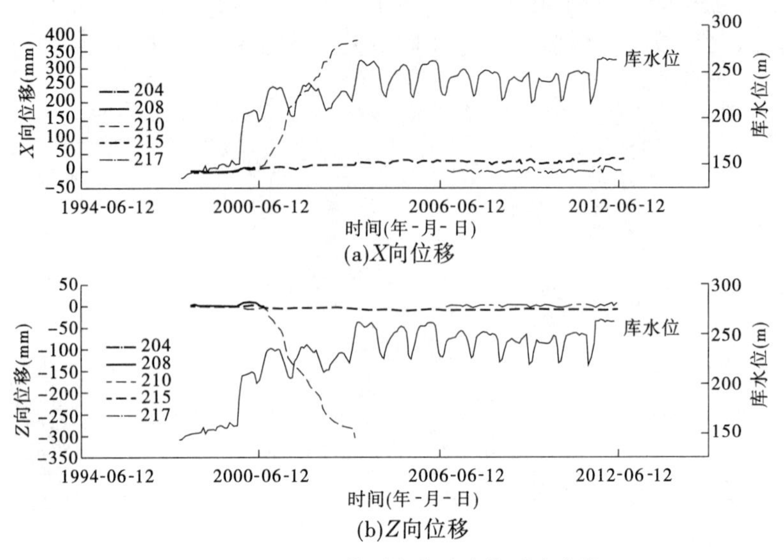

图 10.4.4　五组监测点位移变化对比曲线

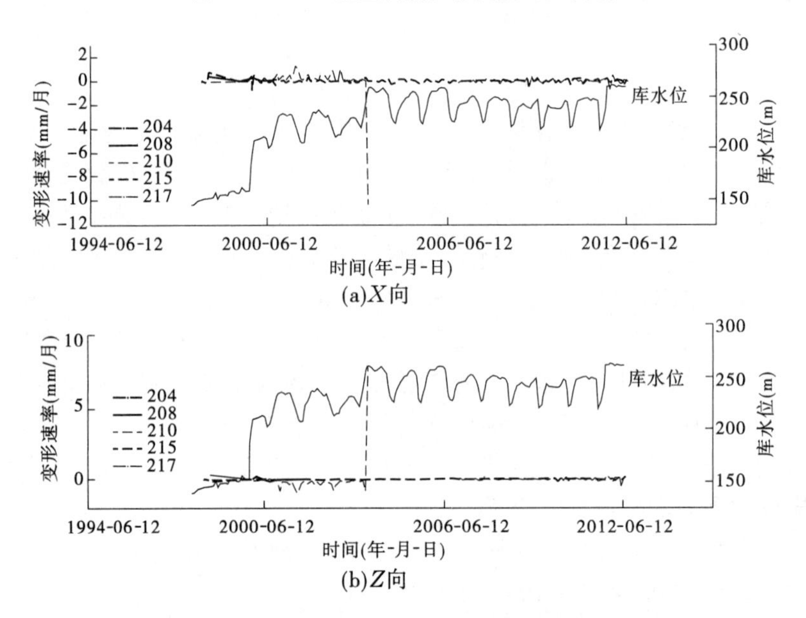

图 10.4.5　五组监测点平均变形速率变化对比曲线

表 10.4.2　2 号滑坡体滑带土优选参数

地层名称	容重(kg/m^3)	变形参数		力学参数	
		弹性模量 E(GPa)	泊松比 υ	黏聚力 c (kPa)	内摩擦角 φ(°)
滑带	2 367	0.7	0.35	7	23.1

五、2 号滑坡体稳定性分析

(一)二维极限平衡分析

2 号滑坡体进行稳定性复核时,计算工况与 1 号滑坡体类似,这里不再赘述。本次稳定分析选取 2 号滑坡体的Ⅱ-1、Ⅱ-4、Ⅱ-5、Ⅱ-8 剖面作为典型计算剖面。Ⅱ-4 工程地质剖面如图 10.4.6 所示。

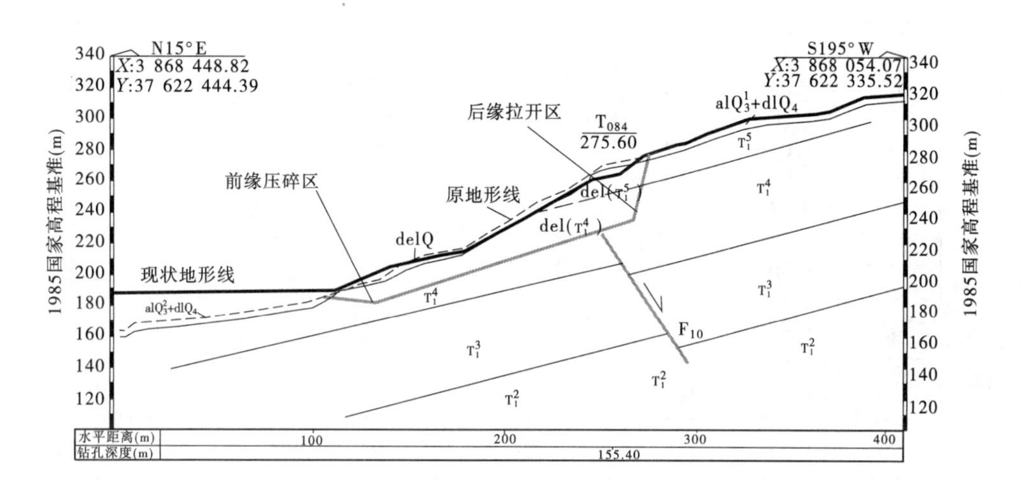

图 10.4.6 小浪底库区 2 号滑坡体Ⅱ-4 工程地质剖面图

2 号滑坡体现状地形条件下采用反演分析参数获得的各工况的稳定分析成果见表 10.4.3。

表 10.4.3 2 号滑坡体现状地形条件下的稳定分析成果

计算剖面	库水位(m)	安全系数					
		天然状况	考虑降水	考虑地震(烈度)			
				Ⅶ		Ⅷ	
				不放大	放大	不放大	放大
Ⅱ-1 剖面	275	1.25	1.24	1.14	1.09	1.05	0.99
	265	1.21	1.21	1.12	1.08	1.03	0.98
	250	1.18	1.17	1.09	1.05	1.01	0.96
	230	1.15	1.13	1.07	1.04	1.00	0.96
Ⅱ-4 剖面	275	1.28	1.28	1.16	1.12	1.05	1.01
	265	1.25	1.24	1.14	1.11	1.04	0.99
	250	1.22	1.21	1.12	1.09	1.03	0.99
	230	1.21	1.17	1.12	1.10	1.04	1.01

续表 10.4.3

计算剖面	库水位(m)	安全系数					
		天然状况	考虑降水	考虑地震(烈度)			
				Ⅶ		Ⅷ	
				不放大	放大	不放大	放大
Ⅱ -5剖面	275	1.07	1.07	0.98	0.94	0.90	0.84
	265	1.05	1.04	0.96	0.92	0.89	0.83
	250	1.02	0.99	0.94	0.91	0.88	0.83
	230	0.99	0.95	0.93	0.90	0.87	0.84
Ⅱ -8剖面	275	1.86	1.86	1.62	1.55	1.43	1.35
	265	1.81	1.80	1.58	1.52	1.40	1.33
	250	1.73	1.72	1.54	1.48	1.37	1.31
	230	1.65	1.63	1.48	1.44	1.34	1.28

从计算结果可以看出:

(1)随着库水位的降低,滑坡体各计算剖面的安全系数也随之降低。

(2)受水库的泥沙淤积等因素的影响,现状条件下大部分计算剖面的安全系数较原地形有所增加。

(3)在现状地形条件下,天然工况时滑坡体的安全系数在1.0~1.8,其中剖面Ⅱ -5在库水位为230 m时的安全系数最小,此时 F_m=0.99,表明滑坡体的安全储备不高。

(4)考虑地震工况时,对于Ⅶ度地震,除剖面Ⅱ -5的安全系数在0.90左右外,其他剖面的安全系数大于1.05,满足规范要求。若考虑Ⅷ度地震,除剖面Ⅱ -8的安全系数大于1.20,满足规范要求外,其他剖面的安全系数在0.80~1.00,稳定性较差。

(二)库水位骤降工况下2号滑坡体的稳定性分析

与1号滑坡体类似,主要分析库水位由正常蓄水位275 m分别骤降至265 m、250 m、230 m时滑坡体的稳定状况。

2号滑坡体库水位骤降工况时各计算剖面的稳定分析成果以及采用各二维剖面进行加权后的准三维稳定分析成果见表10.4.4。从计算结果可以看出,库水位骤降对滑坡体的稳定性影响十分显著。对于库水位由265 m骤降至230 m这一最不利工况,骤降后各剖面的安全系数较骤降前降低0.3~0.4。若考虑边坡的三维效应,现状条件下当库水位骤降至230 m水位时的安全系数为0.96,表明此时边坡整体滑动的安全储备不高,因此建议加强水位变动带处的排水等必要的工程处理措施。

表 10.4.4　库水位骤降工况下 2 号滑坡体的稳定分析成果

计算条件	库水位(m)	Ⅱ -1 剖面	Ⅱ -4 剖面	Ⅱ -5 剖面	Ⅱ -8 剖面	准三维加权值
原地形	265	1.20	1.05	0.94	1.38	1.19
	250	1.08	0.90	0.78	1.21	1.05
	230	0.94	0.75	0.62	1.05	0.90
现状地形	265	1.16	1.16	0.94	1.75	1.26
	250	1.03	0.98	0.79	1.57	1.12
	230	0.90	0.83	0.63	1.35	0.96

六、2 号滑坡体涌浪计算

(一)2 号滑坡体初始速度计算

2 号滑坡体Ⅱ -2 剖面垂直条分模型见图 10.4.7,共将其分为 22 个土条,每个土条宽度为 12.5 m。本次计算采用滑带土参数 c 取 0,内摩擦角取 20°。计算水阻力 R 时,黏滞阻力系数 C_w 取 0.15。计算工况选取的是稳定计算中得到的水库蓄水至 230 m、250 m、265 m 和 275 m 4 种工况。

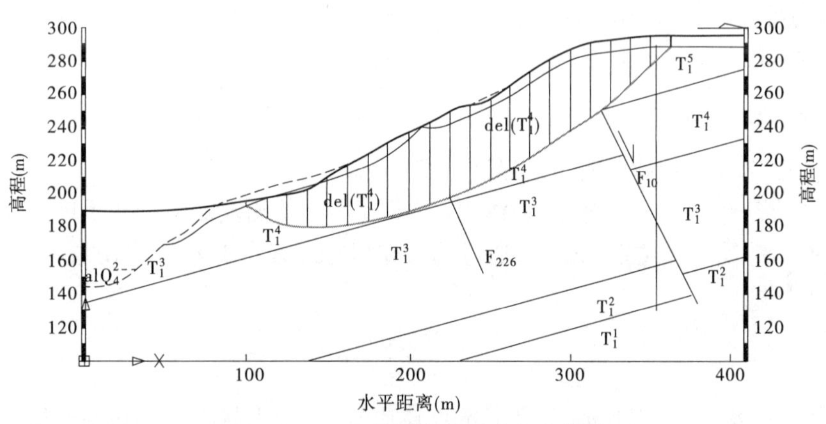

图 10.4.7　2 号滑坡体垂直条分模型

采用潘家铮经验公式计算得出的 2 号滑坡体的最大水平滑动加速度、最大水平滑动速度、最大滑动时间和最大水平滑动位移计算结果见表 10.4.5,蓄水位移为 230 m、250 m、265 m 和 275 m 条件下,通过潘家铮经验公式计算得到的最大水平滑动速度分别为 2.47 m/s、2.36 m/s、2.32 m/s 和 2.26 m/s,滑动速度不大。

表 10.4.5　2 号滑坡体初始速度成果统计表

计算工况	最大水平滑动加速度(m/s^2)	最大水平滑动速度(m/s)	最大滑动时间(s)	最大水平滑动位移(m)
蓄水位 230 m	0.153	2.47	126	110
蓄水位 250 m	0.140	2.36	140	108
蓄水位 265 m	0.134	2.32	121	95
蓄水位 275 m	0.127	2.26	109	82

（二）2 号滑坡体涌浪计算

采用水科院经验公式与潘家铮经验公式的滑坡涌浪计算结果见表 10.4.6。从计算结果可以看出：采用水科院经验公式和潘家铮经验公式计算得到的涌浪初始高度和传播至大坝的高度变化规律基本一致，量值略有变化。4 种工况下，2 号滑坡体入水产生最大涌浪高度为 8.17 m；传播至大坝最大涌浪高度小于 2 m，传播至水库对岸涌浪高度约为 4.20 m。

总体而言，2 号滑坡体滑坡涌浪传播至大坝涌浪高度较小，不会对大坝安全造成影响，传播至水库对岸涌浪高度较高，最大量值为 4.50 m，应注重该区域的滑坡涌浪问题。

表 10.4.6　2 号滑坡体涌浪计算结果

库水位		230 m	250 m	265 m	275 m
涌浪初始高度（m）	水科院经验公式	6.14	5.64	5.47	5.21
	潘家铮经验公式	8.17	7.81	7.68	7.48
传播至水库对岸涌浪高度（m）	水科院经验公式	4.50	4.22	4.12	3.97
	潘家铮经验公式	4.41	4.24	4.07	3.84
传播至大坝涌浪高度（m）	水科院经验公式	1.52	1.42	1.39	1.34
	潘家铮经验公式	1.44	1.39	1.35	1.30

注：传播至水库对岸的传播距离约为 0.6 km，传播至大坝的传播距离约为 2.8 km。

（三）1 号、2 号滑坡体同时滑动涌浪计算

考虑极端条件下 1 号、2 号滑坡体整体滑动时产生的涌浪对大坝及水库对岸的影响，在单一滑坡体滑动计算结果基础上，通过动量守恒定理确定 1 号、2 号滑坡体同时滑动时的初始速度，即：

$$v = \frac{m_1 v_1 + m_2 v_2}{m_1 + m_2} \tag{10.4.1}$$

式中，m_1 为 1 号滑坡体质量；m_2 为 2 号滑坡体质量；v_1 为 1 号滑坡体初始速度；v_2 为 2 号滑坡体初始速度。

通过式（10.4.1）计算得到的 1 号、2 号滑坡体同时滑动时初始速度如表 10.4.7 所示。

表 10.4.7　滑坡初始速度成果统计表

计算水位	蓄水位 230 m	蓄水位 250 m	蓄水位 265 m	蓄水位 275 m
初始速度（m/s）	2.13	2.06	1.98	1.94

采用水科院经验公式与潘家铮经验公式的滑坡涌浪计算结果见表 10.4.8。从计算结果可以看出：1 号、2 号滑坡体同时滑动产生滑坡涌浪，传播至大坝最大涌浪高度为 2.06 m，综合考虑实际工程中大坝位于 1 号、2 号滑坡体滑动方向的垂直方向上，计算结果偏于保守，可以认为涌浪不会对大坝安全造成影响；传播至水库对岸最大涌浪高度为 6.73 m，应注重该区域的滑坡涌浪问题。

表 10.4.8　1 号、2 号滑坡体同时滑动涌浪计算结果

库水位		230 m	250 m	265 m	275 m
涌浪初始高度(m)	水科院经验公式	7.06	6.49	6.30	5.99
	潘家铮经验公式	9.39	8.98	8.8	8.6
传播至水库对岸涌浪高度(m)	水科院经验公式	5.55	5.34	5.11	4.84
	潘家铮经验公式	6.73	6.57	6.41	6.18
传播至大坝涌浪高度(m)	水科院经验公式	2.06	1.95	1.85	1.82
	潘家铮经验公式	1.61	1.56	1.50	1.45

注:传播至水库对岸的传播距离约为 0.6 km,传播至大坝的传播距离约为 2.8 km。

七、小结

2 号滑坡体位于 1 号滑坡体东侧,以红荆寨东沟(1 号冲沟)为界,与 1 号滑坡体相邻,下距小浪底大坝约 2.8 km;滑坡体被几条冲沟切割,分布在几个山梁上,又称为悬挂式滑坡;滑坡体南北长 200 ~ 300 m,东西累计宽约 750 m,滑坡体平均厚约 25.8 m,总方量为 410 万 m^3。同 1 号滑坡体类似,滑体也位于右岸基岩斜坡区,其整体滑动发生在晚更新世中后期,滑坡的主滑方向为 18° ~ 20°。

以勘察资料为基础,以监测点高程为依据,结合小浪底水库水位变化规律,对 1 号滑坡体监测点进行分组分析,通过对监测点位移与库水位关系、不同监测点位置间相对位移情况等方面的研究和滑坡体长期地表位移监测结果的深入分析,对边坡稳定性进行了宏观判断。2 号滑坡体中部位移最大,量值约为 350 mm,基岩上监测点位移最小量值,不超过 15 mm;最大月平均位移不超过 20 mm,2003 年 8 月 18 日后,随着水库淤积抬高,前缘滑带逐渐深埋,月平均位移不超过 2 mm,且边坡位移有逐渐收敛趋势,说明 2 号滑坡体当前整体处于稳定状态。

2 号滑坡体天然条件下(原地形 + 无淤积),不同工况时各计算剖面的安全系数在 1.0 ~ 1.4,其中剖面Ⅱ -5 的安全系数在 1.0 左右,基本处于临界状态,其他剖面的安全系数大于 1.1。现状地形条件下(淤积高程 190 m),天然工况时(不考虑降水和地震的水库正常运用条件)滑坡体的安全系数在 1.0 ~ 1.8 之间,其中剖面Ⅱ -5(滑坡东侧 6 号沟)的安全系数在库水位为 230 m 时的安全系数最小,此时 F_m = 0.99,表明滑坡体的安全储备不高。考虑地震工况时,对于Ⅶ度地震,除剖面Ⅱ -5 的安全系数在 0.90 左右外,其他剖面的安全系数大于 1.05,满足规范要求;当考虑Ⅷ度地震时,除剖面Ⅱ -8 的安全系数大于 1.20,满足规范要求外,其他剖面的安全系数在 0.8 ~ 1.0,稳定性较差。

库水位骤降工况时,2 号滑坡体整体滑动的安全系数在 1.0 ~ 1.26。

通过建立的小浪底滑坡体的三维地质模型和有限元模型,应用 $FLAC^{3D}$ 有限差分大型计算软件,对小浪底 2 号滑坡体进行了应力变形和稳定分析。分析表明,2 号滑坡体的强度储备安全系数为 1.18;随着库水位变化,库水位在高水位时滑坡体的稳定性要高于库水位较低的情况，230 m、250 m、270 m 3 个水位下，2 号滑坡体的安全系数分别为 1.06、1.12、1.22。

2 号滑坡体最大滑动速度为 2.47 m/s，入水产生最大涌浪高度为 8.17 m，传播至大坝最大涌浪高度小于 2 m，传播至水库对岸最近点处滑坡涌浪高度最大值为 4.50 m。极端条件下，传播至大坝最大涌浪高度小于 2 m，传播至水库对岸最大涌浪高度为6.73 m。

综合上述分析，小浪底 2 号滑坡体滑坡涌浪不会对大坝安全造成影响，但会在水库对岸产生 5 m 左右涌浪，应注重该区域涌浪问题。

第五节　大柿树变形体监测分析

一、基本地质条件

（一）地形地貌

大柿树滑坡体位于小浪底库区右岸，黄河与煤窑沟交叉口上游侧的基岩斜坡区，下距小浪底大坝 7 km。滑坡体所在区域为一近东西走向的长条形山梁，滑坡体前缘（北侧）黄河自北西折而向东呈弧形从滑体前通过，主流靠右岸。滑坡体前部为黄河主流顶冲形成的凹岸，东侧为煤窑沟及清河口小冲沟，南侧为煤窑沟左岸的黄连地小支沟，西侧发育有水泉沟，275 m 水位时滑坡区山梁呈半岛型东西向展布。滑坡体在平面上呈不规则的圈椅型，东西顺河方向长约 1 300 m，南北宽约 560 m，变形裂缝范围内发生明显失稳，体积约 450 万 m^3，潜在滑动体积约 1 915 万 m^3。

从地貌形态看，滑坡呈陡缓相间的台阶状，前部呈斜坡状，平均坡度 20°左右，坡脚高程 145 m，由于河水冲刷以及岸坡再造，前缘向河床突出部分仅保留局部舌状地形；高程 190 ~ 230 m 范围的滑坡体中部表现为多级台阶式地形，平均坡度 10°左右，滑坡体后部呈斜坡状，平均坡度 30°左右，后缘梁顶高程 320 m 左右。滑坡体前缘分布有较多的坡崩积块石，其棱角分明，夹杂较多的粉质壤土；滑坡体中部基岩层面间多见有泥化夹层，局部有倾倒变形现象，黄土陡坎前缘常发生黄土崩塌，黄土平台分布有较多的串珠状黄土落水洞，并见有多条近平行岸坡的微弧形地裂缝，裂缝走向一般 120° ~ 130°。滑坡中后部有一条长达 740 m，宽 0.5 ~ 1 m 的弧形裂缝横贯滑坡周边，沿此裂缝于后缘土质梁顶形成一宽约 3 m、长达 100 m、深 0.5 ~ 1 m 的沉陷凹沟。

（二）地层岩性

1. 基岩

大柿树滑坡出露的基岩地层主要为二叠系上统上石盒子组，按坝址区地层分组编号，主要为二叠系上统上石盒子组（P_{2s}）下段 P_2^1 岩组和中段 P_2^2 岩组。此外，在滑坡周围地区尚出露有上段 P_2^3 岩组（主要分布在滑坡以南黄连地沟南侧）。

（1）P_2^1 岩组：以黄色、黄绿色、紫红色、灰黑色粉砂质黏土岩（页岩）为主，夹灰白色、黄绿色砂岩。底部为一层厚 2 ~ 3 m（最厚可达 10 m）的含砾粗砂岩。本段下部，局部夹有煤层。该岩组厚 136 ~ 263 m，主要出露于滑坡西部的水泉沟左侧山坡 240 m 高程以下。

(2) P_2^2 岩组:以灰白色砂岩为主,中部夹有3~5 m紫红色粉砂质黏土岩(可相变为豆绿色粉砂质页岩)。本段即为平顶山砂岩,或称为马头山砂岩。该岩组厚36~178.4 m,出露于滑坡体中部180~250 m间,为滑体主要组成物质,也是现状滑体变形失稳部分的主要基岩地层,其底面高程一般在150 m以上。

(3) P_2^3 岩组:暗紫红色粉砂质黏土岩与黄绿色长石石英砂岩组成的韵律沉积层,最多达5个旋回,最少时仅有1个旋回。该岩组厚60~140 m,仅在滑坡体南侧黄连地沟右岸沟口有少量出露,滑坡体内没有分布。

2. 第四系(Q)地层

(1) (al+dl) Q_2:第四系中更新统冲积、坡积堆积物,岩性为棕黄、棕红色粉质壤土及粉质黏土,富含钙质结核,底部见有零星砂砾石。其主要分布于滑坡周围山体及滑坡中后部山梁上,钻孔揭露厚度32.8 m,底部高程283.2 m左右。

(2) (al+dl) Q_3:第四系上更新统冲积、坡积堆积物,表层为灰黄色均质具大孔隙的粉质壤土,具良好的直立性,其下为灰黄色轻-中粉质壤土,土中含较多钙质结核,主要分布于滑坡中后部山坡上,可见厚度5 m左右。

(3) (al+pl) Q_4:第四系中更新统冲积、坡积堆积物,岩性为灰黄色粉土、细砂,局部见有少量砂砾石,主要分布在黄河漫滩及河床部位,已有数据显示厚度大于30 m。

(4) (dl+col) Q_4:坡积、崩塌堆积物,主要分布在岸坡前部230 m高程以下的缓坡区,钻孔揭露厚度约10 m。岩性为黄绿、灰白色碎块石夹粉质黏土,碎(块)石含量70%~80%,成分主要为钙质砂岩,棱角分明,滑坡西部水泉沟附近可见块石间有架空现象。

(5) del(P_2^2):滑塌的 P_2^2 岩组地层,岩性以灰白色砂岩为主,夹有紫红色粉砂质黏土岩或豆绿色粉砂质页岩。其主要分布在滑体中后部贯通性裂缝以北区域,是浅部滑体的主要岩石地层。

(6) del(Q):滑塌的第四系松散堆积物,岩性主要为原坡积、崩塌堆积的碎块石夹粉质黏土,滑坡区域主要分布在滑体前部230 m高程以下的缓坡区。

(三)地质构造

大柿树滑坡位于狂口倾伏背斜的东北翼,并紧邻背斜轴部,其背斜轴部大致在滑体南侧的黄连地沟附近,轴向约105°,向SE方向倾伏。受其影响滑坡体范围内正常岩体基本上属单斜岩层,岩层倾向一般在35°~55°,倾角5°~12°。

受多期构造运动影响,滑坡及周围地区断层、节理、泥化夹层等比较发育,其中与滑坡关系密切的主要为 F_1 的分支断层 f_1、f_2,现分述如下:

f_1 断层:为库区石井河断层(坝址区断层编号 F_1)的南分支断层,断层总体走向250°左右,倾向NW,倾角70°~80°。该断层在滑坡后缘东侧煤窑沟附近又分为两支,其中一支从滑坡后缘通过,产状5°∠80°。断层带宽20 cm,充填泥夹碎屑。

f_2 断层:为库区石井河断层的北分支断层,断层总体走向335°左右,倾向SW,倾角70°。该断层在滑坡前缘通过,断层带宽50 cm,充填泥夹碎屑、碎岩块等。

F_1 断层:该断层属区域性大断层(石井河断层),滑坡体附近主要沿黄河河道于滑坡前通过。据库区和坝址区数据,该断层在滑坡前河道中走向大致280°,倾向北东或南西,倾角85°,垂直断距约200 m,断层带宽1.5~2 m,影响带宽10~30 m。由于该断层距滑坡有一定距离，对滑坡体影响不大。

滑坡体周围岩层中主要发育有4组构造节理，并以(1)、(2)组最为发育。

(1)走向345°～355°，倾向NE或SW，倾角80°～85°；

(2)走向80°～90°，倾向NW或SE，倾角70°～80°；

(3)走向325°～335°，倾向NE或SW，倾角84°～87°；

(4)走向275°～285°，倾向NE或SW，倾角60°～80°。

节理的发育情况常因部位与岩性的不同而异，在正常岩体中同一地点、相同岩性、坚硬的砂岩一般陡倾角节理较发育，且多不切入软岩，并以"X"组合形式出现两组，节理间距为层厚的0.5～2倍，节理面以平直粗糙为主，倾角多在80°以上，与层面近于垂直；岩性较软的黏土岩一般发育波状起伏的缓倾角节理，且节理发育程度一般为较发育或不发育。

在滑坡体变形裂缝范围内，由于岩层受滑移及倾倒变形作用影响，节理产状较乱，规律性相对较差。

(四)岩体结构

滑坡体所在区域的岩体主要由层状钙、泥钙质砂岩，细砂岩与泥质粉砂岩，黏土岩组成。岩体结构的主要特征为岩层分布软硬相间，硬岩被结构面切割成高宽比1∶2～2∶1的岩块，软岩受构造影响，形成大面积泥化夹层。据坝址区研究成果，泥化夹层主要是由于褶皱、断裂等构造作用引起岩层间相对滑动而产生的。此外，滑坡等外动力作用也可形成泥化层。

经试验得知：软弱夹层大都为隔水层，坚硬岩层中的节理仅发育于硬岩内，一般不穿透软岩夹层。硬岩变形以脆性破裂为主，软岩变形以塑性蠕变为主。

(五)水文地质条件

建库前，滑坡区地表大部分被第四系冲洪积黄土覆盖，临河岸坡及沟谷底部多出露基岩。区内地下水主要为赋存于基岩裂隙中的裂隙潜水和第四系黄土、碎石土中的孔隙潜水。黄河作为地表径流和地下水排泄基准面，非汛期流量一般为1 300 m^3/s左右，坡脚处河水位高程约在140 m。

地下水主要接受大气降水和远处山体地下水的补给，本区雨季降水较为充沛，大气降水多以地表径流形式排泄入滑体周边沟谷，最终汇入黄河中，少量下渗补给地下水。地下水主要通过基岩裂隙和黄土、碎石土中的孔隙进行入渗、径流，集中向黄河排泄。建库前，在滑坡体前缘中部一冲沟左侧，有一泉水出露，出露高程165 m左右，水质良好，可饮用。

小浪底水库蓄水后，地下水与库水位联系密切，除汛期少量接受大气降水的补给外，主要接受库水的补给，并随库水位的升降而接受库水的补给或向水库排泄。地下水埋藏深度受库水的影响较大，勘探期库水位急剧上升，库水补给地下水，地下水埋藏深度多在7～20 m，地下水位与库水位基本持平。

二、滑坡体变形和运动学特征

(一)滑坡体变形特征

从地表调查看，大柿树滑坡体变形情况有异于周围山体。滑坡范围内地表黄土崩塌现象发生普遍，地裂缝、落水洞分布较多，尤其是滑体贯通性裂缝之前山体滑动位移明显。根据地质勘察资料，滑坡体变形特点可分成三部分，即前部滑塌区、中部滑移变形区和后缘拉裂变形区。

1. 前部滑塌区

该区分布于滑坡体前部高程 150 ~ 190 m 间，前缘上游部位受河水主流长期冲刷淘蚀影响，西部（上游）稍窄，南北宽 160 ~ 250 m，平均宽约 200 m。根据已有资料分析，该部分滑体厚约 20 m，平均坡度 20°，主要由滑塌堆积的灰绿色、紫红色砂岩、黏土岩岩块组成，局部夹有多层黄土。该部分滑体地貌上呈舌状分布于滑坡前缘，现仅残存部分迹象，其中最明显的舌状滑块位于前缘东部，该滑块前部宽约 500 m，中部突入黄河约 100 m，其后缘形成高差达 75 m（190 ~ 265 m）的基岩陡坎滑壁，为黄河河谷冲蚀下切过程中高陡岸坡分块滑移崩塌所形成的堆积物。受滑移崩塌作用影响，该部分岩体破碎，岩层产状杂乱，岩块间架空现象普遍，透水性极强。水库修建前，在滑坡体前缘中部一冲沟左侧，有一泉水出露，出露高程 165 m 左右。20 世纪 70 年代在小浪底水库坝址比选阶段已调查认定该部位是一长 × 宽为 1 200 m × 200 m，分布高程主要在 140 ~ 205 m 的坡积土层滑坡。

2. 中部滑移变形区

该部分滑体北侧大致以 190 m 高程斜坡与缓坡地形突变处为界，南以 230 m 高程左右基岩陡坎为界。该部分滑体地形上表现为多级台阶式地形，平均坡度 10°左右。滑体厚度一般在 30 m 左右，主要由 P_2^2 岩组砂岩、黏土岩组成，表层覆盖有 3 m 左右厚的黄土，微观地貌主要表现为凸凹不平的鼓丘，尤其是靠近前缘部分表现更为突出，是岩土体发生较强烈变形的产物。从地表观察，变形后岩层扭曲强烈、产状杂乱、裂隙张开，但仍保持一定的层序。

钻孔和地质调查资料揭示：该部位岩体以 P_2^2 层间泥化夹层为界，其上下岩体变形程度有明显不同的突变，滑带以上岩体普遍表现为结构松弛拉裂，裂隙张开，结构面（尤其是节理面）锈蚀现象严重，局部存在架空现象，透水性强烈。岩层虽仍保持原层位关系，但倾角普遍变陡，上部局部岩体倾角可达 30° ~ 60°，且变化较大，而滑带以下岩体则相对完整，地层倾角一般为 6° ~ 10°。

另外，该滑带以下 P_2^2 岩体虽相对完整，但与附近正常岩体不同的是，仍存在几个顺层破碎带，带内主要为碎屑夹泥。破碎带附近岩体破碎、风化较为强烈，透水性强，钻孔岩芯可以看到砂岩裂隙有水蚀现象。从滑体两侧深沟勘探发现，贯通性裂缝之外至滑坡体边界岩体，仍有顺层滑塌迹象。滑坡东部后期滑塌后与前部合为一体，表现为滑坡东部缺失中间缓坡状地形。

3. 后缘拉裂变形区

该部分滑体中西部北侧以 230 m 高程基岩陡坎为界，东部以 265 m 高程基岩陡坎为界，东西分别以煤窑沟、水泉沟为界，南部以土质山梁和黄连地沟为界。该部分滑体地形上表现为斜坡 - 陡坡地形，平均坡度 30°左右。据地表测绘调查及勘探点揭露，该部分滑体地表分布有较多的弧形裂缝。沿裂缝发育有串珠状展布的黄土落水洞，局部可见裂缝错断黄土底部砂岩产生坐落位移。其中最大的一条弧形裂缝横贯滑坡东西（贯通性裂缝），长达 740 m，宽 0.5 ~ 1 m，沿此裂缝于后缘土质梁顶形成一宽约 3 m、长达 100 m、深

0.5～1 m的沉陷凹沟。滑体西南部沿285 m高程平台前缘也分布一条长达30 m、宽约0.5 m，近平行岸坡的裂缝，沿此裂缝东西两侧几十米范围内多有线状分布黄土落水洞和地面沉陷；滑体中东部大路东侧285 m平台见有线状分布的3个落水洞，最大者直径约3 m，可见深度5 m左右。

勘探点揭露，该部分岩体内部构造表现为滑带上下岩层产状及岩体结构的整体突变差异。滑带以上岩体破碎，解体现象严重，架空现象普遍，岩层倾角陡缓相间，泥化夹层分布多而广，局部上层碎石土与黄土层呈互层状。据已有资料分析，该部分滑体上部贯通性裂缝内已发生明显失稳变形，部分厚度约65 m。此外，该部位黄土平台前缘陡坎相对于周围山体崩塌现象较为普遍，尤其是库水位骤降期，黄土崩塌更是频繁，有时崩塌和小滑塌会造成平台处较大树木的倒伏。有异于周围正常山体，滑坡区内的这些黄土崩塌常发生在距库水淘刷一定距离的山体上。滑坡后缘简易变形监测显示，该部位滑体向库区位移一直在发生，尤其是汛前调水调沙试验期等库水位急剧下降时，裂缝张开变形速度尤为突出。上述情况说明，该部分滑体变形破坏形式既有整体滑移，又有分块滑移错动，同时伴有局部黄土陡坎的崩塌变形现象。

（二）滑坡体运动学特征

1.滑坡体运动方式分析

从滑坡体变形特征可以看出，该滑坡滑动变形破坏形式在滑体不同部位各具特点，其运动方式主要表现为牵引式顺层分块滑动。

1）滑坡体前部的滑移崩塌

滑坡前部以滑移崩塌为主，并表现为几个不同规模的次一级滑块滑动。滑移后，滑坡前缘形成较陡的斜坡地形，其后部为多个高陡的弧形滑壁。滑塌后的岩土体呈舌状向河床凸出，迫使河道主流向左岸偏移，局部前缘突入黄河约100 m。后期由于河水的冲刷和岸坡再造，仅保留部分残存迹象。滑移崩塌后的岩体极为破碎，产状杂乱，岩块间架空现象普遍，局部呈块石夹土状，以至于不同时期的调查分别形成坡积土滑坡、崩塌变形体的认识。

2）滑坡体中部的牵引式滑移

滑坡体中部具有统一的底滑面，滑移特征主要为顺层整体滑移，同时又有分块滑移错动特征。勘察结果和变形特征显示，该部位岩体具有统一的主滑面（浅部滑带），表明该部分岩体具有整体顺层滑动的特点。同时，从地形地貌上看，高程190～230 m间地形表现为坡度10°左右的缓坡状地形，其后缘为基岩陡坎，地形特征与前部（自然坡度20°）和后部（自然坡度30°）均有明显差异，微观地貌则表现为凸凹不平的鼓丘状地形。从滑体运动特征看，该部位滑体运动方式主要是牵引式分块滑动，滑动后造成台阶状平缓地形，而其后部无拉裂空当。后期受前部滑块（滑动停止）的阻挡和滑移速度的差异，该部分岩土体局部曾发生压缩变形，地表产生凸凹不平的鼓丘。

3）后部区域的拉裂变形

该部分滑体分布于230 m基岩陡坎以南至滑体后缘区域，地形上表现为斜坡－陡坡地形，平均坡度30°左右。据地表测绘调查及勘探点揭露，该部分滑体上分布有较多的弧形裂缝，沿裂缝发育有串珠状展布的黄土落水洞，局部可见裂缝错断黄土底部砂岩产生坐落位移，但裂缝壁多粗糙，未见擦痕和镜面。其中最大的一条弧形裂缝横贯滑坡东西并于后缘土质梁顶形成一宽约 3 m、长达 100 m 的沉陷凹沟。钻孔揭示，滑带以上岩体破碎，产状紊乱，解体现象严重，架空现象普遍，存在多个岩层破碎带并夹有泥化夹层，泥化夹层见有擦痕和镜面，以拉裂松弛为主。此外，有异于周围正常山体，该部位的黄土崩塌现象十分普遍，变形监测也显示滑体向库区位移一直在发生。

上述现象表明，该部分滑体的滑移变形以拉裂变形为主，拉裂变形一方面形成无剪切面的拉张地裂缝，另一方面造成黄土陡坎的进一步陡立和失稳崩塌。滑移方式以分块滑移错动为主——形成以地裂缝为界的分块变形，又有整体滑移性质——变形监测显示的整体性位移特征。

从以上分析可以看出：大柿树滑坡的运动方式以牵引式分块滑动为主，同时又包括次一级的分层滑动方式。前缘 230 m 高程下的原水泉沟滑坡在库水冲刷作用下先期滑动失稳，造成滑坡前部阻滑力的降低，引起中部岩土体的变形失稳，中部滑体的失稳变形又引起后部岩土体的滑移变形。

2. 滑动发生时间分析

根据已有资料和调查走访分析，早在 20 世纪 70 年代小浪底水库坝址比选阶段，大柿树滑坡所在的水泉沟村东山体根据地质调查发现有一规模为长 × 宽 1 200 m × 200 m，分布高程主要在 140 ~ 205 m，总体积达 450 万 m^3 的坡积土层滑坡，其范围与现在的大柿树滑坡前部基本一致，并称为水泉头滑坡。早期的小浪底水库工程库区地质图（1971 年版）也显示，大柿树滑坡前缘舌状突起地形使黄河主流向北偏移近 100 m，并使该部位河道变窄，成为人工渡口，表明该滑坡前部滑体在建库前就已存在。

滑体中部发生的滑塌变形在建库前开展的库区地质调查工作中有所反映。其范围在水泉头滑坡基础上有所扩大，后缘至 250 m 高程，与现在的大柿树滑坡中前部基本吻合，并称为水泉头（崩塌堆积体）危岩体，也就是说，滑坡中部滑塌变形在小浪底水库建库前已存在，但滑动迹象不明显。

限于前期以地质调查为主的工作深度限制，对大柿树滑坡体前中部的变形产生了认识上的差异，对岩土体变形性质、时间也未作更深入的探讨。从地质背景看，大柿树滑坡地质条件与东苗家滑坡类似：相似的地层岩性、软硬相间的地层组成顺向基岩岸坡，层间泥化夹层的发育，后缘断层的切割，前缘的河水冲刷以及中更新世末晚更新世初黄河河谷急剧下切阶段，形成了相对高陡的临空条件等。大柿树滑坡前、中部初滑时间应与东苗家相近，为中更新世末晚更新世初形成的古滑坡。

大柿树滑体后部建库前无论是调查走访，还是先期库区及坝址比选的地质工作，均未发现滑动迹象，2000 年 9 月库水位至 220 m 高程时开始变形，之后于 2004 年 7 月在滑体后缘裂缝埋设 4 组简易观测桩，并于 9 月 15 日开始观测。从观测结果看，该部位岩土体一直在变形中，尤其是汛前调水调沙等库水位骤降时岩土体变形尤为剧烈。该部位岩土体滑移变形应为小浪底水库蓄水至 220 m 高程时引起的。

综上所述，大柿树滑坡前部和中部岩土体初滑时间应为中更新世末晚更新世初，后部岩土体滑移变形始于水库蓄水初期的 2000 年 9 月。

3. *滑动方向分析*

滑坡滑动方向主要从滑坡后缘贯通性裂缝的分布形状和滑坡滑动变形位移方向两个方面判别。

通常滑坡后缘贯通性裂缝的顶点与裂缝弧的对称中点以及滑坡前缘滑舌中点的连线与滑坡滑动方向基本一致。从滑坡地质平面图可以看出,该滑坡后缘贯通性裂缝的对称中线走向约为40°,从滑坡地形上看,滑动方向也大致如此。

从滑坡变形裂缝的几个观测点的位移曲线分析,4 条观测点矢量合成后的位移曲线方向为36°左右。

考虑到变形位移曲线根据位置不同会有一定差异,因此综合这两方面考虑,滑坡主滑方向应为38°左右。

4. *滑动位移分析*

大柿树滑坡是在水泉头古滑坡基础上形成的新滑坡,其滑动变形是以牵引式滑动为主,其不同部位滑动时间、滑动方式不同(后缘以拉裂变形为主),因此其滑动位移随滑体部位不同而异。滑体前部滑舌突入黄河 100 m,说明历史上该滑坡滑动位移在 100 m 以上;而后部裂缝位移可见宽度却仅有 30 ~ 50 cm,说明新近滑动位移至少在 30 cm 以上。为更好地了解大柿树滑体形成后(老滑坡复活并造成滑坡范围扩大后)整体滑动的位移量,选择滑体中部仍保持原岩结构部位的地形点,通过滑动后的实测地形剖面与滑动前地形对比,能够有代表性地反映大柿树滑坡总体位移量。根据滑体 4 个实测剖面在中部的地形观测结果,该滑坡Ⅰ、Ⅱ剖面中部位移量分别为 4 ~ 5 m 和 5 ~ 6 m,综合分析后得出大柿树滑坡体新近滑动位移量约为 5 m。

三、监测分析

2003 年、2004 年大柿树区域出现地表裂缝,部分窑洞也出现裂缝,随即布置了监测项目。大柿树滑坡体监测项目共埋有 4 组裂缝监测点。本项目从 2004 年 9 月上旬开始监测,至今按一周一次频率监测,至 2012 年 12 月底已监测 437 次,各组监测点平距和高差变化过程线见图 10.5.1 和图 10.5.2。

从各组监测点变化过程线看,各裂缝缝宽及裂缝两侧高差均呈缓慢递增变化,大柿树变形体缝宽和高差变化量值大于往年同期,各组监测点位移变化规律相同。从现场巡查情况看,除裂缝本身的高差和缝宽发展外,未见其他明显地表位移变化。

四、稳定性分析

(一)二维极限平衡法稳定性分析成果

为了分析计算水库蓄水过程中大柿树滑坡体的稳定性特征,分别对蓄水高程为 230 m、255 m、260 m、264 m、270 m 及 275 m(设计蓄水位)时的稳定性进行了二维极限平衡分析,见表 10.5.1。从计算结果分析可以看出:浅部滑动面稳定性较差,这也反映了目前滑坡体表部出现的拉裂隙应为滑坡体的表层变形引起的。从稳定性发展趋势上可以看出:对于浅部滑动面,随着蓄水位的升高浅部滑体的稳定性呈现降低的趋势,在蓄水位为 264 ~ 270 m 时浅部滑坡体的稳定性最差(除 Spencer 法外,其他方法计算得到的稳定系数

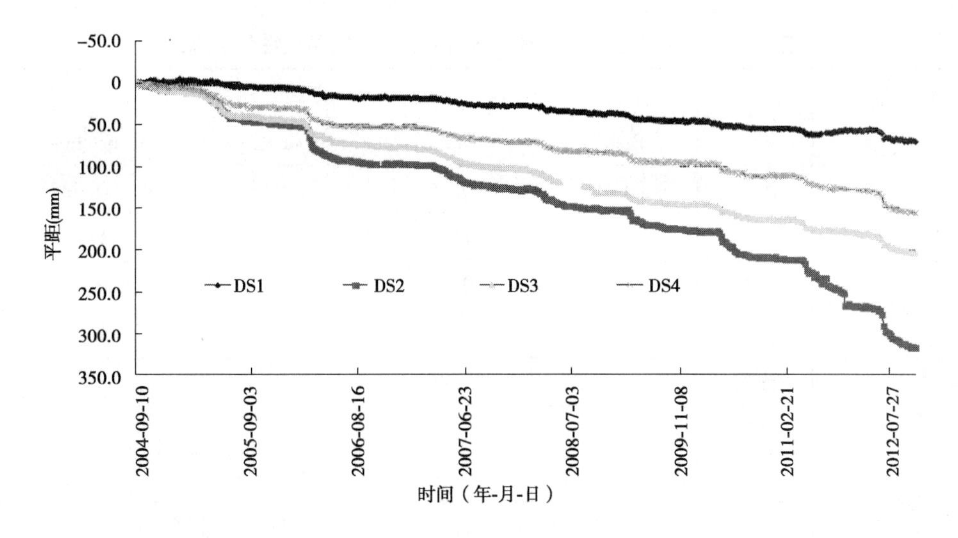

图 10.5.1 大柿树监测点平距变化过程线

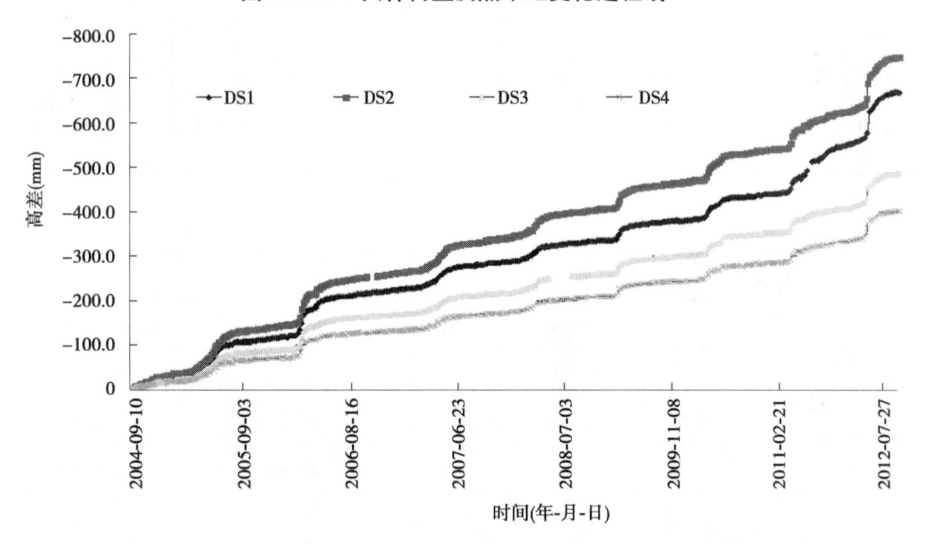

图 10.5.2 大柿树监测点高差变化过程线

均不超过 1.0)，而后随着蓄水位的增加其稳定性均略有升高；深部滑动面滑坡体稳定性较好(所采用的 4 种极限平衡法计算得到的稳定系数均超过 1.4)。从总体趋势上讲，随着蓄水位的上升其深部滑体稳定性呈现增加的趋势，但在蓄水位达到 260 m 后有所降低，到 264 m 之后又随着蓄水位上升而呈现一定的增加趋势。

小浪底水库每年都要进行调水调沙实践，造成库水位在短时间内形成骤降工况。因此，在研究过程中为了分析库水位的骤降对大柿树滑坡体稳定性的影响，分别对蓄水位在 265 m 及 275 m 高程下骤降 5 m、10 m 工况时的稳定性特征进行了分析，见表 10.5.2。库水位骤降对浅部滑体的稳定性影响较大，使其可能出现局部的滑塌现象；而滑坡体沿深层滑动面的稳定性虽然有所降低，但总体稳定性相对较好。

表 10.5.1　不同蓄水高程时大柿树滑坡体二维稳定性分析成果

蓄水位(m)	滑面	分析方法			
		Bishop	Janbu	Spencer	Morgenstem – Price
275	浅部	1.0	0.96	1.02	0.99
	深层	1.61	1.55	1.60	1.58
270	浅部	1.0	0.95	1.01	0.98
	深层	1.59	1.53	1.58	1.56
264	浅部	1.0	0.95	1.01	0.98
	深层	1.58	1.52	1.56	1.54
260	浅部	1.0	0.96	1.02	0.99
	深层	1.56	1.51	1.56	1.54
255	浅部	1.0	0.96	1.02	0.99
	深层	1.58	1.52	1.57	1.55
230	浅部	1.06	1.02	1.04	1.06
	深层	1.54	1.48	1.53	1.51

表 10.5.2　库水位骤降工况下大柿树滑坡体二维稳定性分析成果

蓄水位(m)	骤降幅度(m)	滑面	分析方法			
			Bishop	Janbu	Spencer	Morgenstem – Price
275	5	浅部	0.96	0.92	0.98	0.95
		深层	1.56	1.50	1.56	1.52
	10	浅部	0.93	0.89	0.95	0.92
		深层	1.51	1.45	1.50	1.48
265	5	浅部	0.97	0.93	0.99	0.96
		深层	1.53	1.47	1.52	1.50
	10	浅部	0.94	0.90	0.96	0.94
		深层	1.49	1.44	1.48	1.46

为了分析在高蓄水位下大柿树滑坡体在地震荷载作用下的稳定性特征，考虑小浪底工程区地震基本烈度为Ⅶ度，地震动峰值加速度为0.10～0.15g，地震动反应谱特征周期为0.40 s，采用极限平衡法对其稳定性进行了分析。进行滑坡稳定性验算时，考虑地震荷载作用情况下的地震水平加速度可取0.10～0.15g。此外，根据有关规范，垂直方向地震加速度取水平方向地震加速度的2/3。地震动峰值加速度为0.10g和0.15g时，高蓄水位及地震荷载作用下大柿树滑坡体二维稳定分析成果见表10.5.3和表10.5.4，可以看

出,在极端不利工况下,大柿树滑坡体的稳定性较差。

表 10.5.3　地震作用下二维稳定性分析工况(水平地震加速度 0.10g)

水位(m)	地震加速度方向		滑面	稳定系数		
	水平	垂直		Bishop	Janbu	Morgenstem - Price
275	指向坡外	0	浅部	0.16	0.13	0.16
			深层	0.18	0.16	0.17
		竖直向下	浅部	0.29	0.26	0.29
			深层	0.34	0.31	0.32
265	指向坡外	0	浅部	0.17	0.14	0.14
			深层	0.18	0.17	0.17
		竖直向下	浅部	0.30	0.27	0.29
			深层	0.34	0.32	0.33

表 10.5.4　地震作用下二维稳定性分析工况(水平地震加速度 0.15g)

水位(m)	地震加速度方向		滑面	稳定系数		
	水平	垂直		Bishop	Janbu	Morgenstem - Price
275	指向坡外	0	浅部	0.09	0.07	0.09
			深层	0.11	0.10	0.20
		竖直向下	浅部	0.24	0.22	0.24
			深层	0.28	0.26	0.27
265	指向坡外	0	浅部	0.10	0.08	0.09
			深层	0.11	0.10	0.20
		竖直向下	浅部	0.26	0.22	0.25
			深层	0.28	0.26	0.27

(二)大柿树滑坡体三维数值计算分析

根据已有的大柿树滑坡体勘探成果,利用复杂地质体三维可视化建模方法,同时根据滑坡体三维稳定分析的需求,建立大柿树滑坡体三维地质力学结构模型(考虑目前泥沙淤积高程为 190 m)。根据现场勘察及野外调研分析,大柿树滑坡体的深层稳定性主要受深部潜在滑面的控制,因此所建立的地质结构模型包括五部分:上部滑动体、浅部滑面(主滑面)、下部滑动体、深部滑面(潜在滑面)及滑床。

1. 数值计算模型

对上述建立的大柿树滑坡体三维地质力学结构模型进行三维网格划分,以用于后续数值计算,计算分析所采用的模型水平边界采用水平侧向约束,模型底部边界采用垂直方向约束。考虑到滑坡体已经基本为松散岩体,可以忽略构造应力影响,故在计算过程中仅考虑自重应力产生的初始应力条件。计算采用的材料本构模型为摩尔－库仑本构模型。根据钻探成果资料，构成大柿树滑坡体主滑面的物质主要为碎屑夹泥，同时根据本次试验并参考坝址区有关资料及工程类比。

1）蓄水前大柿树滑坡体稳定性分析

为了分析大柿树滑坡体在小浪底水库蓄水前的稳定性特征，在研究过程中根据现有滑坡体地质结构特征，采用三维强度折减法对蓄水前的稳定性特征进行了分析。大柿树滑坡体在蓄水前沿着浅部滑动面的稳定性较差，稳定系数为1.03；沿着深层滑动面的稳定性好，稳定系数为2.15。

2）三维应力场状态（蓄水位263 m）

大柿树滑坡体应力分布符合一般斜坡的应力分布特征，但是在主滑动面部位出现一定程度的应力集中现象。这表明，主滑动面与周围岩土体力学性质的差异，导致了斜坡在演变过程内部应力的调整和分异，并出现局部应力集中现象。

3）三维稳定分析及失稳模式（蓄水位263.34 m）

为了分析大柿树滑坡体在当前蓄水位（263.34 m）时的三维稳定性特征，在研究过程中采用强度折减法进行了分析。根据计算不收敛判断准则，当折减系数达到1.005时计算不收敛，计算结果显示，此时浅部滑动面首先完全贯通，即大柿树滑坡体在蓄水位为263.34 m时浅部滑体的稳定系数为1.005。位于滑坡体上游的变形趋势较下游大，这与现场观察到的在滑坡体上游顶部有裂缝产生较为吻合。由计算得到的滑坡体潜在滑动面可以看出，此时大柿树滑坡体浅部滑动面基本全部达到塑性状态，而且完全贯通。从破坏方式上来讲，其属于沿着浅部滑动面的整体失稳破坏。此外，根据现场勘察成果资料，大柿树滑坡体上部分布有一层黄土，在一定条件下会出现局部崩塌现象，但是总体上不会成为控制滑体整体失稳的主要因素。

4）深部滑动面三维稳定分析（蓄水位263 m）

为了得到大柿树滑坡体沿着深部滑动面的稳定性特征，在计算过程中将浅部滑动面材料参数提高到跟滑体的强度一样，然后进行强度折减，计算其稳定性。同时，为了分析水库淤积对大柿树滑坡体沿着深层滑动的影响，在计算过程中采用三维强度折减法分别对考虑淤积（淤积高程为190 m）及不考虑淤积两种工况进行了稳定性分析。计算成果表明：

（1）在不考虑水库淤积情况下，根据计算不收敛判断准则，当折减系数达到1.12时计算不收敛，即大柿树滑坡体在蓄水位263 m时，若不考虑水库淤积，其沿着深部滑动面的稳定系数为1.12。

（2）当考虑水库淤积为190 m时，根据计算不收敛判断准则，当折减系数达到1.62时计算不收敛，即大柿树滑坡体在蓄水位263 m时沿着深部滑动面的稳定系数为1.62。

从上述分析可以看出，由于大柿树滑坡体深层滑动面前缘大部分被小浪底水库淤积的泥沙覆盖，从而对滑坡体起到了压脚作用，这使得其稳定性有所提高。

2. 库水位变动过程对大柿树滑坡体稳定性的影响

大柿树滑坡体位于近坝库区，库水位变动一方面影响到坡体内部的水文地质条件，另一方面也将直接影响到滑坡岩土体的力学特性。为系统研究大柿树滑坡体在库水位变动过程中的稳定性特征及发展趋势，在研究过程中分别对库水位上升及库水位骤降条件下滑坡体的稳定性特征进行了分析。

1）库水位上升过程中大柿树滑坡体稳定性分析

为了分析大柿树滑坡体在库水位上升过程中的稳定性特征，分别对蓄水位从 264 m 上升至 270 m 及 275 m（设计蓄水位）高程时的稳定性特征进行了分析，在分析过程中考虑水位上升速率为每天 0.5 m。

为分析滑坡体稳定性随蓄水位的变化趋势，在研究过程中采用强度折减法对滑坡体在不同蓄水位情况下的滑坡浅部及深部滑动面（考虑和不考虑泥沙淤积）的稳定性特征进行了分析。

分析表明，当库水位在 270 m 高程时浅部滑动面稳定系数为 1.007，当库水位在 275 m 高程时浅部滑动面稳定系数为 1.01。

不考虑泥沙淤积情况下，当库水位在 270 m 高程时深层滑动面稳定系数为 1.13，当库水位在 275 m 高程时稳定系数为 1.14；考虑泥沙淤积情况（淤积高程为 190 m）下，当库水位在 270 m 高程时深层滑动面稳定系数为 1.63，当库水位在 275 m 高程时深层滑动面稳定系数为 1.65。

研究表明，当蓄水位超过 263.4 m 高程后，随着库水位的升高，一方面改变了滑坡体内部的水文地质环境及岩土体的强度特征，另一方面也改变了滑坡体的外荷载（库水压力）作用条件。前者在一定程度上会降低滑坡体的稳定性，而后者则相反，在一定程度上会提高其稳定性。因此，库水位上升过程中滑坡体的稳定性变化其实就是上述两者相互博弈的过程。从对大柿树滑坡体的稳定性分析来看，由于目前水位（263.4 m）位于滑坡体的中浅部（大部分滑坡体已被水淹没），在后期蓄水过程中滑坡体的整体稳定性稍有提高。

2）库水位骤降过程中大柿树滑坡体稳定性分析

为了分析大柿树滑坡体在库水位骤降过程中对滑坡体稳定性的影响，分别对蓄水位从当前高程 264 m 骤降 10 m 及蓄水位从 275 m（设计蓄水位）骤降 10 m 时的稳定性特征进行了分析。

由蓄水位从 264 m 骤降 10 m 及蓄水位从 275 m 骤降 10 m 时计算得到的滑坡体孔隙水压力及变形云图可以看出，在库水位骤降过程中，滑坡体变形呈现一定的增大趋势，且在高水位情况下变形较低水位下要大。

采用强度折减法对上述工况下大柿树滑坡体沿着浅部和深部滑动面（考虑和不考虑泥沙淤积两种工况）的稳定性进行分析，蓄水位从 264 m 骤降 10 m 及蓄水位从 275 m 骤降 10 m 时的强度折减系数（稳定系数）：浅部滑动面分别为 0.99 和 0.97；不考虑水库泥沙淤积情况下，深部滑动面分别为 1.11 和 1.10；考虑水库泥沙淤积情况下（淤积高程 190 m），深部滑动面分别为 1.60 和 1.59。

通过与正常蓄水位情况下稳定性特征对比分析发现，在库水位骤降工况下，由于滑坡体内部水位不能随着库水位同步下降，从而存在着一定的动水压力，其结果使得滑坡体的稳定性有所降低，且在高水位下骤降要较低水位下骤降的稳定系数降低更大。总体来看，浅部滑坡体在库水位骤降工况下稳定性较差，而滑坡体沿着深部滑动面的稳定性较好。

由强度折减得到的潜在滑动面形态，从破坏机制上来讲，也呈现沿着浅部滑动面的整体破坏特点。

3. 高库水位及地震耦合作用下大柿树滑坡体稳定性分析

进行滑坡体稳定性验算时，考虑地震荷载作用情况下的地震水平加速度可取0.10g。此外，根据有关规范，垂直方向地震加速度取水平方向地震加速度的2/3。为了综合考虑地震加速度方向对滑坡体稳定性的影响，计算中分别选取表10.5.5和表10.5.6所示的4种组合工况，选择不同工况下所求得的最小稳定系数作为地震作用下滑坡体的稳定系数。在滑坡体稳定分析方法上，采用基于拟静力法的强度折减分析方法。

表10.5.5 地震作用下大柿树滑坡体沿浅部滑动面的稳定性分析成果

工况	水位(m)	地震加速度方向		稳定系数
		水平地震加速度	垂直地震加速度	
275_O_U	275	指向坡外	竖直向上	0.35
275_O_D		指向坡外	竖直向下	0.32
275_I_U		指向坡内	竖直向上	0.52
275_I_D		指向坡内	竖直向下	0.49
265_O_U	265	指向坡外	竖直向上	0.38
265_O_D		指向坡外	竖直向下	0.34
265_I_U		指向坡内	竖直向上	0.59
265_I_D		指向坡内	竖直向下	0.53

表10.5.6 地震作用下大柿树滑坡体沿深部滑动面的稳定性分析成果

工况	水位(m)	地震加速度方向		稳定系数	
		水平地震加速度	垂直地震加速度	考虑淤积	不考虑淤积
275_O_U	275	指向坡外	竖直向上	0.51	0.54
275_O_D		指向坡外	竖直向下	0.50	0.53
275_I_U		指向坡内	竖直向上	1.05	1.0
275_I_D		指向坡内	竖直向下	1.02	0.96
265_O_U	265	指向坡外	竖直向上	0.59	0.53
265_O_D		指向坡外	竖直向下	0.55	0.51
265_I_U		指向坡内	竖直向上	1.10	0.96
265_I_D		指向坡内	竖直向下	1.08	0.93

由不同蓄水位时大柿树滑坡体在地震作用下的稳定性分析成果可以看出，在Ⅶ度地震下大柿树滑坡体的整体稳定性较差。其中，沿着浅部滑动面，库水位在275 m时稳定系数为0.32，库水位在265 m时稳定系数为0.34。不考虑水库淤积时，沿着深部滑动面的

稳定系数,库水位在275 m时为0.53,库水位在265 m时为0.51;考虑水库淤积时,沿着深部滑动面,库水位在275 m时稳定系数为0.50,库水位在265 m时稳定系数为0.55。

五、大柿树滑坡体浅部滑体失稳涌浪分析

根据前述计算分析,大柿树滑坡体的整体稳定性较好,发生整体失稳的概率很小,而滑坡体浅部滑体稳定性较差。为此,本部分将重点分析大柿树滑坡体因浅部滑体失稳而产生的涌浪灾害。

根据CEL算法,为了分析大柿树滑坡体在蓄水位分别为230 m、260 m和275 m时浅部滑体失稳产生的涌浪对大坝的影响,根据大柿树滑坡体的主剖面,对其下滑、入水产生涌浪的整个过程进行了计算分析。计算选取的大柿树滑坡体整体失稳滑动面为浅部滑动面,为了模拟大柿树滑坡体极限工况下浅部滑体失稳可能产生的最大涌浪灾害,计算过程中选取各个块体及块体与浅部滑体失稳滑动面的摩擦角为10°。

(一)蓄水位为230 m时浅部滑体涌浪分析

蓄水位为230 m时计算得到的浅部滑体失稳产生的涌浪最大高度随时间的发展情况见图10.5.3。可以看出,当滑坡体运动到50 s左右时,产生的涌浪最大高度为16 m左右。从滑坡体及涌浪演化过程可以看出,在约50 s由于滑坡体运动基本稳定,之后涌浪高度也基本呈现稳定状态,约为16 m。随后在105 s时涌浪达到对岸,形成爬坡,并约在110 s时爬坡高度最大,约36 m,随后逐渐减小。

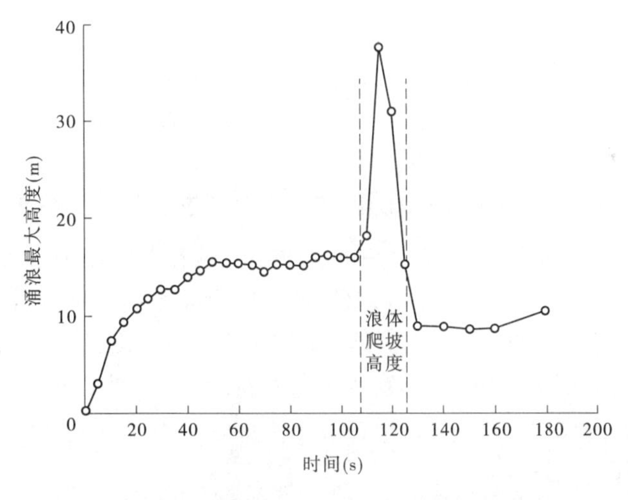

图10.5.3　浅部滑体涌浪最大高度随时间变化(蓄水位230 m)

从上述二维计算分析来看,若发生浅部失稳,在蓄水位为230 m时浅部滑体发生失稳,其产生的最大涌浪高度为16 m左右,浪体在对岸形成的爬坡高度为36 m左右。同时根据上述相同条件下滑坡涌浪二维、三维分析,三维涌浪高度约是二维计算成果的0.6倍。因此,总体来看,大柿树滑坡体若发生浅部失稳,极端不利工况在滑坡体附近可能产生的最大涌浪高度为9.6 m左右(高程在239.6 m左右),在对岸形成的爬坡高度约为21.6 m(高程在251.6 m左右)。

以往的研究表明,在涌浪形成后,迅速向上、下游传递并不断衰减,在4 km范围内,能

量损失最大,可以衰减到20%,涌浪高度很快减小,其后缓慢衰减。由于大柿树滑坡体距离大坝约7 km,而且下游存在多条支流,从而使得在涌浪向下传递过程中除主河道会消耗一部分水体的能量外,这些支流会大大降低水体的能量。据此,230 m库水位时大柿树滑坡体若发生浅部失稳,极端不利工况所产生的涌浪达到坝体时浪高约为2.0 m(高程在232 m左右)。

(二)蓄水位为260 m时浅部滑体涌浪分析

蓄水位为260 m时计算得到的浅部滑体失稳产生的涌浪最大高度随时间的发展情况见图10.5.4。可以看出,当滑坡体运动到10 s左右时产生的涌浪最大高度为9 m左右。从滑坡体及涌浪演化过程可以看出,在约20 s时,由于滑坡体运动基本稳定,之后涌浪高度也基本呈现稳定状态,约为9 m。随后在105 s时涌浪达到对岸,形成爬坡,并约在110 s时爬坡高度最大,约17 m,随后逐渐减小。

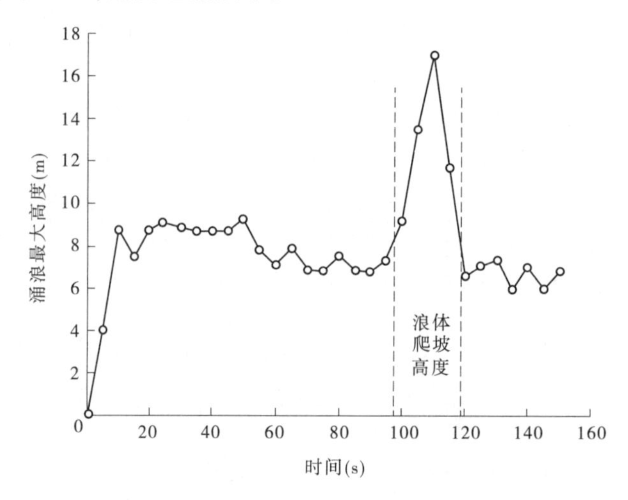

图10.5.4　浅部滑体涌浪最大高度随时间变化(蓄水位260 m)

从上述二维计算分析来看,若发生浅部失稳,在蓄水位为260 m时浅部滑体发生失稳,其产生的最大涌浪高度为9 m左右,浪体在对岸形成的爬坡高度为17 m左右。同时根据上述相同条件下滑坡涌浪二维、三维分析,三维涌浪高度约是二维计算成果的0.6倍。因此,总体来看,大柿树滑坡体若发生浅部失稳,极端不利工况在滑坡体附近可能产生的最大涌浪高度为5.4 m左右(高程在265.4 m左右),在对岸形成的爬坡高度约为10.2 m(高程在270 m左右)。

上述研究表明,当蓄水位为260 m时,若大柿树滑坡体发生浅部失稳,所产生涌浪达到坝体时的浪高约为1.1 m(0.2×5.4 m),涌浪高程在261.1 m左右。

(三)蓄水位为275 m时浅部滑体涌浪分析

蓄水位在275 m时计算得到的浅部滑体失稳产生的涌浪最大高度随时间的发展情况见图10.5.5。当滑坡体运动到30 s时产生的最大涌浪高度为12 m左右,从滑坡体及涌浪演化过程可以看出,在约30 s由于滑坡体完全浸入水中,使得水出现“回水”现象,以补充原来由滑坡体占据的空间,从而使得涌浪呈现平缓发展趋势,涌浪高度基本呈现稳定状态,约为12 m。随后在55 s左右时涌浪达到对岸,形成爬坡,并约在100 s时爬坡高度最大,约 25 m,随后逐渐减小。

从上述二维计算分析来看,若蓄水位在 275 m 时浅部滑体发生失稳,极端不利情况下在滑坡体附近产生的最大涌浪高度为 12 m 左右,浪体在对岸形成的爬坡高度为 25 m 左右。同时,根据上述相同条件下滑坡涌浪二维、三维分析,三维涌浪高度约是二维计算成果的 0.6 倍。因此,总体来看,大柿树滑坡体若发生浅部失稳,极端不利工况在滑坡体附近可能产生的最大涌浪高度为 7 m 左右,在对岸形成的爬坡高度约为 15 m。

上述研究表明,当蓄水位为 275 m 时,若大柿树滑坡体发生浅部失稳,所产生涌浪达到坝体时约为 1.4 m(0.2 ×7 m),涌浪高程在 276.4 m 左右。

从总体上来判断,大柿树滑坡体产生的涌浪对大坝安全影响不大。

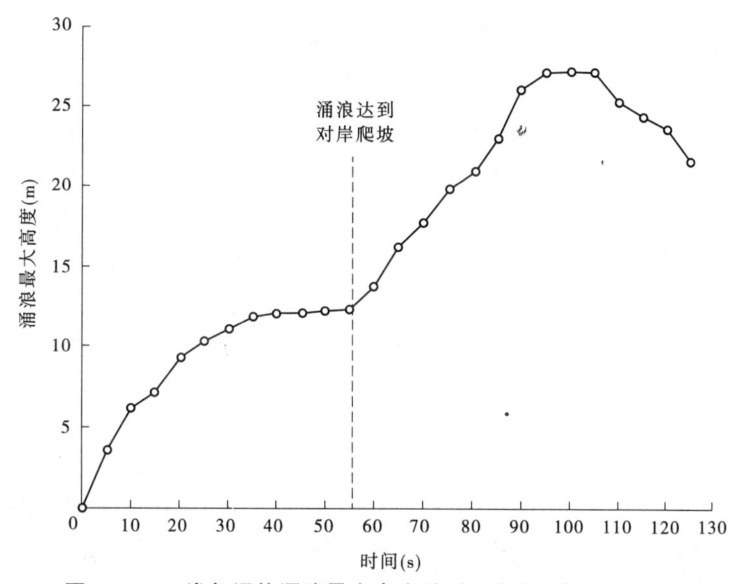

图 10.5.5　浅部滑体涌浪最大高度随时间变化(蓄水位 275 m)

六、小结

大柿树滑坡体位于小浪底大坝上游 7 km 处的库区右岸基岩斜坡区,是以牵引式变形破坏为主的大型基岩滑坡。滑坡体东西顺河方向长约 1 300 m,南北宽约 560 m,其前部和中部为发生在中更新世末晚更新世初的水泉头古滑坡,后部为 2000 年 9 月水库蓄水初期形成的新滑移部分。现状条件下其浅部变形失稳部分总体积约 450 万 m^3。考虑到浅部滑体外局部岩体也存在发生滑动的可能性,为工程安全考虑,在研究中选择深部 P_2^2 底部层面作为深部潜在滑动面,并对岸坡沿深部潜在滑动面产生变形破坏的可能性进行分析评价。

大柿树变形体位于大坝上游约 6 km 的库区右岸,该变形体方量较小。2004 年 9 月开始监测,大柿树裂缝缝宽及裂缝两侧高差均呈缓慢递增变化,裂缝两侧平距累计位移变化 70.3 ~314.9 mm,高差累计变化 399.8 ~743.2 mm,现场巡查未见其他明显地表位移变化。

为工程安全考虑,除对大柿树滑坡体现有主滑带(浅部滑带)各种工况下的稳定性特征进行全面的分析研究外，还对深部 P_2^2 与 P_1^2 岩组交界面作为潜在滑动带(深部滑带)的稳定性特征作了相应分析。在淤积高程 190 m 的现状条件下，采用二维极限平衡法对库水位变动工况下大柿树滑坡体的稳定性特征进行了系统分析。在库水位上升过程中，对于浅部滑动面，随着蓄水位的升高浅部滑体的稳定性呈现降低的趋势，在蓄水位为 264 ~ 270 m 时浅部滑坡体的稳定性最小(除 Spencer 法外，其他方法计算得到的稳定系数均不超过 1.0)，而后随着蓄水位的增加其稳定性均略有升高；深部滑动面滑坡体稳定性较好(所采用的 4 种极限平衡法计算得到的稳定系数均超过 1.4)。库水位骤降对浅部滑体的稳定性影响较大，使其可能出现局部的滑塌现象。同时，采用三维强度折减法对大柿树滑坡体在蓄水前的稳定性特征进行了分析，结果表明：大柿树滑坡体在蓄水前沿着浅部滑动面的稳定性较差，稳定系数为 1.03；沿着深部滑动面的稳定性较好，稳定系数为 2.15。这说明大柿树滑坡浅部滑体建库前处于极限平衡状态，这与库水位升至其前部开始失稳变形，随库水位升高至 265 m 时变形较大是一致的。

在研究过程中，建立了大柿树滑坡体的三维地质力学模型，对其蓄水淹没及泥沙淤积情况进行了三维可视化分析，并在此基础上对其稳定性特征进行了系统的分析。采用有限差分法对大柿树滑坡体在当前蓄水位高程(263 m)下的三维应力状态、稳定性特征及失稳模式进行了分析，分析表明：在当前蓄水工况下，大柿树滑坡体沿着浅部滑动面的稳定性处于临界状态(稳定系数为 1.005)，而沿着深部滑动面的稳定性相对较好(不考虑水库淤积时稳定系数为 1.12，考虑水库淤积时稳定系数为 1.62)。从整体上来看，目前大柿树滑坡体的潜在失稳模式是沿着浅部滑动的整体下滑失稳机制。

针对库水位变动对大柿树滑坡体三维稳定性的影响，采用强度折减法进行了系统分析，并对现状条件下的淤积情况(淤积高程 190 m，在浅部滑带剪出口之下)也作了必要考虑。研究表明，库水位上升对大柿树滑坡体三维稳定性的影响为：在库水位从目前高程 264 m 上升到设计蓄水位 275 m 过程中，滑坡体无论是沿着浅部滑动面还是深部滑动面其稳定性都稍微有所提高。对于浅部滑动面，库水位上升到 270 m 时稳定系数为1.007，库水位上升到 275 m 时稳定系数为 1.01。对于深部滑动面，不考虑泥沙淤积情况下，当库水位上升到 270 m 时稳定系数为 1.13，库水位上升到 275 m 时稳定系数为 1.14；考虑泥沙淤积情况(淤积高程为 190 m)下，当库水位上升到 270 m 时稳定系数为 1.63，当库水位上升到 275 m 时稳定系数为 1.65。

针对库水位骤降对大柿树滑坡体三维稳定性的影响，对库水位从 264 m 及 275 m 分别骤降 10 m 时的滑坡体整体稳定性分析表明，浅部滑体在库水位骤降工况下稳定性较差，容易下滑失稳(浅部滑动面稳定系数分别为 0.99 和 0.97)，而深部滑体的稳定性相对较好(不考虑水库淤积情况下，深部滑动面稳定系数分别为 1.11 和 1.10；考虑水库泥沙淤积情况下，深部滑动面稳定系数分别为 1.60 和 1.59)。而且从趋势上来看，在高水位下的骤降要较低水位下骤降的稳定系数降低更大。

采用二维极限平衡法对大柿树滑坡体在高蓄水位及地震荷载耦合作用下的稳定性分析表明，在Ⅶ度地震下，大柿树滑坡体的整体稳定性较差：沿着浅部滑动面，库水位在 275 m 时稳定系数为 0.32，库水位在 265 m 时稳定系数为 0.34；考虑水库淤积时，沿着深部滑动面，库水位在 275 m 时稳定系数为 0.50，库水位在 265 m 时稳定系数为 0.55。

对大柿树滑坡体在蓄水位为264 m时,采用二维极限平衡进行了稳定性和可靠度分析,结果表明,浅部滑体稳定性相对较差(稳定系数均值0.92,标准差0.112,变异系数为0.122,破坏概率达到了71.4%);滑坡体沿着深部滑动面的稳定性较好(稳定系数均值1.44,标准差0.183,变异系数为0.12,破坏概率仅为0.01%)。

从总体上来看,当考虑水库泥沙淤积后计算得到的大柿树滑坡体沿深层滑动面的稳定性有所提高,表明由于水库的淤积滑坡体前缘一部分被覆盖在淤积泥沙下,从而起到压脚作用,提高了滑坡体的稳定性。此外,大柿树滑坡体浅部滑体的稳定性相对较差,在不利工况下容易发生下滑失稳。由于滑坡体表部存在有一黄土层,在库水位变动及降水情况下可能由于浸水湿陷等,出现局部的崩塌、破坏;而滑坡体沿着深部滑动面的稳定性较好。

对大柿树滑坡体浅部滑体在蓄水位分别为230 m、260 m及275 m时失稳产生的涌浪灾害效应进行了分析,结果表明:当蓄水位为230 m时,若浅部滑体发生失稳,其在滑坡体附近可能产生的最大涌浪高度为9.6 m左右(高程在239.6 m左右),在对岸形成的爬坡高度约为21.6 m(高程在251.6 m左右),达到坝体所产生的涌浪高度在2.0 m左右(高程在232 m左右);当蓄水位为260 m时,若浅部滑体发生失稳,其在滑坡体附近可能产生的最大涌浪高度为5.4 m左右(高程在265.4 m左右),在对岸形成的爬坡高度约为10.2 m(高程在270 m左右),达到坝体所产生的涌浪高度在1.1 m左右(高程在261.1 m左右);当蓄水位在275 m高程时,在滑坡体附近产生的最大涌浪高度为7 m左右(高程在282 m左右),在对岸形成的爬坡高度为15 m左右(高程在290 m左右),达到坝体可能最大涌浪高度约为1.4 m(高程在276.4 m左右)。从总体上判断,大柿树滑坡体产生的涌浪对大坝安全影响不大。

考虑到大柿树滑坡体浅部滑体的稳定性相对较差,在不利工况下容易发生下滑失稳,且失稳会产生一定的涌浪灾害,因此在现状条件下应加强大柿树滑坡的监测工作,尤其是在库水位骤降、强降水时的变形监测,并做好滑坡的预警预报工作。

建议采取必要的处理措施,如地表裂缝的及时回填,滑坡体的防护或清除等措施,及早消除滑坡隐患。

第十一章　结　论

小浪底水利枢纽1999年10月25日下闸蓄水开始初期运用，截至2012年底，库水位在250 m以上运行1 461 d，260 m水位以上运行529 d，270 m水位以上运行11 d，最高运行水位达到270.10 m，较设计正常蓄水位低4.90 m。小浪底水利枢纽初期运用10余年以来，拦河主坝及泄水、引水发电等主要建筑物已经受较长时间和270 m水位运行的考验，主要建筑物运行正常。

一、主坝及两岸山体

小浪底坝址区的工程地质条件十分复杂。河床覆盖层为不均一的多层结构，河床坝基右岸的F_1断层是规模较大的顺河向断层，其破碎带和影响带较宽，有强透水性。右岸心墙建基面为较完整的相对不透水岩体，其下卧的P_2^2砂岩层为强透水层，在上游水库内有露头，是右岸的主要渗透通道，随着库内泥沙淤积的发展，主要渗透层的入渗口将会逐渐减小，并最终封堵，渗漏量也会随之减小，右岸坝基渗漏问题对大坝安全运用没有影响。左岸坝基及坝肩基岩为以细砂岩为主的岩组，岩层缓倾下游偏左岸，泥化夹层发育，并有顺河向断层分布，影响大坝稳定。左岸山体为强透水层，加上顺河断层的导水作用，水库蓄水后渗漏量较大，经多次补强灌浆后有明显减小，渗透比降远小于软弱夹层和断层破碎带的允许比降。因此，要考虑泥化夹层的长期稳定性问题。

根据小浪底坝址区的地形地质条件、土石料资源情况及施工总进度安排，选定建基于河床深覆盖层上的带内铺盖的壤土斜心墙堆石坝型，以混凝土防渗墙对河床砂砾石层进行防渗处理，基岩进行了帷幕灌浆，并以内铺盖将围堰与大坝的防渗系统连接起来，为利用黄河泥沙淤积物作为辅助防渗创造条件。将左岸单薄山体视为大坝的延伸部分，进行防渗、排水、压戗等处理。横穿坝基的F_1大断层采用混凝土板与心墙隔离、加强固结与帷幕灌浆、心墙下游侧在整个F_1断层范围内设反滤保护等措施。大坝及坝基还设置了渗压计、沉降计、测斜管、土压力计等观测仪器及大量外部观测位移标点，进行有效的安全监测。

监测结果表明，由于坝前泥沙淤积形态的影响，2006年以来，泥沙淤积水平铺盖的防渗效果逐渐显现。左岸山体到坝前封闭区以及左岸山体强渗流通道的渗流量减小，在坝基渗水量水堰测值中所占比重也相应有所降低。F_1断层内渗流比降小于设计容许值，覆盖层内渗透比降也很小。库水位为270.10 m时，P116、P117相应的孔隙压力系数平均值为0.59；预测库水位达到275.00 m时，孔隙压力系数平均值为0.62。主坝整体应力和变形分布符合一般土石坝的分布规律，主坝垂直位移等值线图封闭性、规律性较强，符合土石坝一般变形规律，最大沉降分布在斜心墙上游侧1/2～2/3坝高处。主坝260 m高程以下垂直位移已经基本稳定，小浪底水库270 m水位运行期间，垂直位移变化不明显。主坝顺水流方向水平位移时效速率随时间呈逐渐减小趋势，随库水位升高，仍有增大趋势。主坝顺坝轴线方向位移未见明显增大趋势性变化。坝顶表层纵向裂缝是坝顶上下游侧位移不同步造成的,蓄水加载过程影响坝顶表层纵向裂缝的发展。随着大坝运行,心墙内孔压消散及堆石流变,坝体内部应力有所增大,且在心墙下游侧底部附近增加较明显。实际坝顶裂缝发生在下游侧,未出现在心墙防渗体上,裂缝最深处高于正常蓄水位,说明坝顶纵缝对大坝整体应力和变形影响不大,不会影响大坝结构整体稳定。

在270 m水位条件下,两岸山体渗流渗压没有明显改变与建筑物相关的地质条件,不会影响大坝及主要水工建筑物的安全。随着库水位的升高,左岸山体不仅入渗水的水头加大,而且库水所淹没的透水地层的范围以及 F_{28} 断层的入渗长度也会增大。在库水位270.10 m时,总渗流量约为6 100 m^3/d。预测在库水位275.00 m时的总渗流量为7 100 m^3/d,比设计估计减少1 400 m^3/d。库水位270.10 m时,右岸1号排水洞总渗流量实测值为4 600 m^3/d 左右。预测正常蓄水位时,渗流量约为4 900 m^3/d,比设计估计减少2 600 m^3/d。左岸山体帷幕前渗压计测值与库水位有很好的相关关系,帷幕后排水洞上游侧渗压水位变幅很小,山体地下水位较库水位明显下降,防渗帷幕及排水帷幕效果较好。

大坝经过近8年蓄水运行,曾经受过2003年秋汛期间库水位猛涨40余米,以及多次调水调沙期间水位骤降30 m的考验,大坝运行基本正常。监测结果表明,大坝变形增幅趋缓,但尚未稳定。心墙内孔隙水压力测值表明,坝体稳定渗流场尚未形成。施工期孔隙水压力尚未完全消散,心墙内有效应力均为正值,不具备发生水力劈裂的应力条件。

小浪底大坝目前尚未达到正常蓄水位,每年都有调水调沙期间水位大幅骤降的工况,主坝变形及坝顶纵向表层裂缝变化尚未完全稳定,因此仍应高度重视大坝安全监测问题,切实加强日常巡检及监测,及时整理分析资料,一旦发现异常情况,及时研究和采取应急措施,确保大坝安全。

二、进水口边坡及进水塔群

进水口引水渠及西侧边坡基岩为 $T_1^1 \sim T_1^3$ 地层,其岩性主要为钙质或泥钙质粉、细砂岩,分布有 F_{28}、F_{28-1}、F_{236}、F_{238}、F_{240} 等多条断层。岩体强度可满足导墙的建基要求,断层破碎带影响导墙基础及两侧边坡的稳定性,均已采取工程措施进行了处理。进水塔基础避开了 F_{28} 断层,地基为 T_1^{3-1}、T_1^{3-2} 岩组。其岩性主要为钙硅质细砂岩和钙泥质粉细砂岩,岩体较新鲜完整,力学强度较高。其承载力可满足设计要求。

进水口基础开挖在地质条件比较复杂、局部岩体发生塌方和塌滑的情况下,在高程250 m以上采用系统砂浆锚杆、预应力锚索、混凝土板和挂网喷混凝土等综合支护加固措施,经分析,进水塔底板基础应力小于基岩承载力。

自1999年水库蓄水以来,从进水口高边坡变形监测资料和边坡锚索应力性态来看,进水口边坡岩体是稳定的。进水塔的监测分析成果表明,钢筋应力测值主要受温度影响,时效变化已趋于稳定;应变计时效分量变幅小,发展基本趋于稳定;进水塔沉降位移值与温度密切相关,各测点的位移过程线变化趋势一致,库水位变化和高水位运行对进水塔的沉降没有明显影响。从现有的结构应力和沉陷观测资料来看,进水塔尚无明显的差异性位移,目前塔体稳定,结构工作性状正常。

三、出水口边坡及消力塘

出水口边坡基本上都是顺向坡，其岩性和水文地质条件均低于进水口边坡，结构面分布比较密集，对岩体的切割较严重。边坡存在顺岩层或结构面滑动的可能。部分区域由于岩石比较破碎，亦存在沿圆弧滑裂面失稳的可能。

消力塘部位基岩为 T_1^6 和 T_1^{5-2}、T_1^{5-3} 岩组，分布有 F_{236}（F_{238}）等断层和泥化夹层。由于存在 F_{236}（F_{238}）断层对上游侧边坡及左侧边坡稳定性及 2 号隔墙稳定性的影响，泥化夹层对 1 号隔墙上游端岩体稳定性的影响和 T_1^6 岩组的泥质粉砂岩强度低、抗风化及抗冲刷能力低等地质问题，施工中均采取了相应的工程措施进行处理。

出水口高边坡和消力塘经历了初期运行的检验，运行情况总体良好，在目前运行水位和泄洪规模下满足消能要求。出水口边坡预应力锚索对出水口边坡稳定加固起了重要的作用，锚索自身是安全的，多数锚索测力计的测值过程线已经稳定，表明出水口边坡稳定。消力塘的基础渗压观测值稳定，排水孔水量很小，说明止水效果好。消力塘目前运行稳定，工作性状正常。

四、地下厂房

地下厂房区洞室围岩由 T_1^4、T_1^{3-2} 岩组组成，多为厚层、巨厚层坚硬和较坚硬岩石，岩体新鲜完整，多属Ⅱ类围岩，质量较好。顶拱部位 T_1^4 地层中软弱泥化夹层较发育，对围岩稳定不利。施工中除系统锚喷外，增加了预应力锚索进行加固，确保了顶拱的稳定。监测表明，厂房洞室围岩变形及应力基本稳定。顶拱位移测值较稳定；边墙相对变形表现为收敛。地下厂房实测顶拱变形和侧墙变形，均在允许变形值范围内，地下厂房围岩处于稳定状态。

地下厂房的渗漏问题经过三阶段四次渗控补强处理，效果明显，厂房上游及顶拱渗水基本消除，30 号排水洞渗水量明显减小。渗压监测表明，山体渗透压力低于设计允许值，对建筑物安全没有影响。上下游岩壁梁之间收敛变形小于 1.0 mm，沉陷变形小于 0.7 mm，预应力锚杆和钢筋应力的变化及岩壁梁与岩面间裂隙的开合度均在设计规定的限制范围内，说明岩壁梁是稳定的。

五、近坝区滑坡体

通过对东苗家滑坡体前期勘察设计成果、变形监测资料以及对滑坡体稳定性和可靠度的系统分析，总体认为，东苗家滑坡体变形趋势整体上处于稳定发展阶段，稳定性较好，处理措施可行。

1 号滑坡体现状边坡在正常工况下总体稳定性较好，在地震工况下滑坡体局部稳定性较差；2 号滑坡体现状边坡在正常工况下总体稳定性较好，Ⅷ度地震时，整体稳定性较差。滑坡体失稳产生的涌浪对大坝安全影响较小，但应注意防范滑坡涌浪可能产生的其他危害。

根据大柿树滑坡体地质测绘、钻探、坑槽探、试验等勘察工作，以及建立滑坡体三维地质力学模型，采用二维极限平衡法、三维强度折减法等对其稳定性和可靠度进行分析，从总体上看,滑坡体浅部滑体的稳定性相对较差,在不利工况下容易发生下滑失稳;滑坡体沿着深部滑动面的稳定性较好,且随水库淤积,滑坡体的稳定性提高。对滑坡体失稳后可能产生的涌浪灾害效应研究表明,从总体上判断,大柿树滑坡体产生的涌浪对大坝安全影响不大。

参 考 文 献

[1] 林秀山. 黄河小浪底水利枢纽文集(二)[M]. 郑州:黄河水利出版社,2001.

[2] 殷保合. 黄河小浪底水利枢纽工程 · 第二卷 · 枢纽设计[M]. 北京:中国水利水电出版社,2004.

[3] 殷保合. 小浪底水利枢纽运行管理 · 水工监测卷[M]. 郑州:黄河水利出版社,2012.

[4] 李珍. 黄河小浪底观测工作手册[M]. 北京:中国水利水电出版社,2009.

[5] 林秀山. 黄河小浪底水利枢纽规划设计丛书 · 枢纽规划设计[M]. 北京:中国水利水电出版社,郑州:黄河水利出版社,2006.

[6] 水利部水利水电规划设计总院,中国水利水电科学研究院. 黄河小浪底水利枢纽渗控专题安全鉴定报告[R]. 2006.

[7] 水利部水利水电规划设计总院,中国水利水电科学研究院. 黄河小浪底水利枢纽初期运用技术评估报告[R]. 2007.

[8] 水利部水利水电规划设计总院,中国水利水电科学研究院. 黄河小浪底水利枢纽竣工验收技术鉴定报告[R]. 2007.

[9] 陈祖煜. 土质边坡稳定分析——原理 · 方法 · 程序[M]. 北京:中国水利水电出版社,2003.

[10] 陈祖煜,汪小刚,杨健,等. 岩质边坡稳定分析——原理 · 方法 · 程序[M]. 北京:中国水利水电出版社,2005.

[11] 潘家铮. 建筑物的抗滑稳定和滑坡分析[M]. 北京:水利出版社,1980.

[12] 黄种为,董兴林. 水库库岸滑坡激起涌浪的试验研究[C]∥水利水电科学研究院. 水利水电科学研究院科学研究论文集第13集(水力学). 北京:水利电力出版社,1983.

[13] 钮新强,杨启贵,谭界雄,等. 水库大坝安全评价[M]. 北京:中国水利水电出版社,2007.

[14] 王琳,祁志峰,胡守江,等. 小浪底水利枢纽工程左岸山体渗漏处理监测分析[J]. 水力发电,2006(1):42-44.

[15] 王琳,胡守江. 小浪底水利枢纽工程大坝防渗效果分析[J]. 水电能源科学,2011(10):36-38.

[16] 赵春,贾金生,王琳,等. 基于首蓄因子的高心墙土石坝位移分布模型研究[C]∥周建平,宗敦峰,杨继学,等. 现代堆石坝技术进展:2009. 北京:中国水利水电出版社,2009.